Klassische Texte der Wissenschaft

Die Reihe bietet zentrale Publikationen der Wissenschaftsentwicklung der Mathematik, Naturwissenschaften, Psychologie und Medizin in sorgfältig edierten, detailliert kommentierten und kompetent interpretierten Neuausgaben. In informativer und leicht lesbarer Form erschließen die von renommierten WissenschaftlerInnen stammenden Kommentare den historischen und wissenschaftlichen Hintergrund der Werke und schaffen so eine verlässliche Grundlage für Seminare an Universitäten, Fachhochschulen und Schulen wie auch zu einer ersten Orientierung für am Thema Interessierte.

Weitere Bände in der Reihe http://www.springer.com/series/11468

Uwe Busch
(Hrsg.)

Wilhelm Conrad Röntgen

Ein leuchtendes Leben für die Wissenschaft

Springer Spektrum

Hrsg.
Uwe Busch
Deutsches Röntgen Museum
Remscheid, Nordrhein-Westfalen, Deutschland

ISSN 2522-865X ISSN 2522-8668 (electronic)
Klassische Texte der Wissenschaft
ISBN 978-3-662-61349-8 ISBN 978-3-662-61350-4 (eBook)
https://doi.org/10.1007/978-3-662-61350-4

Die Deutsche Nationalbibliothek verzeichnet diese Publikation in der Deutschen Nationalbibliografie; detaillierte bibliografische Daten sind im Internet über http://dnb.d-nb.de abrufbar.

Planung/Lektorat: Annika Denkert
Springer Spektrum ist ein Imprint der eingetragenen Gesellschaft Springer-Verlag GmbH, DE und ist ein Teil von Springer Nature.
Die Anschrift der Gesellschaft ist: Heidelberger Platz 3, 14197 Berlin, Germany

„Nobelpreisurkunde für Wilhelm Conrad Röntgen aus dem Jahr 1901." (Quelle: Original ist im Universitätsarchiv Würzburg)

Vorwort des Herausgebers

Der Name Wilhelm Conrad Röntgen steht für Superlative wie „genial", „einmalig", „wegweisend", „revolutionär" und vieles mehr. Sein Name ist weltweit ebenso bekannt wie die weltumspannende Bedeutung der von ihm entdeckten neuen Art von Strahlen. Der besondere Stellenwert der später nach ihm benannten Röntgenstrahlen für die Medizin und die wissenschaftliche Forschung wurde dabei bereits in zahlreichen Biographien hervorgehoben.

Die besondere Fokussierung auf die Entdeckung der Röntgenstrahlen wird jedoch dem Wirken und dem Werk von Wilhelm Conrad Röntgen nicht gerecht. Röntgen war auf dem Gebiet der Experimentalphysik ein exzellenter und wissenschaftlich höchst anerkannter Wissenschaftler seiner Zeit. Dies spiegelt sich z. B. in den Berufungslisten der zu seiner Zeit vakanten physikalischen Lehrstühle wider.

Der gelernte Maschinenbauingenieur Röntgen hat sich Zeit seines universitären Lebens dem Gebiet der Präzisionsphysik verschrieben. Dem Credo eines klassischen Naturforschers folgend, war er ein Verfechter der genauesten Beobachtung der Natur und der sich daraus ihm aufdrängenden Beantwortung von Fragen zur Ergründung ihrer Geheimnisse. Im Rahmen seines wissenschaftlichen Wirkens hat er hierzu sowohl klassische Grundlagenforschung als auch ganz konkrete angewandte Forschung insbesondere zur Verbesserung der physikalischen Messtechnik und der zur Verfügung stehenden Messmethoden betrieben.

Als Prototyp des modernen, disziplinübergreifenden und kreativen naturwissenschaftlichen Denkers wurde Röntgen deshalb Gütesiegel und Markenzeichen für (natur) wissenschaftliche Höchst- und Spitzenleistungen der Forschung und Entwicklung in Deutschland um 1900: Röntgen hat mit seinem Werk den Nimbus „Made in Germany" der Ingenieurkunst, Technologie, Wissenschaft und Forschung hierzulande wesentlich mit begründet. Als erster Nobelpreis überhaupt, hat die Auszeichnung Röntgens hohe Standards gesetzt und entsprechende Ansprüche und Anforderungen für die Verleihung der Nobelpreise begründet.

In diesem Buch wird der Versuch unternommen, den Naturforscher und Physiker Röntgen und seinen Forschungsgeist anhand ausgewählter Forschungsarbeiten im

Sinne einer Opera Selecta näher zu charakterisieren. Zudem werden hier erstmals Originalphotographien aus seinem Nachlass veröffentlicht. Röntgen hatte als einer der wenigen Wissenschaftler zur damaligen Zeit seine große Leidenschaft zur Photographie dazu benutzt, seine experimentellen Ergebnisse zu dokumentieren. Die im Archiv des Deutschen Röntgen-Museums befindlichen Bilddokumente konnten dabei einzelnen Paragraphen seiner berühmten ersten Veröffentlichung über Röntgenstrahlen zugeordnet werden. Ihre genaue Analyse bleibt allerdings schwierig, da sein Laborbuch mit genauen Angaben über sein experimentelles Vorgehen leider nicht mehr vorhanden ist.

In unserer heutigen von Medien und Informationen überfluteten Gesellschaft kann Röntgens universelle Botschaft „Halt doch einmal inne und schaue genauer hin!" neben einer generellen neuen Orientierung auch einen besonderen Erlebnis- und Erkenntnisgewinn geben. Diesem Grundsatz folgen auch heute noch zahlreiche (Natur-) Wissenschaftler. Röntgen ist somit Vorbild gleichsam für Forscher, aber auch für junge Menschen, die es einmal werden wollen. Mit ihren im Epilog zu findenden Statements machen moderne Röntgenforscher eines sehr deutlich: Röntgen hat Zukunft.

Mein herzlicher Dank geht an alle Autoren für ihre Beiträge.

Herrn Prof. Dr. Ulrich Mödder, Düsseldorf, und Herrn Gerhard Kütterer, Erlangen, danke ich herzlich für die kritische Durchsicht des Manuskripts.

Bei Frau Christina Falkenberg vom Deutschen Röntgen-Museum bedanke ich mich herzlich für die Unterstützung bei der Auswahl und der Bearbeitung der Dokumente- und Bilddateien.

Herrn Professor Armin Stock und dem Springer Verlag danke ich für die bereitwillige Aufnahme des Buches in die Buchreihe „Klassische Texte der Wissenschaft". Frau Dr. Annika Denkert und Frau Bettina Saglio danke ich für stets freundliche und hilfsbereite Betreuung seitens des Verlages und Frau Regine Zimmerschied für das gekonnte Lektorat.

Ich wünsche allen Leserinnen und Lesern spannende neue Einblicke in Leben und Werk eines faszinierenden Naturwissenschaftlers.

Uwe Busch
Deutsches Röntgen-Museum, Remscheid

Inhaltsverzeichnis

Herausgeber- und Autorenverzeichnis

Grußworte

Burkhard Mast-Weisz Oberbürgermeister der Stadt Remscheid

Dr. Christian Schuchardt Oberbürgermeister der Stadt Würzburg

Prof. Dr. Gerald Antoch Präsident der Deutschen Röntgengesellschaft

Autorenbeiträge

Prof. Dr. Helmut Dosch Vorsitzender des DESY Direktoriums, Deutsches Elektronen-Synchrotron DESY, Hamburg, Deutschland

Prof. Dr. Gerhard Adam Zentrum für Radiologie und Endoskopie, Klinik und Poliklinik für Diagnostische und Interventionelle Radiologie und Nuklearmedizin, Universitätsklinikum Hamburg-Eppendorf (UKE), Hamburg, Deutschland

Univ. Prof. Dr. Anca-Ligia Grosu Ärztliche Direktorin, Universität Freiburg Klinik für Strahlenheilkunde, Freiburg, Deutschland

Dr.-Ing. Matthias Purschke Geschäftsführendes Vorstandsmitglied, Deutsche Gesellschaft für zerstörungsfreie Prüfung (DGZfP) e. V., Berlin, Deutschland

Dr. Uwe Busch Museumsdirektor, Deutsches Röntgen-Museum, Remscheid, Deutschland

Dr. Hans-Georg Stavginski Deutsche Röntgengesellschaft e. V., Berlin, Deutschland

Roland Weigand Mitglied im Vorstand Röntgen-Kuratorium e. V., Würzburg, Deutschland

Statements

Stefan Eisebitt, Professor für Experimentalphysik, Max-Born-Institut für Nichtlineare Optik und Kurzzeitspektroskopie, Berlin, Deutschland

David Attwood, Professor em. Applied Physics University of California, Berkeley, USA

Bernd Hamm, Professor für Radiologie, Charité – Universitätsmedizin Berlin, Berlin, Deutschland

Peter Vock, Professor em. für Radiologie, Universität Bern, Bern, Schweiz

Rene Van Tiggelen, Curator Belgian Museum for Radiology, Brüssel, Belgien

Sigurd Hofmann, Professor für Physik, GSI, Helmholtzzentrum für Schwerionenforschung, Darmstadt, Deutschland

Frans W. Zonneveld, Professor em. of Medical Imaging Technology, University of Utrecht, Utrecht, Niederlande

Randolf Hanke, Professor für Physik, Fraunhofer Institute für zerstörungsfreie Prüfverfahren IZFP, Saarbrücken, Deutschland

Franz Pfeiffer, Professor for Biophysics, Chair for Biomedical Physics, Faculty of Physics & Medicine, Munich School of BioEngineering, Technical University Munich (TUM), Deutschland

Francesco Sette, Professor for Physics, Director General, European Synchrotron Radiation Facility (ESRF), Grenoble, Frankreich

Michael Baumann, Professor für Radioonkologie, Vorstandsvorsitzender und wissenschaftlicher Vorstand Deutsches Krebsforschungszentrum, Heidelberg, Deutschland

Dierk Vorwerk, Professor für Radiologie, Direktor des Instituts für Radiologie, Klinikum Ingolstadt, Ingolstadt, Deutschland

Ada Yonath, Professor for Biochemistry, Weizmann Institute of Science, Rechowot, Israel; Chemie-Nobelpreis 2009

Martin Meedom Nielsen, Professor for Physics, DTU PHYSICS, Department of Physics, Technical University of Denmark, Fysikvej, Dänemark

Sunil K. Sinha, Professor for Physics, Dept. of Physics, University of California San Diego, San Diego, USA

Florian Grüner, Professor für Physik, Institut für Experimentalphysik, Universität Hamburg, Hamburg, Deutschland

Ohtsura Niwa, Professor em. for Radiation Biology, Kyoto University Radiation Biology Center, Kyoto, Japan

Wolfgang-Ulrich Müller, Professor em. für Biophysik, Universität Essen, Deutschland; ehemaliger Vorsitzender der Strahlenschutzkommission und des SSK-Krisenstabes

Adrian M. K. Thomas, Visiting Professor, Canterbury Christ Church University, Canterbury, England

Andreas Bockisch, Professor em. für Nuklearmedizin, Universitätskrankenhaus Essen, Essen, Deutschland

Joachim E. Wildberger, Professor for Radiology, Maastricht University Medical Center, Maastricht, Niederlande

Valentin Sinitsyn, Professor of Radiology, University Hospital, Lomonosov Moscow State University, Moskau, Russland

Christian Streffer, Professor em. für Strahlenbiologie, Medizinische Fakultät, Universitätsmedizin Essen, Essen, Deutschland

Werner Becker, Professor für Astrophysik, Max-Planck-Institut für extraterrestrische Physik/Ludwig-Maximilians-Universität München, Garching, Deutschland

Peter Bannas, Privatdozent für Radiologie, Klinik und Poliklinik für Diagnostische und Interventionelle Radiologie und Nuklearmedizin UKE, Hamburg, Deutschland

Cornelius Borck, Professor für Medizingeschichte, Institut für Medizingeschichte und Wissenschaftsforschung, Universität zu Lübeck, Deutschland

Felix Nensa, Privatdozent für Radiologie, Institut für Diagnostische und Interventionelle Radiologie und Neuroradiologie, Universitätsklinikum Essen, Essen, Deutschland

Metin Tolan, Professor für Physik, Technische Universität Dortmund, Dortmund, Deutschland

Grußworte

1

Burkhard Mast-Weisz, Christian Schuchardt und Gerald Antoch

Röntgen – Ein weltweit bekannter Forscher aus dem bergischen Land

Burkhard Mast-Weisz, Oberbürgermeister der Stadt Remscheid

Burkhard Mast-Weisz. (© Stadt Remscheid. Abdruck mit freundlicher Genehmigung)

B. Mast-Weisz (✉)
Stadt Remscheid, Oberbürgermeister, Remscheid, Deutschland
E-Mail: remscheid@remscheid.de

C. Schuchardt
Stadt Würzburg, Oberbürgermeister, Würzburg, Deutschland
E-Mail: info@stadt.wuerzburg.de

G. Antoch
Institut für Diagnostische und Interventionelle Radiologie Universitätsklinikum Düsseldorf AÖR, Präsident der Deutschen Röntgengesellschaft, Düsseldorf, Deutschland
E-Mail: antoch@med.uni-duesseldorf.de

U. Busch (Hrsg.), *Wilhelm Conrad Röntgen,* Klassische Texte der Wissenschaft,
https://doi.org/10.1007/978-3-662-61350-4_1

Am 27. März 2020 würde der weltbekannte Wissenschaftler und erste Nobelpreisträger für Physik Wilhelm Conrad Röntgen seinen 175. Geburtstag feiern. Röntgen wurde am 27. März 1845 nachmittags um vier Uhr in dem Haus des Lenneper Kaufmanns und Tuchfabrikanten Friedrich Conrad Röntgen und seiner Frau Charlotte Constanze, geborene Frohwein, an der alten Poststraße 287, heute Gänsemarkt 1, in Remscheid-Lennep geboren. Ihr Sohn wurde durch seine Entdeckung der Röntgenstrahlen weltberühmt.

Seine Heimatstadt Lennep hat Röntgen bereits am 15. Juni 1896, nur wenige Monate nach seiner Entdeckung, zum Ehrenbürger ernannt. Im Juni 1920 wurde auf Veranlassung der Lenneper Stadtverordnetenversammlung an seinem Geburtshaus eine Gedenktafel angebracht, die dort heute in der Publikumsausstellung im Erdgeschoss zu sehen ist.

Wilhelm Conrad Röntgen stammt aus dem Bergischen Land, einer Mittelgebirgsregion in Nordrhein-Westfalen. Seine familiären Wurzeln sind im heutigen Wermelskirchen zu finden. Er entstammt einer Familie mit einem gewissen Bildungshintergrund, die um 1721 nach Lennep einwanderte. Das Bergische Land ist aus dem historischen Herzogtum Berg hervorgegangen. Den früheren Landesherren, den Grafen (und späteren Herzogen) von Berg, hat die Region ihren Namen zu verdanken. Bedeutende Orte im Herzogtum waren u. a. Elberfeld, Solingen, Lennep, Radevormwald, Wipperfürth, Bensberg und Siegburg, die überwiegend ab dem 13. Jahrhundert Stadtrechte erhielten. 1815 wurde das Großherzogtum Berg aufgelöst und 1822 der preußischen Rheinprovinz zugeschlagen, mit deren nördlichem Teil das Bergische Land nach dem Zweiten Weltkrieg als Teil des Rheinlandes zu Nordrhein-Westfalen ging. Als Mitglied der Hanse und preußische Kreisstadt war Lennep lange Zeit eine der wichtigsten Städte des Bergischen Landes. Heute noch besitzt Lennep eine in der Grundstruktur mittelalterliche Altstadt, die zu den ausgewählten 35 historischen Stadtkernen Nordrhein-Westfalens zählt. Bis 1929 war Lennep Sitz des gleichnamigen preußischen Landkreises. Im Jahr 1929 erfolgte die Eingemeindung in die Stadt Remscheid. Remscheid ist eine kreisfreie Großstadt im nordrhein-westfälischen Regierungsbezirk Düsseldorf. Sie ist nach Wuppertal und Solingen die drittgrößte Stadt des Bergischen Landes.

Es ist einem glücklichen Umstand zu verdanken, dass die Deutsche Röntgengesellschaft e. V. Röntgens Geburtshaus am 5. Mai 2011 für den symbolischen Kaufpreis von 1 EUR von der Stadt Remscheid erwarb. Dabei hat es sich die Deutsche Röntgengesellschaft e. V. zur Aufgabe gemacht, das Geburtshaus des weltberühmten Wissenschaftlers umfassend zu sanieren und so zu gestalten, dass es als ein lebendiges Denkmal und inspirierender Ort regional, national und international genutzt und erlebt werden kann. Zu Röntgens 174. Geburtstag konnte die Ausstellung in seinem Geburtshaus der Öffentlichkeit präsentiert werden. Ein Abschluss der gesamten Maßnahme ist für seinen 175. Geburtstag vorgesehen.

Die Stadt Remscheid blickt mit Stolz auf ihren berühmten Sohn. Das zu Röntgens Ehren 1932 auf Veranlassung der Stadt Remscheid gegründete Deutsche Röntgen-Museum gibt Zeugnis von der vielfältigen vergangenen, gegenwärtigen und zukünftigen Anwendung seiner Entdeckung der Röntgenstrahlen in zahlreichen Fachgebieten vom Mikro- bis zum Makrokosmos. Sowohl die Entdeckung selbst und ihre Anwendungsmöglichkeiten als auch das Wirken von Röntgen als Person und seine Einstellung zu Wissenschaft und Forschung haben auch nach 125 Jahren nichts an Modernität verloren. Durch seinen besonderen Blick für das Unerforschte und seine Lust am Experimentieren ist Wilhelm Conrad Röntgen Vorbild für gegenwärtige und zukünftige Generationen.

Mit dem hier vorliegenden Buch wird Röntgens großartige Leistung als bedeutender Wissenschaftler und Naturforscher und auch als Wissenschaftsinnovator Rechnung getragen. Es zeigt sein vielfältiges Interesse, durch geschickte Fragen und Instrumente Lösungsansätze zu finden, die helfen können, der Natur ihre Geheimnisse zu entlocken und damit für Fortschritt im wissenschaftlichen und auch gesellschaftlichen Sinn beizutragen.

Diese Röntgens Denken und Handeln immanente universelle Botschaft sollte uns zum Innehalten, Nachfragen und Nachdenken animieren – eine gerade in unserer heutigen flüchtigen Welt verschüttete Einstellung. Die Welt ist spannend, viel spannender, als sie uns erscheint, und es gibt noch viele Fragen für unsere Zukunft zu klären. Nicht die Verhinderer, sondern die Erfinder im Sinne eines Wilhelm Conrad Röntgen können unsere Gesellschaft ökologisch und ökonomisch voranbringen.

Durch den Aufbau des International Roentgen Training and Testing Center für die Weiter- und Ausbildung von Fachleuten und der Gründung einer Wilhelm Conrad Röntgen Juniorakademie für die Motivierung unseres wissenschaftlichen Nachwuchses wird im Geburtshaus Röntgens versucht, gesellschaftliche Impulse zu setzen und den Namen Röntgen weiter in die Welt zu tragen.

Würzburg feiert eine Jahrtausendentdeckung für die Welt

Christian Schuchardt, Oberbürgermeister der Stadt Würzburg

Christian Schuchardt. (© Stadt Würzburg. Abdruck mit freundlicher Genehmigung)

Würzburg als Ort einer Jahrtausendentdeckung

Prof. Dr. Wilhelm Conrad Röntgen zählt zweifelsohne zu den international bekanntesten Würzburger Persönlichkeiten. Im ehemaligen Physikalischen Institut der Universität Würzburg entdeckte er am 8. November 1895 die X-Strahlen, die später nach ihm benannt wurden.

Am Ort der Entdeckung unterhält das Röntgen-Kuratorium Würzburg e. V. die Röntgen-Gedächtnisstätte. Die anlässlich des Jubiläums „120 Jahre Entdeckung der Röntgenstrahlen" im Jahr 2015 umfassend renovierten und modernisierten Räume gewähren einen Einblick in die experimentelle Physik des ausgehenden 19. Jahrhunderts. Zu sehen sind u. a. die Entdeckungsapparatur und der historische Hörsaal Röntgens. Das Ausstellungskonzept lässt außerdem die Person des Forschers spürbar werden.

Ein Meilenstein der Medizin

Der Zufallsfund des von seinen Fachkollegen hochgeschätzten Experimentalphysikers gilt als Meilenstein in der Medizin. Was mit dem ersten Röntgenbild eines menschlichen Körperteils, der Aufnahme der Hand von Röntgens Ehefrau Anna Bertha, begann, ist heute längst Hochtechnologie. Beispielsweise verfügt das Institut für Diagnostische und Interventionelle Radiologie des Universitätsklinikums Würzburg über Hochleistungs-Computertomographen der internationalen Spitzenklasse. Basierend auf Röntgenstrahlen können die CT-Geräte innerhalb von wenigen Sekunden den ganzen Körper durchleuchten. Dabei werden eine Vielzahl von hochaufgelösten Schnittbildern erzeugt, die per Computer in nahezu Echtzeit zu einem 3D-Modell zusammengesetzt werden.

In der Materialforschung unverzichtbar

Mit einer Röntgenaufnahme seines Jagdgewehrs begründete Wilhelm Conrad Röntgen zudem die zerstörungsfreie Werkstoff- und Bauteilprüfung als weiteres wichtiges Anwendungsfeld seiner Entdeckung. Materialforschung ohne Röntgenstrahlung ist heute nicht mehr vorstellbar. Am Lehrstuhl für Röntgenmikroskopie der Universität Würzburg wird beispielsweise an Methoden der Phasenkontrastbildgebung geforscht, und es wurde ein Nano-Computertomograph entwickelt, mit dem im Labor Details von unter 100 nm erkannt werden können. Solche Röntgenmikroskope dienen u. a. zur Untersuchung von Halbleiter- und elektronischen Mikrostruktursystemen oder von modernen Biomaterialien.

Der erste Würzburger Nobelpreisträger

Die X-Strahlen erfuhren sofort höchste öffentliche Aufmerksamkeit und Anerkennung. Unter anderem erhielt Röntgen im Jahr 1901 den erstmals vergebenen Physik-Nobelpreis. Er war damit auch der erste von bis heute insgesamt 14 Nobelpreisträgern, die an der Würzburger Universität – zumindest zeitweise – forschten und lehrten.

Insgesamt sind wir höchst dankbar, dass Wilhelm Conrad Röntgen unsere Stadt als Ort einer Jahrtausendentdeckung fest in die Menschheitsgeschichte eingeschrieben hat. Gleichzeitig sind wir stolz auf seine „geistigen Nachfahren", die in Würzburg als Anwender und Forscher die Möglichkeiten der Röntgentechnologie nutzen, ausloten und weiterentwickeln.

Der Gründungsvater der Radiologie

Prof. Dr. med Gerald Antoch, Präsident der Deutschen Röntgengesellschaft

Gerald Antoch. (© Universitätsklinikum Düsseldorf. Abdruck mit freundlicher Genehmigung)

Die Entdeckung der X-Strahlen durch Wilhelm Conrad Röntgen am 8. November 1895 gehört ohne Zweifel zu den wichtigsten Entdeckungen der Medizin. Auf der Anwendung dieser X- oder Röntgenstrahlen beruhende Untersuchungsverfahren wie das konventionelle Röntgenbild, die Durchleuchtung oder die Computertomographie bilden heute einen festen Bestandteil der diagnostischen Basis fast aller Erkrankungen. Über interventionelle, röntgenbasierte Verfahren ist die Radiologie heute zusätzlich integraler Bestandteil nicht nur der Diagnostik sondern auch der Therapie. Dabei unterliegt die Röntgentechnik einem kontinuierlichen Wandel durch wissenschaftliche und technische Innovation. So ist es in den mehr als 120 Jahren seit Entdeckung der X-Strahlen durch Wilhelm Conrad Röntgen gelungen, neue röntgenbasierte Untersuchungsverfahren zu entwickeln und die Röntgentechnik sowohl im Hinblick auf die Auflösung und Detailgenauigkeit als auch im Hinblick auf die Strahlenexposition der Patienten entscheidend zu verbessern. Neue Entwicklungen wie automatische Dosismodulation und spezielle Rekonstruktionsalgorithmen erlauben es heute, eine Untersuchung mit einer nur noch sehr geringen Dosis durchzuführen. Durch hoch spezialisierte Software können Röntgenbilder in unterschiedlichen Ebenen, Rekonstruktionen und mehrdimensionalen Darstellungen betrachtet und so die diagnostische Genauigkeit weiter erhöht werden. Inzwischen werden computerbasierte Techniken nicht mehr nur für die Anfertigung der Röntgenuntersuchungen und die Bilddarstellung eingesetzt, sondern zunehmend auch zur Auswertung der Röntgenbilder. In der Zukunft ist zu erwarten, dass Radiologen bei der Beurteilung der Röntgenuntersuchungen durch Methoden der künstlichen Intelligenz unterstützt werden. Diese neuen computerbasierten Auswerteverfahren werden es ermöglichen, zusätzliche, bislang nicht zu erhebende Informationen den Röntgenbildern zu entnehmen. Die wissenschaftliche Tätigkeit der in der Deutschen Röntgengesellschaft e. V. organisierten Radiologinnen und Radiologen trägt zu dieser kontinuierlichen Innovation entscheidend bei und ermöglicht so die stetige Weiterentwicklung der durch Wilhelm Conrad Röntgen geschaffenen „leuchtenden" Möglichkeiten. Zum 175. Geburtstag des Wilhelm Conrad Röntgen gilt es aber auch, Vergangenes zu erhalten. Das Röntgengeburtshaus in Remscheid-Lennep ist hierfür das zentrale Beispiel. Nachdem die Deutsche Röntgengesellschaft e. V. das Haus 2011 erworben hat, wird es 2020 zum 175-jährigen Geburtstag von Wilhelm Conrad Röntgen im sanierten Zustand wiedereröffnet. Eine Kombination aus Ausstellungsfläche und Tagungsräumen wird das „leuchtende Leben" des Herrn Röntgen interaktiv vermitteln und Platz für wissenschaftlichen Austausch schaffen.

Ein leuchtendes Leben für die Wissenschaft gibt Ihnen einen Einblick in das Leben und das wissenschaftliche Arbeiten des Wilhelm Conrad Röntgen. Vor allem jedoch befasst sich dieses Buch mit dem Einfluss der durch ihn entdeckten X-Strahlen auf die Medizin, die Physik und andere Bereiche des täglichen Lebens. Die Lektüre dieses Buches ist daher für Mediziner wie Nichtmediziner und Physiker wie Nichtphysiker gleichermaßen interessant, informativ und unterhaltsam.

Einleitung

2

Helmut Dosch, Gerhard Adam, Anca-Ligia Grosu und Matthias Purschke

Die Bedeutung der Röntgenstrahlen für die Naturwissenschaft

Helmut Dosch, DESY Hamburg

Helmut Dosch, Vorsitzender des DESY-Direktoriums. (© DESY. Abdruck mit freundlicher Genehmigung)

H. Dosch (✉)
Vorsitzender des DESY Direktoriums, Deutsches Elektronen-Synchrotron DESY, Hamburg, Deutschland
E-Mail: dosch-office@desy.de

G. Adam
Zentrum für Radiologie und Endoskopie, Klinik und Poliklinik für Diagnostische und Interventionelle Radiologie und Nuklearmedizin, Universitätsklinikum Hamburg-Eppendorf (UKE), Hamburg, Deutschland
E-Mail: g.adam@uke.uni-hamburg.de

U. Busch (Hrsg.), *Wilhelm Conrad Röntgen,* Klassische Texte der Wissenschaft,
https://doi.org/10.1007/978-3-662-61350-4_2

In unserem Alltag bedienen wir uns rund um die Uhr Spitzenprodukten aus den Denkstuben der Materialwissenschaftler: maßgeschneiderten Materialien, die elektrische, magnetische, optische und mechanische sowie biokompatible Eigenschaften besitzen. Ohne Hightech-Materialien geht heute und in Zukunft schon lange nichts mehr; sie sind die Grundbausteine für alle modernen Technologien, angefangen von Information und Kommunikation über Medizin, Energie und Umwelt bis hin zu Verkehr und Transport.

Manchmal lohnt ein Blick zurück, um zu begreifen, in welcher hochtechnisierten Welt wir leben und welche stürmische Entwicklung wir hinter uns haben.

Wir schreiben das Jahr 1895. Die vorherrschende Technik ist vom Elektromagnetismus bestimmt, wir haben Elektromotoren, die uns im Alltag helfen, und wir nutzen eine Vielzahl von Metallen und Metalllegierungen wegen ihrer stromleitenden und vorteilhaften mechanischen Eigenschaften. In der Medizin sieht es noch finster aus: Die Existenz von Viren ist unbekannt.

Dann kommen im Jahresabstand wissenschaftliche Paukenschläge:

- 1895: Wilhelm Conrad Röntgen entdeckt seine unbekannten Strahlen – eine wissenschaftliche Sensation, die die Welt buchstäblich auf den Kopf stellt und Röntgen zum ersten Weltstar der Physik macht. Röntgens neue Strahlen können plötzlich ins Innere von festen Stoffen blicken und bislang unsichtbare Strukturen sichtbar machen. Für die breite Bevölkerung schier unfassbar.
- 1897: Joseph John Thomson und Emil Wiechert entdecken fast zeitgleich die Elektronen, die, wie sich später herausstellt, die Quelle von Röntgens unbekannter Strahlung und zugleich Vermittler aller oben genannten Materialeigenschaften sind.
- 1900: Max Planck entdeckt die Quantelung der Energie – ein Affront!
- 1905: Einstein erklärt den mysteriösen Photoeffekt als ein Quantenphänomen (nebenbei stellt er noch unser kosmologisches Weltbild auf den Kopf).

Innerhalb von nur zehn Jahren hat sich unser physikalisches Weltbild also dramatisch verändert – eine Wissensexplosion, die aber noch nicht erkennen ließ, welche Konsequenzen daraus für unsere Gesellschaft erwachsen würden. Das Nanozeitalter beginnt in den Physiklabors und wird in den kommenden Jahrzehnten die Industrie und die Gesellschaft revolutionieren. Wilhelm Conrad Röntgen hat mit seiner Jahrtausendentdeckung das Tor in diese fremde unsichtbare Nanowelt aufgestoßen.

A.-L. Grosu
Ärztliche Direktion, Universität Freiburg Klinik für Strahlenheilkunde, Freiburg, Deutschland
E-Mail: anca.grosu@uniklinik-freiburg.de

M. Purschke
Geschäftsführendes Vorstandsmitglied, DGZfP e. V., Berlin, Deutschland
E-Mail: pm@dgzfp.de

Ich werde in diesem Beitrag die medizinische Revolution, die die Entdeckung der Röntgenstrahlen ausgelöst hat, weitestgehend aussparen und mich im Wesentlichen auf die ebenso spektakulären Auswirkungen auf die Materialforschung konzentrieren.

Hier war das Jahr 1912 entscheidend: Max von Laue entdeckt in München (motiviert durch Ewalds Doktorarbeit), dass Röntgenstrahlen beim Durchgang durch Kristalle von der regelmäßigen Anordnung der Atome abgelenkt werden und ein charakteristisches Interferenzmuster auf dem Bildschirm erzeugen, das erstmals direkte Rückschlüsse auf die atomare Struktur des Materials ermöglichte: die Geburtsstunde der Kristallographie. In den kommenden Jahrzehnten wird die Röntgenkristallographie alle existierenden Materialien atomar entschlüsseln und den Weg für wissensbasiertes Materialdesign ebnen. Die heutigen Hochleistungsmagneten, hochintegrierte Bauelemente, supraleitende Materialien und Superlegierungen für extreme Bedingungen (z. B. in Flugzeugturbinen) wären ohne Röntgens Entdeckung nicht denkbar.

Die für die breitere Öffentlichkeit Aufsehen erregenderen Strukturen lieferten Röntgeninterferenzen von biologischen Substanzen. Röntgenstrahlen ließen uns in den molekularen Maschinenraum des Lebens blicken. 1957 konnten James Watson und Francis Crick die Struktur der DNS, des Trägers der Erbsubstanz, entschlüsseln und den molekularen Ursprung der Vererbung in der Doppelhelix erkennen. Die berühmte Röntgenaufnahme („Photo 51") einer DNS-Struktur sehen Sie in Abb. 5.11. Im Jahr 2009 wurden Ada Yonath, Thomas Seitz und Venkatraman Ramakrishnan mit dem Chemie-Nobelpreis für die Entschlüsselung des Ribosoms geehrt, des aus Millionen Atomen zusammengesetzten Nanoroboters, der in unseren Zellen den Gencode abliest und daraus Eiweißmoleküle synthetisiert. Röntgenstrahlen haben eines der größten Rätsel der Natur aufgeklärt.

Damit sind wir in unserer Zeitreise wieder in der Moderne angelangt. Die Röntgenanalyse von Materialien hat sich mittlerweile zu einem mächtigen wissenschaftlichen Forschungszweig entwickelt. Die modernsten Röntgenanlagen finden wir heute an Großforschungszentren, die hochkollimierte intensive Röntgenstrahlung und dedizierte Messstationen zur Verfügung stellen, welche hochpräzise Einblicke in die Nanowelt möglich machen. Diese Röntgengroßlabore verwenden das brillante Röntgenlicht, das von Elektronenspeicherringen stammt, den etwas sperrigen Namen Synchrotronstrahlung trägt und ursprünglich ein Abfallprodukt der Teilchenphysik war. In den Ringanlagen der Teilchenphysik verlieren die kreisenden Elektronen enorm viel Energie durch eine vorwärtsgerichtete Abstrahlung von intensivem Röntgenlicht. Bereits in den 1960er Jahren haben Physiker am Deutschen Elektronen Synchrotron (DESY) mit Synchrotronstrahlung experimentiert und deren Nutzen für die Festkörperforschung erkundet.

Synchrotron-Röntgenstrahlen haben enorme Vorteile gegenüber Laborquellen: Sie haben eine um viele Größenordnungen höhere Intensität, und ihre Wellenlänge kann kontinuierlich – auch während eines Experiments – eingestellt werden. Die Forschergruppen, die an den heutigen Großforschungsanlagen Messungen durchführen, können einen Röntgenstrahl mit beliebiger Energie, Polarisation, Fokussierung und Zeitstruktur „bestellen". Die ausgefuchsten computergesteuerten Messstationen liefern hochpräzise

Abb. 2.1 Europäische Synchrotronstrahlungsquelle ESRF in Grenoble. (© ESRF. Abdruck mit freundlicher Genehmigung)

Informationen über die atomare, chemische, elektronische und magnetische Struktur von Materialien (Abb. 2.1).

Ein Paradebeispiel ist die 1988 in Betrieb genommene Europäische Synchrotronstrahlungsquelle ESRF in Grenoble, eine Kooperation vieler europäischer Länder und internationaler Partner. Die ESRF betreibt über 40 Messstationen, versorgt jedes Jahr mehr als 3000 Wissenschaftlerinnen und Wissenschaftler mit maßgeschneiderter Röntgenanalytik und produziert jährlich über 1200 Publikationen in den renommiertesten Journalen.

Die Röntgenanwendungen in diesen Großlabors gehen heute längst über von Laues Interferenzexperimente hinaus: Röntgendiffraktion, Röntgenspektroskopie, Röntgentomographie und abbildende Röntgenmethoden werden in vielen Varianten angeboten, alles unter umwelt- und industrierelevanten Messumgebungen. Selbst die extreme Umgebung in unserem Erdinnern oder auf anderen Planeten kann für Geo- und Astrophysiker im Labormaßstab erzeugt und mit feinst fokussiertem Röntgenlicht präzise erkundet werden.

Bei Kunsthistorikern ist vor allem die Röntgenmikrofluoreszenz-Tomographie beliebt, mit der sie beispielsweise bei wertvollen Gemälden zerstörungsfrei mikroskopische Details entschlüsseln können. An der Synchrotronstrahlungsquelle DORIS III bei DESY konnte mit dieser Röntgenmethode 2008 ein Selbstporträt hinter einem

Abb. 2.2 **a** Experimentierstation P11 bei PETRA III. (© DESY. Abdruck mit freundlicher Genehmigung) **b** Vincent van Gogh, Patch of Grass. Painted over one of the 50 farmer's heads: Head of a woman. (© Nuenen Collection Kröller-Müller Museum, Otterlo, the Netherlands. Abdruck mit freundlicher Genehmigung) **c** The colored central part was reconstructed using synchrotron XRF scans, the b/w outer part by means of MA_XRF in situ.This visualization of the painted-away first painting became possible thanks to the University of Antwerp, TU Delft, DESY and the Kröller-Müller Museum. (© Nuenen Collection Kröller-Müller Museum, Otterlo, und University of Antwerp, TU Delft, the Netherlands. Abdruck mit freundlicher Genehmigung)

Gemälde van Goghs („Grasgrond", 1887) sichtbar gemacht werden (Abb. 2.2). Uwe Bergmann vom Großforschungslabor National Accelerator Laboratory (SLAC) in Stanford gelang vor einigen Jahren die Entdeckung der Originalhandschrift des antiken Mathematikgenies Archimedes, welche auf sog. Palimpsests aus dem 12. Jahrhundert verborgen war.

Synchrotronstrahlung erwies sich in den letzten Jahrzehnten als eine wahre Goldgrube in der Erforschung neuer Festkörpereigenschaften, in der Entwicklung neuer Materialien und in der Strukturbiologie. Man könnte zur Ansicht neigen, dass damit der Wissensdurst im Verständnis der Nanowelt gestillt sei.

Nun, es gab da immer schon einen Heiligen Gral der Nanowissenschaftler, nämlich die Vision, dass man die Bewegung von Atomen und Elektronen in Materialien während einer chemischen Reaktion oder eines biologischen Prozesses in Realzeit, also innerhalb weniger Billiardstel Sekunden, verfolgen könne. Damit könnte man gewissermaßen der Natur direkt bei der Arbeit zuschauen und auf diese Weise einige hartnäckige Rätsel der Natur lösen.

Eine Billiardstel Sekunde, der Zeittakt im Nanokosmos, das sind gerade mal 0,000.000.000.000.001 s. Atome führen also eine Billiarde Bewegungsschritte in der Sekunde durch. Würde ein solcher atomarer Schritt eine Sekunde dauern, dann würde man für diese eine Billiarde Bewegungsschritte mehr als 30 Mio. Jahre benötigen! Diese ultrakurze Zeitspanne – die Physiker sprechen von einer Femtosekunde – scheint auf den ersten Blick unerreichbar für eine Kurzzeit-Strukturaufklärung.

Das zweite hartnäckige Problem ist nämlich, dass man einen hochintensiven Röntgenlaser bräuchte, um verwertbare Informationen von solchen Nanoprozessen in dieser kurzen Zeit zu bekommen. Ein derartiger femtosekundengepulster Röntgenlaser war selbst für die Optimisten unter den Physikern lange Jahre mehr als ein Heiliger Gral, eher eine futuristische Traumvorstellung, bis Evgeny Saldin, ein DESY-Wissenschaftler russischer Herkunft, 1984 eine theoretische Arbeit publizierte, die zeigte, dass es dennoch möglich sein sollte.

Die Theorie ist kompliziert, deshalb wollen wir darauf hier nicht näher eingehen. Für die technische Realisierung benötigt man winzige wohlgeformte Bündel von Elektronen, die auf sehr hohe Energie im Milliardenvoltbereich beschleunigt werden. Diese ultrarelativistischen Elektronenbündel schießt man durch eine mehrere 100 m lange Magnetfeldanordnung, die die Laserabstrahlung im Röntgenbereich laut Saldins Theorie bewirken: Das ist das Prinzip des Freie-Elektronen-Lasers.

Die Testanlage FLASH (Free-Electron Laser) in Hamburg wurde am DESY zur Experimentell-Erprobung der Saldin'schen Theorie Ende der 1990er Jahre in einer internationalen Kollaboration aufgebaut. Kernstück war ein 200 m langer supraleitender Linearbeschleuniger, dessen Technologie bei DESY entwickelt wurde und Elektronen auf zunächst 500 meV Energie beschleunigte. Am 22. Februar 2000 konnte der Durchbruch verkündet werden: „first lasing". Etwas mehr als 100 Jahre nach Röntgens Entdeckung hatte man erstmals Laserlicht im weichen Röntgenbereich erzeugt – eine Pionierleistung der Beschleunigerphysiker.

Die Hamburger Test-Facility ist seit vielen Jahren ein begehrtes Forschungsgroßgerät, an dem Wissenschaftlerinnen und Wissenschaftler aus aller Welt experimentieren. Der Erfolg von FLASH hat die Agenda der Wissenschaft weltweit verändert:

Heute sind weltweit bereits mehrere Freie-Elektronen-Röntgenlaser in Betrieb, und viele befinden sich gerade im Bau. Der amerikanische Laser LCLS ist seit 2009 in Betrieb, danach kam der japanische Laser SACLA. Unter den europäischen Röntgenlasern ist insbesondere der Europäische Röntgenlaser European XFEL in Hamburg zu nennen, der 2017 in Betrieb ging und der bislang leistungsstärkste Laser seiner Art ist.

Synchrotronstrahlungsquellen sind, wie bereits erwähnt, äußerst intensitätsstarke Röntgenquellen. Eine Röntgenaufnahme dauert heute weniger als 1 s. Bei Freie-Elektronen-Lasern sieht das nochmal ganz anders aus. Saldins Laserprozess sagt voraus, dass alle Elektronen in einem Bündel, ca. 10 Mrd. Stück (das ist ein Nano-Coulomb an Ladung), im Gleichtakt Röntgenlicht abstrahlen. Dies führt zu einer Erhöhung der Röntgenintensität jedes Elektronenbündels um das Zehnmilliardenfache! In einem nur wenige Femtosekunden kurzen Röntgenlaserblitz steckt die gleiche Intensität wie in einer konventionellen Ein-Sekunden-Röntgenaufnahme am Synchrotron. Freie-Elektronen-Laser ermöglichen somit Strukturanalysen im Zeittakt der Molekülbewegungen. Wenn man viele solcher Einzelbilder aneinanderreihen könnte, würde man die Strukturveränderungen eines Moleküls bei einer chemischen Reaktion sehen: Das Quantenkino ist in greifbare Nähe gerückt.

Die Anwendungsfelder für Freie-Elektronen-Laser sind heute noch nicht voll ausgelotet. Man steht hier am Anfang, so wie einst 1912, als von Laue die ersten Signale aus dem Nanokosmos sah und vermutlich nicht darauf gewettet hätte, dass man damit 45 Jahre später die atomare Struktur der DNS lösen würde. An und mit Freie-Elektronen-Lasern wird seit etwa zehn Jahren intensiv experimentiert. Viele neue Phänomene wurden entdeckt und revolutionär neue Röntgenkonzepte entwickelt. Derzeit arbeitet man fieberhaft daran, die Abläufe in der Photosynthese minutiös, besser femtosekundengenau, zu verfolgen. Hier könnten wir von der Natur lernen, wie man umweltfreundlich Wasser spaltet, damit Wasserstoff als Energieträger gewinnt und gleichzeitig die Umwelt von CO_2 reinigt. Ein weiteres wichtiges Thema ist das genaue Verständnis der atomaren Prozesse bei der Katalyse. Man vermutet heute, dass es bei diesen katalytischen Prozessen sog. kurzlebige transiente Zustände gibt, die den katalytischen Ablauf entscheidend beeinflussen. Mit den Röntgenlasern hätte man nun erstmals den experimentellen Zugang zu diesen Nichtgleichgewichtszuständen.

Experimente am Freie-Elektronen-Laser haben nichts mehr gemein mit den Messkonzepten an konventionellen Röntgenquellen, Synchrotronstrahlungsquellen eingeschlossen. Ein Röntgenblitz produziert eine Aufnahme und das im Hochfrequenztakt. Die Proben befinden sich nicht mehr auf Probenhaltern und werden nicht mehr mit Goniometern im Strahl bewegt, sondern mit einer Mikrodüse in die Wechselwirkungszone geschossen und von einem einzigen Röntgenlaserblitz abgetastet. Großflächige Röntgendetektoren produzieren Gigabytes an Daten im Minutentakt, die mit neuen Algorithmen ausgewertet werden (Abb. 2.3).

Was wird uns die Zukunft auf dem Gebiet der Röntgenanalyse bringen? Nun, zum einen werden wir sehen, welches Neuland die Freie-Elektronen-Röntgenlaser entdecken und erkunden. Die Synchrotronstrahlungsquellen werden derzeit auf eine neue Speicherringtechnologie umgerüstet, welche die Qualität der Röntgenstrahlung

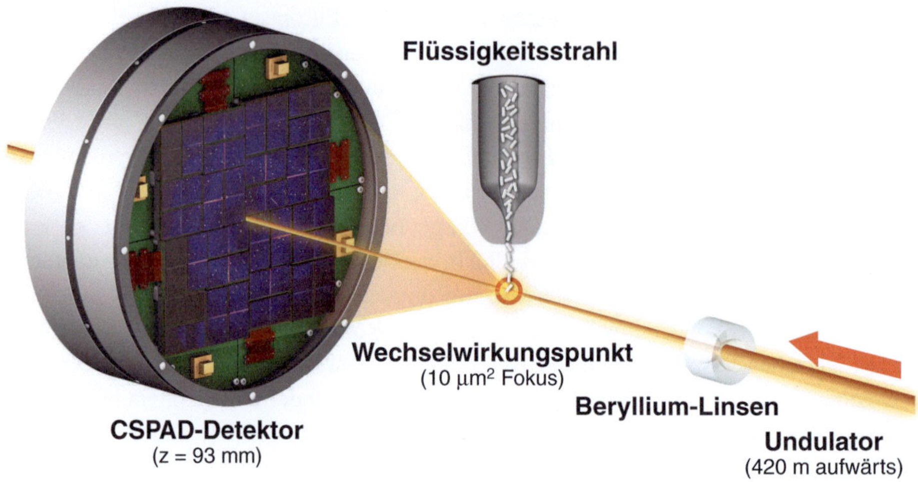

Abb. 2.3 Prinzip eines Röntgenexperiments an einem Freie-Elektronen-Laser-Bild. (© DESY. Abdruck mit freundlicher Genehmigung)

nochmals um zwei bis drei Größenordnungen erhöht. Die Zukunft ist hier, Röntgendiffraktion und Röntgenspektroskopie in den Abbildungsmodus zu schalten. Wir bekommen dann mikroskopisch aufgelöste Bilder von beliebigen Materialeigenschaften. Alle 19 Betreiber von europäischen Synchrotronstrahlungs- und Röntgenlaserquellen haben sich im Herbst 2017 zu einem neuen europäischen Konsortium mit dem Namen League of European Accelerator-based Photon Sources (LEAPS) zusammengeschlossen, mit dem Ziel, noch effizienter zusammenzuarbeiten, um besser abgestimmte Software, Probenumgebungen und Datenformate für die akademische Forschung und für die Industrie bereitzustellen.

Die Röntgenanlagen sind in den letzten Jahrzehnten immer größer geworden, bis hin zu großen Speicherringen und kilometerlangen Linearbeschleunigern. Derzeit arbeiten die Beschleunigerphysiker daran, diesen Trend umzukehren. Sie zählen dabei auf eine neue Art der Elektronenbeschleunigung, die in geladenen Plasmen abläuft und Beschleunigungsspannungen ermöglichen, welche die heutigen um einen Faktor 1000 (!) übertreffen. Wenn solche Plasmabeschleuniger Wirklichkeit werden, dann schrumpfen solche Anlagen wieder auf Labormaßstab. Krankenhäuser könnten dann solche Anlagen im Keller stehen haben für hochaufgelöste Röntgenbildgebung an Patienten mit weit weniger Strahlenbelastung als heute.

Wir stellen uns vor, Wilhelm Conrad Röntgen sitzt auf einer Wolke und beobachtet das alles. Er wäre sehr stolz auf seine Erben …

Die Zukunft der Radiologie

Gerhard Adam, UKE Hamburg

Gerhard Adam. (© UKE Hamburg. Abdruck mit freundlicher Genehmigung)

Die Revolution in den Naturwissenschaften und der Medizin, die durch die Entdeckung der Röntgenstrahlen ausgelöst wurden, sind allgegenwärtig und bekannt. Naturwissenschaften und Medizin wurden transparent, bisher Verborgenes und Undurchsichtiges sichtbar, Grenzen der Naturwissenschaften neu definiert, überschritten und neu bemessen. Der hierdurch eingeleitete Epochenwandel durch die Entdeckung des Jahres 1895 ist in der Medizin nur noch mit der von James Watson und Francis Crick (1), die erstmals die Struktur der DNS beschrieben, vergleichbar.

Wie wird sich diese bahnbrechende Entdeckung in der Zukunft entwickeln? Wie wird Radiologie die Medizin der Zukunft beeinflussen? Wie wird die Medizin die Radiologie beeinflussen? Wie wird sich die Medizin des Jahres 2050 von der des Jahres 2020 unterscheiden?

Während in den Industrieländern die Medizin durch Alterung und demographischen Wandel am stärksten beeinflusst wird, werden in den nichtindustrialisierten Ländern das Bevölkerungswachstum mit seinen Folgen für Ernährung und Hygiene die bestimmenden Merkmale sein.

Alternde Bevölkerungen bedeuten für die Medizin eine immer komplexere Versorgung von Tumor- und Herz-Kreislauf-Erkrankungen, neurodegenerativen Erkrankungen und degenerativen Erkrankungen des Haltungs- und Bewegungsapparates. Wachsende junge Bevölkerungen stellen die Medizin vor andere Herausforderungen: Die ausreichende Versorgung mit Nahrungsmitteln, sauberem (Trink-)Wasser und die Sicherstellung von Hygienestandards und Infektionsmedizin stellen vermutlich die großen Herausforderungen dar. Somit wird die medizinische Versorgung der Weltbevölkerung von komplexester hochtechnisierter Medizin sowie Hygiene- und Infektionsmedizin geprägt sein.

Die Radiologie wird sich den Erfordernissen der patienten- und krankheitszentrierten Versorgung anpassen und wandeln. Radiologische Verfahren werden stärker als bisher breiten Bevölkerungsgruppen in allen Teilen der Welt zur Verfügung stehen müssen, um ihren Mehrwert in der medizinischen Versorgung unter Beweis zu stellen.

Elementare Treiber des Wandels der bildgebenden diagnostischen Medizin werden der wissenschaftliche Fortschritt in Physik, Biologie, Chemie, Elektrotechnik, Ingenieurwissenschaften und Informationstechnologie sein.

Bildgebende Informationen sind schon heute unabhängig vom Ort ihrer Entstehung verfügbar. Bildgebende Technologien werden schneller und präziser werden. Sie werden bisherige Methoden kombinieren und hybrider sein. Es werden neue bildgebende Technologien entwickelt werden, die die beiden erstgenannten Aspekte aufnehmen. Bildgebende Technologien werden miniaturisiert und mobiler sein, die Präzisionsmedizin definieren und ermöglichen. Bildgebung wird ein Schlüsselelement von Big Data Analytics und hier hybride Gesundheitsdaten durch Kombination mit Befunden der klinischen Chemie, der Mikrobiologie, der Pathologie und der Krankengeschichte unserer Patienten zur Verfügung stellen.

Die Radiologie wird zentraler Informationsvermittler und Informationshändler in einer immer komplexeren Hochleistungsmedizin sein. Die interventionelle Radiologie wird chirurgische Eingriffe ersetzen. Bildgebende Technologien werden mehr und mehr die invasive Medizin der chirurgischen Fächer zu einer minimal-invasiven Chirurgie, zur bildgebend gesteuerten Intervention transformieren.

Radiologische Information steht heute in Bruchteilen von Sekunden am Ort der Untersuchung zur Verfügung. Die Evolution der Computertomographie (CT) zur Mehrzeilen-Spiral-CT (2, 3) und der Magnetresonanztomographie (MRT) (4, 5, 6) zur zeitlich hochaufgelösten Volumentomographie sowie der Einsatz digitaler Detektoren in der Projektionsradiographie ermöglichen dies. Der technologische Fortschritt bei der Weiterverarbeitung der bildgebenden Information wird diese Prozesse noch beschleunigen. Wir werden in Zukunft über Bildnachverarbeitungsmethoden verfügen, die eine hochintegrierte mobile Nachverarbeitung von volumetrischen Datensätzen erlauben. Die Weiterentwicklung der Software wird der wesentliche Entwicklungstreiber sein. Radiologen werden in Echtzeit durch einen morphologisch und metabolischen Datensatz „fliegen“, um z. B. die intravaskulären Veränderungen der Arterienwand im Rahmen der Atherosklerose zu analysieren und zu bewerten und dann den adäquaten medikamentenbeschichteten Stent zur Versorgung einer Gefäßwandläsion auszuwählen und bildgebend gesteuert zu implantieren.

Bildgebung ist heute hochaufgelöst. CT, MRT und auch metabolische Bildgebung mit Positronenemissionstomographie CT (PET-CT) oder MR-PET erlauben die anatomische und metabolische Bildgebung in Submillimeterskalen. Diese Informationen werden in Zukunft mehr und mehr zur präziseren Bewertung von Therapien eingesetzt werden. So kann frühzeitig die Bewertung einer spezifizierten Chemo- oder auch Strahlentherapie erfasst und dadurch die Toxizität im Rahmen der Therapie vermindert werden. Die Präzisionsbildgebung wird zur gezielten Verifizierung eines Krankheitsherdes eingesetzt werden. In Kombination mit Liquid-Biopsy-Verfahren (7), die quasi eine ganzheitliche Suche nach einem Tumor einleiten, wird die hochaufgelöste anatomische und metabolische Bildgebung zur präzisen Tumorsuche genutzt. Auch dies setzt die Integration von molekularer und bildgebender Information voraus. Gleichzeitig wird durch digitale Analyse der Volumendatensätze bisher nichtgenutzte quantitative bildgebende Information in Form von Radiomics-Daten abrufbar, die uns die Interpretation von Krankheitsherden um eine nächste Qualität erweitern (8).

Die Integration dieser Daten wird eine neue Gruppe von Ärzten entstehen lassen, deren Kunst auch darin bestehen wird, mit Hilfe von Informationstechnologien, die Flut der Daten im besten Sinne des Wortes zu kanalisieren und gleichzeitig so miteinander zu kombinieren, dass in der Erkennung und Behandlung von Krankheiten nicht nur in der bildgebenden Medizin ein Mehrwert entsteht. Dazu bestehen bereits Ansätze, die schon die Komplexität der Aufgabe und auch die Möglichkeit, an einer derartigen Aufgabe zu scheitern (9), demonstriert haben. Medizin und Informatik müssen dazu eine gemeinsame Sprache finden, um diese Aufgabe zu bewältigen. Die medizinischen Curricula des Jahres 2050 werden dem Rechnung tragen und den Bereich der E-Health (10) stärken und in der studentischen Lehre berücksichtigen müssen.

Auf der Hand liegt der Einsatz von intelligenten Algorithmen in der digitalen Bildanalytik und Befunderstellung. Artificial Intelligence bzw. Augmented Intelligence wird dazu beitragen, den Workflow in der Radiologie neu zu definieren (11). Sie wird es ermöglichen, dass sich Radiologen in erster Linie wieder ihren Patienten zuwenden können und nicht in der Flut von bildgebender Information, die schon heute z. B. durch das Lesen einer hochaufgelösten PET-CT oder eines multiparametrischen MRT der Prostata generiert wird, unterzugehen.

Das neuronale Netzwerk wird, nachdem es ausreichend annotierte und validierte Bildinformationen gelesen und verarbeitet hat, in den diagnostischen Prozess integriert und dem Radiologen eine erste Diagnose anbieten, mit dem er zunächst einmal arbeiten kann. Man kann sich Systeme vorstellen – zum Teil sind diese bereits in Radiologieinformationssysteme (RIS) und Picture Archiving Communication Systems (PACS) oder Klinische Arbeitsplatzsysteme (KAS) integriert –, die dabei helfen, dringende von weniger dringenden Fällen zu trennen, komplexe von weniger komplexen und Notfälle, die eine sofortiges klinisches Handeln erfordern, direkt zur weiteren Prozessierung zur Verfügung zu stellen. Solche Systeme werden bald, nachdem die medizinische Qualität gesichert ist, ihren festen Platz im Reading Room des Radiologen haben.

Genau wie Alexa, die in der Notaufnahme die Anamnese digital erhebt und somit den ersten Schritt in der Behandlung der Patienten festlegt: Ergibt die Krankengeschichte eher Hinweise auf ein chirurgisches oder internistisches Krankheitsbild, muss der Patient schnell durch eine Arzt gesehen werden, oder kann er unter Umständen zur Weiterbehandlung in die ambulante Versorgung entlassen werden?

Diese intelligenten Systeme werden auch die Aus- und Weiterbildung unseres medizinischen Nachwuchses prägen und wichtige Hilfestellung im ärztlichen Alltag liefern, indem sie z. B. im Nachtdienst erste Verdachtsdiagnosen anbieten, die man dann weiter als Arbeitsgrundlage nutzen kann. Sie werden die Weiterbildung verbessern helfen, indem sie Wissen aus den unterschiedlichsten Einrichtungen vom Grundversorgungskrankenhaus bis zur Universitätsklinik in einem aggregierten digitalen Kompendium anbieten können. Die digitalisierte Aus- und Weiterbildung wird den Standard und die Qualität ärztlicher Ausbildung verbessern helfen (12).

In der Forschung werden solche Assistenzsysteme die Datenflut kanalisieren und im besten Sinne des Wortes dazu beitragen, die berühmte Stecknadel im Heuhaufen zu finden oder aus scheinbar nicht zusammenhängenden Puzzleteilen der diagnostischen Medizin ein Bild zu formen und die Radiomics-basierten Datensätze zu einem wichtigen Element der klinischen Medizin reifen lassen. Die Informationen, die wir heute aus großen epidemiologischen Kohortenstudien zum Teil mit bildgebender Information erhalten, werden sich nur mit Big-Data-Ansätzen in einen sinnvollen wissenschaftlichen Kontext einfügen lassen und die Datenkonvolute in einen dann auch hypothesengetriebenen Forschungsansatz integrieren (13).

Wird artifizielle Intelligenz Radiologen arbeitslos machen (14)? Ja, zumindest die, die auch im Jahr 2050 wie im Jahr 2020 arbeiten wollen. Heute sitzt der Radiologe vor seiner PACS-Konsole im Dunkeln und versucht, eine Unmenge von Bilddaten zu analysieren und diese in einen klinischen Kontext zu integrieren. In Zukunft wird er durch eine Unterstützung der Analyse und bei der Integration der Daten wesentliche Entlastung erfahren und auf der einen Seite mehr Zeit für die Patienten, auf der anderen Seite mehr Zeit für die gezielte Informationsvermittlung an seine klinischen Kollegen erhalten.

Dadurch wird die Radiologie in Zukunft noch mehr als heute zur zentralen Informationsbörse bei der Vermittlung von klinischen Daten werden. Der Radiologe wird zum Informationsbroker der Medizin des 21. Jahrhunderts, deren Ware die hochaggregierte bildgebende Information sein wird. Ob es eines Tages gar keine Radiologen mehr geben wird, da die Algorithmen neuronaler Netze selbstständig Diagnosen stellen und diese an die Patienten und die klinischen Kollegen vermitteln, sei dahingestellt. Vorstellbar ist es.

Aus heutiger Sicht ist dies vielleicht genauso wahrscheinlich wie ein Therapiegespräch bei einem klinischen Psychologen, das von einem Computer autonom geführt wird, oder eine Pankreatektomie mit mehrfacher Schlingenrekonstruktion, die von Hautschnitt zu Hautnaht ausschließlich ein OP-Roboter ausführt.

Radiologische Informationen werden in Sekundenbruchteilen an jeden Ort der Welt verschickt und dort von Experten beurteilt. Die Teleradiologie (15, 16) ist die am weitesten verbreitete und schon heute etablierte Anwendung der Telemedizin und ermöglicht die Versorgung mit bildgebender Diagnostik auch ohne die Anwesenheit eines Experten am Ort der Untersuchung. Dadurch lässt sich bildgebende Medizin auf hohem Niveau weiter verbreiten, somit regelrecht demokratisieren und breiten Patientenkollektiven zur Verfügung stellen. Voraussetzungen sind Imaging Hardware und ein Zugang zum Internet, in dem gebündeltes Expertenwissen weltweit 24/7/365 zur Verfügung steht. Man kann sich die Macht der Schwarmintelligenz vorstellen, wenn es gelingt, telematische Expertennetzwerke zu konfigurieren, mit deren Hilfe sich vermutlich auch die komplexesten und seltensten Differentialdiagnosen eingrenzen lassen. Auch könnten so Trainingsprogramme durchgeführt werden, z. B. Projekte in der Kindermedizin in Ländern ohne unmittelbaren Zugang zu radiologischem Spezialwissen (17). Teleradiologie ermöglicht so die grenzenlose Bereitstellung von hochspezialisiertem Expertenwissen.

Die Radiologie mit ihren Informationen wird auch mehr und mehr die Basis für eine bildgebend gesteuerte Therapie werden (18). Dies gilt für die uns bekannten Anwendungen der interventionellen Radiologie wie den gefäßeröffnenden und -verschließenden Verfahren oder die bildgebend gesteuerten Biopsien. „Smarte" interventionelle Gerätschaften werden dazu beitragen, dass die Therapie noch zielgerichteter und schonender sowie auch komplikationsärmer durchgeführt werden kann. Tumoren könnten sich so durch gezielte rechnergesteuerte Injektion an den Ort der größten biologischen Tumoraktivität besser behandeln lassen. Die größte Toxizität könnte so dahin gelangen, wo die größte biologische Aggressivität vorliegt, andere, gar avitale Tumoranteile könnte man auslassen. Der Kombination molekularer Bildinformation mit einer minimal-invasiven bildgebend gesteuerten Therapie wird die Zukunft gehören. Die Hybridisierung der bisher bekannten Methoden wird auch die Strahlentherapie verbessern helfen. Schon heute ermöglichen MR-PET Systeme (19) in Kombination mit MR-geführter Strahlentherapie (20) hoch gezielte Behandlungen, die bis vor Kurzem nicht denkbar waren. Metabolisch-topographische Aktivitätskarten könnten so zu einer weiteren Verringerung der Radiotoxizität beitragen.

Bildgebende Systeme sind heute nicht mehr aus modernen Operationssälen wegzudenken. Die gesamte Herzklappenchirurgie des 21. Jahrhunderts beruht auf der bildgebend geplanten und bildgebend geführten interventionellen Kardiologie und Kardiochirurgie (21, 22). Dieses Feld wird sich mit der Verfeinerung der bildgebenden Systeme und den Bildnachverarbeitungsalgorithmen weiter ausdehnen. Schon heute ist die Zahl offener chirurgischer Eingriffe an der Aorta in der Minderzahl, die Outcome-Daten sind ähnlich zum offenen Vorgehen (23). Dieser Trend wird sich auch in anderen chirurgischen Fächern verstetigen und fortsetzen.

Welche neuen Bilderzeugungsmethoden werden die Radiologie, die „Imaging Sciences", in Zukunft bereichern? Wir wissen es nicht.

Heute sind neben den klassischen Schnittbildmodalitäten wie CT und MRT andere Verfahren am Horizont, die jedoch noch nicht den Schritt in die Translation vollzogen haben. Magnetic Particle Imaging (MPI) als rasternde tomographische Methode, deren Informationsgehalt auf der Signalauslese magnetischer Eisennanopartikel im Organismus beruht, ist ein vielversprechendes Verfahren, das ein großes Potential in der vaskulären und zellulären Bildgebung besitzt (24).

Spektrale Röntgenbildgebung ist auf dem Sprung in die Klinik (25). Sie könnte vollständig neue Möglichkeiten z. B. in der quantitativen Lungenbildgebung eröffnen. Die ersten Prototypen von Phasenkontrast-CT stehen vor der Exploration. Auch hier kann man sich interessante Anwendungen z. B. in der Gefäßdarstellung (26) vorstellen. Hochaufgelöste quantitative Ultraschallmethoden werden die klinische Bildgebung sicher verbessern helfen.

Darüber hinaus kann die Nanomedizin eine wichtige Rolle in der Radiologie des 21. Jahrhunderts spielen (27). Denkbar sind smarte Kontrastverstärker für CT- und MR-Bildgebung oder auch für das MPI – genau wie nanopartikelbasierte Theranostika, die bildgebend gesteuert den Krankheitsherd erkennen und, nachdem sie ihn erreicht haben, auch gleichzeitig therapieren.

Die Zukunft der Radiologie ist vielversprechend und stellt Radiologen weiterhin ein spannendes Arbeitsfeld in Aussicht. Aus der heutigen Perspektive wird sie von den Weiterentwicklungen der Naturwissenschaften, der Informatik und der Informationstechnologien geprägt werden. Erweitert wird die Vision durch die wissenschaftlichen Weiterentwicklungen im Bereich der molekularen Medizin. Das Bild des klinischen und forschenden Radiologen wird sich ändern, die Schwerpunkte werden dabei in der Fähigkeit liegen, bildgebende Daten in klinische und molekulare Kontexte zu integrieren und diese in den klinischen Workflow einzupassen.

Der Radiologe wird *der* Informationsbroker des 21. Jahrhunderts in der klinischen Medizin sein. Welche neuen bildgebenden Systeme ihn dabei unterstützen werden, hätte Wilhelm Conrad Röntgen, der der Prototyp des bescheidenen Wissenschaftlers und daher eines der großen Vorbilder der modernen Wissenschaftsgeschichte war, nicht zu prognostizieren gewagt.

Die Zukunft der Strahlentherapie

Anca-Ligia Grosu, Universitätsklinikum Freiburg

Anca-Ligia Grosu. (© Klinik für Strahlenheilkunde, Universität Freiburg. Abdruck mit freundlicher Genehmigung)

Als Wilhelm Conrad Röntgen 1895 seine revolutionäre Entdeckung „einer Strahlenart" machte, die er X-Strahlen nannte, ahnte er wahrscheinlich noch nicht, wie immens die Resonanz seiner Forschung sein würde: nicht nur durch die verbesserte Diagnose, sondern auch durch die neuartige Behandlung kranker Menschen. Nur zwei Jahre später benutzte der Wiener Arzt Leopold Freund die X-Strahlen, um ein achtjähriges Mädchen mit einem behaarten Muttermal am Rücken zu behandeln. Die Geschwulst verschwand nachhaltig, und Freund hat darüber in der *Wiener Medizinischen Wochenschrift* (6. März 1897) berichtet. Im Jahre 1903 veröffentlichte der Wiener Arzt das erste ausschließlich der Strahlentherapie gewidmete Lehrbuch: *Grundriss der gesamten Radiotherapie für praktische Ärzte* (28).

Das Fach Strahlentherapie/Radiologische Onkologie hat sich im letzten Jahrhundert rasant entwickelt, und diese Entwicklung geht im 21. Jahrhundert weiter. Die Strahlentherapie wird hauptsächlich bei Patienten mit bösartigen und gutartigen Tumoren durchgeführt. Auf den Tumor wird eine Strahlendosis appliziert, mit dem Ziel, die Tumorzellen zu zerstören. Generell gilt die Regel: je höher die Dosis, desto höher die Tumorkontrolle.

Wie in anderen Bereichen der Medizin wird diese Entwicklung in der Radioonkologie/Strahlentherapie durch drei Begriffe definiert: Präzision, Personalisierung und Individualisierung. Im Folgenden wird erklärt, was diese Konzepte für unser Fach bedeuten und was Ärzte, Wissenschaftler und Patienten von dieser Art der Behandlung in Zukunft erwarten können.

Präzise Strahlentherapie

Die Präzision ist in unserem Fach mit Sicherheit der übergeordnete Begriff. Wichtige technologische Entwicklungen haben die Exaktheit der Strahlenapplikation verbessert, so dass heutzutage die geometrische Genauigkeit bei bestimmten Behandlungsmethoden bei unter 1 mm liegt:

1. Stereotaktische Strahlentherapie/Radiochirurgie: Diese Methode wurde zum ersten Mal 1956 in Stockholm/Karolinska am Gamma Knife entwickelt und Anfang der 1990er Jahre in Heidelberg, Boston etc. am Linearbeschleuniger etabliert (29). Diese Technik der Hochpräzisionsstrahlentherapie ermöglicht eine maximale Genauigkeit in der Applikation der Strahlen und eine signifikante Schonung des gesunden Gewebes. Dadurch können auch Tumoren zerstört werden, die in kritischen Bereichen lokalisiert sind: Hirn, Auge, aber auch Lunge, Leber oder Prostata. Die stereotaktische Strahlentherapie hat das Konzept der ablativen Strahlentherapie eingeführt, was die Applikation von sehr hohen Strahlendosen (bis über 100 Gy) bedeutet, die zu einer kompletten Zerstörung der Tumoren führen kann, analog zu einem operativen Eingriff. Diese Technik erzielt bereits exzellente Ergebnisse in den Bereichen Hirn, Lunge und Leber und entwickelt sich in anderen Körperregionen wie Prostata, Niere, Pankreas etc. ständig weiter.
2. Intensitätsmodulierte Strahlentherapie (Intensity Modulated Radiotherapy, IMRT): Diese Methode wurde zum großen Teil von einer Gruppe deutscher Physiker um

Wolfgang Schlegel und Thomas Bortfeld entwickelt (30) und erlaubt eine sehr individuelle, präzise Verteilung der Strahlendosis im Tumor und gesunden Gewebe. Die IMRT wird in Zukunft eine essentielle Rolle in der Weiterentwicklung der personalisierten Strahlentherapie spielen (s. unten).

3. Bildgeführte Strahlentherapie (Image Guided Radiotherapy, IGRT): Diese Technik erlaubt die Verifikation der Patientenpositionierung am Linearbeschleuniger (LINAC). Die Durchführung einer Computertomographie (CT) direkt auf dem Linearbeschleunigertisch vor jeder Strahlenapplikation ist ein wichtiger Schritt zur Verbesserung der Präzision. Neue Geräte wie das MR-LINAC, d. h. die Kombination eines Kernspintomographen (Magnetresonanztomographie, MRT) mit einem Linearbeschleuniger, erlauben sogar die Darstellung der intrafraktionellen Bewegungen der Organe wie Herz, Darm, Lunge, Leber oder Prostata. Diese Informationen können bei der Planung und Umplanung (adaptive Strahlentherapie) einer Strahlenbehandlung berücksichtigt werden.
4. Teilchenbestrahlung mit Protonen und Kohlenstoffionen/Schwerionentherapie: Protonen und Kohlenstoffionen/Schwerionen haben spezielle Eigenschaften, wenn sie die Materie durchdringen, was dazu führt, dass diese Art von Bestrahlung durch eine schonendere Dosisverteilung vor allem in mittleren und niedrigeren Dosisbereichen führt. Damit wird insgesamt die Strahlenbelastung im gesunden Gewebe niedriger. Insbesondere die Protonenbestrahlung hat sich in den letzten Jahren technologisch signifikant entwickelt: Die Bestrahlungsgeräte sind kleiner und dadurch kosteneffektiver geworden. Neue Hardware- und Softwaresysteme werden diese Technologie in Zukunft leichter zugänglich machen. Es ist zu erwarten, dass neben den klassischen Photonentherapiegeräten die Partikeltherapie, insbesondere mit Protonen, ihren Platz finden und Teil der Ausrüstung jeder Klinik für Radioonkologie sein wird. Die Evaluation der Kohlenstoffionen-/Schwerionentherapie wird wegen der aufwändigen Technologie und den speziellen strahlenbiologischen Eigenschaften voraussichtlich weiterhin in spezialisierten Zentren erfolgen.
5. Interventionelle Radioonkologie: Sie fasst die strahlentherapeutischen Methoden zusammen, die durch eine invasive Applikation der Strahlen gekennzeichnet sind. Bei der Brachytherapie handelt es sich um eine interne Behandlung, bei der radioaktive Strahler in das Gewebe bzw. in die Organe eingebracht werden. Während beim Afterloading die Quellen (Iridium-192) nur kurzzeitig im Tumor liegen, verbleiben die Seeds (Jod-125) permanent in der Bestrahlungsposition.

   Bei der intraoperativen Bestrahlung (IORT) wird, wie der Begriff andeutet, die Strahlendosis im Rahmen eines operativen Eingriffs appliziert. Der große Vorteil dieser Methode ist, dass sie in enger Zusammenarbeit zwischen Chirurgie und Strahlentherapie erfolgt und die Applikation einer höheren einzelnen Strahlendosis erlaubt, und zwar unter mechanischer Schonung der gesunden Organe durch die Verlegung während der Bestrahlung. Beide Methoden, die HDR-(High-Dose-Rate-) Brachytherapie und die IORT sind extrem effektive Behandlungsmethoden, die eine hochdosierte Strahlentherapie ermöglichen. Die Verbesserung der Dosisverteilung durch mobile bildgebende Verfahren mit genauer Planung der Dosisverteilung vor und während der Behandlung werden diese Techniken in Zukunft weiter verbessern. Bei Tumorentitäten wie Prostatakarzinom (HDR-Brachytherapie) oder Pankreaskarzinom, Weichteilsarkome, Rezidive nach Bestrahlung (IORT) werden diese Methoden an Bedeutung gewinnen und die Behandlung durch Chirurgen und Radioonkologen noch stärker in einem Gesamtkonzept verbinden.

6. Neue technologische Entwicklungen: Die Technologie der Strahlentherapie wird sich weiterentwickeln. Neue Software- und Hardwareentwicklungen werden die Strahlenapplikation präziser und schonender machen. Ein Beispiel für neue Behandlungstechniken ist die FLASH-Radiotherapie, die durch die Applikation einer hohen Dosis in sehr kurzer Zeit charakterisiert ist. Durch zum Teil noch unklare strahlenbiologische Mechanismen wird bei der FLASH-Methode eine kurze Hypoxie in den gesunden Zellen verursacht, die vor Schäden der Strahlentherapie schützt. Weitere strahlenbiologische, physikalische und klinische Untersuchungen werden diese vielversprechende Methode besser beschreiben, um die klinische Einsetzung zu ermöglichen (31).
7. Behandlung nach Leitlinien: Die Begriff „Präzision" in der (Radio-)Onkologie beinhaltet auch die Entwicklung akkurater interdisziplinärer Leitlinien (Standard Operating Procedures, SOPs), welche die Behandlung von Krebspatienten anhand der Ergebnisse von Studien und der klinischen Erfahrung definieren. In Deutschland wurden in den letzten Jahren unter dem Schirm der Deutschen Krebshilfe und der Deutschen Krebsgesellschaft Strukturen etabliert, die interdisziplinäre Standards entwickeln und für eine Beteiligung aller onkologischen Disziplinen in den Entscheidungsprozessen sorgen. In Zukunft wird die Versorgung der Krebspatienten noch intensiver in Organzentren durch ein Team verschiedener Spezialisten durchgeführt. Die Spezialisierung wird mit Sicherheit das Fachwissen und die Erfahrung mehren, aber die Fokussierung auf engere Teilbereiche wird auch Nachteile mit sich bringen und eine engere Kommunikation zwischen den verschiedenen Spezialisten erfordern. Der Patient bleibt als Mensch eine Einheit, die von allen Seiten entsprechend verstanden und betreut werden soll.

Personalisierte Strahlentherapie

Die Personalisierung der Radioonkologie ist eine große Herausforderung für die Zukunft. Francis Collins spricht in seinem Buch *The Language of Life – DNA and the Revolution in Personalized Medicine* über eine neue Ära in der Medizin generell und in der Onkologie speziell: Das Prinzip „One size fits all" wird ersetzt durch eine Behandlung, die die spezifischen molekular-biologischen und sogar genetischen Eigenschaften des Tumors berücksichtigt (32). Ist das in der Radioonkologie möglich? Ja, mit Sicherheit! Die Strahlentherapie der Zukunft wird Gesamtdosis, Fraktionierung und Kombination der Strahlen mit anderen Therapien (Targeted Therapy, Immuntherapie, Chemotherapie, Vakzinierung etc.) nach diesen molekular-biologischen und genetischen Charakteristika des Tumors steuern. Biologische Marker und Gensequenzierung werden die Tumoren im Hinblick auf ihre Angreifbarkeit beschreiben, und ebenso wie die medikamentöse Therapie wird die Strahlentherapie diese Eigenschaften in der Steuerung der Behandlung berücksichtigen.

In der Personalisierung der Strahlentherapie wird die biologische Bildgebung eine essentielle Rolle spielen. Die bildgebenden Verfahren wie Positronenemissionstomographie (PET) und multiparametrische Magnetresonanztomographie (mpMRT) werden nicht nur die Morphe (Struktur) des Tumors, sondern auch biologische Funktionen darstellen, und das bis in kleinste Details wie Genexpression, Rezeptoren und Proteine. Die künstliche Intelligenz wird helfen, aus den riesigen Datenmengen, die uns der Computer nach einer CT-, MRT- oder PET-Aufnahme liefert, bestimmte physikalische Eigenschaften des Bildes, beispielsweise sog. Radiomics, mit biologischen Vorgängen und mit dem klinischen Verlauf zu korrelieren: „Imaging are not only pictures, they are data" (33)! Diese Informationen werden in Strahlentherapieplanung und -monitoring eingesetzt. Neue Behandlungsalgorithmen werden die in der Bildgebung dargestellten biologischen Eigenschaften der Tumoren und des gesunden Gewebes berücksichtigen (34, 35). Die voraussichtliche Tumorkontrolle wird in die Waagschale gelegt im Vergleich zu den voraussichtlichen Nebenwirkungen, um aus dem Behandlungsfenster die optimale, personalisierte Dosis und Fraktionierung zu finden. Die nichtinvasive Bildgebung wird auf der Zeitachse die Entwicklung sowohl des Tumors als auch des gesunden Gewebes verfolgen und visuell darstellen, so dass die Strahlentherapie auch die Dimension Zeit berücksichtigen und sich adaptiv an die Änderungen des Tumors und/oder des gesunden Gewebes anpassen wird. Neue Geräte wie MR/LINAC (MRT und Linearbeschleuniger), PET/LINAC und CT/LINAC (schon verbreitet als Cone-Beam-CT [CBCT] oder Tomotherapie) werden im Verlauf der Behandlung die Morphe und die Funktion darstellen und eine Anpassung der Behandlung ermöglichen. Dadurch wird nicht nur die Komponente der Personalisierung, sondern auch die Individualisierung der Behandlung erreicht (s. unten).

Die Personalisierung der medikamentösen Therapie, die die Strahlentherapie begleitet, wird ein weiterer wichtiger Aspekt der Radioonkologie der Zukunft sein. Begleitende Immuntherapie parallel oder sequentiell zur Strahlentherapie wird sowohl im Primärtumorbereich als auch distant im Bereich der Metastasen (abscopaler Effekt) eine heilende Wirkung entfalten. Die Wahl der Systemtherapie (Immuntherapie, Targeted Therapy, Chemotherapie etc.) und die Sequenz der Applikation in Kombination mit der Strahlentherapie werden die Radioonkologie der Zukunft signifikant mitbestimmen. Die Strahlenbiologie wird mehr und mehr die Wirkung verschiedener Substanzen, die parallel oder sequentiell zur Strahlenbehandlung appliziert werden, untersuchen und im Tiermodell die Basis für weitere klinische Studien definieren (36, 37).

Individualisierte Strahlentherapie

Die Individualisierung der Therapie, d. h. die Berücksichtigung des gesamten Krankheitsbildes, aber auch der spezifischen Wünsche des Patienten, des sozialen Umfeldes, der Familie etc., ist die dritte wichtige Komponente, die eine moderne Medizin berücksichtigen sollte. In der Strahlentherapie wird die Individualisierung insbesondere in Form der adaptiven Strahlentherapie verwirklicht: Durch bildgebende Verfahren wie z. B. Tomographie oder LINAC mit CBCT werden täglich die spezifischen Bewegungen des Tumors und der Risikoorgane berücksichtigt, und dementsprechend wird das Bestrahlungsfeld angepasst. Diese kontinuierliche Anpassung der Strahlentherapie wird durch die Entwicklung neuer Behandlungstechniken an Häufigkeit und Bedeutung zunehmen: MR/LINAC, PET/LINAC werden nicht nur die Anatomie, sondern auch die Biologie darstellen und eine individualisierte (personalisierte) anatomisch und biologisch adaptive Strahlenbehandlung ermöglichen (s. oben) (Abb. 2.4).

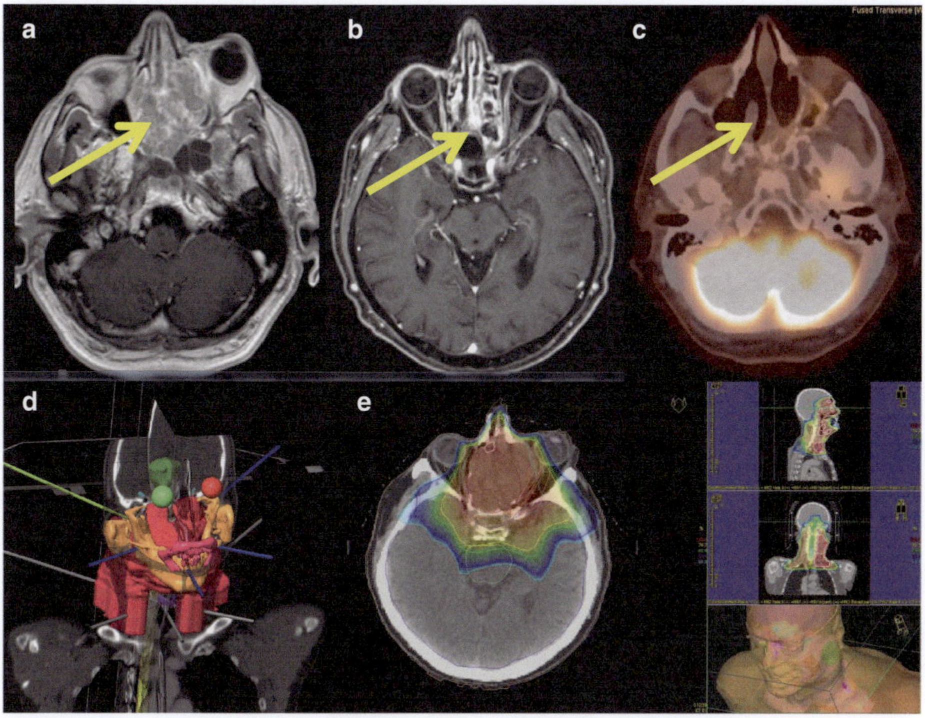

Abb. 2.4 Patient (männlich, 55 Jahre alt) mit einem großen Kopf-Hals-Tumor (Plattenepithelkarzinom G3), lokalisiert in der Schädelbasis, mit Infiltration in die mediale Orbitawand, in die Frontobasis und mit großen Lymphknotenpaketen beiderseits (A). Der Patient zeigte bei der klinischen Untersuchung starke Sehstörungen, Doppelbilder, Schmerzen retroorbital und ein hirnorganisches Psychosyndrom. Fünf Jahre nach einer primären Radiochemotherapie (70 Gy und Cisplatin) zeigt sich im MRT (B) und FDG-PET/CT (C) eine komplette Remission. Dementsprechend war der Patient komplett beschwerdefrei. In D ist die Segmentierung des Tumors und der Risikoorgane zur Planung der Strahlentherapie dargestellt. Die Planung der Bestrahlung (E) in IMRT-Technik zeigt die homogene, konformale Dosisverteilung im Tumor (Hochdosisbereich in Rot, Niedrigdosisbereich in Blau dargestellt) und eine sehr gute Schonung der gesunden Strukturen (z. B. Augen, Hirnstamm). (© Klinik für Strahlenheilkunde, Universität Freiburg. Abdruck mit freundlicher Genehmigung)

All diese von der Technologie geprägten Entwicklungen dürfen den Menschen nicht vergessen. Die Gespräche mit den Patienten und ihren Angehörigen werden auch in Zukunft die Grundlage für das Vertrauen in die Maschinen und den Sinn der Behandlung bilden. Die psychoonkologische Betreuung, zum Teil durch die Radioonkologen selbst, zum Teil durch spezialisierte Psychoonkologen, wird ein essentielles Element des Behandlungskonzeptes bleiben, das von keinem Gerät und von keinem Medikament ersetzt werden kann.

Zusammenfassung

Die Radioonkologie/Strahlentherapie wird ein technologisches Fach mit dem Menschen im Mittelpunkt bleiben. Die Interdisziplinarität wird dieses Fach grundlegend bestimmen. Die Komplexität der Tumorbiologie und der Interaktion mit dem Strahl wird Ärzte, Biologen, Physiker, Informatiker, Psychologen etc. weiterhin beschäftigen. In diesem komplexen Zusammenhang werden die Maschinen den Menschen unterstützen, ihn jedoch nie ersetzen können.

Die Bedeutung der Röntgenstrahlen für die zerstörungsfreie Materialprüfung

Matthias Purschke, DGZfP Berlin

Matthias Purschke. (© DGZfP. Abdruck mit freundlicher Genehmigung)

Purschke, Matthias. Unfälle vermeiden – Materialprüfung mit Röntgenstrahlen. in: Busch, Uwe / Rosendahl, Wilfried (Hrsg.). Die Welt im Durchblick. Wunder moderner Röntgentechnik. Verlag wbg Theiss. Darmstadt. 2019. S. 70–74, Abdruck mit freundlicher Genehmigung der WBG. Der Beitrag ist eine etwas erweiterte und ergänzte Version des WBG Artikels.

Die zerstörungsfreie Materialprüfung befasst sich mit der Untersuchung von Bauteilen und Konstruktionen auf Fehler. Unter Fehler versteht man einen Qualitätsmangel, der die Verwendbarkeit des Bauteils beeinträchtigt. Aus dieser allgemeinen Definition ergibt sich die Forderung, dass das Bauteil bzw. die Konstruktion durch die Verfahren der zerstörungsfreien Prüfung in keiner Weise beeinträchtigt werden darf, wie dies z. B. bei den zerstörenden Prüfungen der Fall ist.

Die zerstörungsfreie Materialprüfung gewinnt immer mehr an Bedeutung. Dies ist u. a. bedingt durch die zunehmenden schädigenden Umwelteinflüsse und die wachsenden Anforderungen an die Sicherheit technischer Anlagen. Durch frühzeitiges Erkennen von Schäden an Bauteilen, Anlagen und technischen Konstruktionen soll die Sicherheit für Mensch und Umwelt erhöht werden. Das Verhindern von Schäden ist damit eine der zentralen Aufgaben der zerstörungsfreien Werkstoffprüfung und in diesem Sinne bereits im Grundgesetz der Bundesrepublik (Art. 2 Abs. 2) sowie im Bürgerlichen Gesetzbuch von 1900 und 1903 „Allgemeine Sorgfalts- und Verkehrssicherungspflicht" festgeschrieben. Zum Schutz der Menschen in der Gesellschaft heißt es hier: „Wer eine Gefahrenquelle schafft, erkennt oder hätte erkennen können, hat die zum Schutze der Personen [...] notwendigen Maßnahmen zu ergreifen."

Immer wieder wird die Frage gestellt, wann zerstörungsfreie Prüfung, im historischen Kontext betrachtet, begonnen hat. Die Antwort darauf kann nur lauten, dass das Bedürfnis des Menschen so alt ist wie sein Bedürfnis nach Nahrung und dem Überleben in einer nicht immer wohlgesonnenen Umwelt. Man kann also ohne Übertreibung sagen: Das Bedürfnis des Menschen nach Sicherheit ist so alt wie die Menschheit selbst. Das Bedürfnis des Menschen nach Sicherheit war und ist die Haupttriebkraft der zerstörungsfreien Prüfung und hat ihre Entwicklung grundlegend bestimmt.

Die Sichtprobe, die Klangprobe, die Tastprobe, die Geruchsprobe und die Geschmacksprobe sind somit die ältesten zerstörungsfreien „Prüfverfahren" des Menschen. Als Geburtsstunde der „modernen" zerstörungsfreien Werkstoffprüfung gilt aber allgemein die Entdeckung der Röntgenstrahlung. Bereits in einer der ersten Mitteilungen beschrieb Wilhelm Conrad Röntgen, „[...] dass eine 15 mm dicke Aluminiumschicht die Wirkung der Strahlung erheblich schwächte und eine Bleischicht von 1,5 mm dicke so gut wie undurchlässig sei". Bezugnehmend auf seine erste Mitteilung, in welcher er die Analyse von Materialien bereits erwähnt hatte, durchstrahlte Röntgen 1896 das Innere seines Jagdgewehrs. Die Belichtungszeit dafür betrug 12 min. Auf der Aufnahme sah man Gussstengel der Kugeln, eine in den Stahllauf eingeschlagene Zahl sowie einen „Materialfehler des Damastlaufes".

Seit der Entdeckung ist die Anwendung der Röntgenstrahlen aus der Materialprüfung nicht mehr wegzudenken. Neben der Durchstrahlung von Gegenständen mittels Röntgenstrahlung bieten die physikalischen Eigenschaften der Strahlung aber auch weitere Anwendungsmöglichkeiten im Bereich der Materialprüfung an. Bei der Röntgenfeinstrukturanalyse werden die Beugungseigenschaften der Strahlung an z. B. Gitterstrukturen in Kristallen ausgenutzt, um Materialien zu analysieren und Materialeigenschaften zu bestimmen.

Grundsätzlich dient die technische Radiographie dazu, Inhomogenitäten und Fehlstellen aller Art im Bauteil aufzufinden. Dies gilt sowohl für das gesamte Volumen als auch für die Oberflächen des durchstrahlten Prüfgegenstands. Dazu gehören außer Eisen

Abb. 2.5 Einsatz moderner Röntgengeräte bei der Pipelineprüfung im Feld. (© YXLON International GmbH. Abdruck mit freundlicher Genehmigung)

und Stahl nahezu alle Metalle und ihre Legierungen sowie Keramik, Porzellan, Kunststoffe, Beton, Holz und Kompositmaterialien wie kohlenstofffaserverstärkter Kunststoff (CFK) oder glasfaserverstärkter Kunststoff (GFK). Die Anwendung der Röntgenprüfung setzt immer eine ausreichende Durchstrahlbarkeit des Prüfgegenstands voraus. Sie ist neben der Ultraschallprüfung eines der am meisten angewendeten Verfahren der zerstörungsfreien Werkstoffprüfung und dient zur Kontrolle von z. B. Schweißnähten und Gussteilen für unterschiedlichste Anwendungen (z. B. Fahrzeugteile, Druckbehälter, Pipelines, Chemieanlagen).

Seit der ersten verbrieften Röntgenaufnahme im Sinne der zerstörungsfreien Materialprüfung haben vielfältige technologische Entwicklungen auf dem Gebiet der Gerätetechnik zur Verbreitung der Röntgentechnik als Prüfverfahren beigetragen. Die Kombination moderner Röhren- und Hochspannungstechnologie führte zu kompakten und sehr robusten transportablen Röntgeneinrichtungen, die auch unter schwierigen klimatischen und Umweltbedingungen zuverlässig einsetzbar sind (Abb. 2.5).

In den letzten Jahrzehnten sind neuartige Detektoren verfügbar, die insbesondere bei der medizinischen Anwendung den Röntgenfilm bereits weitgehend abgelöst haben. Getrieben wurde die Entwicklung neuartiger Detektoren in der Medizin durch die Maxime der Dosisreduktion für Patienten und Personal. Auch die industrielle Radiographie profitierte im großen Maße von diesen Entwicklungen. Dosisbegrenzungen spielen in der industriellen Radiographie zwar nur eine untergeordnete Rolle, aber die modernen Detektoren führten zu deutlich besseren Bildqualitäten und damit zu verbesserten Bewertungsmöglichkeiten der Prüfergebnisse. Darüber hinaus bieten derartige Detektoren die Möglichkeit, die digitalen Bilddaten mit geeigneter Computerhardware und -software zu bearbeiten, um die Auswertung weiter zu verbessern bzw. zu vereinfachen.

Durch die Entwicklungen der Digitaltechnik und Computerhardware wurde auch die sog. Serienprüfung von Teilen revolutioniert. So ist es in der Öffentlichkeit kaum bekannt, dass schon seit Jahrzehnten sicherheitsrelevante Bauteile insbesondere der Automobilindustrie (z. B. gegossene Aluminiumräder und Fahrwerksteile) einer 100-prozentigen Röntgenprüfung unterliegen.

Derartige Röntgenprüfsysteme sind darauf ausgelegt, große Stückzahlen von Bauteilen in kurzer Zeit mit hoher Zuverlässigkeit zu prüfen. Diese Anlagen bestehen aus Strahlenschutzkabinen, in denen Röntgenröhre, Detektor und ein geeigneter Teilemanipulator die Prüfaufgabe vollziehen. Üblicherweise wurde die Prüfung so durchgeführt, dass der Prüfer das in Echtzeit auf einen Monitor übertragene Bild zu bewerten und eine Entscheidung über die Verwendbarkeit des Teils zu treffen hatte. Als echtzeitfähige röntgenempfindliche Detektoren wurden und werden sog. Röntgenbildverstärker-Kamerasysteme verwendet, die das Live-Röntgenbild auf einen Monitor übertragen.

Bereits seit Anfang der 1990er Jahre sind Röntgenprüfsysteme im Einsatz, die mit Hilfe speziell entwickelter Auswertungsalgorithmen und geeigneter Hardware eine eigenständige Bewertung des Teils vornehmen. Getrieben wurde diese Entwicklung zum einen natürlich aus wirtschaftlichen und Rationalisierungsüberlegungen, zum anderen aber insbesondere aus Zuverlässigkeitsgründen. Die Röntgenserienprüfung von Gussteilen war und ist für den Prüfer eine sehr anstrengende und monotone Tätigkeit in abgedunkelten Räumlichkeiten und oft lauter Arbeitsumgebung. Dies und der bei der Prüfung herrschende Zeitdruck können die Zuverlässigkeit des Prüfergebnisses negativ beeinflussen. Die seit Jahren insbesondere im Automobilbau anhaltende Tendenz zur Gewichtsreduktion durch zurückhaltenden Materialeinsatz führt natürlich zu einer höheren Beanspruchung der Einzelkomponenten. Somit können vom Prüfer übersehene Gussfehler die Funktionsfähigkeit einer Komponente in Bezug auf Sicherheitsanforderungen (z. B. bei Rädern und Fahrwerksteilen), aber auch im Hinblick auf die Käuferanforderungen (z. B. dauerhafte Haltbarkeit von Kurbelgehäusen und Kolben), negativ beeinflussen. All diese Überlegungen führten dazu, dass heute vollautomatische Röntgenprüfsysteme in der Serienprüfung, zumeist mit digitalen Flächendetektoren, eine große Verbreitung gefunden haben und einen Stand der Technik für die beschriebenen Anwendungen definieren.

Im Bereich der Luftfahrtindustrie, insbesondere bei der Fertigung und Instandhaltung von Triebwerken, stellt der Einsatz moderner Detektortechnologie in Verbindung mit Verfahren der digitalen Bildverarbeitung ebenfalls den Stand der Technik dar. Hier-

Abb. 2.6 Radiographie einer Triebwerksschaufel. (© Rich. Seifert & Co., ca. 1999. Abdruck mit freundlicher Genehmigung)

bei werden insbesondere an die Turbinenschaufeln höchste Anforderungen gestellt. Die Röntgenprüfung hat hier verschiedene Aufgaben zu bewältigen. Es geht neben dem Nachweis der Funktionstüchtigkeit und Haltbarkeit auch um die Bewertung von Maßhaltigkeit und inneren Strukturen dieser teils sehr komplexen Bauteile (Abb. 2.6).

Die schon kurz beschriebenen technologischen Fortschritte im Bereich der industriellen Röntgenprüfung haben neue Anwendungsmöglichkeiten, insbesondere aber zuverlässigere Bewertungsmöglichkeiten erschlossen. Dennoch bleiben verschiedene verfahrensimmanente „Nachteile" der Röntgenprüfung, wie die Abbildung eines dreidimensionalen volumenhaften Prüfgegenstands auf die zweidimensionale Bildebene, davon unberührt. In Durchstrahlungsrichtung hintereinanderliegende Teile des Prüfgegenstands überlagern sich. Dadurch kann beispielsweise nicht unterschieden werden, ob ein im Röntgenbild sichtbares Detail durch ein Material höherer oder niedrigerer Absorption der Röntgenstrahlung oder durch überlagernde Schichten hervorgerufen wird.

Die damit verbundene Abhängigkeit des Prüfergebnisses vom Einstrahlwinkel lässt somit eine genaue Dimensionsbestimmung von Details im Röntgenbild im Allgemeinen nicht zu. Sowohl die Tiefenausdehnung als auch die Tiefenlage eines Objektdetails lassen sich aus nur einem Röntgenbild nicht bestimmen. Gerade aber diese Informationen können von wesentlicher Bedeutung für die Bewertung der Gebrauchsfähigkeit eines Teils sein.

Informationen über die räumliche Struktur des Prüfgegenstands erhält man insbesondere mit Hilfe der Computertomographie. Nur damit ist eine räumliche Zuordnung von Informationen aus Röntgenbildern möglich. Erste CT-Anlagen kamen bereits Anfang der 1970er Jahre in die klinische Anwendung. In der Materialprüfung kamen

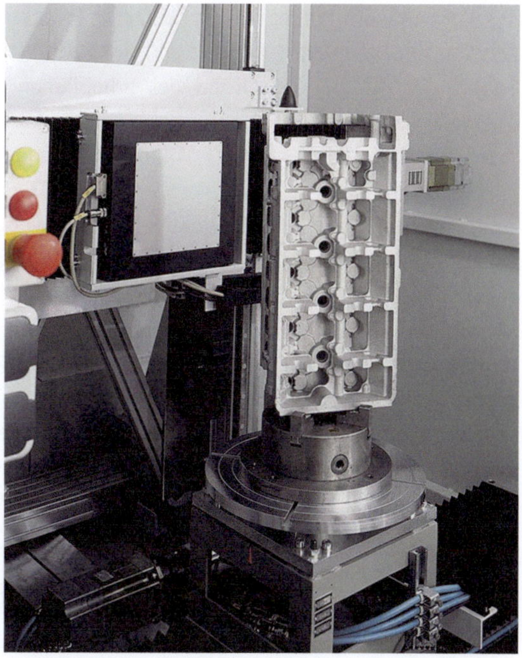

Abb. 2.7 Flächendetektor und Prüfgegenstand (Zylinderkopf) in der 3D-CT. (© Rich. Seifert & Co., ca. 1999. Abdruck mit freundlicher Genehmigung)

die ersten Systeme aber auf Grund der speziellen Anforderungen erst ungefähr 20 Jahre später zum Einsatz. Neben Herstellern von Turbinenschaufeln war es auch hier wieder die Automobilindustrie, die die neuen Möglichkeiten der Technik erkannte und einsetzte.

In der industriellen Praxis (abhängig vom Prüfgegenstand) werden Auflösungen vom Mikrometer- bis Millimeterbereich gefordert. Dies muss erreicht werden, obwohl die Prüfgegenstände oftmals mit sehr hohen Energien durchstrahlt werden müssen, um eine ausreichende Durchdringung zu erreichen. Beide Forderungen stehen mitunter im Widerspruch zur erzielbaren Bildqualität. Die erreichbare Bildqualität hängt stark vom geprüften Material, der Wanddicke des Materials, der einzusetzenden Röntgenenergie, der Röntgenröhre und Aufnahmegeometrie sowie den Detektoreigenschaften bzw. der Größe seiner diskreten röntgenempfindlichen Bildpunkte ab. All diese Parameter hängen stark von der jeweiligen Anwendung ab.

Die rekonstruierte Schichtaufnahme eines Prüfgegenstands beinhaltet bereits eine erheblich größere Detailinformation, da im Gegensatz zum „normalen Röntgenbild" keine Überlagerung von Informationen bzw. Objektdetails stattfindet.

Oftmals ist aber die Information über das gesamte oder das Teilvolumen des Prüfgegenstands von großem Interesse. In der industriellen CT wird die Volumenmessung direkt dreidimensional vorgenommen (Abb. 2.7).

Im Gegensatz zur 2D-CT mit Fächerstrahlgeometrie und einem röntgenempfindlichen Zeilendetektor wird bei der 3D-CT ein digitaler Flächendetektor verwendet. Bei jedem

Winkel wird somit nicht nur eine einzelne Projektion, also eine Objektzeile, aufgenommen, sondern ein komplettes Röntgenbild des Prüfobjektes. Die mathematische Rekonstruktion ist bei der 3D-CT auf Grund des erheblichen Datenumfangs wesentlich aufwändiger. Während bei der 2D-CT die einzelnen Bildpunkte der jeweiligen Schnittebene rekonstruiert werden, werden bei der 3D-CT Volumenelemente (Voxel) rekonstruiert.

Grundsätzlich besteht der Vorteil der 3D-CT in einer hohen und konstanten Auflösung in allen drei Dimensionen. Dies ist beispielsweise eine grundlegende Voraussetzung zur präzisen Vermessung von inneren Strukturen komplexer Bauteile. Insbesondere für die messtechnische Nutzung der 3D-CT wurden in den letzten Jahren einige Forschungsaktivitäten durchgeführt, um verfahrensbedingte Messungenauigkeiten und Grenzen zu definieren. Die 3D-CT ist vielfach die einzige Möglichkeit, innere Strukturen mit hoher Genauigkeit zu vermessen.

Die Nutzung der gewonnenen Volumendaten für CAD-Modelle ist mittlerweile ebenfalls als Stand der Technik anzusehen. Aus den Volumendaten lassen sich sowohl CAD-Modelle erstellen als auch Vergleiche mit den Konstruktions-CAD-Daten durchführen.

Seit einigen Jahren finden faserverstärkte Kunststoffe (z. B. CFK) breite Anwendung in den verschiedensten Industriebereichen. Diese Materialien weisen sehr spezielle Fehlerbilder (z. B. Delaminationen, d. h. fehlerhafte Verklebungen der einzelnen Schichten) auf, die mit anderen ZfP-Verfahren oft schwierig nachzuweisen sind. Zumindest in der Entwicklung von Formteilen aus faserverstärkten Kunststoffen stellt die 3D-CT ein wichtiges Hilfsmittel dar.

Die Liste von Anwendungen der 3D-CT ließe sich beliebig fortführen. An dieser Stelle sollte jedoch nur ein kleiner Einblick in die Möglichkeiten dieser Prüftechnik gegeben werden.

Die zerstörungsfreie Materialprüfung ist aus unserer hochtechnisierten Welt nicht wegzudenken, da sie ein wesentlicher Garant für unsere Sicherheit im öffentlichen Raum darstellt. In der „Werkzeugkiste" der zerstörungsfreien Materialprüfung liegen verschiedene Verfahren bereit, um dieser Aufgabe in allen Belangen gerecht werden zu können. Insbesondere die industrielle Röntgenprüfung spielt hier eine ganz wesentliche Rolle, da sie in der Lage ist, sowohl im Volumen als auch an der Oberfläche eines Prüfgegenstands Fehler nachzuweisen. Die Grenzen der Anwendung sind allerdings immer von der Durchstrahlbarkeit des Werkstücks vorgegeben.

Es ist anzunehmen, dass Wilhelm Conrad Röntgen als Absolvent der Mechanisch-Technischen Abteilung der eidgenössischen polytechnischen Schule Zürich (später Eidgenössische Technische Hochschule, ETH) und mit einem Diplom als Maschineningenieur die Bedeutung seiner Entdeckung für technische Zwecke völlig klar war. Sicherlich wäre aber auch er von der heutigen Breite der Anwendungen und sicherheitstechnischen und wirtschaftlichen Bedeutung der Röntgenstrahlen mehr als überrascht.

Verwendete und weiterführende Literatur

1. Watson JD, Crick FH (1953) The structure of DNA. Cold Spring Harb Symp Quant Biol.18: 123–131.
2. Kalender WA1, Seissler W, Klotz E, Vock P (1990) Spiral volumetric CT with single-breath-hold technique, continuous transport, and continuous scanner rotation. Radiology. 176: 181–183.
3. Klingenbeck-Regn K, Schaller S, Flohr T, Ohnesorge B, Kopp AF, Baum U. (1999) Subsecond multi-slice computed tomography: basics and applications. Eur J Radiol. 31: 110–124.
4. Lauterbur PC. (1973) Image formation by induced local interactions: examples employing nuclear magnetic resonance. Nature 242: 190–191
5. Mansfield P. (1977) Multi-planar image formation using NMR spin echoes. J Phys C 10: L55.
6. Haase A, Frahm J, Matthaei D, Hanicke W, Merboldt KD (1986). FLASH imaging: rapid NMR imaging using low flip-angle pulses. J Magn Reson 67: 258–266.
7. Mader S, Pantel K. (2017) Liquid Biopsy: Current Status and Future Perspectives. Oncol Res Treat. 40: 404–408.
8. Napel S, Mu W, Jardim-Perassi BV, Aerts HJWL, Gillies RJ (2018) Quantitative imaging of cancer in the postgenomic era: Radio(geno)mics, deep learning, and habitats Cancer. 2018 Nov 1. https://doi.org/10.1002/cncr.31630. [Epub ahead of print]
9. Herper M (2017) https://www.forbes.com/sites/matthewherper/2017/02/19/md-anderson-benches-ibm-watson-in-setback-for-artificial-intelligence-in-medicine/#4e46704e3774
10. https://www.bundesgesundheitsministerium.de/service/begriffe-von-a-z/e/e-health.html
11. Dreyer KJ, Geis JR (2017). When Machines Think: Radiology's Next Frontier. Radiology 285: 713–718
12. Kuhn S (2018) Medizin im digitalen Zeitalter: Transformation durch Bildung. Dtsch Arztebl 115, A-633 / B-552 / C-552
13. Schlett CL, Hendel T, Weckbach S, Reiser M, Kauczor HU, Nikolaou K, Günther M, Forsting M, Hosten N, Völzke H, Bamberg F (2016) Population-Based Imaging and Radiomics: Rationale and Perspective of the German National Cohort MRI Study. Rofo 188: 652–661
14. https://www.youtube.com/watch?v=E9_4z1-vLIs
15. Bradley WG Jr (2012) Teleradiology. Neuroimaging Clin N Am. 22: 511–517
16. Rosenberg C, Langner S, Rosenberg B, Hosten N (2011) Medizinische und rechtliche Aspekte der Teleradiologie in Deutschland. Fortschr Röntgenstr 183: 804–811
17. Andronikou S, McHugh K, Abdurahman N, Khoury B, Mngomezulu V, Brant WE, Cowan I, McCulloch M, Ford N. (2011) Paediatric radiology seen from Africa. Part I: providing diagnostic imaging to a young population. Pediatr Radiol. 41: 811–825
18. Baum RA, Baum S (2014) Interventional radiology: a half century of innovation. Radiology. 273(2 Suppl):S 75–91
19. Schlemmer HP, Pichler BJ, Schmand M, Burbar Z, Michel C, Ladebeck R, Jattke K, Townsend D, Nahmias C, Jacob PK, Heiss WD, Claussen CD (2008) Simultaneous MR/PET imaging of the human brain: feasibility study. Radiology 248: 1028–35
20. Raaymakers BW, Lagendijk JJ, Overweg J. (2009) Integrating a 1.5 T MRI scanner with a 6 MV accelerator: proof of concept. Phys Med Biol 54: N229 –237
21. Hamm CW, Arsalan M, Mack MJ (2016) The future of transcatheter aortic valve implantation. Eur Heart J 37: 803–810
22. Deuschl F, Schofer N, Lubos E, Schirmer J, Conradi L, Treede H, Reichenspurner H, Blankenberg S, Schäfer U (2015) MitraClip-data analysis of contemporary literature. J Thorac Dis 7: 1509–1517

23. Paravastu SC, Jayarajasingam R, Cottam R, Palfreyman SJ, Michaels JA, Thomas SM (2014) Endovascular repair of abdominal aortic aneurysm. Cochrane Database Syst Rev. 23;(1):CD004178. https://doi.org/10.1002/14651858.cd004178.pub2.
24. Haegele J1, Sattel T, Erbe M, Luedtke-Buzug K, Taupitz M, Borgert J, Buzug TM, Barkhausen J, Vogt FM. (2012) Magnetic particle imaging (MPI) Fortschr Röntgenstr 184:420–426
25. Willer K, Fingerle AA, Gromann LB, De Marco F, Herzen J, Achterhold K, Gleich B, Muenzel D, Scherer K, Renz M, Renger B, Kopp F, Kriner F, Fischer F, Braun C, Auweter S, Hellbach K, Reiser MF, Schroeter T, Mohr J, Yaroshenko A, Maack HI, Pralow T, van der Heijden H, ProksaR, Koehler T, Wieberneit N, Rindt K, Rummeny EJ, Pfeiffer F, Noël PB X-ray dark-field imaging of the human lung – A feasibility study on a deceased body (2018) PLos One 13: e0204565
26. Hetterich H, Willner M, Fill S, Herzen J, Bamberg F, Hipp A, Schüller U, Adam-Neumair S, Wirth S, Reiser M, Pfeiffer F, Saam T (2014) Phase-contrast CT: qualitative and quantitative evaluation of atherosclerotic carotid artery plaque. Radiology 2014 271:870–878
27. Bogart LK, Pourroy G, Murphy CJ, Puntes V, Pellegrino T, Rosenblum D, Peer D, Lévy R. (2014) Nanoparticles for imaging, sensing, and therapeutic intervention. ACS Nano 22: 3107–3122.
28. Freund L (1903) Grundriss der gesamten Radiotherapie für praktische Ärzte. Berlin, Urban & Schwarzenberg
29. Engenhart R, Wowra B, Kimmig B, Höver KH, Kunze S, Wannenmacher M (1992) Stereotactic convergent-beam irradiation: its current prospects based on clinical results. Strahlenther Onkol. 1992 May;168(5):245–59
30. Bortfeld T, Boyer AL, Schlegel W, Kahler DL, Waldron TJ (1994) Realization and verification of three-dimensional conformal radiotherapy with modulated fields. Int J Radiat Oncol Biol Phys. 1994 Nov 15;30(4):899–908
31. Bourhis J, Montay-Gruel P, Gonçalves Jorge P, Bailat C, Petit B, Ollivier J, Jeanneret-Sozzi W, Ozsahin M, Bochud F, Moeckli R, Germond JF, Vozenin MC (2019) Clinical translation of FLASH radiotherapy: Why and how?. Radiother Oncol. 2019 Oct. pii: S 0167–8140(19)30360-3. https://doi.org/10.1016/j.radonc.2019.04.008
32. Collins FS (2011) Meine Gene – mein Leben. Auf dem Weg zur personalisierten Medizin. 1. Aufl., Spektrum Akademischer Verlag 2011
33. Hricak H (2018) 2016 New Horizons Lecture: Beyond Imaging-Radiology of Tomorrow. Radiology. 2018 Mar;286(3):764–775. https://doi.org/10.1148/radiol.2017171503. Epub 2018 Jan 18
34. Weber WA, Grosu AL, Czernin J (2008) Technology Insight: advances in molecular imaging and an appraisal of PET/CT scanning. Nat Clin Pract Oncol. 2008 Mar;5(3):160–70. https://doi.org/10.1038/ncponc1041
35. Zamboglou C, Carles M, Fechter T, Kiefer S, Reichel K, Fassbender TF, Bronsert P, Koeber G, Schilling O, Ruf J, Werner M, Jilg CA, Baltas D, Mix M, Grosu AL (2019) Radiomic features from PSMA PET for non-invasive intraprostatic tumor discrimination and characterization in patients with intermediate- and high-risk prostate cancer – a comparison study with histology reference. Theranostics. 2019 Apr 13;9(9):2595-2605. https://doi.org/10.7150/thno.32376
36. Baumann M, Krause M, Overgaard J, Debus J, Bentzen SM, Daartz J, Richter C, Zips D, Bortfeld T (2016) Radiation oncology in the era of precision medicine. Nat Rev Cancer. 2016 Apr;16(4):234–49
37. Coleman CN, Higgins GS, Brown JM, Baumann M, Kirsch DG, Willers H, Prasanna PG, Dewhirst MW, Bernhard EJ, Ahmed MM (2016) Improving the Predictive Value of Preclinical Studies in Support of Radiotherapy Clinical Trials. Clin Cancer Res. 2016 Jul

1;22(13):3138-47. https://doi.org/10.1158/1078-0432.ccr-16-0069. Epub 2016 May 6. Review. PMID: 27154913

38. Erhard, A. (2014): Verfahren der zerstörungsfreien Materialprüfung. Grundlagen. Düsseldorf: DVS Media GmbH.
39. Luxbacher, G. (Hrsg.) (2018): Durchleuchten und Durchschallen. Geschichte der Gesellschaft für Zerstörungsfreie Prüfung von 1933 bis 2018. München: Hanser.
40. Glasser, O. (1995): Wilhelm Conrad Röntgen und die Geschichte der Röntgenstrahlen. 3. Auflage, Berlin Heidelberg New York: Springer.

Wilhelm Conrad Röntgen – Forscher und Mensch

3

Uwe Busch

Uwe Busch. (© Deutsches Röntgen-Museum. Abdruck mit freundlicher Genehmigung)

Jeder kennt die Entdeckung der Röntgenstrahlen durch Wilhelm Conrad Röntgen. Am 8. November 1895 wurde am Physikalischen Institut der Universität Würzburg Geschichte geschrieben. Wie kaum ein anderer Wissenschaftler hat Röntgen aber auch durch präzise Forschung zur Entzauberung der traditionellen Weltsicht beigetragen (1). Ausgestattet mit einem gewissen protestantischen Bürgerstolz und einer Skepsis gegenüber gesellschaftlichen Konventionen haben ihn seine große Zielstrebigkeit, sein tiefgehendes Interesse für die Ergründung von Naturphänomenen, seine Hartnäckigkeit und auch seine Begabung zum Ziel geführt. Die Entdeckung und frühe Erforschung der neuen Strahlen waren letzten Endes das Ergebnis einer akribischen Forschungsarbeit.

U. Busch (✉)
Museumsdirektor, Deutsches Röntgen-Museum, Remscheid, Deutschland
E-Mail: Uwe.busch@remscheid.de

U. Busch (Hrsg.), *Wilhelm Conrad Röntgen,* Klassische Texte der Wissenschaft,
https://doi.org/10.1007/978-3-662-61350-4_3

Jedoch bestimmte Röntgen die dann folgende fast hitzig geführte Diskussion um die Natur seiner Strahlen und die sofort ungestüm einsetzende rasante Entwicklung der Anwendungen, die gleichsam Ausdruck eines Umbruchs in der Wissenschaft waren, selber nicht mehr mit (2). Nach nur 15 Monaten intensiver Forschungsarbeit wandte er sich wieder anderen physikalischen Forschungsfeldern zu.

Familiengeschichte

Die Herkunft der Familie Röntgen aus der Ortschaft Dabringhausen (heute Ortsteil von Wermelskirchen) kann als gesichert gelten. Sie ist bis in die vierten Vorfahrengeneration lückenlos sowohl auf der Vater- wie auf der Mutterseite belegbar. Auch in der fünften Vorfahrengeneration sind weitere Familienmitglieder nachweisbar. Da es sich dabei aber bereits um Personen handelt, deren Geburtsdaten in die Mitte des 17. Jahrhunderts datieren, sind eine sichere Datierung und Zuordnung nur noch in einzelnen Fällen möglich. Insbesondere auf der Mutterseite handelt es sich dabei auch um Vorfahren aus den Niederlanden und Frankreich. Hier liegt sicher bereits ein Grund für die spätere Orientierung von Wilhelm Conrad Röntgens Eltern in die Niederlande. Es bestanden auch noch zu seinen Lebzeiten intensive familiäre Bindungen nach Holland. Geburtsort seiner Mutter war Amsterdam. Die Vorfahren Röntgens sind ein typisches Beispiel für die starke Mobilität der Lenneper Kaufmannschaft des 18. und 19. Jahrhunderts. Die Ausdehnung der Handelsbeziehungen bedeutete häufig eine Ausbreitung der Familien über Ländergrenzen hinweg. Eine Vertrauensperson am „fremden" Ort sicherte den regulären Ablauf der Geschäfte und sorgte gleichzeitig für verlässliche Marktinformationen. Seine Verwandtschaft insgesamt zeichnet sich durch einen überdurchschnittlichen Bildungsgrad aus.

Neben den Kaufleuten und Fabrikanten, die vor allem bei seinen unmittelbaren Vorfahren eine große Rolle spielen, gab es in früheren Generationen auch Advokaten und Chirurgen. So ergab sich eine feste Verwurzelung der Vorfahren von Wilhelm Conrad Röntgen in der Lenneper Gesellschaft. Es bestanden verwandtschaftliche Beziehungen zu bekannten Tuchmacherfamilien (Moll, Frowein, von Polheim); eine direkte Beteiligung im Tuchgeschäft ist schriftlich schlecht und erst sehr spät dokumentiert. Im *Adresstaschenbuch vom Herzogtum Berg und der Grafschaft Mark für die Jahre 1824/25* erscheint ein H. Röntgen, Tuchfabrik. Es dürfte sich hier um den Großvater von Wilhelm Conrad Röntgen handeln. In seiner Sterbeurkunde aus dem Jahr 1842 wird er als „Kaufmann" bezeichnet. 26 Jahre zuvor, als Anzeigender des Todes von Johann Wolfgang von Polheim im Jahr 1816, erscheint er in der Urkunde noch unter der Berufsbezeichnung „Winkelier" – nach heutiger Lesart ein Gemischtwarenhändler. Eine Generation zuvor, in der Sterbeurkunde des Urgroßvaters Johann Heinrich Röntgen aus dem Jahr 1816, taucht als dessen Berufsbezeichnung „Kupferschmied" auf. In den wenigen erhaltenen Verzeichnissen aus dem 18. Jahrhundert, die Kaufleute in Lennep bzw. Tuchmacher und Tuchbereiter auflisten, taucht der Name Röntgen nicht auf. Dies bedeutet aber nicht, dass die verschiedenen Vorfahren Röntgens nicht trotzdem in diesem Gewerbe tätig gewesen sein können (3) (Abb. 3.1).

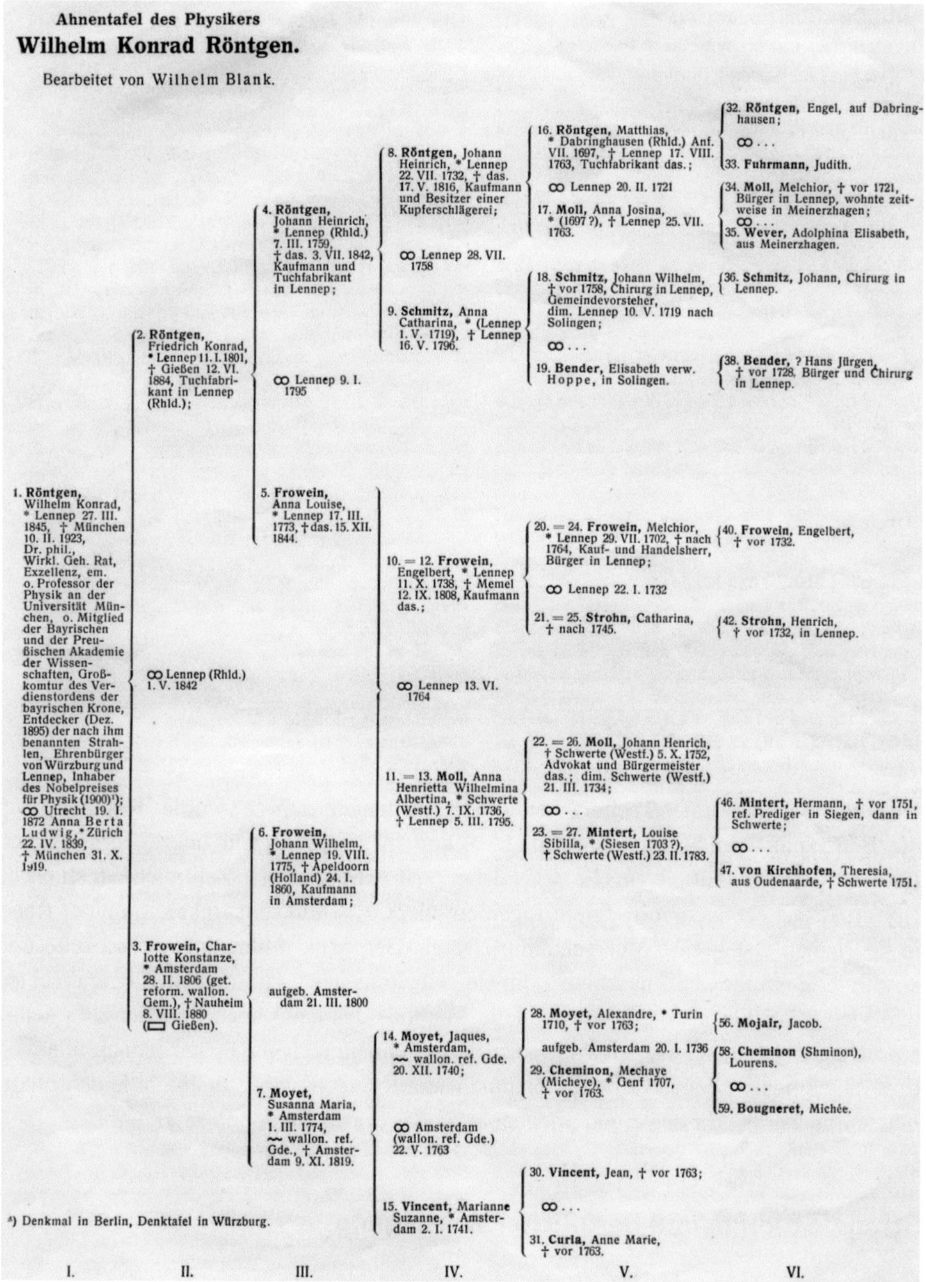

Ahnentafel des Physikers

Wilhelm Konrad Röntgen.

Bearbeitet von Wilhelm Blank.

1. **Röntgen,** Wilhelm Konrad, * Lennep 27. III. 1845, † München 10. II. 1923, Dr. phil., Wirkl. Geh. Rat, Exzellenz, em. o. Professor der Physik an der Universität München, o. Mitglied der Bayrischen und der Preußischen Akademie der Wissenschaften, Großkomtur des Verdienstordens der bayrischen Krone, Entdecker (Dez. 1895) der nach ihm benannten Strahlen, Ehrenbürger von Würzburg und Lennep, Inhaber des Nobelpreises für Physik (1900)[1]; ∞ Utrecht 19. I. 1872 Anna Berta Ludwig, * Zürich 22. IV. 1839, † München 31. X. 1919.

2. **Röntgen,** Friedrich Konrad, * Lennep 11. I. 1801, † Gießen 12. VI. 1884, Tuchfabrikant in Lennep (Rhld.);

∞ Lennep (Rhld.) 1. V. 1842

3. **Frowein,** Charlotte Konstanze, * Amsterdam 28. II. 1806 (get. reform. wallon. Gem.), † Nauheim 8. VIII. 1880 (▭ Gießen).

4. **Röntgen,** Johann Heinrich, * Lennep (Rhld.) 7. III. 1759, † das. 3. VII. 1842, Kaufmann und Tuchfabrikant in Lennep;

∞ Lennep 9. I. 1795

5. **Frowein,** Anna Louise, * Lennep 17. III. 1773, † das. 15. XII. 1844.

6. **Frowein,** Johann Wilhelm, * Lennep 19. VIII. 1775, † Apeldoorn (Holland) 24. I. 1860, Kaufmann in Amsterdam;

aufgeb. Amsterdam 21. III. 1800

7. **Moyet,** Susanna Maria, * Amsterdam 1. III. 1774, ~ wallon. ref. Gde., † Amsterdam 9. XI. 1819.

8. **Röntgen,** Johann Heinrich, * Lennep 22. VII. 1732, † das. 17. V. 1816, Kaufmann und Besitzer einer Kupferschlägerei;

∞ Lennep 28. VII. 1758

9. **Schmitz,** Anna Catharina, * (Lennep 1. V. 1719), † Lennep 16. V. 1796.

10. = 12. **Frowein,** Engelbert, * Lennep 11. X. 1738, † Memel 12. IX. 1808, Kaufmann das.;

∞ Lennep 13. VI. 1764

11. = 13. **Moll,** Anna Henrietta Wilhelmina Albertina, * Schwerte (Westf.) 7. IX. 1736, † Lennep 5. III. 1795.

14. **Moyet,** Jaques, * Amsterdam, ~ wallon. ref. Gde. 20. XII. 1740;

∞ Amsterdam (wallon. ref. Gde.) 22. V. 1763

15. **Vincent,** Marianne Suzanne, * Amsterdam 2. I. 1741.

16. **Röntgen,** Matthias, * Dabringhausen (Rhld.) Anf. VII. 1697, † Lennep 17. VIII. 1763, Tuchfabrikant das.;

∞ Lennep 20. II. 1721

17. **Moll,** Anna Josina, * (1697 ?), † Lennep 25. VII. 1763.

18. **Schmitz,** Johann Wilhelm, † vor 1758, Chirurg in Lennep, Gemeindevorsteher, dim. Lennep 10. V. 1719 nach Solingen;

∞ . . .

19. **Bender,** Elisabeth verw. Hoppe, in Solingen.

20. = 24. **Frowein,** Melchior, * Lennep 29. VII. 1702, † nach 1764, Kauf- und Handelsherr, Bürger in Lennep;

∞ Lennep 22. I. 1732

21. = 25. **Strohn,** Catharina, † nach 1745.

22. = 26. **Moll,** Johann Henrich, † Schwerte (Westf.) 5. X. 1752, Advokat und Bürgermeister das.; dim. Schwerte (Westf.) 21. III. 1734;

∞ . . .

23. = 27. **Mintert,** Louise Sibilla, * (Siesen 1703 ?), † Schwerte (Westf.) 23. II. 1783.

28. **Moyet,** Alexandre, * Turin 1710, † vor 1763;

aufgeb. Amsterdam 20. I. 1736

29. **Cheminon,** Mechaye (Micheye), * Genf 1707, † vor 1763.

30. **Vincent,** Jean, † vor 1763;

∞ . . .

31. **Curia,** Anne Marie, † vor 1763.

32. **Röntgen,** Engel, auf Dabringhausen;

∞ . . .

33. **Fuhrmann,** Judith.

34. **Moll,** Melchior, † vor 1721, Bürger in Lennep, wohnte zeitweise in Meinerzhagen;

∞ . . .

35. **Wever,** Adolphina Elisabeth, aus Meinerzhagen.

36. **Schmitz,** Johann, Chirurg in Lennep.

38. **Bender,** ? Hans Jürgen, † vor 1728, Bürger und Chirurg in Lennep.

40. **Frowein,** Engelbert, † vor 1732.

42. **Strohn,** Henrich, † vor 1732, in Lennep.

46. **Mintert,** Hermann, † vor 1751, ref. Prediger in Siegen, dann in Schwerte;

∞ . . .

47. **von Kirchhofen,** Theresia, aus Oudenaarde, † Schwerte 1751.

56. **Mojair,** Jacob.

58. **Cheminon** (Shminon), Lourens.

∞ . . .

59. **Bougneret,** Michée.

[1]) Denkmal in Berlin, Denktafel in Würzburg.

I. II. III. IV. V. VI.

Abb. 3.1 Stammbaum der Familie Röntgen. (© Archiv Deutsches Röntgen-Museum. Abdruck mit freundlicher Genehmigung)

Abb. 3.2 Röntgen als Jugendlicher mit seinen Eltern. (© Archiv Deutsches Röntgen-Museum. Abdruck mit freundlicher Genehmigung)

Der junge Wissenschaftler

Hineingeboren in eine Tuchmacher- und Tuchhändlerfamilie wurde Röntgen früh die Bedeutung von Technik ersichtlich. Schon in seiner Jugend interessierte er sich für mechanische Tüfteleien. Er war dabei sehr erfinderisch. Zahlreiche technische Konstruktionen zeugen von seinem Ingenieurtalent. Als ihm sein Onkel von einer Reise in den nahen Osten eine Meerschaumpfeife als Geschenk mitbrachte, entwickelte und konstruierte er eine „Paffmaschine", um sie „einzurauchen". Diese Technologie erschien ihm viel rationeller als die konventionelle Methode des langsamen Rauchens. Er selbst bezeichnete sich dabei als den Weltmeister des Schnellrauchens. Später jedoch überwog der Genussmensch gegenüber dem Rationalisten: Röntgen wurde zu einem leidenschaftlichen Raucher (4). Er hegte und pflegte ein großes Sortiment von Pfeiffen (Abb. 3.2).

Schule, Studium und beruflicher Werdegang

Als Kind eines gut situierten Tuchhändlers wurde ihm sein zukünftiger Weg vom Elternhaus früh vorgezeichnet. Da zunehmend industrielle Produktionsweisen auch in das Tuchhandwerk Einzug gefunden hatten, sollte Röntgen nach Wunsch seines Vaters „etwas Technisches" studieren. Zur Vorbereitung der Übernahme des väterliches Geschäfts besuchte er deshalb zwischen 1862 und 1864 die Technische Schule in Utrecht

Abb. 3.3 Röntgen als Student in Utrecht (**links**) und seine erste wissenschaftliche Abhandlung (**rechts**). (© Archiv Deutsches Röntgen-Museum. Abdruck mit freundlicher Genehmigung)

in den Niederlanden. Diese Privatschule, eine Art Industrieschule, bereitete Schüler aus gutbürgerlichen Verhältnissen in einem Zweijahreskurs zum Besuch der Technischen Hochschule vor. Sie lieferte jedoch keine Qualifikation für den Besuch einer Universität. In Utrecht lebte Röntgen bei Jan Willem Gunning (1927–1900), einem Dozenten für Chemie an der Technischen Schule in Utrecht. Als aufmerksamer Hörer der von Gunning gehaltenen Vorlesungen verfasste Röntgen seine erste wissenschaftliche Abhandlung. Er fasste den Inhalt von Gunnings Vorlesung über Organische Chemie in 1000 Fragen zusammen. Diese Arbeit zeigte schon sehr früh Röntgens Fähigkeit, naturwissenschaftliche Kontexte logisch zu strukturieren. Sein Buch *Vragen op het anorganisch gedeelte van het scheikundig Leerboek* wurde 1865 in Utrecht publiziert (Abb. 3.3).

Ein ordentliches Studium war allerdings mit dem Abschlusszeugnis der technischen Schule nicht möglich. Ohne die dafür erforderliche Matura zu besitzen besuchte Röntgen als Gasthörer Vorlesungen zur Analysis, Physik, Chemie, Zoologie und Botanik an der Universität Utrecht. Von einem Freund seines Vaters erfuhr er dann von der Möglichkeit der Aufnahme eines Studiums am Eidgenössischen Polytechnikum in Zürich in der

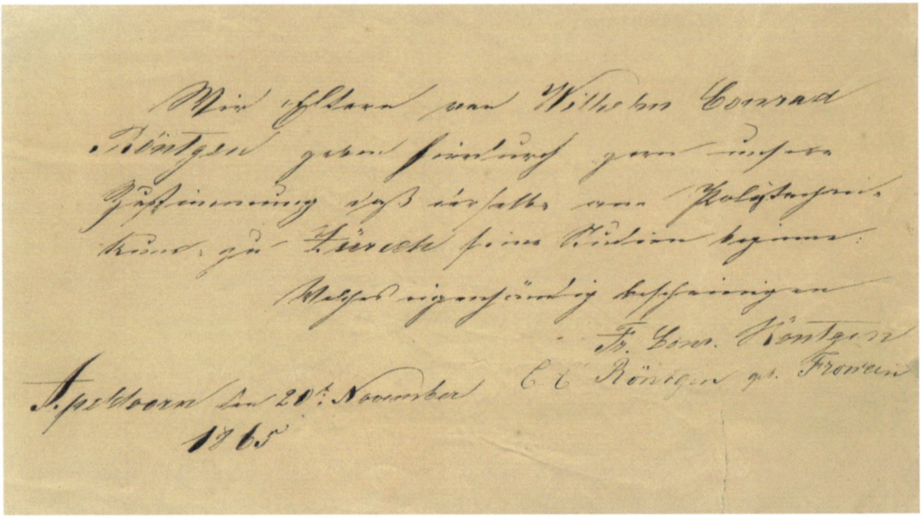
Wir Eltern von Wilhelm Conrad Röntgen geben hierdurch gern unsere Zustimmung daß derselbe am Polytechnicum zu Zürich seine Studien beginne. Welches eigenhändig bescheinigen

Fr. Conr. Röntgen

C. C. Röntgen geb. Frowein

Apeldoorn den 20t. November 1865

Abb. 3.4 Briefdokument: Erlaubnis von Friedrich Conrad und Charlotte Constanze Röntgen, dass ihr Sohn in Zürich studieren darf. (© Archiv Deutsches Röntgen-Museum. Abdruck mit freundlicher Genehmigung)

Schweiz. Nach 2 Semstern an der Universität Utrecht und nach langem Bitten, gaben die Eltern ihre Zustimmung zum Studium in Zürich (Abb. 3.4).

Die üblicherweise am Polytechnikum erforderliche Aufnahmeprüfung konnte Röntgen wegen einer Augenerkrankung nicht ablegen. Dennoch wurde er auf Grund der Befürwortung von Moritz Julius Schröter (1813–1867), Professor für Maschinenkunde am Eidgenössischen Polytechnikum, Zürich, zum Studium zugelassen. In seiner Begründung schrieb Schröter an den Direktor der Anstalt: „[…] Sein reiferes Alter von 20 Jahren, seine vortrefflichen Zeugnisse, namentlich in den mathematischen Fächern der technischen Schule in Utrecht und sein einjähriger Besuch der Universität daselbst rechtfertigen wohl vollkommen meinen Vorschlag, denselben als Schüler aufzunehmen und von der Prüfung zu dispensieren" (5).

Am 14. November 1865 begann Röntgen sein Studium an der mechanisch-technischen Abteilung der eidgenössischen polytechnischen Schule in Zürich. Am 6. August 1868 erhielt Röntgen schließlich nach einer glänzend bestandenen Prüfung mit Bestnoten in den Fächern Mathematik, Hydrostatik und -dynamik, allgemeine Physik und Wärmelehre sowie Elektrizität und Optik das Diplom als Maschineningenieur. Aus den Züricher Akten ergibt sich, dass der Schüler ein „hervorragendes Interesse für theoretische Disziplinen hatte", sich jedoch weniger für Konstruktionsfragen interessierte. Er war „ein freiheitsliebendes und etwas unruhiges Element der Schule" (6) mit weit über sein Fach hinausgehenden Interessen und Sinn für Kunst, Literatur und Geschichte (Abb. 3.5).

Nach der Prüfung blieb Röntgen für ein weiteres Jahr Zuhörer von einigen mathematischen Vorlesungen, hörte bei August Kundt (1839–1894) über die Theorie des Lichts, bei Johannes Scherr (1817–1886) über Geschichte und bei Gustav Zeuner

Abb. 3.5 Röntgen (ganz rechts) im Kreise seiner Kommilitonen in Zürich. (© Archiv Deutsches Röntgen-Museum. Abdruck mit freundlicher Genehmigung)

(1828–1907) zur Theorie der Lebensversicherungen. Beeinflusst durch Rudolf Clausius (1822–1888) und seine mechanische Wärmetheorie und angeregt durch seinen Mentor und Förderer Zeuner bewarb sich Röntgen an der Universität Zürich um ein Promotionsverfahren (Abb. 3.6).

Transkription des Lebenslaufs

Wilhelm Conrad Röntgen, geboren 27. März 1845 zu Lennep (Rheinpreussen), erhielt im Jahre 1848 die holländischen Bürgerrechte und besuchte bis 1861 in dem Wohnort seiner Eltern, Apeldoorn (Holland), die Primar- und Sekundarschule. Ward dann Schüler an der Technischen Schule zu Utrecht (Holland), wo er bis 1863 haupsächlich in folgenden Fächern unterrichtet wurde: Trigonometrie, Stereometrie, descriptive Geometrie, Algebra, Experimentalphysik, Chemie, Technologie. Indem er zu weiterer theoretischer Ausbildung Lust hatte, widmete er das Jahr 1863–1864 dem Privatstudium der lateinischen und griechischen Sprache und lies sich im Jahr 1864 an der Universität zu Utrecht als Student bei der philosophischen Fakultät einschreiben und hörte während zwei Semestern folgende Hauptfächer: Analysis, Prof. Dr. Buys-Ballot; Physik, Prof. Dr. van Rees; Chemie, Prof. Dr. Mülder; Zoologie, Prof. Dr. Harting; Botanik, Prof. Dr. Miquel.

– Nicht zufrieden jedoch mit dem Gang der Studien an genannter Universität wurde er durch den Ruf, welchen die Zürcher Schule hat, bestimmt, dahinzuziehen und sich speziell der angewandten Mathematik zu widmen. Zu dem Zveck trat er an der mechanisch-technischen Abteilung des Eidgen. Polytechnikums ein, besuchte während des vorgeschriebenen regelmässigen Kurses ausser den obligatorischen Vorlesungen hauptsächlich noch folgende: Cinematik, Privatdozent Hauffe; mechanische Wärmetheorie, Prof. Dr. Clausius; Elastizität und elastische Schwingungen, derselbe; Riemann'sche Funktionentheorie, Prof. Dr. Prym; bestimmte Integrale, derselbe; analytische Mechanik, Prof. Dr. Reye. Am Ende des Kurses legte er in folgenden, zur Erwerbung des Diploms benötigten Fächern, Examen ab: Analytische Geometrie der Raumes, Differenzial- und Integralrechnung, Methode der kleinsten Quadrate, Analytische Geometrie des Raumes, Darstellende Geometrie, Geostatik, Hydrostatik, Geodynamik, Hydrodynamik, Allgemeine Physik, Wärmelehre, Elektizität, Optik, theoretisohe Maschinenlehre, Maschinenbaukunde, Mechanische Technologie, Chemische Technologie der Baumaterialien, Metallurgie und Civilbau. Im August 1868 erhielt er das Diplom als Maschineningenieur und war von da an bis dato als Zuhörer von einigen mathematischen Vorlesungen am Eidgen. Polytechnikum eingeschrieben.

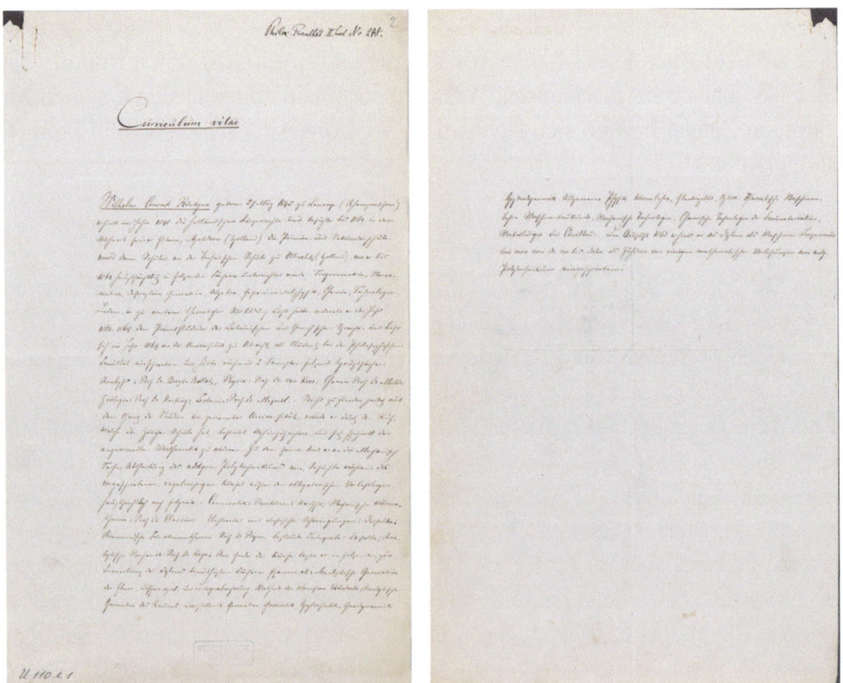

Abb. 3.6 Röntgens handgeschriebener Lebenslauf für die Bewerbung um die Promotion an der Universität Zürich. (© Staatsarchiv Zürich. Abdruck mit freundlicher Genehmigung)

In Absprache mit Zeuner verfasste Röntgen eine Dissertation zur Analyse von speziellen Problemen der Bestimmung von Konstanten in reellen Gasen. Sein Beitrag zur Messung des adiabatischen Exponenten cp/cv stellt heute einen konstruktiven Baustein in der Theorie der mechanischen Wärmetheorie dar. „[…] und Ich glaube, dass in der mechanischen Wärmetheorie viel Bedeutendes schlummert, das eines Tages durch eine geschickte Hand zu Tage gefördert wird", schrieb er im Vorwort seiner Dissertation „Studien über Gase". Röntgen erhielt seinen Doktortitel 1869 (Abb. 3.7 und 3.8). Seine Habilitation folgte 1874 an der Universität Straßburg, an der er zwei Jahre später eine außerordentliche Professur annahm. 1879 folgte eine ordentliche Professur an der Universität Gießen. Nachdem Röntgen Rufe nach Jena und Utrecht abgelehnt hatte, akzeptierte er am 31. August 1888 den Ruf an die Universität Würzburg. Hier übernahm er als Nachfolger von Friedrich Kohlrausch (1840–1910) die Professur und ein Ordinariat für Physik. Am 1. April 1900 trat Röntgen eine Stelle als Direktor des Physikalisch-Metronomischen Instituts der Universität München an. Die Berufung dazu erfolgte am 5. Dezember 1899.

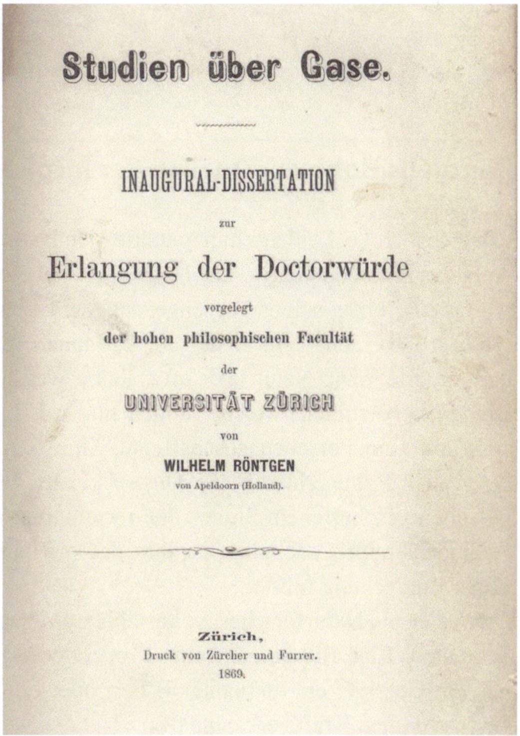

Studien über Gase.

INAUGURAL-DISSERTATION

zur

Erlangung der Doctorwürde

vorgelegt

der hohen philosophischen Facultät

der

UNIVERSITÄT ZÜRICH

von

WILHELM RÖNTGEN

von Apeldoorn (Holland).

Zürich,

Druck von Zürcher und Furrer.

1869.

Abb. 3.7 Röntgens Doktordiplom der Universität Zürich. (© UZH Archiv (UAZ) AD Phil II 1.1. Abdruck mit freundlicher Genehmigung)

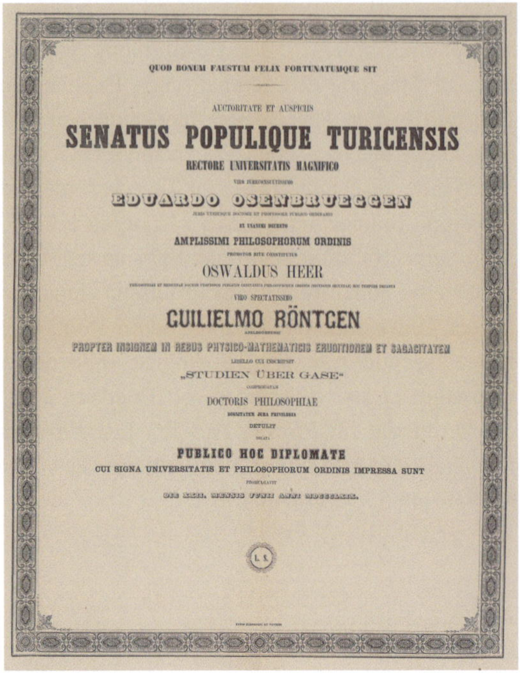
QUOD BONUM FAUSTUM FELIX FORTUNATUMQUE SIT

AUCTORITATE ET AUSPICIIS

SENATUS POPULIQUE TURICENSIS

RECTORE UNIVERSITATIS MAGNIFICO

EDUARDO OSENBRUEGGEN

ET UNANIMI DECRETO

AMPLISSIMI PHILOSOPHORUM ORDINIS

PROMOTOR RITE CONSTITUTUS

OSWALDUS HEER

VIRO SPECTATISSIMO

GUILIELMO RÖNTGEN

PROPTER INSIGNEM IN REBUS PHYSICO-MATHEMATICIS ERUDITIONEM ET SAGACITATEM

LIBELLO CUI INSCRIPSIT

„STUDIEN ÜBER GASE"

DOCTORIS PHILOSOPHIAE

DIGNITATEM JURA PRIVILEGIA

DETULIT

PUBLICO HOC DIPLOMATE

CUI SIGNA UNIVERSITATIS ET PHILOSOPHORUM ORDINIS IMPRESSA SUNT

L. S.

Abb. 3.8 Titelblatt von Röntgens Dissertation. (© Archiv Deutsches Röntgen-Museum. Abdruck mit freundlicher Genehmigung)

Röntgens Hobbys – Quellen der Inspiration

Röntgens große Leidenschaft gehörte der Natur und ihren Phänomenen. Er sah seine Aufgabe zeitlebens darin, der Natur ihre Geheimnisse zu entlocken. Er teilte dabei die Auffassung eines seiner Vorgänger auf dem Lehrstuhl für Physik, Athanasius Kirchner (1602–1680), den er in seiner am 2. Januar 1894 gehaltenen Rektoratsrede in Würzburg zitierte: „Die Natur lässt oft staunenswerthe Wunder selbst an den gewöhnlichsten Dingen hervortreten, welche jedoch nur von Leuten erkannt werden, die mit Scharfsinn und zum Forschen geschaffenen Sinn bei der Erfahrung, der Lehrmeisterin aller Dinge sich Raths erholen" (7). Diesen Idealen folgend und weil er mit „Scharfsinn zum Forschen geschaffenem Sinne" den rätselhaften Erscheinungen in seinen Versuchen mit Kathodenstrahlen nachging, ist ihm das bis dahin Unbekannte aufgefallen, das ihn zu seiner Entdeckung führte.

Was er als Naturforscher zu entschlüsseln suchte, faszinierte ihn als Mensch in ihrer Schönheit. Eine Blume oder eine Kreuzotter konnte seine Begeisterung ebenso wecken wie ein Gebirge, ein markanter Felsen oder ein Wasserfall, indem er das „Sinnbild der geschmeidigen Kraft" erkannte (8).

Abb. 3.9 Teil der Bernina-Kette in den Engadiner Alpen, vom Diavolezza-Pass aus aufgenommen. Photographiert von Röntgen im Jahr 1896. (© Archiv Deutsches Röntgen-Museum. Abdruck mit freundlicher Genehmigung)

Die vorlesungsfreie Zeit nutze der passionierte Wanderer auf langen Reisen seiner Liebe zur Natur nachzugehen. Im Frühjahr reiste er regelmäßig nach Italien, nach Como oder an die Riviera, nach Florenz, Rom und Sorrent. Hier logierte er immer in den besten Hotels und begab sich auf ausgedehnte Spazierfahrten (Abb. 3.9). Den Sommer verbrachen er und seine Frau dagegen in die Schweizer Alpen. Zur Schweiz hatten er und seine schweizer Frau eine besondere Liebe. In Pontresina, einem Örtchen im Kanton Graubünden, wohnte man im „Weißen Kreuz", einem Gasthof, der vergleichsweise bescheiden war. Zur Hotelierfamilie Enderlin entwickelte sich über Jahre eine enge Freundschaft. Hier traf sich auch sein engster Freundeskreis. Dazu gehörten u. a. die Opthalmologen Arthur von Hippel (1841–1916) und Emil Ritzmann (1847–1930), der Chirurg Rudolf Krönlein (1847–1910), der Internist und Bakteriologe Georg Gaffky (1850–1918) und der Ingenieur Johannes Lüders (1835–1924). Zur Anpassung an die Höhe wurde oft ein gemeinsamer mehrtägiger Aufenthalt in einem etwas niedriger gelegenen Ort gewählt. Bevorzugt waren hier Lenzerheide, Flims und Rigi-Scheidegg. Das Engadin übte aber auch aus einem anderen Grund eine besondere Faszination auf Röntgen aus. Er war mit Leib und Seele Physiker somit auch mit Problemen von Massen und Kräften befasst. „Diese gewaltigen Gebirgsmassen, wie sie in dieser einzigartigen Weise hier im Hochtal auftreten, zu bezwingen, zu bewältigen, das war mein innerstes Verlangen" (9). Über 40 Jahre reisten die Röntgens immer wieder in schweizer Engadin. „Mit vier Wochen Pontresina verlängere ich jeweils mein Leben um ein Jahr", umschrieb Röntgen seine Begeisterung (Abb. 3.10).

Abb. 3.10 Blick auf ein Bergdorf im Engadin. Photographiert von Röntgen im Jahr 1894. (© Archiv Deutsches Röntgen-Museum. Abdruck mit freundlicher Genehmigung)

Dem Bergwandern ging Röntgen seit seinen Züricher Studententagen mit großer Leidenschaft nach. Hier zeigte sich auf anderem Gebiet, was Röntgen auch in seiner Forschung auszeichnete: das Durchhaltevermögen, der Blick nach vorn, das schrittweise, wohl überlegte Vorgehen. Seine Freunde beschrieben Röntgen zwar nicht als geschulten Hochalpinisten. Er zeigte beim Bergwandern allerdings einiges Geschick. Dabei war er etwas eigenwillig. Er bevorzugte es, seine Ziele querfeldein, abseits der vorhandenen, ausgezeichneten Wanderwege zu erreichen. Auf diesen Pfaden nahm er häufig die Kinder seiner Freunde mit, die ihn gerne dann auch als Waldgeist bezeichneten. Von großer Statur und weit ausgreifenden Schritten zwang er seine Begleiter dazu, ihm manchmal auch in großen Sprüngen oder im Laufschritt zu folgen. An steilen Felsabhängen wählte Röntgen nicht den bequemen Fußweg. Er bevorzugte den anspruchvollen Kletterpfad. Bezeichnend für Röntgens Wagemut ist eine Bergtour mit seinem Freund Robert Koch (1843–1910), dem Entdecker des Tuberkulosebakteriums. Ohne Bergführer versuchten sie, auf waghalsiger Tour den Morteratsch Gletscher zu besteigen. Hierbei in Not geraten, warteten beide Forscher die mit allen alpinen Hilfsmitteln ausgestattete Rettungskolonne aus Pontresina erst gar nicht ab, sondern halfen sich selbst (10) (Abb. 3.11).

Im Alter sehnte sich Röntgen nach der Schweiz. Die Tochter seines besten Freundes, dem Biologen Theodor Boveri (1862–1915), die Journalistin Margret Boveri berichtet: „Als wir einmal, an der Isar entlang gehend, an den Wasserfall des Wehres kamen, blieb Röntgen stehen und sagte, er komme jetzt manchmal hierher und schließe die Augen,

Abb. 3.11 Besteigen des Morteratschgletschers mit Freunden. Photographie von Röntgen aus dem Jahr 1900. (© Archiv Deutsches Röntgen-Museum. Abdruck mit freundlicher Genehmigung)

dann sei ihm beim Rauschen des Wassers, als sei er wieder in seinen geliebten Schweizer Bergen und höre das Tosen eines Gebirgsfalles." Dann war ihm, „als träumte ich einen glücklichen Traum" (11).

Eine große Leidenschaft Röntgens war die Jagd. Bereits während seiner Zeit in Gießen hatte er ein eigenes Jagdrevier gepachtet. Röntgen, der als Naturforscher beruflich auf die Suche nach den Geheimnissen der Natur ging, fand bei der Jagd eine Quelle der Ruhe, Kraft und Inspiration. So oft er dem stressigen universitären Alltag entrinnen konnte zog er seinen verwitterten grüngrauen Jagdanzug an, nahm seinen federgeschmückten Hut und ging oft schon morgens um halb vier in den Wald. „Die Bewegung in frischer Luft bekommt mir sehr gut, und in der schönen Natur kann man manchmal über trübe Gedanken hinweg kommen" bekannt er. Mit seinen Jagdfreunden, zu denen auch Theodor Boveri gehörte, tauschte er zahlreiche Jagdbriefe aus. Sie dokumentieren in besonderer Weise sein Jagdfieber. Bis ins hohe Alter fröhnte er dieser Leidenschaft. Der Jagderfolg blieb ihm aber manchmal auch aufgrund seiner rot-grün Farbfehlsichtigkeit versagt. Im oberbayerischen Weilheim stand sein Jagdhaus. Hierher zog er sich oft nach dem stressigen Münchener Alltag zurück. Sein Jagdhuas wurde aber auch sein Refugium in schweren Kriegszeiten. Um den Fremdbezug in dieser Zeit zu verhindern richtete er dort sogar ein kleines Forschungslabor Haus ein. Röntgen hatte in Weilheim, wie der Schriftsteller Alfred Niedermann berichtete, „ein mächtiges

Abb. 3.12 Röntgen mit seinem Hund vor seiner Jagdhütte im Rimpar Revier, Gramschatzerwald. (© Archiv Deutsches Röntgen-Museum. Abdruck mit freundlicher Genehmigung)

Gebiet und pflegte oft zweispännig durch die Wälder zu fahren und gelegentlich aus dem Landauer auf ein Volk Rebhühner zu feuern". Röntgens Temperament trat hier besonders hervor. Die Jagd war Ventil, Abenteuer, Erholung, Entspannung und Genuss. Sie bot das intensive Naturerlebnis und das Gefühl von Freiheit und Geborgenheit. Röntgen erfreute sich deshalb nicht nur am geschossenen Wild, sondern ebenso am einfachen Gesang der Vögel und dem Klang und dem Duft der Natur. Dieser Stimmung sich hingebend vergaß er manchmal auch einen Schuss zu tun. Verschoss er jedoch, konnte diese Hochstimmung schnell kippen, und Röntgen saß stundenlang stumm am Tisch (12) (Abb. 3.12).

Röntgen war ein begeisterter und passionierter Amateurphotograph. Zahlreiche Photographien in in den Archiven des Deutschen Röntgen-Museums dokumentieren diese Leidenschaft. Röntgen faszinierte das neue Medium, das es erlaubte, die Wirklichkeit möglichst naturgetreu abzubilden. Die Photographie als Methode der genauen Beobachtung, die Wirkung von Raum und Perspektive, von Licht und Schatten trafen das Interesse des Naturwissenschaftlers, verstärkt durch Röntgens andauernde und immer neue Auseinandersetzung mit modernen Technologien (13) (Abb. 3.13).

Röntgens erste Photographien datieren aus dem Jahr 1885. Zu dieser Zeit war die industrielle Herstellung von Fotomaterial überhaupt erst möglich geworden. Der Bau einer leichten, tragbaren Kamera hatte damit das Photographieren für ein breiteres Publikum möglich gemacht. Röntgen besaß mehrere Kameras. Hierzu gehörten kleinere Momentapparate aber auch große Stativkameras. Die Kassetten seiner Photoplatten benutze er aber auch für andere Zwecke. Er schmuggelte hierin teure Zigarren in die Schweiz. Seine Photographien zeigen hauptsächlich Natur und Landschaften, sie dokumentieren aber auch Lebensverhältnisse und gesellschaftliche Ereignisse sowie sein Privatleben mit Ehefrau Bertha, den Freunden und Bekannten (Abb. 3.14).

Röntgen nutze die Photographie aber auch für seine Forschung. Damit ist es seiner Leidenschaft zu verdanken, dass die Entdeckung der X-Strahlen ein solch großer durch-

Abb. 3.13 Aufnahme Röntgens vom Hotel Mendel in Südtirol, 1895. (© Archiv Deutsches Röntgen-Museum. Abdruck mit freundlicher Genehmigung)

Abb. 3.14 Stereoaufnahme Röntgens von Booten im Hafen von Santa Margherita (Februar 1902). (© Archiv Deutsches Röntgen-Museum. Abdruck mit freundlicher Genehmigung)

schlagender und öffentlicher Erfolg wurde. Denn wäre es ihm 1895 nicht gelungen, ihre Wirkungen auf Photoplatten darzustellen und damit für unsere Sinne erfahrbar zu machen, wäre seine Entdeckung kaum so spektakulär gewesen und die Öffentlichkeit hätte sicherlich keine Kenntnis davon genommen.

Der Geist von Wissenschaft und Forschung

Es war das Gebiet der Präzisionsphysik, das Röntgen sich von Anfang an zu seinem Arbeitsfeld erwählte (14). Röntgen gilt als ein „Meister des Experiments" (15), obwohl er die Notwendigkeit theoretischer, mathematischer Vorbereitung und Absicherung durchaus anerkannte und auch unterstrich. An der Naturwissenschaft und insbesondere an der Experimentalphysik faszinierten ihn vor allem vier Aspekte: die präzisen „nicht komplizierten Fragestellungen", die potentielle „Möglichkeit, eindeutige Antworten zu bekommen", die Forschungsmethode, und zwar das exakte und reproduzierbare Experiment, und schließlich die Verknüpfung von „Beobachtungen und Folgerungen", so Röntgen in einem Brief an seine Freundin Margret Boveri vom 12. Juli 1919.

In Anerkennung der wissenschaftlichen Leistungen Röntgens kann man einige seiner wissenschaftlichen Qualitäten besonders herausstellen. Neben seiner Ausbildung in exakter Messkunst hatte er ein besonderes Gespür für die Wahrnehmung eines Problems und das notwendige experimentelle Geschick zu seiner Untersuchung. Hatte er sich für die Bearbeitung eines Problems entschieden, so wurde dieses in peinlicher Gründlichkeit bearbeitet. Er war skeptisch gegenüber eigenen und fremden Wahrnehmungen, übte scharfe Kritik bei der Analyse der Messergebnisse und sicherte sein Endergebnis nach allen Seiten ab. Er übte sich in „strenger Selbstzucht im Abwarten und Ausreifen, wie Sommerfeld in einer Adresse zu Röntgens 70. Geburtsag bemerkte." Röntgen scheute sich vor vorzeitiger Publikation und hatte einen tiefen Respekt vor dem gedruckten Wort. Wir wissen zuverlässig, dass Röntgen seine Hauptresultate Monate früher gehabt hat, bevor er sie publizierte (16). Nach Wilhelm Ostwald (1853–1932) kann man deshalb Röntgen durchaus als „Klassiker" bezeichnen, der entgegen dem schnell und viel produzierenden „Romantiker" langsam und wenig produziert und keiner aufnehmenden Umgebung bedarf. Der Klassiker bemüht sich zudem um die erschöpfende Bearbeitung des gegenwärtigen Problems, so dass weder er selbst noch womöglich irgendein Zeitgenosse in der Lage ist, das Ergebnis zu verbessern (17).

Röntgen war Experimentalphysiker im wahrsten Sinne des Wortes. In seiner Rektoratsrede unterstrich er, dass „das Experiment der mächtigste und zuverlässigste Hebel ist, durch den wir der Natur ihre Geheimnisse ablauschen können und dass dasselbe die höchste Instanz bilden muss für die Entscheidung der Frage, ob eine Hypothese beizubehalten oder zu verwerfen sei" (18). Ausdruck fand diese tiefste Überzeugung auch in seiner Antwort auf die Frage eines Journalisten, was er denn bei der Beobachtung des X-Strahlen-Effektes gedacht hatte: „Ich dachte nicht, sondern ich untersuchte" (19). Auf die Frage, welche Anwendungen zukünftig aus seiner Entdeckung entstehen werden, sagte er: „Wir werden ja sehen, was wir sehen werden. Wir haben den Anfang gemacht, und mit der Zeit werden die weiteren Entwicklungen folgen" (20).

Wissenschaftliche Forschung war für ihn jedoch ein Kampf gegen die Natur, die „erstaunenswerte Wunder selbst an den gewöhnlichsten Dingen" hervorbringt, die aber freiwillig ihre Geheimnisse nie preisgibt. „Die Natur ist heimtückisch, sie geht darauf aus, den Menschen zu betrügen, selten, daß sie ihm etwas schenkt" (21).

Die Arbeit an physikalischen Problemen bedurften seines tiefen persönlichen Interesses. „Das oder gar nichts" war seine Alternative. Er hasste Vorgaben. Alle materiellen Vorteile lehnte er strikt ab. Ihn interessierten keine Probleme, die einen Profit hätten abwerfen können (22). Er betrieb Wissenschaft um der Wissenschaft willen. Für Röntgen war die unvoreingenommene wissenschaftliche Forschung ohne Vorgaben, Einschränkungen und Grenzen der eigentliche Lohn und Befriedigung für sein Tun. „Die wissenschaftliche Forschung, unbehindert von irgendwelchen Rücksichten, ist das schönste, das dem Physiker im Leben geschenkt wird" (23).

Bemerkenswert war Röntgens Vielseitigkeit. Oft wechselte er seinen Interessenschwerpunkt. Die Brücke dazu bildete sein fast enzyklopädisches Wissen der Literatur. Hierzu stand ihm eine eigene umfangreiche Bibliothek zur verfügung. Röntgen war ein unermüdlicher Leser. Alle Bereiche der Physik interessierten ihn, auch diejenigen, in denen er keine experimentelle Erfahrung hatte. Meist bis spät in die Nacht hinein oder im Urlaub studierte er aktuelle physikalische Veröffentlichungen und Quellen.

Röntgen kann durchaus als beispielhaft für die Ausdifferenzierung und Spezialisierung der Wissenschaft im Allgemeinen und für die Herausbildung und Institutionalisierung der Disziplin Physik an Universitäten im Besonderen gelten. Seine Tätigkeit als Physiker an den Universitäten Gießen und Würzburg zwischen 1878 und 1900 fiel in die Phase der Entfaltung der modernen Universität und der modernen Naturwissenschaften. Zu seinen Verdiensten gehört sicherlich auch die Mithilfe bei der Überführung der physikalischen Privatlaboratorien, so wie er eines z. B. von seinem Gießener Vorgänger Heinrich Buff (1805–1878) übernommen hatte, hin zu einem staatlich finanzierten Universitätsinstitut. Als echter Pionier der jungen Wissenschaft Physik hatte Röntgen mit selbst gebauten Apparaten und einfachen Mitteln erstaunliche Ergebnisse erzielen können. Am Ende des Kaiserreichs um 1918 hatten alle 21 deutschen Universitäten oft aufwändig gestaltete physikalische Institute mit eigenen Forschungslaboratorien. Röntgen hatte sich zeitlebens indirekt immer für diesen Institutionalisierungsprozess eingesetzt. Er war ein Verfechter des modernen Konzeptes der wissenschaftlichen Experimentalphysik. Dem früheren Auftrag der Physik, Dienstleister für andere Fächer zu sein, setzte er das Primat physikalischer Forschung entgegen. Der sich herausbildende Universitätsbegriff als „Pflanzschule wissenschaftlicher Forschung und geistiger Bildung" mit der Herausstellung von „Forschung" gegenüber „Lehre", traf dabei in besonderem Maße Röntgens persönliche Interessen und Neigungen. (24) Der bedeutende Forscher war nämlich kein besonders guter Lehrer. Studenten beschwerten sich oft über seine leise Stimme und den hohen Anspruch des Vortrages.

Forschungsaktivitäten

Zu den Hauptforschungsgebieten der Physik im 19. Jahrhundert gehörten die Mechanik inklusive der Physik der Festkörper und Flüssigkeiten, die Thermodynamik mit den bedeutenden Arbeiten von Rudolf Clausius zur Formulierung des zweiten Hauptsatzes,

Lord Kelvins Definition der absoluten Temperatur, van der Waals‘ mathematische Beschreibung reeller Gase und die universelle Gleichung der Schwarzkörperstrahlung durch Max Planck. Das 19. Jahrhundert sah zudem die Entwicklung der Elektrodynamik durch die grundlegenden Arbeiten von ans Christian Oersted (1777–1851), André-Marie Ampère (1775–1836), Michael Faraday (1791–1867), Georg Simon Ohm (1789–1854) und die Entfaltung der Elektrodynamik durch James Clerk Maxwell (1831–1879) zur ersten vereinheitlichten physikalischen Theorie. Ihr experimenteller Durchbruch gelang letztendlich Heinrich Hertz durch die Formulierung der elektromagnetischen Lichttheorie. Optik war immer noch von großem Interesse und fand mit der Entwicklung des Michelson-Interferometers zur Messung der Lichtgeschwindigkeit ihren Höhepunkt. Nach grundlegenden Experimenten und Untersuchungen zur Phosphoreszenz und Fluoreszenz wurden Kathoden- und Kanalstrahlen entdeckt und studiert. Nachdem Röntgen seine X-Strahlen entdeckt und erforscht hatte, fand Antoine Becquerel die Radioaktivität, die von Marie Curie in Frankreich, aber auch von Julius Elster und Hans Geitel in Braunschweig grundlegend erforscht wurde.

Röntgens Vorliebe galt generell wissenschaftlichen Fragestellungen, in denen Präzision von großer Bedeutung war. Während seines ganzen Forscherlebens blieb er dem „Geist der Präzisionsphysik“ treu. „Präzisionsphysik“, so sagte Röntgen, „legt dem Forscher, der sich ihr zuwendet, eine gewisse Resignation auf. Er muss stets mit Sicherheit damit rechnen, dass seine Arbeit über kurz oder lang von anderen überholt wird und damit verschwindet allmählich die Erinnerung an seine eigene Tätigkeit“ (25).

Röntgens frühe wissenschaftliche Abhandlungen, verfasst 1870 und 1873 in Straßburg, repräsentieren Experimente zur Bestimmung der spezifischen Wärme von Gasen. Bereits hier wird seine Arbeitsweise als Experimentalphysiker deutlich: klare Problemstellung, präzise Messung, Analyse der Messergebnisse, erneuter endgültiger Test und kurze, aber präzise Schlussfolgerungen.

Ein spezieller Interessenschwerpunkt war für ihn zudem die Entwicklung neuer, besserer Messmethoden und -instrumente. Im Jahr 1878 entwickelte Röntgen ein Aneroidbarometer mit Spiegelablesung zur Messung schneller Druckveränderungen unterschiedlicher Gase. Es brauchte einige Jahre, bis der Institutsmechaniker das Präzisionsinstrument nach Röntgens Angaben bauen konnte.

Besondere Sorgfalt verlangte Röntgen nicht nur beim wissenschaftlichen Arbeiten, sondern auch beim Umgang mit seinen Apparaten, zu denen er eine besondere, fast freundschaftliche persönliche Beziehung pflegte. Seine Sammlung war das unentbehrliche Handwerkzeug seiner Forschung. „Ein technisch vollkommener Appart (Quadrantenelektrometer!) ist ihm ein guter Freund, den es vor ungehöriger Behandlung zu bewahren gilt, er sich verpflichtet fühlte“ (26). Röntgen hegte und pflegte seine Sammlung, und er wurde aufbrausend und sehr energisch, wenn jemand seine Instrumente schlecht behandelte (Abb. 3.15).

Seine Arbeitsweise war geprägt durch ein großes Wissen an experimentellen Kniffen und Rezepten, die er entweder in seinen Arbeiten erwähnt oder selber zum Gegenstand

Abb. 3.15 Röntgen an einem Experimentalstativ. Bild aus der Serie von Nicola Perscheid, 1906. (© Archiv Deutsches Röntgen-Museum. Abdruck mit freundlicher Genehmigung)

von Publikationen machte (27). In kurzer Abfolge veröffentlichte Röntgen im Folgenden Beiträge über technische Hilfsgeräte zur Verlötung von platinbeschichteten Gläsern (1873), zur Leitung von elektrischen Entladungen bei unterschiedlichen Bedingungen (1874, 1878) und zur Wärmeleitung in Kristallen (1874, 1878).

Allgemeine Fragen der Physik interessierten ihn ebenso wie spezielle Randbereiche. Sein fast enzyklopädisches Wissen, das er sich in einem ständigen Studium der gängigen Fachliteratur angeeignet hatte, half ihm bei der Orientierung. So arbeitete er an den Problemen der Messung von Ölschichten auf der Wasseroberfläche, um Hinweise auf die Größe von Molekülen zu erhalten.

Bemerkenswert sind seine Präzisionsmessungen zur Kompressibilität von Flüssigkeiten. Wasser war für Röntgen ein besonderer Stoff. Sein vielfach paradoxes Verhalten interessierte ihn sehr. Besondere Aufmerksamkeit widmete er deshalb der Erforschung der Anomalie des Wassers. Im Jahr 1884 konnte er nachweisen, dass feuchte Luft auf höhere Temperaturen erwärmt werden kann als trockene Luft. Mit diesem Nachweis, dass Wasserdampf Wärme absorbieren kann, konnte er einen lange anhaltenden Disput zwischen den bedeutenden Physikern John Tyndall (1820–1893) und Gustav Magnus (1802–1870) beenden.

Als bedeutender Atmosphärenforscher erkannte Tyndall die Fähigkeit von Wasser, Wärme zu absorbieren und abzugeben. 1860 bestimmte er erstmals die erhebliche Wärmeaufnahme durch Wasserdampf im Vergleich zu trockener Luft. Sein Mentor Gustav Magnus hingegen behauptete 1861, mit seinen Messungen keine signifikante Wärmeaufnahme beim Wasserdampf feststellen zu können. 1892 konnte Röntgen nachweisen, dass mit steigender Temperatur und steigendem Druck des Wassers seine Viskosität abnimmt. Röntgens Erklärung dafür war einfach, aber genial: Die Änderungen der Eigenschaften des Wassers mit dem Druck kann unter der Annahme von zwei Arten von Wassermolekülen verstanden werden, die sich unter dem Einfluss von Temperatur- und Druckänderungen wechselseitig ineinander umwandeln (28).

Der Einfluss hohen Drucks auf die Eigenschaften von Körpern war ein anderer Schwerpunkt seiner Forschungen. Zahlreiche Aspekte ließ er dabei auch hier von seinen Schülern bearbeiten. Gegenstand der Forschungen waren u. a. die Untersuchungen zum Einfluss des Drucks auf die Leitfähigkeit von Lösungen, die Diffusion, für chemische Reaktionen, für die Änderung der Brechungsexponenten verschiedener Körper, die innere Reibung und auf die elastischen Eigenschaften der Körper (29).

Schon sehr früh zeigte Röntgen großes Interesse an Kristallen und deren physikalischen Eigenschaften. Für ihn verkörperten Kristalle die Gesetze der Natur. Auch seine Schüler haben immer wieder Fragen der Kristallphysik in ihren Arbeiten behandelt. Bemerkenswert waren Röntgens Untersuchungen an Quarzkristallen. Er studierte ihr Verhalten in Bezug auf Doppelbrechung und Pyro- and Piezoelektrizität zwischen 1880 und 1883. Nach der Entdeckung der Röntgenstrahlen kehrte er zu dieser Art von Forschung zurück. Gemeinsam mit Abram Fjodorowitsch Joffe (1880–1960) untersuchte er die elektrische Leitfähigkeit und Wärmeausbreitung in Kristallen. Röntgen bewahrte diese besondere Liebe bis zu seinem Tod, und es scheint eine direkte Beziehung seiner Vorliebe und der Entdeckung der Beugung von Röntgenstrahlen an Kristallen durch Max von Laue (1879–1960), Walter Friedrich (1883–1968) und Paul Knipping (1883–1935) zu geben. Diese 1912 durchgeführten Experimente fanden Röntgens größte Aufmerksamkeit und seinen Respekt.

Nachdem Röntgen 1871 von Hohenheim bei Stuttgart zurück nach Straßburg kam, arbeiteten er und sein Mentor August Kundt an Problemen der von John Kerr 1875 gefundenen Beziehung zwischen Licht und Elektrizität. Dies war ein besonders wichtiger Schritt hin zu einer vereinheitlichten Theorie von Elektrizität und Magnetismus. Nachdem es Kerr gelungen war, den Effekt der Drehung der Polarisationsebene des Lichts beim Durchgang durch elektromagnetische Felder an Flüssigkeiten zu zeigen, demonstrierten Röntgen und Kundt den Effekt auch bei Gasen (Schwefelkohlenstoff). Dabei wurde eine Flasche mit dem Schwefelkohlenstoff zwischen zwei Elektroden positioniert. Abhängig von der Position eines Nicol-Prismas, das als Analysator benutzt wurde, ergaben sich Aufhellungen und Abdunkelungen.

Großes Interesse zeigte Röntgen an der Frage, ob Gase Wärme absorbieren können. Ein entscheidendes Experiment zur Klärung dieses Problems führte Röntgen 1880/81 durch. Dabei ließ er die Strahlung einer Lichtquelle, die viel langwelliges Licht aussandte, durch ein an beiden Enden mit Steinsalzplatten verschlossenes Glasrohr fallen. Das Glasrohr war mit einem die Wärmestrahlung absorbierendem Gas, z. B. Leuchtgas, gefüllt und besaß einen Anschluss für ein Flüssigkeitsmanometer. Sobald nun die Lichtquelle eingeschaltet wurde, zeigte das Manometer einen Druckanstieg an, der beim Ausschalten wieder zurückging.

Unabhängig davon, aber fast zur gleichen Zeit, beobachtete Alexander Graham Bell (1847–1922), dass Festkörper bei Beleuchtung mit periodisch unterbrochenem Licht Töne erzeugen. Angeregt durch diese Ergebnisse erweiterte Röntgen seine Demonstrationsexperimente und veröffentlichte 1881 die Resultate unter dem Titel „Über Töne, welche durch intermittierende Bestrahlung eines Gases entstehen". Er ersetzte das Manometer durch einen dünnen Schlauch, „der zum Ohr des Beobachters führte und möglichst tief in dasselbe hineingesetzt wurde". Dann wurde das Glasrohr intermittierend durch Zwischenschalten einer rotierenden, mit Löchern versehenen Scheibe belichtet. Verwendete man ein geeignetes Gas, war ein Ton „außerordentlich deutlich vernehmbar und etwa mit dem Sausen eines nicht zu starken Windes zu vergleichen".

Röntgen nutzte bei seinem Experiment einen relativ einfachen physikalischen Effekt: Eingestrahltes Licht wird durch Gasmoleküle absorbiert und in Bewegungsenergie der Moleküle umgewandelt, d. h., sie werden schneller, und damit wird das Gas wärmer. Dieser Prozess hat eine lokale Druckerhöhung zur Folge. Wird das eingestrahlte Licht periodisch an- und ausgeschaltet, entsteht eine periodische Druckänderung, die sich als Schall wahrnehmen lässt. Da mehr Moleküle eine höhere Druckveränderung hervorrufen, ist die Lautstärke und damit das Messsignal proportional zur Konzentration der Moleküle im Gas. Die hervorgerufene Lichtabsorption ist von der Art des Gases und der Wellenlänge des eingestrahlten Lichts abhängig. Wenn man ein Gas mit Licht einer bestimmten Frequenz bestrahlt, gibt die daraus resultierende Druckänderung und damit der entstehende Schall Auskunft über die Zusammensetzung des Gases. Anders formuliert: Das durch die Bestrahlung entstehende Geräusch hängt von der molekularen Zusammensetzung des Gases ab. Auf diese Weise lassen sich Rückschlüsse auf die chemische Zusammensetzung der Gasprobe ziehen (Spurenanalyse) bzw. bei bekannter Probe Informationen über chemische Bindungen und intermolekulare Strukturen gewinnen. Man spricht auch von photoakustischer Spektroskopie. Das Messprinzip eignet sich insbesondere zur Spektroskopie „strahlungsloser" Übergänge. Wo klassische Spektroskopiemethoden (Absorptions- und Reflexionsspektroskopie) versagen, bildet diese photoakustische Spektroskopie eine mögliche Alternative. Es lassen sich Proben aller Zustandsformen untersuchen, wobei kleine Probemengen (0,00001 g) und kurze Analysezeiten ausreichen. So wie Gase lassen sich auch Oberflächen von Festkörpern und Flüssigkeiten analysieren. Dieses schnelle und preiswerte Verfahren findet Anwendung in Umweltschutz, Biologie, Medizin etc. Röntgen veröffentlichte 1880 eine Arbeit zum photoakustischen Effekt. Sein damals verwendetes Verfahren bildet die Grundlage der heute hochaktuellen photoakustischen Spektroskopie.

Im 19. Jahrhundert basierten die theoretischen Vorstellungen über elektrische und magnetische Erscheinungen auf Fernkräften. Die formale Übereinstimmung zwischen dem Newton'schen und dem Coulomb'schen Gesetz schien dieser Auffassung von Gravitations- und elektrischen Kräften ein besonderes Gewicht zu geben. Fast ein Jahrhundert lang beherrschten die theoretischen Auffassungen von Carl Friedrich Gauß (1777–1855) und Wilhelm Weber (1804–1891) das Verständnis der Elektrodynamik mit Fernkräften zwischen einzelnen Ladungsträgern, magnetischen oder von elektrischen Strömen durchflossenen Körpern.

Michael Faraday (1791–1867) entwickelte 1831 eine vollkommen neue Vorstellung. Er dachte sich den Raum zwischen elektrischen Ladungen mit einem Medium gefüllt, das die Kraftwirkungen zwischen den Ladungen vermittelt. Ist in diesem kontinuierlichen Medium keine Ladung vorhanden, befindet es sich in einem Normalzustand. Wird an irgendeiner Stelle des Raumes ein elektrischer Körper eingebracht, so erzeugt er eine elektrische Ladung in dem Medium. Dieser veränderte Zustand bewirkt dann eine Kraftwirkung auf einen zweiten elektrisierten Körper. Den Raum zwischen den Ladungen bezeichnete Faraday als Feld, die Kraftwirkungen als Feldwirkungen.

Eine mathematische Ausdrucksform für Faradays Ideen entwarf 1861/62 der schottische Physiker James Clerk Maxwell (1831–1879). In seinem 1865 erschienenen Werk *A Dynamical Theory of the Electromagnetic Field* entwickelte Maxwell die Faraday'sche Feldvorstellung zur mathematischen Perfektion. Sein in sich geschlossenes System aus vier Differentialgleichungen verknüpfte dabei alle physikalischen Größen der Elektrizität mit denen des Magnetismus. Trotz ihrer großen Geschlossenheit, ihrer perfekten Symmetrie, ihrer mathematischen Perfektion, der gegenseitigen Konsistenz und der Kraft ihrer Aussagen fand seine Theorie keine Anerkennung. Trotzdem war sie einfach zu perfekt und elegant, um nicht wahr zu sein (30) (Abb. 3.16).

Nach Maxwells Vorstellung erfolgen alle elektrischen oder magnetischen Einwirkungen eines Körpers auf einen anderen von ihm getrennten Körper durch die Vermittlung des zwischen den Körpern liegenden leeren oder mit einem Dielektrikum erfüllten Raum. Der elektrische Strom in einem Leiter wird ergänzt durch einen im Dielektrikum anzunehmenden Strom, dem sog. Verschiebungsstrom, der ebenso wie der Leiterstrom mit der magnetischen Feldstärke verknüpft ist. Aus der Maxwell'schen Theorie folgt, dass nicht nur der Leiterstrom von einem Magnetfeld begleitet wird, sondern auch jede mechanisch bewegte elektrische Ladung ein Magnetfeld erzeugt (31).

„Üben die von Maxwell im Dielektrikum postulierten Ströme eine elektromagnetische Kraft aus?", fragte 1879 die Berliner Akademie der Wissenschaften und rief angeregt durch Hermann von Helmholtz (1821–1894) zu einem Wettbewerb auf. Auf Grund der außerordentlichen Schwierigkeit der Frage fand sie jedoch nie eine direkte Bearbeitung. Erst 1888 konnte Heinrich Hertz (1857–1894) das Problem durch Entdeckung und Nachweis von elektromagnetischen Wellen klären.

Röntgen wurde 1885 auf dieses Problem aufmerksam. Über einen Zeitraum von drei Jahren führte er an der Universität Gießen hochpräzise Messungen durch. Durch

Abb. 3.16 James Clerk Maxwell. Alter historischer Druck „Physiker I.–II." von einem Holzstich, 1906. (Quelle Mayers Konversationslexikon, 6. Auflage zum Artikel Physik. © Archiv Deutsches Röntgen-Museum. Abdruck mit freundlicher Genehmigung)

Hermann von Helmholtz legte er bereits 1885 die erste seiner drei Abhandlungen zu der Frage „Kann die Bewegung eines in einem homogenen und constanten electrischen Felde befindlichen Dielectricums, welches keine eigentliche Ladung mit sich führt, eine electrodynamische Kraft erzeugen?" der Berliner Akademie der Wissenschaften vor.

Die Äquivalenz zwischen einer bewegten Ladung und einem elektrischen Strom kann experimentell nachgewiesen werden, wenn ein geladener Körper auf eine große Geschwindigkeit beschleunigt wird und die magnetische Wirkung des dabei erzeugten künstlichen Stromes nachgewiesen werden kann (32).

Ausgangspunkt für Röntgens Überlegungen waren die Forschungen des amerikanischen Physikers Henry Rowland (1848–1901), der die magnetische Wirkung eines bewegten elektrisch geladenen Metallkörpers untersuchte. Rowland ließ eine geladene Kreisscheibe oder einen geladenen Ring um eine dazu senkrechte senkrechte Achse rotieren und stellte dabei fest, dass die bewegte Ladung einen in sich geschlossenen elektrischen Konvektionsstrom darstellt. Rowland konnte zeigen, dass dieser senkrecht zur Richtung des Konvektionsstromes ein Magnetfeld gleicher Größe erzeugt. Dieses Magnetfeld entspricht dabei dem eines durch den ruhenden Metallkörper fließenden elektrischen Leitungsstromes. Rowland konnte damit experimentell nachweisen, dass sich die im Metall vorhandenen freien Elektronen bei einer mechanischen Bewegung mit einem Magnetfeld umgeben.

Röntgen wollte daraufhin experimentell überprüfen, ob auch ein im elektrischen Feld bewegtes Dielektrikum einem Konvektionsstrom entsprechen könnte. An der Universität Gießen entwickelte er ein hochpräzises Experiment, bei dem er dielektrische Scheiben zwischen den Platten eines Plattenkondensators schnell rotieren lassen konnte.

Er überlegte sich, einen Plattenkondensator mit einer Batterie über zwei elektrische Leitungen anzuschließen. Dabei fließt durch die geschlossenen Leitungsdrähte ein elektrischer Strom, und der Kondensator wird geladen. Zwischen den Kondensatorplatten entsteht dann in einem beliebigen darin befindlichen Dielektrikum ein elektrisches Feld. Solange der Ladungsstrom von der Batterie fließt, fließt nach Maxwell im Dielektrikum der sog. Verschiebungsstrom. Dieser sollte dann das gleiche zirkulare Magnetfeld wie der Ladungsstrom um die elektrischen Leitungsdrähte erzeugen. Der Nachweis dieser magnetischen Wirkung des Maxwell'schen Verschiebungsstromes war entscheidend für die neuartigen Vorstellungen Maxwells zum Elektromagnetismus (33).

Röntgens Experiment bestand aus verschiedenen dielektrischen Scheiben, die er zwischen den Platten eines mit einer Batterie aufgeladenen Kondensators rotieren ließ. Er verwendete dabei Glas- oder Gummischeiben mit einem Durchmesser von 10–16 cm und einer Dicke von 0,2–0,5 cm. Aus den Feldgleichungen ließ sich ableiten, dass nur bei sehr hohen Umdrehungszahlen (Frequenzen) zu erwarten war, dass der Verschiebungsstrom im Verhältnis zum Leitungsstrom nachgewiesen werden kann (34).

Auf Grund von Vibrationen am experimentellen Aufbau konnte Röntgen die Scheiben nur mit maximal 100 Umdrehungen in der Sekunde rotieren lassen. Röntgen verwendete hierzu die Grundkonstruktion eines Savart'schen Rades, das eigentlich zur Bestimmung der Frequenzen von Tönen diente. Zur Vermeidung von Schwingungen platzierte er den Rotationsapparat auf einen 1 m hohen und 50 cm breiten von der Zimmerwand und dem Holzfußboden isolierten Sandsteinpfeiler.

Mit Hilfe einer Influenzelektrisiermaschine nach Wilhelm Holtz, die eine kontinuierliche Gleichspannung lieferte und Leydener Flaschen wurde der Kondensator geladen. Die Spannung wurde mit Elektroskopen kontrolliert. Zur Bestimmung des Magnetfeldes benutzte Röntgen ein Magnetometer, bestehend aus einem astatischen Paar Magnetnadeln zur Verhinderung von Auswirkungen des Erdmagnetfeldes. Das System war mit einem kleinen Spiegel versehen und wurde mit einem dünnen Aluminiumdraht befestigt. Das Magnetometer montierte Röntgen auf einer 12 cm dicken Sandsteinplatte, die in die ca. 50 cm dicken, massiven Eckwände des Gebäudes eingemauert war. Der Rotationsapparat und das Magnetometer wurden von der Firma Hartmann & Braun in Würzburg nach Röntgens Angaben angefertigt.

Mit Hilfe einer Skala konnte Röntgen über ein Teleskop die durch den Verschiebungsstrom hervorgerufenen feinen Ausschläge der Magnetnadeln auf einer 229 cm entfernten Projektion messen. Röntgen berichtete, dass eine genaue Bestimmung der Größe des nach dem Kommutieren erfolgten Ausschlages auf Grund der sehr kleinen Ausschläge sehr schwierig war. Sie betrugen im günstigsten Fall 1,5 Skalenteile (mm), meistens aber nur Bruchteile davon. Er selbst beschränkte sich bei seinen Beobachtungen darauf, die Richtung des Ausschlages jedes Mal zu bestimmen. Nach weit mehr als 1000 Beobachtungen konnte er die Ablenkungsrichtung fast ausnahmslos richtig angeben.

Röntgen beschrieb, dass für den Versuch neben ihm als Beobachter am Fernrohr zwei Gehilfen erforderlich waren. Einer war für die gleichmäßige Drehung des Rotationsapparates zum Antrieb der dielektrischen Scheiben verantwortlich. Der andere Gehilfe kontrollierte die Spannung des Kondensators und das Ändern der Polarität mit Hilfe der Elektroskope.

Während des Ladens bewegt sich die elektrische Ladung von einer Kondensatorplatte zur anderen. Der Verschiebungsstrom ist nun das, was durch den Raum zwischen den

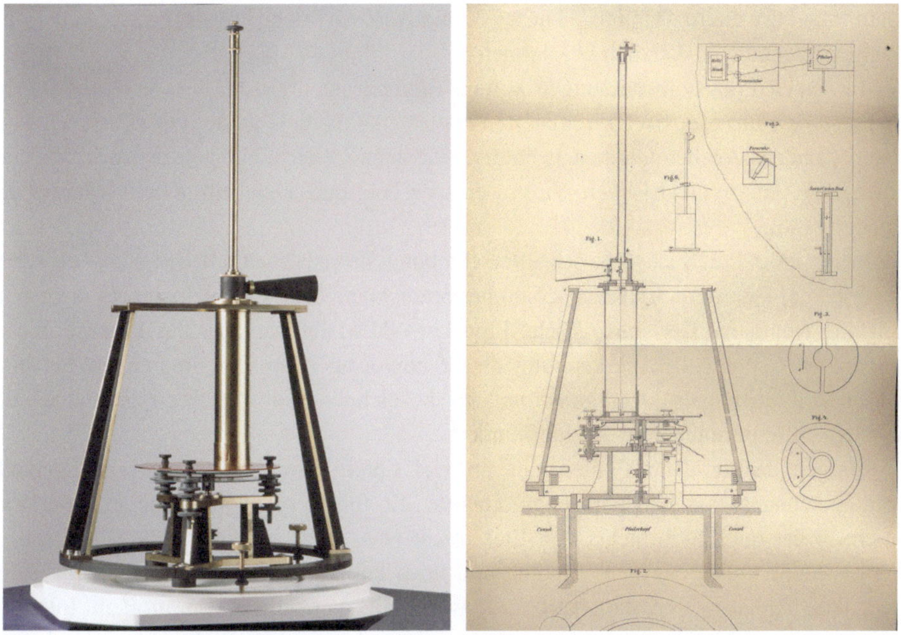

Abb. 3.17 linksNachbau des Versuchsaufbaus zum Nachweis des dielektrischen Verschiebungsstroms, **rechts** Röntgens technische Beschreibung der Messapparatur. (© Archiv Deutsches Röntgen-Museum. Abdruck mit freundlicher Genehmigung)

Platten fließt. Wird ein Dielektrikum zwischen die Platten gebracht, kann der Strom als ein Fluss virtueller Ladungen verstanden werden, die sich während der Polarisation von einem zum anderen Ende der Platte bewegen (Abb. 3.17).

In einem weiteren Experiment gelang es Röntgen, den Verschiebungsstrom als Dauerstrom zu erzeugen. Dazu unterteilte er die zwei runden Metallplatten eines Kondensators durch einen schmalen Spalt in je zwei Halbplatten. „An das eine Paar wurde die Spannung plus–minus, an das andere die entgegengesetzt gerichtete, gleich große Spannung minus–plus angelegt. Er ließ dann wieder eine dielektrische Scheibe zwischen den Platten rotieren. Dort, wo sie von dem einen in das andere Plattenpaar übertritt, muss also der Verschiebungsstrom fließen, nun aber als Dauerverschiebungsstrom, da wegen der Rotation in der Übergangsstelle vom einen zum anderen Plattenpaar eine Umpolung des Dielektrikums erfolgt“ (35).

Mit diesen Ergebnissen hatte Röntgen die Preisfrage der Preußischen Akademie der Wissenschaften aus dem Jahr 1879 eindeutig beantwortet. Leider bekam er keinen Preis, weil die Frist zur Beantwortung nach sechs Jahren sicherlich schon abgelaufen war.

Röntgen gelang es leider nicht, das magnetische Feld des Verschiebungsstromes nachzuweisen. Dies ermöglichten erst die hochpräzisen Experimente des russischen Physikers Alexander Eichenwald (1864–1944), der 1903 Röntgens Experimente quantitativ erweitern konnte. Dieser Grundversuch der Physik wird heute als Röntgen-Eichenwald-Versuch bezeichnet.

Mit seinen Präzisionsmessungen konnte Röntgen nachweisen, dass auch die an der Grenzfläche eines elektrisch polarisierten Dielektrikums, d. h. an der Oberfläche eines in einem Kondensator befindlichen Isolators, sitzenden freien Ladungen bei mechanischer Bewegung einem elektrischen Strom entsprechen und sich mit einem Magnetfeld umgeben (36).

Dieser indirekte Nachweis des „Verschiebungsstromes" verhalf der Maxwell'schen Theorie zum Durchbruch. Hendrik Lorentz bezeichnete dieses Experiment als die größte Leistung Röntgens. Der französische Physiker und Mathematiker Jules Henri Poincaré (1854–1912) schlug in Anerkennung dieser hervorragenden experimentellen Leistung vor, diesen Strom als „Röntgenstrom" zu bezeichnen. Es war zweifellos eines der wichtigsten Experimente im 19. Jahrhundert.

Röntgen dachte damals allerdings an viel tiefere Probleme als nur an spezielle Voraussetzungen der Maxwell'schen Theorie. Er führte seine Versuche in einer Zeit durch, in der man noch nichts von Elektronen wusste. Es gab noch keine Elektronentheorie, keine Optik bewegter Medien und noch keine Relativitätstheorie. Er hat seine Gedanken damals offen dargelegt: „Es wäre mir namentlich von großem Interesse gewesen, zu erfahren, ob dasjenige Medium, in welchem die dielektrische Polarisation stattfindet, die Bewegungen der ponderablen Teilchen vollständig mitmacht oder sich ähnlich wie der Lichtäther nach Fresnels Ansicht verhält. In der Tat sind die sich nach dieser Richtung eröffnenden Perspektiven [gemeint ist die Entscheidung zwischen mitgeführtem und ruhendem Lichtäther bei den Phänomenen der Optik und Elektrodynamik] zu verlockend, um nicht alles zu versuchen, was zu einem entscheidenden Resultat führen könnte. Indes blieben, wie schon gesagt, meine Bemühungen bis jetzt erfolglos" (37).

Als erster Physiker übertrug Röntgen das Problem der Einwirkung der Erdbewegung auf die Fortpflanzung des Lichts auf die Elektrodynamik. Er gehört somit zu den ersten Physikern, die ihr Interesse der 1906 veröffentlichten Relativitätstheorie von Albert Einstein (1879–1955) gewidmet haben.

Röntgen war nicht nur ein präziser und meisterhafter „[…] Beherrscher der experimentellen Physik. Er war auch der ‚Philosoph', der einer rationalen Erfassung der letzten Grundlagen der damaligen Physik nachging, aus denen dann im Anfang unseres Jahrhunderts ihre akuten Probleme wurden" (38).

Tiefgründiger Denker

Röntgen war stets aufgeschlossen gegenüber neuen Gedanken. Sein sicherer Umgang mit modernen physikalischen Begriffsbildungen erlaubte ihm die konkrete Auseinandersetzung mit allen aktuellen modernen physikalischen Inhalten. Grundlage war sein fast enzyklopädisches Wissen, das er sich durch das Studium der wissenschaftlichen

Literatur erarbeitet hatte. Röntgens Bibliothek umfasste die wichtigsten Publikationen der Physik. Er nutzte jede freie Minute, um sich in neue Aspekte seines Faches einzuarbeiten. Dabei war er auch für neue Gedanken aufgeschlossen. Er hatte für sich selbst den Anspruch, physikalische Gedanken der Theorie anschaulich und begrifflich zu erfassen. Die Mathematik war ihm dabei unersetzliches Rüstzeug. Bei seiner Entdeckung des Röntgenstromes rührte er an den letzten Fragen der Optik und Elektrodynamik. Bei diesem bereits 1888 durchgeführten Experiment hatte Röntgen ebenfalls die Frage nach einer etwaigen magnetischen Wirkung des infolge der Erdbewegung durch den Kondensator hindurchgehenden Ätherwindes angestellt und damit als Erster die Frage nach dem Einfluss der Erdbewegung aus der Optik in die Elektrodynamik übertragen. Diese Frage nach der Natur des ruhenden oder mitbewegten Äthers konnte jedoch erst Jahrzehnte später in der Relativitätstheorie von Albert Einstein geklärt werden.

„Es ist wirklich zu bedauern, dass Röntgen so selten die ihm vorschwebenden prinzipiellen Grundgedanken zum Ausdruck gebracht und sich in der Darstellung seiner Versuche so ausschließlich an die experimentelle Tatsächlichkeit gehalten hat. Aber das liegt zu tief in seinem ganzen Charakter: Jede Halbheit, jede unsichere Hypothese ist ihm zuwider. Er sagt lieber zu wenig als zu viel, er publiziert lieber gar nicht als unfertig“ (39).

Akademischer Lehrer

Röntgen bereitete seine Vorlesungen und Demonstrationsexperimente ebenso gründlich vor wie seine Forschungsarbeiten. Nur ein einziges Mal konnten seine Studenten einen etwas konsternierten Röntgen erleben, als bei dem Versuch, feste Kohlensäure herzustellen, der Verschluss der Stahlflasche undicht war. Röntgen entschuldigte sich mit den Worten „Meine Herren, das ist etwas, was mir seit langem nicht passiert ist, ein misslungenes Experiment“ (40).

Röntgens Vorlesung war begrifflich klar, stringent und wissenschaftlich exakt. Dies war insbesondere für viele der medizinischen Hörer zu trocken und zu schwierig. Wie Peter P. Koch einmal berichtete, konnte man in den letzten Reihen des großen Hörsaals Röntgens tiefe und weiche Stimme kaum noch hören. Manche junge Studenten blieben deshalb enttäuscht den Vorlesungen fern (Abb. 3.18 und 3.19).

Röntgen selbst widmete der Ausgestaltung seiner Vorlesungen jedoch immer sehr viel Mühe und Zeit und fügte bei neuen Entwicklungen oder neuen Ergebnissen stets die entsprechenden Versuche zu seinen Vorlesungsexperimenten hinzu. In gleicher und besonders gründlicher Art hatte er ebenfalls seine Praktika organisiert. Hier verlangte er von seinen Studenten selbst bei den einfachsten Experimenten scharfe Beobachtung und genaues Messen. Als strenger Examinator überzeugte er sich durch Fragen und Beobachten, ob seine Schüler die physikalischen Grundlagen verstanden hatten. Bei den Auswertungen der Messergebnisse legte er großen Wert darauf, kein Beobachtungsresultat ohne triftigen Grund zu ignorieren. Die Themen seiner Doktorarbeiten waren gründlich durchdacht und bewegten sich entsprechend der breit aufgestellten Interessen-

Abb. 3.18 Röntgens Hörsaal an der Universität Würzburg. (© Archiv Deutsches Röntgen-Museum. Abdruck mit freundlicher Genehmigung)

Abb. 3.19 Studenten in Röntgens Vorlesung im Physikhörsaal der Universität Würzburg. (© Archiv Deutsches Röntgen-Museum. Abdruck mit freundlicher Genehmigung)

lage Röntgens auf den verschiedensten Gebieten, auf den er selbst tätig geworden war. Er ließ seinen Doktoranden Freiraum. Er lief ihnen nicht nach. „Päppeln Sie niemanden hoch, es hat keinen Zweck!", sagte er einmal zu einem seiner Assistenten und ließ den Doktoranden mit sich selbst fertig werden (41).

Röntgen war kein glänzender Rhetoriker und hielt nichts von populärwissenschaftlichen Vorträgen. „Die Physik ist ein Gebiet, um das mit ehrlicher Mühe geworben werden muss. Man kann allenfalls so vortragen, dass ein Laienkreis in die irrtümliche Ansicht versetzt wird, er habe das Vorgetragene verstanden. Das bedeutet aber die Begünstigung der Halbbildung, und die ist schlimmer und gefährlicher als Unbildung", sagte er einmal (42) (Abb. 3.20).

Große Anerkennung für seine Arbeiten erhielt Röntgen durch den Wahlvorschlag seiner Kollegen Warburg, Kohlrausch, Planck, Fischer und Bezold vom 4. Februar 1896, ihn zum korrespondierenden Mitglied der Kgl. Akademie der Wissenschaften in Berlin zu ernennen (Abb. 3.20). In dem von Emil Warburg verfassten Gutachten werden insbesondere die „vortrefflichen Präzisionsarbeiten", sein großes „Konstruktionstalent" und sein „Geschick bei der Auffindung neuer Methoden" hervorgehoben. Unterstrichen wird weiterhin, dass die Arbeiten Röntgens geprägt sind durch eine „große Zuverlässigkeit und Sorgfalt in der Entdeckung und Beseitigung von Fehlerquellen". Am 20. Februar 1896 wurde Röntgen einstimmig das Ernennungsdiplom zuerkannt. Im Jahr 1912 versuchte die Berliner Akademie, Röntgen mit der Übertragung einer Forschungsprofessur in der Nachfolge des Chemikers und Nobelpreisträgers Jacobus van't Hoff (1852–1911) zu berufen. Röntgen schlug dieses Angebot jedoch aus. Aus Anlass des 25. Jahrestages von Röntgens Entdeckung beantragten Warburg, Rubens, von Laue, Nernst, Planck und andere herausragende Mitglieder der Physikalisch-Mathematischen Klasse der

Abb. 3.20 Röntgen auf dem Weg zu einer Sitzung der Preußischen Akademie in Berlin um 1920. (© Archiv Deutsches Röntgen-Museum. Abdruck mit freundlicher Genehmigung)

Berliner Akademie die Ernennung Röntgens zum auswärtigen Mitglied. In dem vom 18. November 1920 stammenden Antrag heißt es: „Die Bedeutung der wissenschaftlichen Leistungen des Hrn. Röntgen ist so groß und so allgemein bekannt [...], daß es überflüssig erscheint, hier nochmals darauf einzugehen. Röntgen gilt wohl allgemein als der Altmeister der deutschen Experimentalphysik, und es erscheint durchaus angebracht, ihn durch die Wahl zum auswärtigen Mitglied ganz besonders zu ehren." Die Abstimmung erfolgte wieder einstimmig. Die Preußische Regierung bestätigte den Antrag am 22. Dezember 1920. Die Königlich Bayerische Akademie der Wissenschaften in München kooptierte Röntgen bereits am 14. November 1896 als Korrespondierendes Mitglied und am 14. November 1900 als Ordentliches Mitglied der Mathematisch-Physikalischen Klasse. *Die* Königlich Preußische Akademie der Wissenschaften ernennt Röntgen am 16. *März 1896 zum Korrespondierenden Mitglied.* (Abb. 3.21 und 3.22)

Zahlreiche bedeutende Physiker waren Schüler Röntgens. In Gießen betreute Röntgen vier Doktoranden (H. Heine, J. Fink, J. Schneider, L. Zehnder), in Würzburg zwei Doktoranden (O. Sterne, J. Hanauer) und einen Habilitanden (M. Wien), in München 16 Doktoranden (PP Koch, J. Wallot, A. Bestelmeyer, E. Wagner, E. Angerer, A. Joffe, E. Silbernagel, R. Ladenburg, P. Pringsheim, E. Bassler, J. Donaghey, W. Friedrich, P. Knipping, K. Szlenker, J. Bretano, R. Glocker) (Abb. 3.23).

Unter seinen Schülern sind besonders hervorzuheben:

Max Wien (1866–1938) habilitierte sich 1893 in Würzburg mit der Habilitationsschrift „Über eine neue Form der Induktionswaage". Der Vetter des Nobelpreisträgers Wilhelm Wien wurde 1898 Dozent an der TH Aachen, wo er noch im gleichen Jahr zum Professor ernannt wurde. Dort entwickelte er 1902 mit der Untersuchung der drahtlosen Telegraphie ein neues Arbeitsgebiet.

Peter Paul Koch (1879–1945) promovierte 1902 in München mit der Arbeit „Über eine neue Methode zur Untersuchung auf Pyroelektrizität". 1919 wurde Koch erster Leiter des Physikalischen Staatsinstituts an der neu gegründeten Universität Hamburg. Er war ein aktiver Nationalsozialist. Im November 1933 unterzeichnete er das Bekenntnis der deutschen Professoren zu Adolf Hitler. Im Institut für Physik denunzierte er seine Kollegen, die u. a. an der Kernforschung mitarbeiteten, bei der Gestapo wegen ihrer neutralen Haltung. Nach Ende des Zweiten Weltkriegs wurde er von der englischen Besatzungsmacht 1945 sofort entlassen und beging im Oktober 1945 Suizid mit Zyankali.

Ernst Wagner (1876–1928) promovierte 1903 in München mit der Arbeit „Metallmanometer als Hochdruckpräzisionsmesser, geprüft mit dem Amagatschen Manometer". Als Nachfolger von Johannes Stark (1874–1954) erhielt Wagner zum Wintersemester 1922/23 einen Ruf an die Universität Würzburg. Am 9. Dezember 1923 eröffnete er im Physikalischen Institut ein „Röntgen-Gedächtnis-Zimmer".

Ernst von Angerer (1881–1951) wurde 1905 mit der Arbeit „Bolometrische Untersuchungen über die Energie der Röntgenstrahlen" promoviert. Von 1907 bis 1911 war er zuvor Assistent Röntgens in München. Der Sohn des Chirurgen und Leibarztes

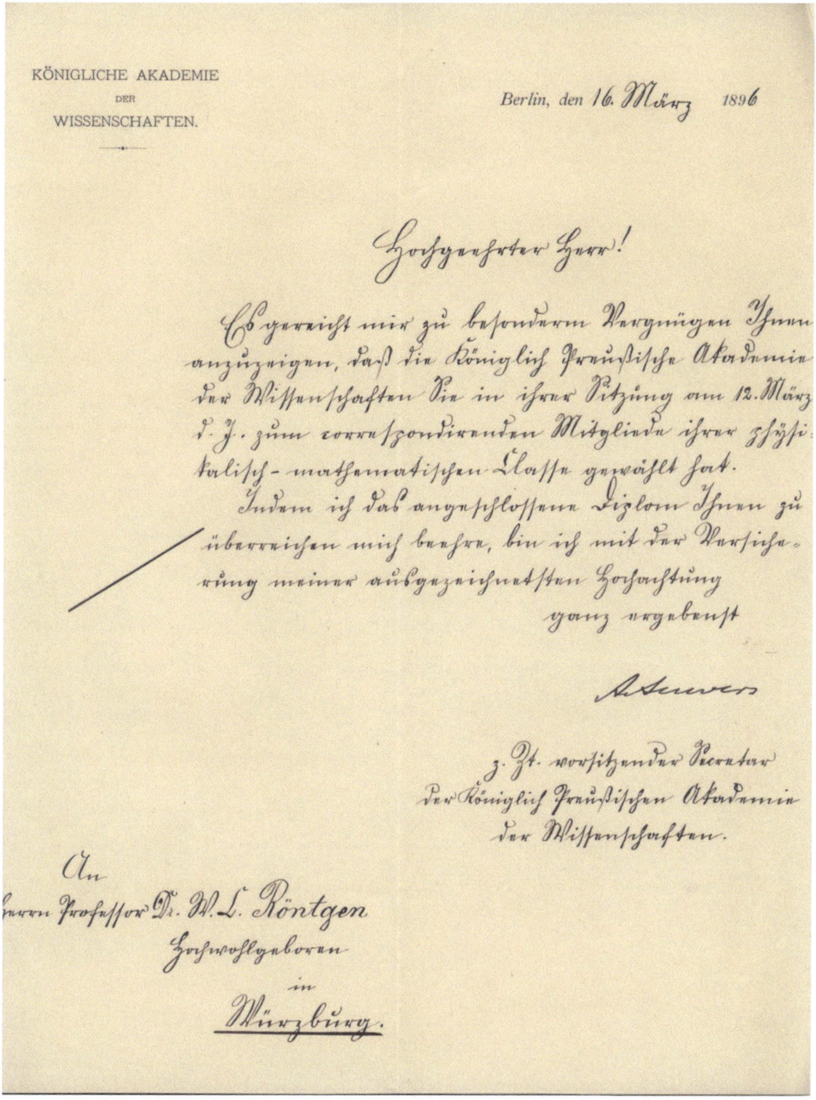

KÖNIGLICHE AKADEMIE DER WISSENSCHAFTEN.

Berlin, den 16. März 1896

Hochgeehrter Herr!

Es gereicht mir zu besonderem Vergnügen Ihnen anzuzeigen, daß die Königlich Preußische Akademie der Wissenschaften Sie in ihrer Sitzung am 12. März d. J. zum correspondirenden Mitgliede ihrer physikalisch-mathematischen Classe gewählt hat.

Indem ich das angeschlossene Diplom Ihnen zu überreichen mich beehre, bin ich mit der Versicherung meiner ausgezeichnetsten Hochachtung

ganz ergebenst

Auwers

z. Zt. vorsitzender Secretar der Königlich Preußischen Akademie der Wissenschaften.

An Herrn Professor Dr. W. C. Röntgen Hochwohlgeboren in Würzburg.

Abb. 3.21 Ernennungsurkunde zum Korrespondierenden Mitglied der Königlich Preußischen Akademie der Wissenschaften Berlin vom 16. März 1896. (© Archiv Deutsches Röntgen-Museum. Abdruck mit freundlicher Genehmigung)

von Prinzregent Luitpold und später König Ludwig III. von Bayern, Ottmar Angerer, wurde 1912 Konservator und 1931 Hauptkonservator am Physikalischen Institut der Technischen Hochschule München.

Mit Abram Fjodorowitsch Joffe (1880–1960) gehörte der Begründer der modernen Physik in Russland zu Röntgens Schülern in München. Joffe promovierte 1905 summa

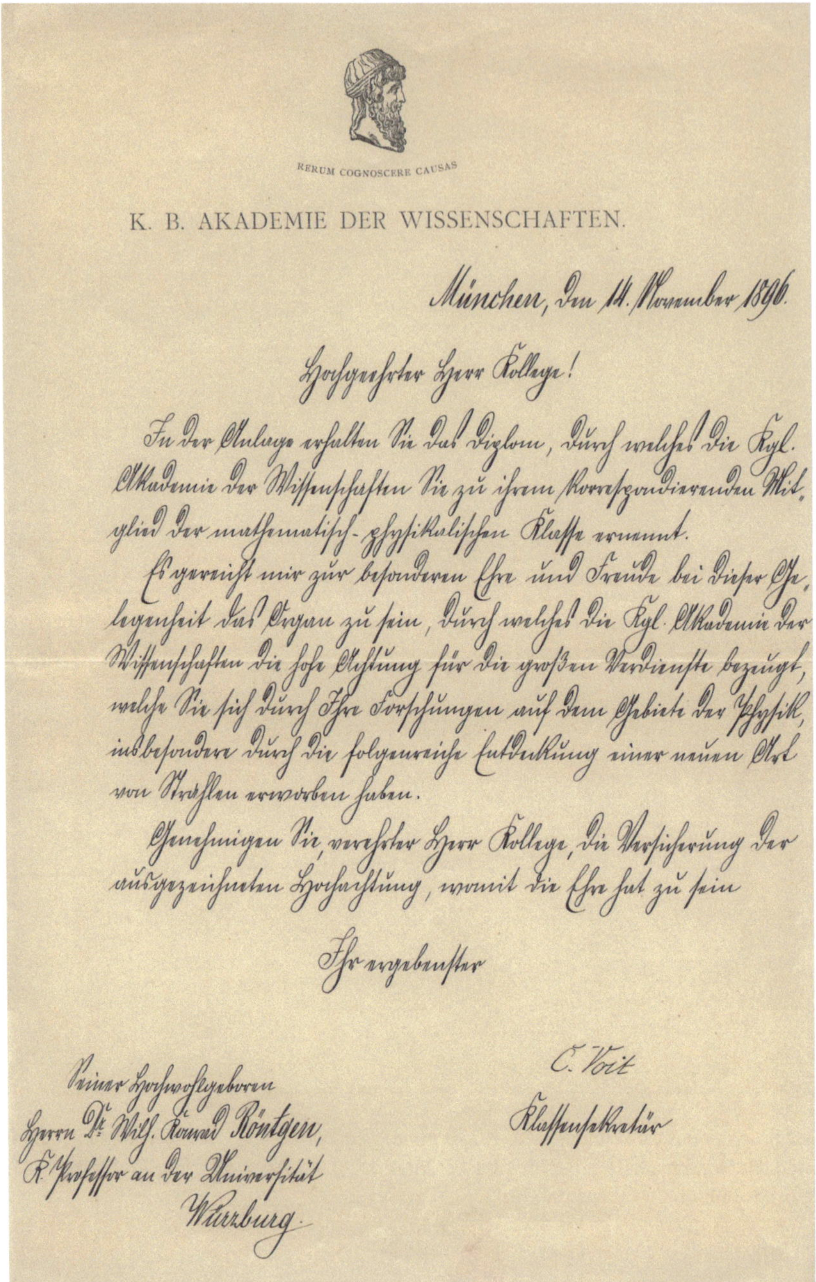

RERUM COGNOSCERE CAUSAS

K. B. AKADEMIE DER WISSENSCHAFTEN.

München, den 14. November 1896.

Hochgeehrter Herr Kollege!

In der Anlage erhalten Sie das Diplom, durch welches die Kgl. Akademie der Wissenschaften Sie zu ihrem korrespondierenden Mitglied der mathematisch-physikalischen Klasse ernannt.

Es gereicht mir zur besonderen Ehre und Freude bei dieser Gelegenheit das Organ zu sein, durch welches die Kgl. Akademie der Wissenschaften die hohe Achtung für die grossen Verdienste bezeugt, welche Sie sich durch Ihre Forschungen auf dem Gebiete der Physik, insbesondere durch die folgenreiche Entdeckung einer neuen Art von Strahlen erworben haben.

Genehmigen Sie, verehrter Herr Kollege, die Versicherung der ausgezeichneten Hochachtung, womit die Ehre hat zu sein

Ihr ergebenster

C. Voit

Klassensekretär

Seiner Hochwohlgeboren
Herrn Dr. Wilh. Konrad Röntgen,
K. Professor an der Universität
Würzburg.

Abb. 3.22 Ernennungsurkunde zum Korrespondierendem Mitglied der Bayerischen Akademie der Wissenschaften vom 14. November 1896. (© Archiv Deutsches Röntgen-Museum. Abdruck mit freundlicher Genehmigung)

Abb. 3.23 Mitarbeiter des Physikalischen Instituts der Universität München. In der vorderen Reihe sitzt der Institutsdirektor Röntgen neben seinen Assistenten Peter Paul Koch **(links)** und Ernst Wagner **(rechts)**, August 1919. (© Archiv Deutsches Röntgen-Museum. Abdruck mit freundlicher Genehmigung)

cum laude, über „Elastische Nachwirkung im kristallinischen Quarz". Generationen von sowjetischen Physikern galt er als Leitfigur.

Walter Rudolf Ladenburg (1882–1952) promovierte bei Röntgen „Über die innere Reibung zäher Flüssigkeiten und ihre Abhängigkeit vom Druck". Ladenburg übernahm 1924 die Abteilung für Atomphysik am Kaiser-Wilhelm-Institut für Physikalische Chemie und Elektrochemie in Berlin-Dahlem. Hier gelang ihm 1928 der erste experimentelle Nachweis der stimulierten Emission von Strahlung, die Albert Einstein zwölf Jahre zuvor in die Quantentheorie der Strahlung eingeführt hatte.

Peter Pringsheim (1881–1963), der Schwager des Schriftstellers und Literaturnobelpreisträgers Thomas Mann, promovierte 1907 bei Röntgen mit der Arbeit „Versuche über das Minimumpotential von Spitzenentladungen und über den Einfluß erhöhter Temperaturen auf dasselbe". Gemeinsam mit Robert Pohl arbeitete Pringsheim später am Physikalischen Institut der Universität Berlin über lichtelektrische Erscheinungen und über Fluoreszenz und Phosphoreszenz. Nach schwierigen Kriegszeiten und der Flucht vor den Nationalsozialisten in die USA erhielt Pringsheim eine Stelle bei seinem Kollegen und Freund James Franck (1882–1964) in Chicago. Hier arbeitete er später am Argonne National Laboratory.

Walter Friedrich (1883–1968) promovierte 1911 bei Röntgen mit einer Arbeit über die „Räumliche Intensitätsverteilung der X-Strahlen, die von einer Platina-Antikathode ausgehen". 1912 begann er, hier der Vermutung von Max von Laue (1879–1960) nachzugehen, dass die Interferenz von Röntgenstrahlen an Kristallen experimentell nachgewiesen werden kann. Von Laue war 1909 als Privatdozent an das Institut für Theoretische Physik der Ludwig-Maximilians-Universität München zu Arnold Sommerfeld gekommen. Da sowohl Sommerfeld als auch Röntgen diese Idee für unmöglich hielten, forschte Friedrich gemeinsam mit dem Diplomanden Paul Knipping (1883–1935) heimlich. Knipping unterbrach für diese Forschungen die Fertigstellung seiner Diplomarbeit „Über den Einfluß der Vorgeschichte auf verschiedene Eigenschaften des Bleies" und schloss sein Physikstudium erst 1913 ab. Walter Friedrich arbeitete ab 1914 an der Universitätsklinik der Universität Freiburg, wo er das Laboratorium der Universitätsfrauenklinik leitete. Hier etablierte er gemeinsam mit dem Gynäkologen Bernhard Krönig (1863–1917) die erste universitäre Forschungsstelle für Biophysik. 1923 erhielt er einen Ruf auf die ordentliche Professur für medizinische Physik an der Universität Berlin. 1928 war er Präsident der Deutschen Röntgengesellschaft und von 1949 bis 1952 Rektor der Berliner Universität. 1961 wurde er zum Präsidenten des Medizinisch-Biologischen Forschungszentrums der Deutschen Akademie der Wissenschaften zu Berlin berufen.

Richard Glocker (1890–1978) wurde als letzter Doktorand Röntgens 1914 mit der Arbeit „Über die Interferenz der Röntgenstrahlen und Kristallstruktur" promoviert. Zur Entwicklung technischer Standards in der Anwendung von Röntgenstrahlen gründete Glocker 1919 das Röntgeninstitut an der TH Stuttgart. Unter seiner Leitung wurden hier grundlegende Pionierarbeiten für die Anwendung von Röntgenstrahlen in der zerstörungsfreien Material- und Werkstoffprüfung mit Röntgenstrahlen geleistet.

Mensch und Bürger

Röntgen war keine besonders komplizierte Persönlichkeit, kein Mensch der Brüche und Widersprüche. Homogenität und Konstanz seines Charakters und seiner Werte zeichneten ihn aus. Seine ausgeprägteste Eigenschaft war seine absolute Unbestechlichkeit in der Wissenschaft und gegenüber Urteilen über Menschen (43).

Er war verwurzelt in einer jahrhundertealten Familientradition und geprägt von der offenen Kultur in den Niederlanden und der republikanischen Schweiz. Von hierher stammen seine altliberalen Werte und Einstellungen. Von hierher stammt aber auch sein Unverständnis für den gesellschaftlichen und politischen Wandel Anfang des 20. Jahrhunderts, zu dem er ja selber durch seine Entdeckung der Röntgenstrahlen beigetragen hatte. Den neuen Weg der Physik in die Moderne ist er nicht mitgegangen. Er blieb der klassischen Physik verhaftet (44). Röntgen war „im allerbesten Sinne eine Verkörperung des Ideals des 19. Jahrhunderts" (45).

Röntgen verleugnete niemals seine bürgerliche Herkunft. Er hatte sich durch eigene Leistung seine gesellschaftliche und wissenschaftliche Position erarbeitet und dabei voll und ganz auf Protektion verzichtet. Aus diesem Grund war es für ihn anders als für viele seiner Zeitgenossen nicht erstrebenswert, in den Adelsstand zu treten. Er hielt streng an seinem Bürgerethos fest und lehnte die Beantragung des persönlichen Adelstitels, der durch seine Auszeichnung mit dem Bayerischen Kronenorden 2. Klasse möglich war, kategorisch ab. (46).

Dies bedeutet jedoch nicht, dass Röntgen ein politischer Mensch war. Wenn er sich überhaupt zu politischen Sachverhalten äußerte, orientierte er sich meistens an den im Bürgertum und in der Professorenschaft gängigen Haltungen, Urteilen und Vorurteilen. Kritik am wilhelminischen Deutschland erlaubte er sich nur in Bezug auf die materialistische Orientierung der Gesellschaft, die Genusssucht und den sittlichen Niedergang sowie den Verlust der Gemeinsamkeit von bürgerlichen Werten. Besonders empörte er sich über die als Nachkriegsreaktion ausschweifende Vergnügungssucht in Deutschland (47).

Nur in einem Punkt widersetzte sich Röntgen dem Zeitgeist. Dieser betraf den im Kaiserreich aufkommenden modernen Antisemitismus. De jure gleichgestellt, blieben jüdischen Wissenschaftlern de facto häufig gehobene Posten verwehrt. In einem aufschlussreichen Brief an den Gießener Chemiker Erich Naumann vom 6. Februar 1899 kritisierte Röntgen eine derartige Praxis unmissverständlich. „Ohne die jüdische Race auch nur im mindesten zu lieben, muss ich doch bekennen, dass ich es allmählich für ein großes Unrecht halte, und nicht nur das, sondern ich meine, dass wir uns selber sehr schaden, wenn wir bei Berufungen und anderen Gelegenheiten von vorn herein erklären: Von einem Juden kann keine Rede sein, er mag sein wer er will [...]“ (48).

An anderer Stelle beklagt er sich darüber, dass jüdische Studenten, die sich um eine Wohnung in München bemühen, von vornherein abgewiesen werden. Das „ist ein trauriges Zeichen der Zeit“ (49). Er trat somit ein für liberale Ideale bürgerlicher Gleichheit und Toleranz und forderte gleichsam eine sachorientierte und vorurteilsfreie Wissenschaftspolitik.

Röntgen zeigte allerdings eine gewisse Naivität in politischen Angelegenheiten, indem er ein äußerst umstrittenes politisches Pamphlet unterzeichnete. Als die Welt sich über die barbarische Zerstörung der Universitätsbibliothek von Leuven durch die deutschen Kriegsbesatzer im August 1914 empörte, wurde vom deutschen Bühnenautor Ludwig Fulda (1862–1939) das Pamphlet „Aufruf an die Kulturwelt“ initiiert, das wegen der Zahl der Unterschriften auch die Bezeichnung „Aufruf der 93“ erhielt.

Dieses kriegspropagandistische Pamphlet erschien am 4. Oktober 1914 in allen großen Tageszeitungen in Deutschland. Es wurde in zehn Sprachen übersetzt und in Tausenden von Briefen in die neutralen Länder an Vertreter von Wissenschaft und Kunst, an Geistliche, Politiker und andere Persönlichkeiten versandt. Die Unterschriftenliste enthielt die Namen einer kulturellen und wissenschaftlichen Elite Deutschlands. Dazu gehörten neben Röntgen fünf weitere Nobelpreisträger: Philipp Lenard (1862–1947), Wilhelm Wien (1864–1928), Adolf von Baeyer (1835–1917), Emil Fischer (1852–1919) und Wilhelm Ostwald (1853–1932). Der Aufruf setzte das Prestige der Vertreter der deutschen Kultur und Wissenschaft massiv für das Militär und dessen Kriegsführung ein (50).

Den Unterzeichnern lagen jedoch meist über alle der deutschen Kriegsführung zur Last gelegten und in dem Aufruf als unwahr dargestellten Vorwürfe keine zuverlässigen Informationen vor. Trotzdem haben sich Repräsentanten von Kultur und Wissenschaft in diesem „Krieg der Geister" bereitwillig in den Dienst einer sowohl nach innen wie nach außen gerichteten nationalistischen Propaganda gestellt. Der Appell hatte jedoch eine tiefgreifende, wenn auch hauptsächlich negative Wirkung, insbesondere in den Vereinigten Staaten, wo er mit ziemlicher Sicherheit die Entscheidung dieses Landes, sich dem Konflikt anzuschließen, beeinflusste (51).

Röntgen hatte sich nicht von der Euphorie zahlreicher Kollegen zur Rechtfertigung des Kriegs in Form eines patriotischen Schreibkriegs anstecken lassen. Seine Meinung blieb moderat und privat. Warum Röntgen dennoch dieses extrem chauvinistische Pamphlet unterzeichnete, rechtfertigte er später mit scharfem Drängen der Berliner Initiatoren und eigener Dummheit (52).

Wie kaum ein anderer Wissenschaftler hat Röntgen jedoch durch rationelle und präzise Forschung zur Entzauberung der traditionellen Weltsicht beigetragen Trotzdem blieb er als Forscher zeitlebens dem klassischen Weltbild der Physik verhaftet. An dem durch Max Planck vorangetriebenen Umbruch und der Neupositionierung der Physik nahm er selber nie teil, ebenso wenig wie an allen nationalen wie auch internationalen Fachkongressen und -konferenzen. Die über zwei Dekaden andauernden teilweise öffentlich und hitzig geführten Debatten um die Klärung der physikalischen Natur der Röntgenstrahlen verfolgte er aus der Ferne, ohne sich daran zu beteiligen. Dies gilt ebenso für die rasante Entwicklung der Technik zu ihrer Erzeugung und Anwendung. (53).

Röntgen hat, wenn auch nicht bewusst, dazu beigetragen, wissenschaftliche Forschung in die Öffentlichkeit zu tragen. Er war der erste große internationale Superstar der Wissenschaft. „Sein Lebensentwurf entstammte dem 19. Jahrhundert. Dem Wandel von Politik, Gesellschaft und auch Wissenschaft im 20. Jahrhundert konnte er nicht mehr gerecht werden" (54).

Verwendete und weiterführende Literatur

1. Speitkamp W (1993) Wilhelm Conrad Röntgen. Bürger und Forscher. Archiv für Kulturgeschichte 75: 150
2. Kant H (1995) Die Ära der Röntgenstrahlen. Spektrum der Wissenschaft 9, 1995, 88
3. Holtschneider J (2017): Herkunft und Tätigkeit der Vorfahren W. C. Röntgen. Unveröffentlichtes Manuskript. Deutsches Röntgen-Museum
4. Mödder U, Busch U (Hrsg) (2008) Die Augen des Professors. Wilhelm Conrad Röntgen – Eine Kurzbiografie. Vergangenheitsverlag Berlin. S. 82
5. Glasser O (1959) Wilhelm Conrad Röntgen und die Geschichte der Röntgenstrahlen. 2. Aufl. Springerverlag Berlin, Göttingen, Heidelberg 1959. S. 49
6. Glasser O (1959) aaO. S. 52

7. Röntgen WC (1894) Zur Geschichte der Physik an der Universität Würzburg. Festrede vom 2.1.1894. Würzburg 1894
8. Mödder, Busch 2008, aaO. S. 48
9. Wölflin E (1943) Über die Beziehungen Röntgens zur Schweiz. Fortschr. Röntgenstr 67,1, 40–47
10. Mödder, Busch 2008, aaO. S. 53
11. Glasser O (1959) aaO. S. 172
12. Mödder, Busch 2008, aaO. S. 48
13. Mödder, Busch 2008, aaO. S. 54
14. Koch PP (1923) Wilhelm Conrad Röntgen als Forscher und Mensch. Zeitschrift für technische Physik 4, 274
15. Glasser O (1959) aaO. S. 66
16. Sommerfeld A (1915) Zu Röntgens siebzigsten Geburtstag. Phys Zeitschr 16: 90
17. Sommerfeld A (1915) aaO, S. 92
18. (Röntgen WC (1894) aaO
19. Glasser 1959, aaO, S. 11
20. Glasser 1959, aaO, S. 12
21. Glasser 1959, aaO, S. 64
22. Glasser 1959, aaO, S. 276ff
23. Glasser 1959, aaO, S. 94
24. Speitkamp W (1993) Wilhelm Conrad Röntgen. Bürger und Forscher. Archiv für Kulturgeschichte 75: 134
25. Koch 1923, aaO, S. 274
26. Sommerfeld 1915, aaO, S. 90
27. Friedrich W (1923): Wilhelm Conrad Röntgen. Strahlentherapie. XV, S. 859
28. Friedrich 1923, aaO, S. 859
29. Friedrich 1923, aaO, S. 859.
30. Dawson P (1997) Röentgen's other experiment. Brit Jour Radiol 70: 812
31. Beier W (1995) Wilhelm Conrad Röntgen. 2. Auflage, Teubner, Stuttgart/ Leipzig/ vdf, Zürich, S. 59–60
32. Beier 1995,aaO, S. 60
33. Gerlach W (1972) Wilhelm Conrad Röntgen. Biographischer Essay. In: Krafft F (Hrsg) Wilhelm Conrad Röntgen Ueber eine neue Art von Strahlen. Kindler Verlag GmbH München, S. 72
34. Dawson 1997, aaO, S. 812
35. Gerlach 1972, aaO, S. 72
36. Beier 1995, aaO, S. 60
37. Gerlach 1972, aaO, S. 72–73
38. Gerlach 1972, aaO, S. 73
39. Sommerfeld 1915, aaO, S. 92
40. Lorey W (1941): Röntgens Berufung nach Gießen und seine Gießener Zeit. RöFo 64, S. 66
41. Glasser 1995, aaO, S. 95
42. Glasser 1995, aaO, S. 97
43. Glasser 1959, aaO, S. 174
44. Speitkamp 1993, aaO, S. 150
45. Glasser 1952, aaO, S. 174)
46. Speitkamp 1993, aaO, S. 145
47. Glasser, 1959, aaO, S. 157
48. Speitkamp 1993, aaO, S. 145–146

49. Glasser 1959, aaO, S. 157
50. Wolff SL (2001) Physiker im „Krieg der Geister“. Münchener Zentrum für Wissenschafts- und Technikgeschichte. Zitiert aus https://www.deutsches-museum.de/fileadmin/Content/010_DM/050_Forschung/020_Forschung_Mitarbeiter/Wolff_01.pdf (23–03- 04) ebenfalls „Physicists in the “Krieg der Geister“: Wilhelm Wien´s “Proclamation“, HSPS. 33.2 (2003), 337–368.
51. Isherwood I (2004) Wilhelm Conrad Roentgen (1845-1923) and the 1914 affair. Jornal of Medical Biography 12, 90–94
52. Glasser 1959, aaO, S. 152–153
53. Speitkamp 1993, aaO, S. 150)
54. Speitkamp 1993, aaO, S. 151

4 Eine neue Sorte von Strahlen – Die Entdeckung und Erforschung der X-Strahlen

Uwe Busch

Wie viele Physiker auf der Welt interessierte sich Röntgen für elektrische Entladungen in verdünnten Gasen. Erste wichtige Erkenntnisse hierzu stellte der britische Physiker Michael Faraday (1791–1867) an der Royal Institution in London 1835 vor. Im weiteren Verlauf des 19. Jahrhunderts wurden diese Forschungen insbesondere von seinem Landsmann William Crookes (1832–1919) fortgeführt. Crookes wies Kathodenstrahlen mit Hilfe einer von ihm entwickelten Schattenkreuzröhre nach. Er zeigte, dass diese beim ihrem Aufprall auf Glas oder andere Stoffe ein fluoreszierendes Leuchten erzeugen. Crookes war überzeugt davon, strahlende Atome zu beobachten, und nannte diese strahlende Art der Materie einen vierten Aggregatzustand (Abb. 4.1).

Zur gleichen Zeit erforschte der deutsche Physiker Johann Wilhelm Hittorf (1824–1914) gemeinsam mit Julius Plücker in Gasentladungsröhren die Spektren vieler chemischer Elemente. Dabei benutzten sie die vom Bonner Glasbläser Heinrich Geißler (1814–1879) entwickelte Vakuumpumpe zur Evakuierung der Entladungsröhren und einen von Heinrich Rühmkorff (1803–1877) entwickelten Funkeninduktor als Hochspannungsquelle.

Der Bonner Physiker Heinrich Hertz (1857–1894) entdeckte im Jahr 1892, dass Kathodenstrahlen sehr dünne Schichten von festen Stoffen durchdringen können. Sein Assistent Philipp Lenard (1862–1947) erweiterte den Versuch durch Bohrung eines kleinen Loches in die Anode und Abdeckung mit einer dünnen Aluminiumfolie, dem sog. Lenard-Fenster. Kathodenstrahlen konnten so aus der Entladungsröhre extrahiert werden (Abb. 4.2).

U. Busch (✉)
Museumsdirektor, Deutsches Röntgen-Museum, Remscheid, Deutschland,
E-Mail: Uwe.busch@remscheid.de

U. Busch (Hrsg.), *Wilhelm Conrad Röntgen,* Klassische Texte der Wissenschaft,
https://doi.org/10.1007/978-3-662-61350-4_4

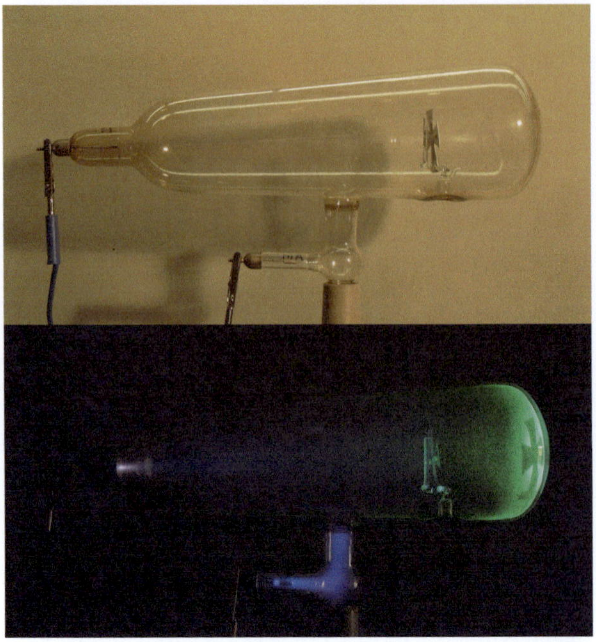

Abb. 4.1 Crook'sche Schattenkreuzröhre. (© Von D-Kuru)

Abb. 4.2 Lenard-Röhre. (© Archiv Deutsches Röntgen-Museum. Abdruck mit freundlicher Genehmigung)

Röntgen zeigte sich sehr interessiert an Lenards Experimenten. Aus einer Notiz in Lenards Veröffentlichung fand er einen Hinweis, dass die Firma Müller-Unkel in Braunschweig eine entsprechende Lenard-Röhre liefern konnte. Am 4. Mai 1894 bestellte Röntgen dort eine Röhre für 36,50 Mark und schrieb gleichzeitig auch an Lenard mit der Bitte um Auskunft über die Beschaffung dünner Folien für das Lenard-Fenster. Sechs Wochen später berichtete Röntgen seinem Freund Ludwig Zehnder in einem Brief von den gelungenen Versuchen. Danach blieb es für fast eineinhalb Jahre ruhig um die Kathodenstrahlen (1).

Auf Grund anderer Verpflichtungen insbesondere in seinem Rektoratsjahr nahm Röntgen die Untersuchungen zur Kathodenstrahlung erst wieder im Herbst 1895 auf. „Ich gebrauche einen grossen Ruhmkorff 50/20 cm mit Deprez-Unterbrecher und ca. 20 Amp. Primärstrom. Mein Apparat, der an der Raps'schen Pumpe sitzen bleibt, braucht einige Tage zum Auspumpen; beste Wirkung, wenn die Funkenstrecke eines parallel geschalteten Entladers ca. 3 cm beträgt" (2).

Nachdem Röntgen am Abend des 8. November 1895 eine merkwürdige Leuchterscheinung auf einem mit Bariumplatincyanür bestrichenen Schirm gesehen hatte, begann er, penibel und akribisch diese zu untersuchen. Schnell wurde ihm klar, dass die neue Strahlung Photoplatten schwärzen konnte (3). Er nutzte das neue Medium umgehend zur Dokumentation seiner Forschungsergebnisse. Zahlreiche originale Photoplatten im Archiv des Deutschen Röntgen-Museums zeugen von der detaillierten Arbeitsweise Röntgens. Leider sind diese nicht alle mit einer Datierung und Anmerkungen versehen. In Ermangelung des von Röntgen sicherlich geführten Laborbuches sind Zuordnungen zu den vorgenommenen Experimenten nicht immer trivial.

Darunter finden sich interessante Vorstudien zu Aufnahmen von Händen, die seiner eigenen Hand und der seiner Frau. Auf einer leider undatierten Aufnahme der Hand seiner Frau sind deutlich ein Perlenring und wahrscheinlich der Ehering zu erkennen. Das Photo zeigt einen Ausschnitt von Anna Bertha auf dem Balkon ihres Hotels in Cadenabbia im Frühjahr 1896 (Abb. 4.3).

Voraussichtlich hat Röntgen die ersten Bilder einer lebenden Hand von sich selbst aufgenommen. In seinem Nachlass finden sich hierzu einige Beispiele, leider aber wieder ohne eine Datierung. Bei der Analyse der Qualität ist festzustellen, dass Röntgen wohl auch seine Aufnahmetechnik verändert haben muss. In seinem Bericht über das mit Röntgen kurz nach der Entdeckung in Würzburg geführte Interview beschreibt H. J. W Dam vom McClure's Magazine, dass Röntgen sich die photographische Platte auf die Hand gelegt hatte: „Der Professor ging nach einem Schaft in der Nähe des Fensters, auf dem eine Reihe von vorbereiteten Glasplatten lagen, die dicht in schwarzes Papier eingepackt waren. Er befestigte eine Crookessche Röhre unter dem Tisch, so dass sie nur wenige Zoll von der unteren Tischseite entfernt war. Daraufhin legte er seine Hand flach auf den Tisch und legte eine Platte lose auf seine Hand" (4).

Die Qualität seiner Aufnahmen konnte er durch eine andere Aufnahmegeometrie und technische Verbesserungen der Röhre erreichen. Zur Aufnahme platzierte er Untersuchungsgegenstände direkt auf einer auf dem Tisch liegenden photographischen Platte.

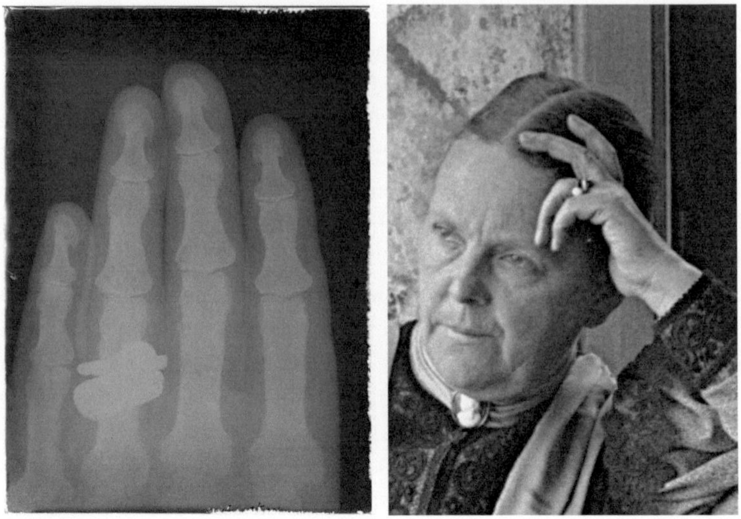

Abb. 4.3 Röntgenaufnahme (**links**) der Hand von Bertha Röntgen mit Ring und eine Photographie (**rechts**) der Hand, auf der sich der Ring identifizieren lässt. (© Archiv Deutsches Röntgen-Museum. Abdruck mit freundlicher Genehmigung)

Die Röhre wurde mit einem Stativ über der Photoplatte aufgebaut (Abb. 4.4). Schon in seiner zweiten Veröffentlichung berichtete Röntgen über effektivere Anodenmaterialien: „Zur Erzeugung von möglichst intensiven X-Strahlen eignet sich nach meinen bisherigen Erfahrungen Platin am besten. Ich gebrauche seit einigen Wochen mit gutem Erfolg einen Entladungsapparat, bei dem ein Hohlspiegel aus Aluminium als Kathode, ein unter 45° gegen die Spiegelaxe geneigtes, im Krümmungscentrum aufgestelltes Platinblech als Anode fungiert“ (5). In seiner dritten Abhandlung berichtet er über das Härterwerden von Röhren bei fortschreitender Nutzung und empfiehlt: „Eine zu hart gewordene Röhre kann weicher gemacht werden: durch Einlassen von Luft [...]“ (6). Sein Assistent Ludwig Zehnder baute daraufhin mit Unterstützung des Freiburger Glasbläsers Kramer eine regulierbare Röntgenröhre. „Um die Röntgenröhren von der Pumpe abziehen und versenden zu können, kam ich auf den Gedanken, ein Stück Lindenholzkohle in einen Röhrenansatz zu bringen, welches Kohlenstück nach genügender Evakuierung der Röhre durch Erwärmung von aussen her zur Regulierung des Vakuums dienen sollte. Solche Röhren sandte ich Röntgen umgehend...“ (7).

Interessanterweise befinden in seinem Nachlass auch Photographien zu weiteren Experimenten mit Röntgenstrahlen vom November und Dezember 1899. Neben Röntgenaufnahmen der von Röntgen benutzen Ionenröhre hat Röntgen hier wohl wieder einige Experimente zur elektromagnetischen Ablenkung der Strahlen unternommen. Ohne den entsprechenden Nachweis gefunden zu haben, hat er seine Ergebnisse jedoch

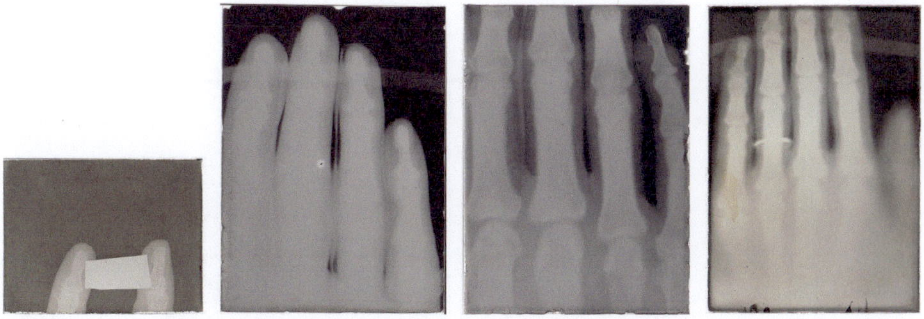

Abb. 4.4 Röntgens Studien zu Röntgenaufnahmen von Händen und Handsequenzen (Mai bis Juni 1896). (© Archiv Deutsches Röntgen-Museum. Abdruck mit freundlicher Genehmigung)

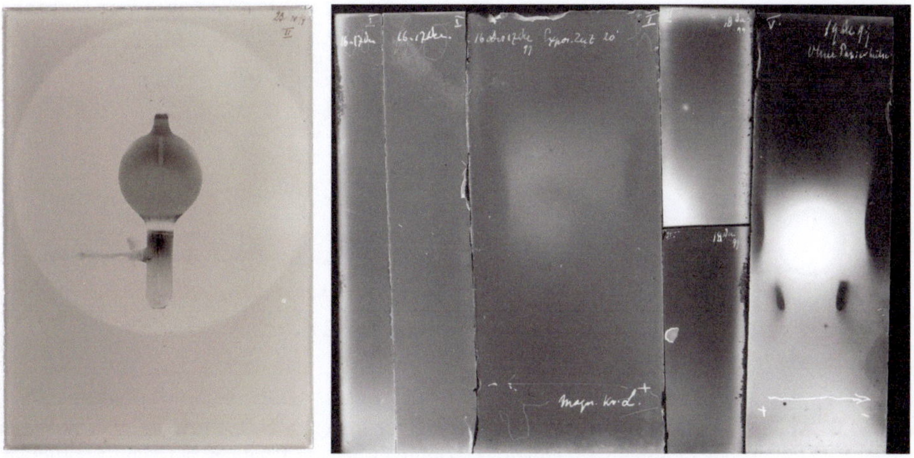

Abb. 4.5 Studien zu Röntgenaufnahmen, datiert von 1899. (© Archiv Deutsches Röntgen-Museum. Abdruck mit freundlicher Genehmigung)

nicht publiziert. Nach dieser Zeit lassen sich keine Nachweise mehr zu weiteren Versuchen finden (Abb. 4.5).

Am 28. Dezember 1895, etwa sieben Wochen nach der Entdeckung, reichte Röntgen sein Manuskript „Ueber eine neue Art von Strahlen. Vorläufige Mittheilung“ bei der Physikalisch-Medizinischen Gesellschaft zu Würzburg ein. „An den Schluss vor den Jahresbericht“ schrieb Röntgen auf sein Manuskript. Der Bericht wurde noch vor dem Jahreswechsel gedruckt (Abb. 4.6).

Den Sonderdruck des nur elf Seiten umfassenden Berichts sandte Röntgen am 1. Januar 1896 an Kollegen im In- und Ausland. Er legte dem Sonderdruck neun Photographien bei, die er persönlich entwickelte und beschriftete. Dass es sich um neun

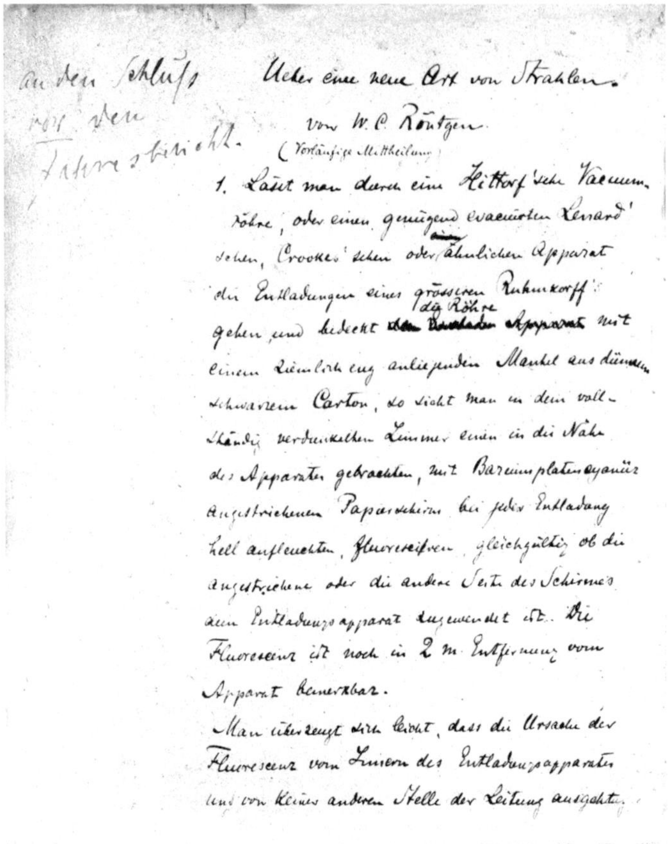

an den Schluss vor den Jahresbericht.

Ueber eine neue Art von Strahlen.
von W. C. Röntgen
(Vorläufige Mittheilung)

1. Lässt man durch eine Hittorf'sche Vacuumröhre, oder einen genügend evacuirten Lenard'schen, Crookes'schen oder ähnlichen Apparat die Entladungen eines grösseren Ruhmkorff's gehen und bedeckt die Röhre mit einem ziemlich eng anliegenden Mantel aus dünnem, schwarzem Carton, so sieht man in dem vollständig verdunkelten Zimmer einen in die Nähe des Apparates gebrachten, mit Bariumplatincyanür angestrichenen Papierschirm bei jeder Entladung hell aufleuchten, fluoresciren, gleichgültig ob die angestrichene oder die andere Seite des Schirmes dem Entladungsapparat zugewendet ist. Die Fluorescenz ist noch in 2 m Entfernung vom Apparat bemerkbar.

Man überzeugt sich leicht, dass die Ursache der Fluorescenz vom Innern des Entladungsapparates und von keiner anderen Stelle der Leitung ausgeht.

Abb. 4.6 Kopie der ersten Seite des Manuskripts zur ersten Veröffentlichung über Röntgenstrahlen. Leider ist das Original verschollen. (© Archiv Deutsches Röntgen-Museum. Abdruck mit freundlicher Genehmigung)

Bilder handelte, kann man aus der Antwort von Lord Kelvin entnehmen. Glücklicherweise wurde der Nachlass von Arthur Schuster der Londoner Wellcome Collection zur Verfügung gestellt. Hier findet man diese neun Photographien, darunter auch die Röntgenaufnahme der Hand von Röntgens Frau Anna Bertha. Unter den Adressaten befanden sich zahlreiche bedeutende Forscher seiner Zeit: Emil Warburg und Otto Lummer in Berlin, Franz Exner in Wien, Henri Poincaré in Paris, Carl August Voller in Hamburg, Arthur Schuster in Manchester, Friedrich Kohlrausch in Straßburg, Lord Kelvin in Glasgow und Hendrik A. Lorentz in Leiden und Ludwig Zehnder in Freiburg.

Ein etwas konsternierter Otto Lummer beschrieb seine Emotionen in einem Artikel in der Fachzeitschrift Mechaniker im Januar 1896 (Abb. 4.7):

> „Denn wahrlich beim Lesen der einige Tage vorher von Professor Röntgen mir zugesandten vorläufigen Mitteilung […] konnte ich mich des Gedankens nicht erwehren, ein Märchen vernommen zu haben, wenn auch der Name des Autors und dessen stichhaltige Beweise mich von diesem Wahne schnell genug befreiten. Wohl stand es schwarz auf weiß gedruckt, daß man

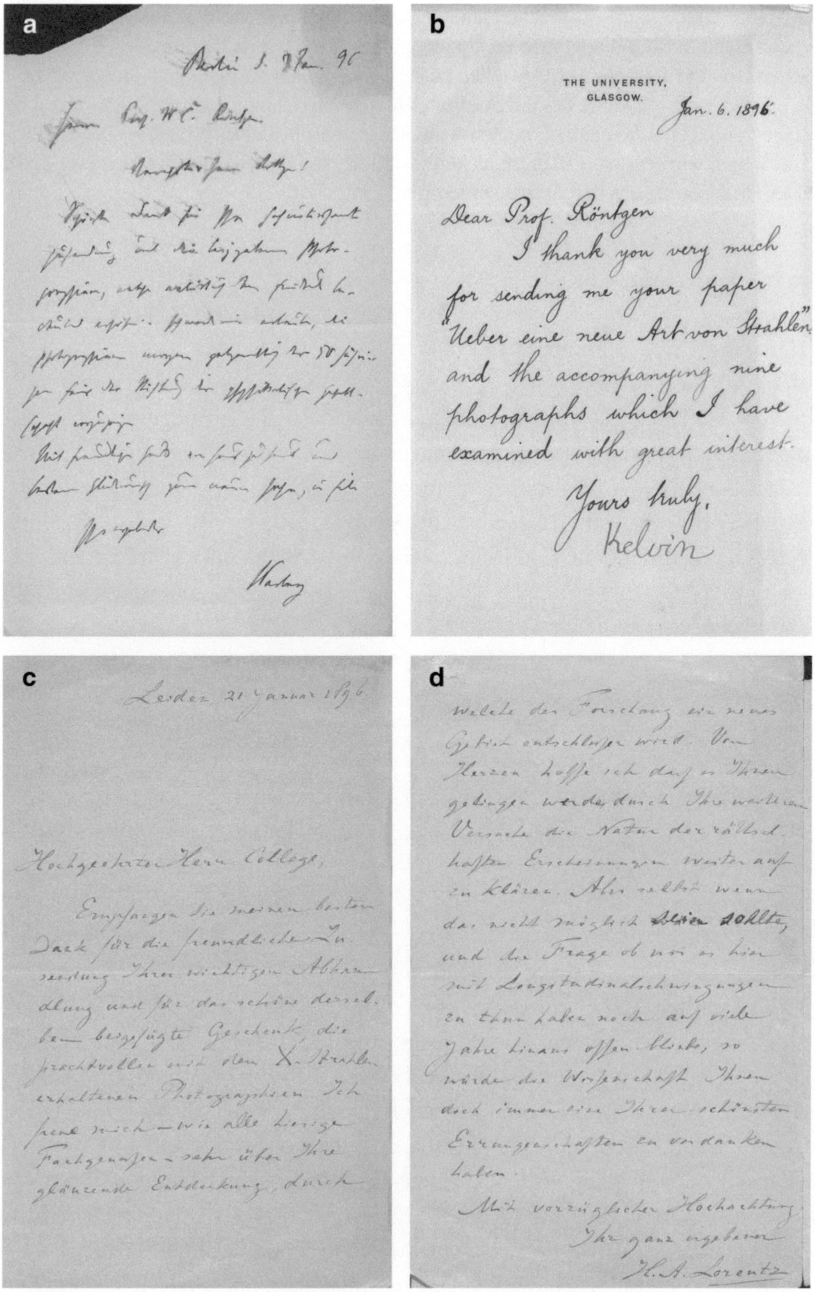

a

b

THE UNIVERSITY,
GLASGOW.
Jan. 6. 1896.

Dear Prof. Röntgen
I thank you very much for sending me your paper "Ueber eine neue Art von Strahlen," and the accompanying nine photographs which I have examined with great interest.

Yours truly,
Kelvin

c

Leiden 21 Januar 1896.

Hochgeehrter Herr College,

Empfangen Sie meinen besten Dank für die freundliche Zusendung Ihrer wichtigen Abhandlung und für das schöne derselben beigefügte Geschenk, die prachtvollen mit den X-Strahlen erhaltenen Photographien. Ich freue mich – wie alle hiesige Fachgenossen – sehr über Ihre glänzende Entdeckung, durch

d

welche der Forschung ein neues Gebiet entschlossen wird. Von Herzen hoffe ich daß es Ihnen gelingen werde durch Ihre weiteren Versuche die Natur der räthselhaften Erscheinungen weiter aufzuklären. Aber selbst wenn das nicht möglich sollte, und die Frage ob wir es hier mit Longitudinalschwingungen zu thun haben noch auf viele Jahre hinaus offen bleibt, so würde die Wissenschaft Ihnen doch immer eine Ihrer schönsten Errungenschaften zu verdanken haben.

Mit vorzüglicher Hochachtung
Ihr ganz ergebener
H. A. Lorentz

Abb. 4.7 Erste Reaktionen von Wissenschaftlern: **a** Warburg, **b** Kelvin, **c, d** Lorentz. (© Archiv Deutsches Röntgen-Museum. Abdruck mit freundlicher Genehmigung)

die Metallgewichte in einem geschlossenen Holzkasten photographieren und die Knochen der lebenden Hand auf die Platte zaubern könnte, aber erst die wirkliche Photographie vermochte für jedermann die Tatsache zur Gewißheit zu stempeln. Selten dürfte es sich ereignen, daß eine reale physikalische Tatsache bei ihrem ersten, freilich unvollkommenen Bekanntwerden durch die Tageszeitungen scheu aufgenommen wird als Hirngespinst eines Kranken oder Spaßvogels und deswegen von ernsteren Blättern nicht abgedruckt, von den Spiritisten sofort aber gedeutet wird als Offenbarung aus der vierten Dimension." (8)

Transkriptionen (Abb. 4.8)

Warburg

Herrn Prof. W.C. Röntgen

Verehrter Herr Kollege!

Schönsten Dank für Ihre hochinteressante Zusendung und die beigegebenen Photographien, welche natürlich den Eindruck bedeutend erhöhen. Ich werde mir erlauben, die Photographien morgen gelegentlich der 50-jährigen Feier der Stiftung der physikalischen Gesellschaft vorzuzeigen.

Mit freundlichem Gruß von Haus zu Haus und bestem Glückwunsch zum neuen Jahre, in Eile

Ihr ergebener

Warburg

Kelvin

Glasgow, den 6. Januar 1896

Sehr geehrter Prof. Röntgen,

Ich danke Ihnen sehr für die Zusendung Ihrer Arbeit „Ueber eine neue Art von Strahlen" und die beigelegten neun Photographien, die ich mit großem Interesse begutachtet habe.

Ihr ergebener

Kelvin

Lorentz

Hochverehrter Herr College,

Empfangen Sie meinen besten Dank für die freundliche Zusendung Ihrer wichtigen Abhandlung und für das schöne derselben beigefügte Geschenk, die prachtvollen mit den X-Strahlen erhaltenen Photographien. Ich freue mich wie alle hiesigen Fachgenossen über Ihre glänzende Entdeckung, welche der Forschung ein neues Gebiet erschließen wird. Von Herzen hoffe ich, daß es Ihnen gelingen werde durch Ihre weiteren Versuche die Natur der rätselhaften Erscheinungen weiter auf zu klären. Aber selbst, wenn das nicht möglich sein sollte, und die Frage ob sich wir hier mit Longitudinalschwingungen zu thun haben noch auf viele Jahre hinaus offen bliebe, so würde die Wissenschaft Ihren doch immer eine ihrer schönsten Errungenschaften zu verdanken haben.

Mit vorzüglicher Hochachtung

Ihr ganz ergebener

H. A. Lorentz

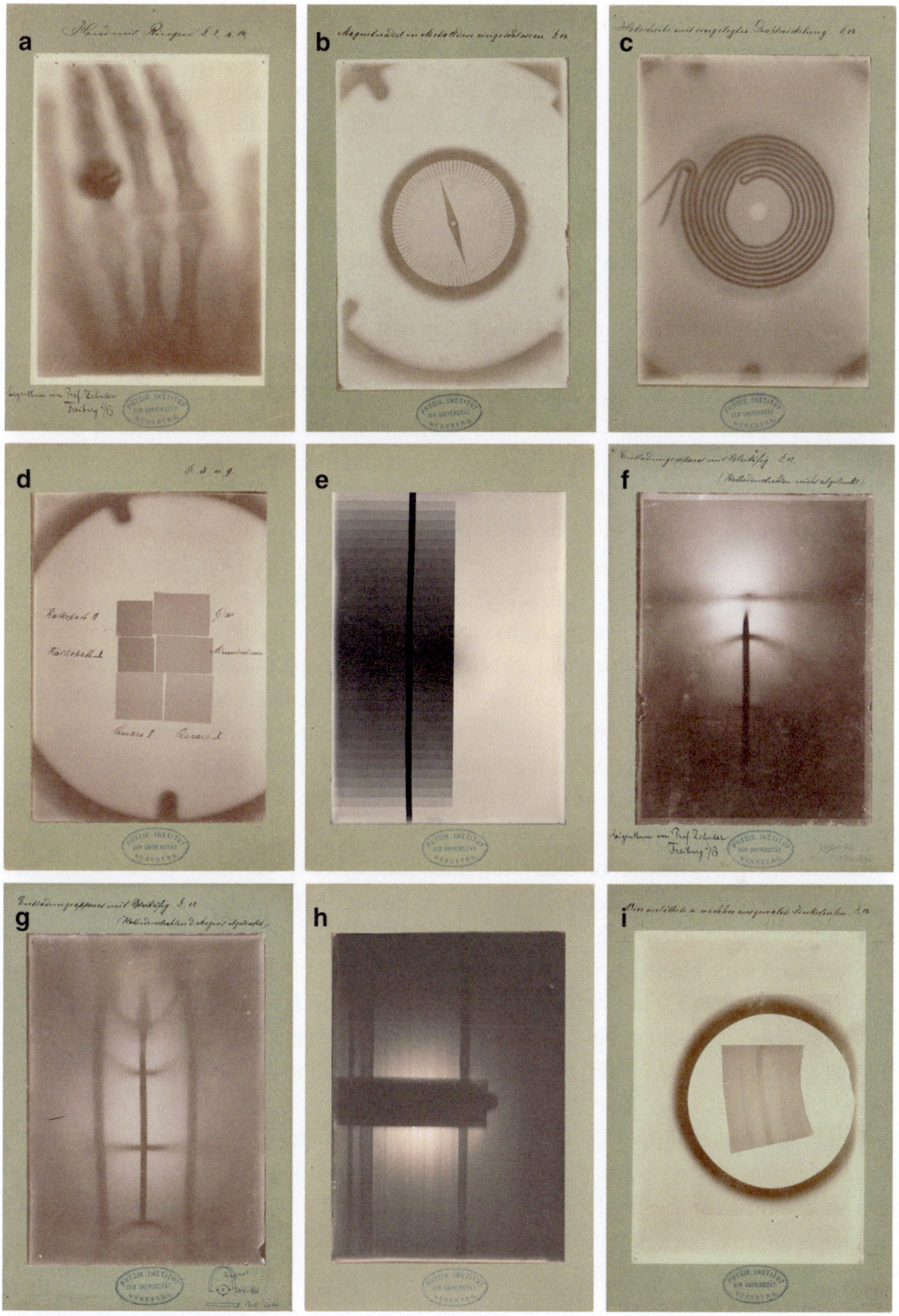

Abb. 4.8 Neun Röntgenaufnahmen, angefertigt zum Versand mit Röntgens erster Veröffentlichung. **a** Handaufnahme, **b** Bussole in einer Box, **c** Drahtspirale in einer Box, **d** Absorption verschiedener Materialien mit unterschiedlicher Dichte, **e** Absorption unterschiedlich dicker Blechplättchen, **f, g** Gitterstruktur um die Röhre, **h** Absorption an der Labortür, **i** verlötete Zinkstreifen. (© Archiv Deutsches Röntgen-Museum. Abdruck mit freundlicher Genehmigung)

Eine Nachricht geht um die Welt

Erstmals der Öffentlichkeit vorgestellt wurde die sensationelle Entdeckung anlässlich des 50-jährigen Stiftungsfestes der Physikalischen Gesellschaft zu Berlin am 4. Januar 1896. Emil Warbug (1846–1931), Ordinarius für Physik an der Universität Berlin, hatte die Photographien und den Separatabdruck einen Tag vorab erhalten. Sie lagen unter anderen Ausstellungsgegenständen an einer wenig auffallenden Stelle. Die Bedeutung der Entdeckung wurde somit nur von wenigen Teilnehmern wahrgenommen. Wilhelm von Bezold (1837–1907), Präsident der Deutschen Physikalischen Gesellschaft, bedauerte es sehr, nichts von den Bildern gewusst zu haben, ansonsten hätte er „seine Rede in ganz anderem Tone geschlossen [...]" (9). Zu den Gästen, denen die Bilder auffielen, gehörte der Berliner Internist und Psychiater Moritz Jastrowitz (1839–1912). Zwei Tage später berichtete er vor dem Berliner Verein für Innere Medizin über die Röntgen'schen Experimente mit Kathodenstrahlen und ihre diagnostische Verwertung.

Am 30. Januar 1896 publizierte die Deutsche Medizinische Wochenschrift (DMW) den Vortrag unter dem Titel „Die Roentgen'schen Experimente mit Kathodenstrahlen und ihre diagnostische Verwerthung". Jastrowitz präsentierte den Lesern der DMW die Röntgenaufnahme einer weiblichen Hand – wie zunächst üblich als Positivbild mit Schwärzung der knöchernen Strukturen und wirklicher Aufhellung der Weichteilkonturen. Der Autor beschrieb die Photographie mit einer poetischen Metapher: „Ein Finger ist mit einem Ringe versehen, welcher noch dunkler als die Fingerknochen erscheint. Der Ring schwebt über dem Knochen der betreffenden Phalanx gleichsam wie der Ring über dem Saturn. Wenn ich Ihnen sage, dass diese Knochen nicht von einem Skelett, sondern am lebenden Menschen photographirt sind, so wird es fast wie ein Scherz und märchenhaft klingen" (10) (Abb. 4.9).

Bei Röntgens Studienfreund und Ordinarius für Physik an der Universität Wien, Franz Exner (1849–1926), trafen sich ebenfalls am 4. Januar 1896 die dortigen Physiker. Unter den Teilnehmern befand sich auch Ernst Lechner (1856–1926), Ordinarius für Physik in Prag und Sohn eines Redakteurs der Wiener Lokalzeitung Die Presse. Gemeinsam fertigten sie in der Nacht nach dem Vortrag unter dem Titel „Eine sensationelle Entdeckung" einen Artikel an, der bereits am 5. Januar 1896 erschien. In wenigen Tagen in Europa und wenigen Monaten in Südamerika und Japan ging die Nachricht um die Welt (Abb. 4.10).

Über den Artikel in Die Presse wurde der Wiener Vertreter des Daily Chronicle auf die Entdeckung aufmerksam. Er telegraphierte die Nachricht sofort nach London. Von dort ging am Abend des 6. Januars die Nachricht in alle Welt. Der Artikel wurde insbesondere in Amerika von vielen Zeitungen bereits am 8. Januar abgedruckt.

Donnerstag № 5. 30. Januar 1896.

DEUTSCHE MEDICINISCHE WOCHENSCHRIFT.

Mit Berücksichtigung des deutschen Medicinalwesens nach amtlichen Mittheilungen, der öffentlichen Gesundheitspflege und der Interessen des ärztlichen Standes.

Begründet von Dr. Paul Börner.

Zweiundzwanzigster Jahrgang.

Redaction: **Prof. Dr. A. Eulenburg** und **Dr. J. Schwalbe**, Berlin. — Verlag: **Georg Thieme**, Leipzig-Berlin.

Lichtensteinallee 3. Am Karlsbad 5. Postadresse: Leipzig, Seeburgstr. 31.

INHALT.

I. Die Roentgen'schen Experimente mit Kathodenstrahlen und ihre diagnostische Verwerthung.[1])

Von Dr. **M. Jastrowitz.**

I.

M. H.! Bei der Fülle der Demonstrationen und Vorträge, die uns heute zu Gebote stehen, muss ich ganz besonders Ihre Nachsicht in Anspruch nehmen, wenn ich Ihre Aufmerksamkeit auf eine Entdeckung hinlenke, die der physikalischen Gesellschaft ehegestern vorgelegt worden ist. Dieselbe scheint bedeutsam auch für die Medicin zu sein. Ich glaube, dass die Natur dieser geradezu wunderbaren Entdeckung es rechtfertigen wird, wenn ich hier gleichsam als Referat erstatte, was zur Zeit darüber bekannt gegeben worden ist. Die Uebermittelung der neuen Entdeckung verdanke ich der Freundlichkeit des Assistenten an der Sternwarte Herrn Professor E. Goldstein, welcher Ihnen wohl durch seine Arbeiten über Kathodenstrahlung in luftleer gemachten Glasröhren bekannt ist. Der Entdecker ist Herr Professor Roentgen in Würzburg.

Ich will zunächst mit einer kurzen Demonstration beginnen: Sie sehen auf dieser Photographie das knöcherne Gerüst einer menschlichen Hand, Mittelhandknochen, nebst Phalangen. Bei scharfem Hinblicken gewahrt man eine feine helle Contour die Knöchel der Finger umziehen, welche Contour derjenigen der Weichtheile entspricht; ein Finger ist mit einem Ringe versehen, welcher noch dunkler als die Fingerknochen erscheint. Der Ring schwebt über dem Knochen der betreffenden Phalanx gleichsam wie der Ring über dem Saturn (Fig. 1). Wenn ich Ihnen sage, dass diese Knochen nicht von einem Skelett, sondern am lebenden Menschen photographirt sind, so wird es fast wie ein Scherz und märchenhaft klingen. Die Aufnahme ist aber in der That am Lebenden erfolgt, und wie dies möglich ist, darüber möchte ich Ihnen nach einer vorläufigen Mittheilung des Herrn Professor Roentgen, welche in den Verhandlungen der physikalisch-medicinischen Gesellschaft zu Würzburg, December 1895 erschienen ist, Einiges vortragen.

Fig. 1.

Damenhand.
Nach dem Roentgen'schen Verfahren aufgenommen von P. Spies in Berlin.

Uns allen sind wohl die Lichterscheinungen bekannt, welche in mehr oder minder luftleer gemachten sogenannten Crookes'schen Glasröhren sich zeigen, wenn man elektrische Inductionsströme innerhalb derselben sich entladen lässt. Herr Roentgen hat eine solche Röhre, durch welche die Entladungen einer Ruhmkorff'schen Maschine schlugen, mit einem dunklen Carton bedeckt, und da er seine Untersuchungen im dunklen Zimmer anstellte, war von den Lichterscheinungen nichts zu bemerken. Allein auf einer mit Bariumplatincyanür bestrichenen Platte, wie solche die Physiker zur Erkennung der für das menschliche Auge unsichtbaren Strahlen gebrauchen, gewahrte er jedesmal bei der Entladung einen Lichtschimmer, ein fluorescirendes Aufleuchten, welches von der Kathodenstrahlung innerhalb der Glasröhre ausging. Diese Lichterscheinung erstreckte sich bis auf zwei Meter Entfernung. Es lag nahe, die Natur dieser Lichterscheinung in Bezug auf ihre Fähigkeit, Substanzen verschiedener Art zu durchdringen, zu untersuchen. Da sie durch den dunklen Carton hindurchgegangen war, so fragte es sich, ob sie auch andere Materien zu passiren imstande sei. Roentgen hat verschiedene Stoffe daraufhin geprüft. Er theilt mit, dass diese Strahlung selbst durch ein Buch von tausend Seiten hindurchging und sich an der prüfenden Platte durch Fluoresciren verrieth, ebenfalls durch mehrfache Lagen mehrere Centimeter dicker Guttapercha. Auch durch tannene Bretter bis 3 cm Dicke ging sie hindurch. Bei den Versuchen mit Metallen stellte sich heraus, dass die Passirfähigkeit des Lichtes ihre Grenzen

[1]) Vorgetragen im Verein f. innere Medicin am 6. und 20. Januar 1896.

Abb. 4.9 Jastrowitz, Moritz: Die Roentgen'schen Experimente mit Kathodenstrahlen und ihre diagnostische Verwerthung. Vorgetragen im Verein für Innere Medizin am 6. und 20. Januar 1896 (DMW, pp. 65–67, 2 Abb.). (© Archiv Deutsches Röntgen-Museum. Abdruck mit freundlicher Genehmigung)

Die Presse.

Einzeln
Morgenblatt 6 kr., Abendblatt 3 kr
Ausgabe: 6 Uhr Früh, 3 Uhr Nachmittags
Am Montag: Tages-Ausgabe 2 Uhr Nachmittags

Motto: Gleiches Recht für Alle

№. 5. Wien, Sonntag den 5. Jänner 1896. 49. Jahrgang.

Eine sensationelle Entdeckung.

In den gelehrten Fachkreisen Wiens macht gegenwärtig die Mittheilung von einer Entdeckung, welche Professor Routgen in Würzburg gemacht haben soll, große Sensation. Wenn sich dieselbe bewährt, wenn die hierauf bezüglichen Mittheilungen sich als begründet erweisen, so hat man es mit einem in seiner Art epochemachenden Ergebnisse der exacten Forschung zu thun, das sowol auf physikalischem wie auf medicinischem Gebiete ganz merkwürdige Consequenzen bringen dürfte. Wir hören hierüber:

„Professor Routgen nimmt eine Crookes'sche Röhre — eine sehr stark ausgepumpte Glasröhre, durch die ein Inductionsstrom geht — und photographirt mit Hilfe der Strahlen, welche diese Röhre nach außen hin aussendet, auf gewöhnlichen photographischen Platten. Diese Strahlen nun, von deren Existenz man bisher keine Ahnung hatte, sind für das Auge vollständig unsichtbar; sie durchdringen, im Gegensatz zu gewöhnlichen Lichtstrahlen, Holzstoffe, organische Stoffe und dergleichen undurchsichtige Körper. Metalle und Knochen hingegen halten die Strahlen auf. Man kann bei hellem Tageslicht mit „geschlossener Cassette" photographiren: das heißt, die Lichtstrahlen gehen den gewöhnlichen Weg und durchdringen auch den Holzdeckel, der vor die lichtempfindlichen Platten geschoben ist und sonst vor dem Photographiren entfernt werden muß. Sie durchdringen auch eine Holzhülle vor dem zu photographirenden Object. Professor Routgen photographirt z. B. die Gewichtstücke eines Gewichtsatzes, ohne das Holzetui zu öffnen, in welchem die Gewichte aufbewahrt sind. Auf der gewonnenen Photographie sieht man nur die Metallgewichte, nicht die Cassette. Ebenso kann man Metallgegenstände, die in einem Holzkasten verwahrt sind, photographiren, ohne den Kasten zu öffnen. Wie die gewöhnlichen Lichtstrahlen durch Glas gehen, so gehen diese neuentdeckten von den Crookes'schen Röhren ausströmenden Strahlen durch Holz und auch durch — Weichtheile des menschlichen Körpers. Am überraschendsten ist nämlich die durch den erwähnten photographischen Proceß gewonnene Abbildung von einer menschlichen Hand. Das Bild enthält die Knochen der Hand, um deren Finger die Ringe frei zu schweben scheinen. Die Weichtheile der Hand sind nicht sichtbar.

Einige Proben dieser sensationellen Entdeckung circuliren in Wiener Gelehrtenkreisen und erregen in denselben berechtigtes Staunen."

So weit die knappen Angaben, welche wir über die Entdeckung des Würzburger Gelehrten bisher in Erfahrung bringen konnten. Sie klingen wie ein Märchen oder wie ein verwegener Aprilscherz. Wir betonen ausdrücklich noch einmal, daß die Sache von ernsten Gelehrten ernst genommen wird. Es wird wol in allernächster Zeit bereits in den Laboratorien die Sache sehr eingehend geprüft und zu einer weiteren Entwicklung gebracht werden. Die Physiker werden ihre Studien über die bisher unbekannte Lichtleitung machen, welche Gegenstände durchdringt, die als undurchdringlich für das Licht gegolten haben und den Lichtstrahlen aus den Crookes'schen Röhren den Durchgang ebenso gestatten, wie eine Glasscheibe dem Sonnenlichte. Die Pfadfinder auf dem speciellen Gebiete der Photographie werden binnen Kurzem der Entdeckung von allen Seiten auf den Leib rücken und Versuche anstellen, wie dieselbe vervollkommt, wie sie practisch verwerthet werden könne; für diese practische Verwerthung wieder werden sich die Biologen und Aerzte, insbesondere zunächst die Chirurgen lebhaft interessiren, weil sich hier ihnen eine Perspective auf einen neuen, sehr werthvollen diagnostischen Behelf zu öffnen scheint.

Es ist angesichts einer so sensationellen Entdeckung schwer, phantastische Zukunftsspeculationen im Style eines Jules Verne von sich abzuweisen. So lebhaft bringen sie auf Denjenigen ein, der hier die bestimmte Versicherung hört, es sei ein neuer Lichtträger gefunden, welcher die Beleuchtung hellen Sonnenscheins durch Breterwände und die Weichtheile eines thierischen Körpers trägt, als ob dieselben von krystallhellem Spiegelglase wären. Die Zweifel müssen sich bescheiden, wenn man vernimmt, daß das photographische Beweismaterial für diese Entdeckung vor den Augen ernster Kritiker bisher Stand zu halten scheint. Vorläufig sei nur darauf hingewiesen, welche Wichtigkeit für die Diagnose von Knochenverletzungen und Knochenkrankheiten es haben würde, wenn es bei einer weiteren, nur rein technischen Entwicklung dieses neuen photographischen Verfahrens gelingt, nicht nur eine menschliche Hand in der Weise zu photographiren, daß auf einem Bilde die Weichtheile nicht erscheinen, wol aber eine genaue Zeichnung der Knochen. Der Arzt könnte dann zum Beispiel die Eigenart eines complicirten Knochenbruches ganz genau kennen lernen ohne die für den Patienten schmerzliche manuelle Untersuchung; der Wundarzt könnte sich über die Lage eines Fremdkörpers im menschlichen Leibe, einer Kugel, eines Granatensplitters, viel leichter als bisher und ohne die oft so qualvollen Untersuchungen mit der Sonde unterrichten. Für Knochenkrankheiten, die auf keine traumatische Ursache zurückzuführen sind, wären solche Photographien, vorausgesetzt, daß die Verfertigung derselben gelingen sollte, ebenso ein werthvoller Behelf für die Diagnose wie bei dem einzuschlagenden Heilverfahren.

Und läßt man der Phantasie weiter die Zügel schießen, stellt man sich vor, daß es gelingen würde, die neue Methode des photographischen Processes mit Hilfe der Strahlen aus den Crookes'schen Röhren so zu vervollkommnen, daß nur eine Partie der Weichtheile des menschlichen Körpers durchsichtig bleibt, eine tiefer liegende Schichte aber auf der Platte fixirt werden kann, so wäre ein unschätzbarer Behelf für die Diagnose zahlloser anderer Krankheitsgruppen als die der Knochen gewonnen. Eine solche Errungenschaft, ein solcher Fortschritt auf der einmal eröffneten Bahn will ja, die Richtigkeit der ersten Prämisse vorausgesetzt, nicht außer dem Bereiche aller Möglichkeit erscheinen. Wir gestehen, daß dies Alles überkühne Zukunftsphantasien sind. Aber — wer im Anfange dieses Jahrhunderts gesagt hätte, das Enkelgeschlecht werde von der Kugel im Fluge getreue Bilder fertigen und mit Hilfe eines elektrischen Apparates Zwiegespräche über den großen Ocean hin und wider führen können, hätte sich auch dem Verdachte ausgesetzt, dem Irrenhause entgegenzureifen. Wir wollten nur beiläufig andeuten, nach welcher Richtung hin des Würzburger Gelehrten sensationelle Entdeckung neuartige Perspectiven eröffnen kann.

Abb. 4.10 Die Presse berichte am 5. Januar 1896 von der sensationellen Entdeckung. (© Archiv Deutsches Röntgen-Museum. Abdruck mit freundlicher Genehmigung)

„Der Lärm des Kriegsalarmes sollte die Aufmerksamkeit nicht ablenken von einem wunderbaren Triumphe der Wissenschaft, der eben aus Wien mitgeteilt wird. Es wird berichtet, daß Prof. Routgen [sic!] von der Universität Würzburg ein Licht entdeckt hat, daß beim Photographieren Holz, Fleisch und die meisten anderen organischen Substanzen durchdringt. Es ist dem Professor gelungen, Metallgewichte in einer geschlossenen Holzschachtel sowie eine menschliche Hand zu photographieren, wobei sich nur die Knochen zeigen, während das Fleisch unsichtbar ist."

Ein längerer ausführlicher Artikel erschien im Feuilleton der Frankfurter Zeitung 40, Nr. 7 (Dienstag, den 7. Januar 1896), Zweites Morgenblatt, Feuilleton; 40, Nr. 8 (Mittwoch, den 8. Januar 1896), Abendblatt, Kleines Feuilleton:

„Eine sensationelle Entdeckung. In den gelehrten Fachkreisen Wiens macht gegenwärtig die Mitteilung von einer Entdeckung, welche der Professor für Physik Wilhelm Conrad Röntgen in Würzburg gemacht haben soll, große Sensation. Wenn sich dieselbe bewährt, so hat man es mit einem in seiner Art epochemachenden Ergebnisse der exakten Forschung zu tun, das sowohl auf physikalischem wie auf medizinischem Gebiete ganz merkwürdige Konsequenzen bringen dürfte. Die ‚Wiener Presse' erfährt darüber: Professor Röntgen nimmt eine Crookessche Röhre – eine sehr stark ausgepumpte Glasröhre, durch die ein Induktionsstrom geht – und photographiert mit Hilfe der Strahlen, welche diese Röhre nach außen hin aussendet, auf gewöhnlichen photographischen Platten. Diese Strahlen nun, von deren Existenz man bisher keine Ahnung hatte, sind für das Auge vollständig unsichtbar; sie durchdringen, im Gegensatz zu gewöhnlichen Lichtstrahlen, Holzstoffe, organische Stoffe und dergleichen undurchsichtige Körper. Metalle und Knochen hingegen halten die Strahlen auf. Man kann bei hellem Tageslicht mit ‚geschlossener Cassette' photographieren. Das heißt, die Lichtstrahlen gehen den gewöhnlichen Weg und durchdringen auch den Holzdeckel, der vor die lichtempfindlichen Platten geschoben ist und sonst vor dem Photographieren entfernt werden muß. Sie durchdringen auch eine Holzhülle vor dem zu photographierenden Objekt. Professor Röntgen photographiert z. B. die Gewichtsstücke eines Gewichtssatzes, ohne das Holzetui zu öffnen, in welchem die Gewichte aufbewahrt sind.

Auf der gewonnenen Photographie sieht man nur die Metallgewichte, nicht die Cassette. Eben so kann man Metallgegenstände, die in einem Holzkasten aufbewahrt sind, photographieren, ohne den Kasten zu öffnen. Wie die gewöhnlichen Lichtstrahlen durch Glas gehen, so gehen diese neuentdeckten von Crookesschen Röhren ausströmenden Strahlen durch Holz und auch durch Weichteile des menschlichen Körpers. Am überraschendsten ist nämlich die durch den erwähnten photographischen Prozess gewonnene Abbildung von einer menschlichen Hand, um deren Finger die Ringe frei zu schweben scheinen. Die Weichteile der Hand sind nicht sichtbar.

Einige Proben dieser sensationellen Entdeckung circulieren in Wiener Gelehrtenkreisen und erregen in denselben berechtigtes Staunen. Es wird wohl in allernächster Zeit bereits in den Laboratorien die Sache sehr eingehend geprüft und zu einer weiteren Entwicklung gebracht werden. Die Physiker werden ihre Studien über die bisher unbekannte Lichtleitung machen, welche Gegenstände durchdringt, die als undurchdringlich für das Licht gegolten haben und den Lichtstrahlen aus der Crookesschen Röhre den Durchgang ebenso gestattet wie eine Glasscheibe dem Sonnenlichte. Die Pfadfinder auf dem speziellen Gebiete der Photographie werden binnen kurzem der Entdeckung von allen Seiten auf den Leib rücken und Versuche anstellen, wie dieselbe vervollkommt, wie sie praktisch verwertet werden könne. Für diese praktische Verwertung wieder werden sich die Biologen und Ärzte, insbesondere zunächst die Chirurgen, lebhaft interessieren, weil sich hier ihnen eine Perspektive auf einen neuen, sehr wertvollen diagnostischen Behelf zu öffnen scheint.

Es ist angesichts einer so sensationellen Entdeckung schwer, phantastische Zukunftsspekulationen im Stile eines Jules Verne von sich abzuweisen. So lebhaft dringen sie auf denjenigen ein, der hier die bestimmte Versicherung hört, es sei ein neuer Lichtträger gefunden, welcher die Beleuchtung hellen Sonnenscheins durch Bretterwände und die Weichteile eines tierischen Körpers trägt, als ob dieselben von kristallhellem Spiegelglase wären. Die Zweifel müssen sich bescheiden, wenn man vernimmt, daß das photographische Beweismaterial für diese Entdeckung vor den Augen ernster Kritiker bisher Stand zu halten scheint. Vorläufig sei nur darauf hingewiesen, welche Wichtigkeit für die Diagnose von Knochenverletzungen und Knochenkrankheiten es haben würde, wenn es bei einer weiteren, nur rein technischen Entwicklung dieses neuen photographischen Verfahrens gelingt, nicht nur eine menschliche Hand in der Weise zu photographieren, daß auf einem Bilde die Weichteile nicht erscheinen, wohl aber eine genaue Zeichnung der Knochen. Der Arzt könnte dann zum Beispiel die Eigenart eines komplizierten Knochenbruches ganz genau kennen lernen ohne die für den Patienten schmerzliche manuelle Untersuchung; der Wundarzt könnte sich über die Lage eines Fremdkörpers im menschlichen Leibe, einer Kugel eines Granatensplitters, viel leichter als bisher und ohne die oft so qualvollen Untersuchungen mit der Sonde unterrichten. Für Knochenkrankheiten, die auf keine traumatische Ursache zurückzuführen sind, wären solche Photographien, vorausgesetzt, daß die Verfertigung derselben gelingen sollte, ebenso ein wertvoller Behelf für die Diagnose wie bei dem einzuschlagenden Heilverfahren.

Und läßt man der Phantasie weiter die Zügel schießen, stellt man sich vor, daß es gelingen würde die neue Methode des photographischen Prozesses mit Hilfe der Strahlen aus den Crookesschen Röhren so zu vervollkommnen, daß nur eine Partie der Weichteile des menschlichen Körpers durchsichtig bleibt, eine tiefer liegende Schichte aber auf der Platte fixiert werden kann, so wäre ein unschätzbarer Behelf für die Diagnose zahlloser anderer Krankheitsgruppen als die der Knochen gewonnen. Eine solche Errungenschaft, ein solcher Fortschritt auf der einmal eröffneten Bahn will ja, die Richtigkeit der ersten Prämisse vorausgesetzt, nicht außer dem Bereiche aller Möglichkeit erscheinen. Wir gestehen, daß dies alles überkühne Zukunftsphantasien sind. Aber- wer im Anfange dieses Jahrhunderts gesagt hätte, das Enkelgeschlecht werde von der Kugel im Fluge getreue Bilder anfertigen und mit Hilfe eines elektrischen Apparates Zwiegespräche über den großen Ozean hin und wieder führen können, hätte sich auch dem Verdacht ausgesetzt, dem Irrenhause entgegenzureifen.“ (Archiv Deutsches Röntgen-Museum)

Besonders interessant und hervorzuheben sind hier die im Artikel visionär beschriebenen Ideen der Möglichkeiten einer schichtweisen Untersuchung. Moderne tomographische Verfahren wurden hier bereits wenige Wochen nach Röntgens Entdeckung vorhergesehen.

Im weiteren Verlauf heißt es dann:

Frankfurt a/M., den 8. Januar

„Eine sensationelle Entdeckung. In den Mitteilungen über die Aufsehen erregende Entdeckung des Professors der Physik Röntgen in Würzburg trägt die ‚Presse‘ vor allem die Tatsache nach, daß Röntgen seine Photographie ohne einen photographischen Apparat herstellt. Der Belichtungsstrom, welcher aus den Crookes'schen Röhren hervorgeht, passiert beim Photographieren keine Linse. Er fällt auf den zu photographierenden Gegenstand, und unmittelbar hinter demselben befindet sich die ‚Cassette‘ mit dem zu einer gewöhnlichen photographischen Aufnahme präparierten Papier. Damit dieses Papier nicht vom Tageslicht berührt werde, ist es in der ‚Cassette‘ wie gewöhnlich mit einem Holzdeckel geschützt. Dieser Holzdeckel, der sonst beim Photographieren bekanntlich entfernt werden muß, bleibt bei dem Röntgen'schen Verfahren eingeschoben. Ein eigentlicher photographischer Apparat könnte nicht angewendet werden, da die von den Crookes-Röhren ausgehenden Strahlen in der Linse nicht gebrochen werden. Die Strahlen sind, obwohl sie als Lichtträger durch Holz usw. durchdringen, für das menschliche Auge nicht sichtbar, sie entwickeln keine Wärme, sie üben keinen Einfluß auf die allerempfindlichsten magnetischen Instrumente aus. Diese eigentümlichen Strahlen pflanzen sich nicht in wellenförmigen, sondern in geraden Linien fort. Bekanntlich ist alle sogenannte ‚Aetherbewegung‘, durch welche die Lichtstrahlen, der Schall, die gewöhnliche Elektrizität sich fortpflanzen, eine wellenförmige.

Hier hat man zum ersten Male eine geradlinige Fortpflanzung, etwas, was als Hypothese von den Physikern aufgenommen, aber bisher niemals nachgewiesen werden konnte. Das Bedeutungsvolle an der Röntgen'schen Entdeckung für die Wissenschaft beruht hierin. Die wundersamen, unglaublichen Dinge, welche Röntgen gleich bei Beginn der Untersuchung über seine Entdeckung gefunden hat, die verblüffende Herstellung seiner Photographie, ist eigentlich rein nebensächlich im Vergleiche zu der eben erwähnten Konstatierung einer gradlinigen Fortbewegung gewisser Lichtstrahlen. In Wien befinden sich neun Photographien, welche Professor Röntgen an einen Fachgenossen eingesendet hat. Dieselben lassen bei der allereingehendsten Untersuchung durchaus keinen Zweifel über die vollständige Richtigkeit von Röntgens Angaben aufkommen. Je genauer, je strenger man sie untersucht, um so überzeugender wirken diese eigenartigen Lichtbilder. Professor Röntgen stellt dieselben her, indem er unter oder hinter dem zu photographierenden Gegenstand eine Casette mit präpariertem Papier anbringt und die Strahlen aus den Crookes'schen Röhren durch den zu photographierenden Gegenstand und den Holzdecke! der Cassette durchdringen läßt. Er legt zum Beispiel die Hand auf die photographische Cassette und ließ auf die Hand die Strahlen aus den Crookes'schen Röhren auffallen. So wurde jenes photographische Bild erzeugt, welches die Knochen der Hand mit den frei schwebenden Ringen darstellt, von dem wir in unserem ersten Artikel gesprochen haben. Der Würzburger Gelehrte kam, wie dies so häufig bei so sensationellen Entdeckungen geschieht, durch Zufall auf seinen großen Fund. Er hatte eine Crookes'sche Röhre, mit Stoff umwickelt, auf seinem Laboratoriumstische und ließ zu irgendeinem Zwecke einen sehr starken elektrischen Strom durch dieselbe gehen. Nach einiger Zeit bemerkte er, daß in einiger Entfernung ein präpariertes Papier Linien zeigte, die bisher bei Einwirkung von Elektrizität nicht beobachtet wurden. Der scharfsinnige Gelehrte verfolgte diese Beobachtung weiter und das vorläufige Ergebnis seiner Studien ist das soeben Mitgeteilte. In Gelehrtenkreisen macht begreiflicherweise die Würzburger Mitteilung außerordentliche Sensation. Es werden Versuche gemacht, das Röntgen'sche Verfahren experimentell genauer zu studieren. Bisher scheint die Herstellung Röntgen'scher Photographien nicht geglückt zu sein, weil die zu Gebote stehenden Apparate nicht stark genug sind." (Archiv Deutsches Röntgen-Museum)

In fast jeder Ausgabe wird über Röntgen oder seine Entdeckung berichtet. Am 6. Februar wird über die Einrichtung einer „Centralstelle zur Förderung der Röntgen'schen Entdeckung in Frankfurt am Main" berichtet. Weitere Artikel erschienen am 8. Januar in The Electrical Engineer [New York] 21, S. 51, am 10. Januar in The Electrician [London] 36, S. 334, in The British Journal of Photography 43, S. 26, II. Januar New York Medical Record; im British Medical Journal 1896, S. 172, und in Lancet 74, S. 112, am 14. Januar in der Münchner Medizinischen Wochenschrift mit einem Bericht über die Sitzung der Berliner Gesellschaft für Innere Medizin vom 6. Januar, am 16. Januar in Nature [London] 53, S. 253, in der Wiener Klinischen Wochenschrift 9, S. 48, und am 20. Januar in den Comptes Rendus [Paris] mit einem ersten Bericht über erfolgreiche Diagnosen mit Hilfe der X-Strahlen. Auch die Januarnummern der Florenzer Zeitschrift La Settimana Medica 50, S. 67, und der New Yorker Science 3, S. 131, enthielten Artikel.

Die sensationelle Aufmachung der Entdeckung Röntgens in der Tagespresse hat sicherlich dazu beigetragen, dass auch die herrschenden Kreise des monarchistischen Deutschlands und nicht zuletzt der Kaiser selbst schnell auf die neuen Strahlen aufmerksam wurden. Wilhelm II., der sich gerne in der Rolle des „Förderers der Wissenschaft und Technik“ präsentierte, sandte Röntgen bereits am 8. Januar ein Telegramm und bat um eine persönliche Demonstration (Abb. 4.11).

In einem Telegramm vom 10. Januar dankte Röntgen für die „huldvolle Kundgebung des Interesses“ und erklärte voller Bescheidenheit: „Leider sind in einer großen Zahl von Zeitungsberichten Folgerungen aus der Sache gezogen, welche zur Zeit mindestens als durchaus unbegründet bezeichnet werden müssen. Was an der Sache wahr ist, bin ich jederzeit gern bereit, Euer Majestät zu demonstrieren. Euer Majestät wollen hochgeneigtest befehlen, wann ich kommen soll“ (11).

Wie der Abendausgabe der Vossischen Zeitung vom 13. Januar 1896 zu entnehmen ist, erfolgte der Vortrag am Sonntag, dem 12. Januar 1896 nachmittags um fünf Uhr, im Sternensaal des Berliner Schlosses. Die Kieler Neuesten Nachrichten (General-Anzeiger für Schleswig-Holstein) berichteten ausführlich am 4. Februar 1896 über dieses Ereignis:

> „[…] Mit größter Spannung folgten die Anwesenden, allen voran der Kaiser, dem klaren und lichtvollen Vortrag, der sich stellenweise fast dramatisch belebte. Der Professor erklärte

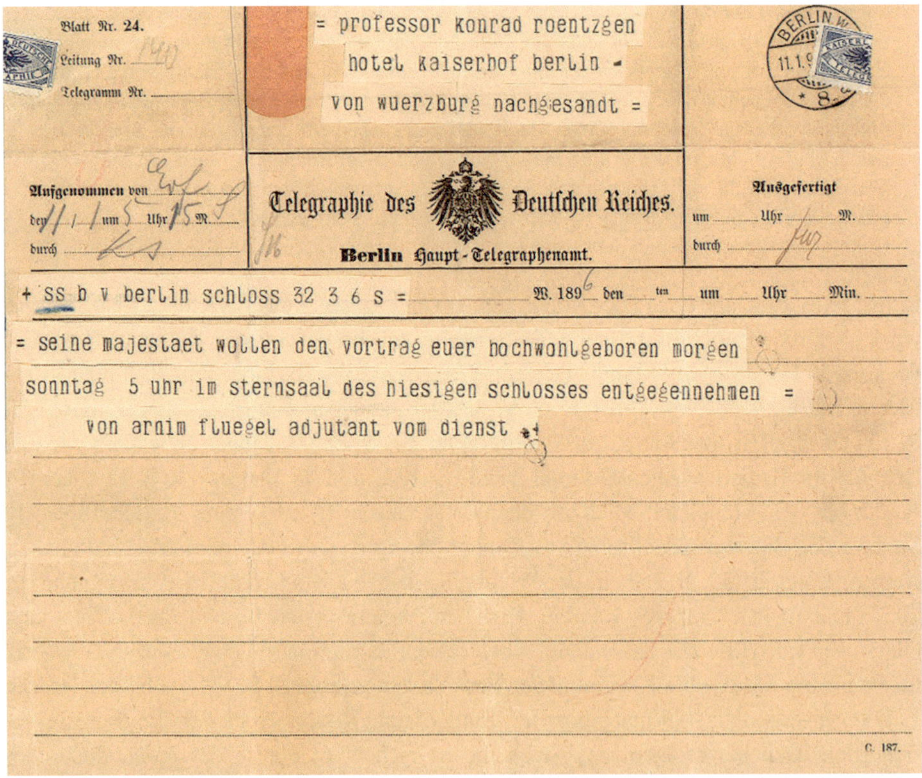

Blatt Nr. 24.
Leitung Nr.
Telegramm Nr.

= professor konrad roentzgen
hotel kaiserhof berlin -
von wuerzburg nachgesandt =

Aufgenommen von
den 11/1 um 5 Uhr 15 M.
durch

Telegraphie des Deutschen Reiches.
Berlin Haupt-Telegraphenamt.

Ausgefertigt
um Uhr M.
durch

+ ss b v berlin schloss 32 3 6 s = M. 1896 den ten um Uhr Min.

= seine majestaet wollen den vortrag euer hochwohlgeboren morgen
sonntag 5 uhr im sternsaal des hiesigen schlosses entgegennehmen =
von arnim fluegel adjutant vom dienst +

C. 187.

Abb. 4.11 Telegramm mit der Einladung zum Vortrag im Sternensaal des Berliner Schlosses. (© Archiv Deutsches Röntgen-Museum. Abdruck mit freundlicher Genehmigung)

> zuerst das Wesen der Geißlerschen Röhren, besprach sodann die Hittorfschen Versuche, ging zur Erläuterung der Kathodenstrahlen über und kam endlich zu den Crookesschen Röhren. Er unterstützte seinen Vortrag durch praktische Vorführungen, indem er die Erscheinungen zeigte, welche der elektrische Strom in den vorbenannten Apparaten hervorruft. Nun kam der Professor auf seine eigentliche Entdeckung zu sprechen. Er führte die hochgeehrten Zuhörer im Geist in sein Arbeitszimmer, er erzählte, wie er die in den Strom eingeschaltete Crookessche Röhre umhüllt habe, um dem Wesen der Kathodenstrahlen nachzuforschen, und wie dann seine Augen von dem Fluoresziren einiger zufällig auf dem Tisch verstreuten Körnchen eines chemischen Salzes angezogen worden seien. Wie er sofort aufmerksam geworden, sich gefragt habe, was ist das? – woher kommt das? – wie er unablässig die ihm durch den Zufall gewiesene Spur verfolgt habe, wie er, um die Quelle der unsichtbaren Kraft zu finden, erst ein Kartenblatt, dann ein Buch, schließlich eine Aluminiumplatte zwischen die Röhre und die fluoreszirende Masse gehalten habe, wie alle diese Körper die ausströmende Kraft nicht geschwächt hätten, und wie er sich schließlich habe sagen müssen, hier findet die Aeußerung einer Kraft statt, die alle diese Körper durchdringen muß. Er ließ seine Zuhörer nun alle Zweifel des Forschers an dieser dem Physiker gänzlich unbekannten Erscheinung nacherleben, er erzählte, wie er mißtrauisch geworden sei gegen sein eigenes Wahrnehmungsvermögen, gegen seine eigenen Sinne, und wie er sich schließlich gesagt habe: das menschliche Auge kann sich täuschen, die photographische Platte aber täuscht sich nicht. Und nun folgte die Darstellung der ersten Versuche mit dem photographischen Apparat, die Entwicklung der ersten Bilder, die, von unsichtbaren Lichtstrahlen hervorgerufen, den Beweis erbrachten, daß hier eine Kraft vorliege, die Holz und andere leichte Stoffe durchdringt und der nur schwere Körper einen Widerstand bieten. Nun drängten sich die Versuche, bis schließlich das allgemeine Gesetz gefunden wird, daß die Durchdringungskraft der X-Strahlen abhängig ist von der Schwere der Körper. Zahlreiche Photographien, von dem durch einen Holzkasten hindurch photographirten Gewichtssatze und dem klaren Bilde der in einen Holzblock eingeschlossenen Metallspirale bis zu dem durch die Weichtheile hindurch photographirten Knochengerüst der menschlichen Hand unterstützten den Vortrag und gingen während desselben von Hand zu Hand. Zuletzt führte der Professor noch eine Crookessche Röhre vor, die letzte, die ihm noch geblieben und die er mitgebracht hatte. Die Kürze der Zeit hatte es ihm nicht erlaubt, sich neue Röhren zu verschaffen, und bekanntlich nimmt die Evacuirung einer solchen Röhre, die nur mit der Quecksilber-Luftpumpe gemacht werden kann, vier Tage in Anspruch. Die in eine Pappumhüllung eingeschlossene Röhre wurde in den Strom eingeschaltet. ‚Man muß auf Kaiserglück bei dem Versuch rechnen', hatte der Professor vorher gesagt, ‚denn die Röhren sind sehr empfindlich und werden oft schon bei dem ersten Versuch zerstört' – und er hatte Kaiserglück, denn in dem verdunkelten Raum zeigte sich deutlich das Fluoresciren der mit Salzlösung getränkten Platte, die in die Nähe der Röhre gebracht wurde." (Archiv Deutsches Röntgen-Museum)

Röntgen erhielt von Wilhelm II. eine Einladung zur Abendtafel und hatte hier die Gelegenheit, mit seinem Tischnachbarn Generaloberst Helmuth von Moltke (1848–1916) vom preußischen Generalstab eingehender über Anwendungsmöglichkeiten seiner Entdeckung zu sprechen. Daraus resultiert sicherlich, dass das preußische Kriegsministerium schon Anfang 1896 die Verwendung der Röntgenstrahlen für kriegschirurgische Zwecke sowie für die Auffindung von Gussfehlern in Kanonen, Panzerplatten usw. ins Auge fasste. Wilhelm II. verpflichtete Röntgen, über jede Erweiterung der Kenntnisse von den neu entdeckten Strahlen sofort nach Berlin zu berichten. Ein Jahr später kommt Röntgen diesem besonderen Wunsch des Kaisers nach. In einem Brief vom 12. Januar 1897 erläutert er weitere Versuche:

Transkription (Abb. 4.12)

Allerdurchlauchtigster Großmächtigster Kaiser

Allergnädigster Kaiser, König und Herr!

Heute vor einem Jahr wurde mir die hohe Ehre zu Theil, Eurer Kaiserlichen Majestät über die neu entdeckten Strahlen Vortrag halten zu dürfen. Dem damals von Eurer Majestät mir allergnädigst ertheilten Befehl entsprechend, gestatte ich mir, Eurer Majestät die neuesten von mir dargestellten Photographien zu überreichen, bevor dieselben Jemanden gezeigt werden.

Es ist mir gelungen, so viel ich weiß zum ersten Mal, mit hoch evacuirten Röhren unter Anwendung sehr starker Ströme, Strahlen zu erhalten, welche so wenig absorbirt werden, daß eiserne Platten von 40 mm Dicke noch merkliche Mengen dieser Strahlen hindurch lassen.

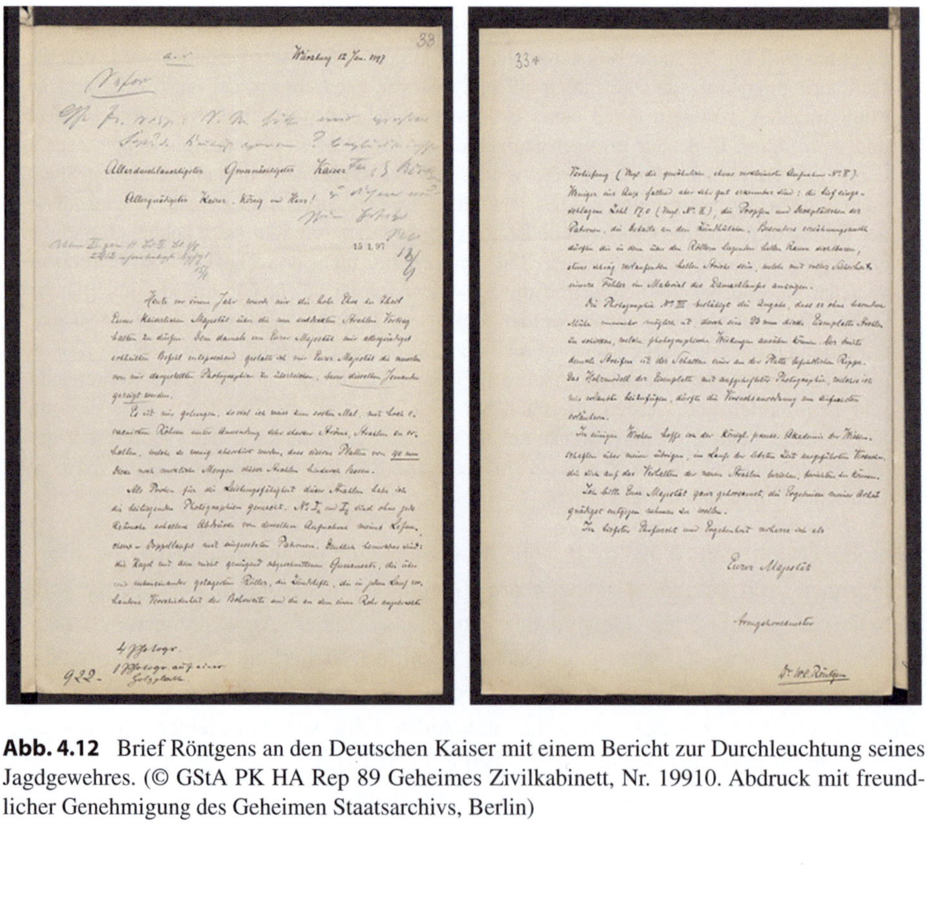

Abb. 4.12 Brief Röntgens an den Deutschen Kaiser mit einem Bericht zur Durchleuchtung seines Jagdgewehres. (© GStA PK HA Rep 89 Geheimes Zivilkabinett, Nr. 19910. Abdruck mit freundlicher Genehmigung des Geheimen Staatsarchivs, Berlin)

Als Proben für die Leistungsfähigkeit dieser Strahlen habe ich die beiliegenden Photographien gemacht. N° Ia und Ib sind ohne jede Retouche erhaltene Abdrücke von derselben Aufnahme eines Lefaucheux-Doppellaufes mit eingesetzten Patronen. Deutlich bemerkbar sind: die Kugel in dem nicht genügend abgeschnittenen Gußansatz, die über und nebeneinander gelagerten Röller, die Zündstifte, die in jedem Lauf vorhandene Verschiedenheit der Bohrweite und die an dem einen Rohr angebrachte Vertiefung (Vergl. die gewöhnliche, etwas verkleinerte Aufnahme N° II). Weniger ins Auge fallend aber sehr gut erkennbar sind: die tief eingeschlagene Zahl 17,0 (Vergl. N° II), die Pfropfen und Deckplättchen der Patronen, die Details an den Zündhütchen. Besonders erwähnungswerth dürften die in dem über den Röllern liegenden hellen Raum sichtbaren, etwas schräg verlaufenden hellen Striche sein, welche mit voller Sicherheit innere Fehler im Material des Damastlaufes anzeigen. Die Photographie N° III bestätigt die Angabe, daß es ohne besondere Mühe nunmehr möglich ist, durch eine 23 mm dicke Eisenplatte Strahlen zu schicken, welche photographische Wirkungen ausüben können. Der breite dunkle Streifen ist der Schatten einer an der Platte befindlichen Rippe. Das Holzmodell der Eisenplatte mit aufgehefteter Photographie, welches ich mir erlaubte beizufügen, dürfte die Versuchsanordnung am einfachsten erläutern.

In einigen Wochen hoffe ich der königl. preuß. Akademie der Wissenschaften über meine übrigen, im Laufe der letzten Zeit ausgeführten Versuche, die sich auf das Verhalten der neuen Strahlen beziehen, berichten zu können.

Ich bitte Eure Majestät ganz gehorsamst, die Ergebnisse meiner Arbeit gnädigst entgegen nehmen zu wollen.

In tiefster Ehrfurcht und Ergebenheit verharre ich als
Eurer Majestät treugehorsamster
Dr. W. C. Röntgen.

Mit diesem Brief kündigte Röntgen die Veröffentlichung seiner dritten Abhandlung über Röntgenstrahlen vom 10. März 1897 an, in der er die vorab dem Kaiser übersandten Ergebnisse in den Paragraphen 7, 8 und 10 näher erläutert (12) (Abb. 4.13).

Einige Tage nach dem Vortrag im Berliner Schloss sollte Röntgen auf Einladung des Reichstagspräsidenten Rudolf Freiherr von Buol-Berenberg (1842–1902) seine Versuche vor dem Deutschen Reichstag und dem Bundesrat in Berlin präsentieren. Röntgen lehnte diese Einladung jedoch ab. Am 30. Januar übernahm der Direktor der Berliner Gesellschaft Urania, Professor Paul Spies (1862–1932), die Präsentation (Abb. 4.14).

Am 23. Januar hielt Röntgen in der III. Sitzung der Physikalisch-medicinischen Gesellschaft zu Würzburg seinen angekündigten Vortrag „Ueber eine neue Art von Strahlen". In Erwartung eines besonderen Ereignisses wurde Röntgen unter großem Beifall von zahlreichen Zuhörern aus allen Schichten der gebildeten Bevölkerung Würz-

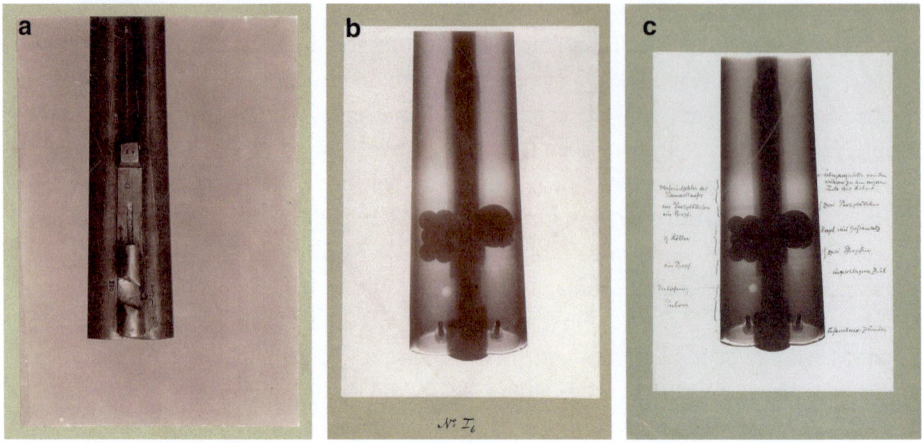

Abb. 4.13 (a–c) Photographien seines Kipplauf-Jagdgewehres, die Röntgen mit seinem Brief vom 12. Januar 1897 an Wilhelm II. sandte. **a** Photographie der Damastläufe, **b** Röntgenbild der Damastläufe, **c** für den Kaiser evaluierte Röntgendiagnose mit Hinweisen auf Materialfehler. (© Archiv Deutsches Röntgen-Museum. Abdruck mit freundlicher Genehmigung)

Abb. 4.14 Zeichnung des Vortrags über Röntgenstrahlen im Reichstag in einer Berliner Tageszeitung vom Januar 1896. (© Sammlung Zeitungsausschnitte. Archiv Deutsches Röntgen-Museum. Abdruck mit freundlicher Genehmigung)

burgs begrüßt. Röntgen referierte über die Umstände seiner Entdeckung, deren Zufälligkeit er mehrmals betonte.

Am Ende des Vortrages bat Röntgen den Ehrenvorsitzenden der Gesellschaft und Nestor der Würzburger Professoren, seine Exzellenz Geheimrat Prof. Albert von Kölliker (1817–1905), ihm zu erlauben, seine Hand mit den neuen Strahlen zu photographieren. Unter großem Beifall des Auditoriums willigte der berühmte Anatom ein. Als die Photographie herumgezeigt wurde, überschlug sich die Begeisterung und fand ihren Höhepunkt, als von Kölliker in einer kurzen bewegten Ansprache auf die weittragende Bedeutung dieser Entdeckung einging und vorschlug, die X-Strahlen in Zukunft „Röntgen'sche Strahlen" zu nennen (Abb. 4.15).

Röntgensche Strahlen

Röntgen konnte sich der vorgeschlagenen Ehrung der Benennung seiner X-Strahlen in Röntgen'sche Strahlen oder Röntgenstrahlen nicht verschließen. Er selbst sprach jedoch Zeit seines Lebens immer nur von X-Strahlung. Unabhängig von von Köllikers Vorschlag hatte zudem am selben Tag auch die Frankfurter Zeitung bereits von „Röntgen'schen Strahlen" gesprochen. Als erste deutsche wissenschaftliche Zeitschrift veröffentlichte die in Berlin erschienene Elektrotechnische Zeitschrift eben-

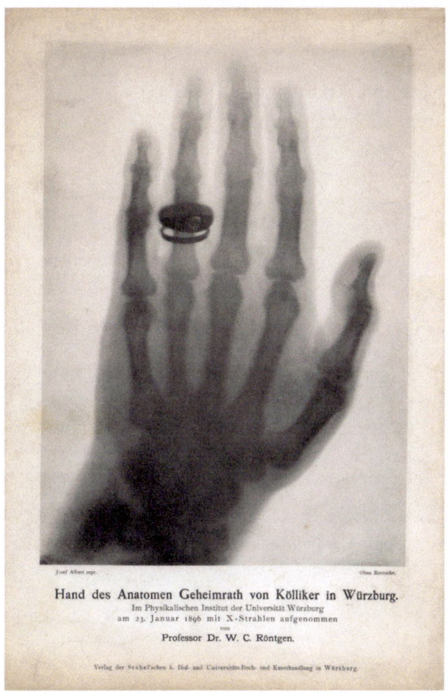

Abb. 4.15 Handaufnahme von Rudolf von Kölliker vom 23. Januar 1896. (© Archiv Deutsches Röntgen-Museum. Abdruck mit freundlicher Genehmigung)

falls einen Artikel über Röntgens Entdeckung unter dem Titel „Die Röntgen'schen Strahlen" veröffentlicht. Am selben Tag war auch von der Wiener Akademie der Wissenschaften eine erste Arbeit über die neuen Strahlen von L. Pfaundler in ihre Sitzungsberichte aufgenommen worden, die den Titel „Beitrag zur Kenntnis und Anwendung der Röntgen'schen Strahlen" trug. Er wurde veröffentlicht in Mathematisch-naturwissenschaftliche Klasse 105, Nr. 6 (1896). Am 27. Januar wurde der Vorschlag von Köllikers vor den Mitgliedern der Pariser Académie des Sciences wiederholt und unter Beifall angenommen. Die Benennung „Röntgen'sche Strahlen" setzte sich vor allem in Deutschland, aber auch in Europa und Amerika durch. Bei den von Otto Glasser in seinem Buch aufgeführten 1044 wissenschaftlichen Abhandlungen im Jahr 1896 zeigt sich ein deutliches Übergewicht bei der Benennung „Röntgen'sche Strahlen" gegenüber „X-Strahlen" (13).

Aus dem Eigennamen wurde auch bald das Verb „röntgen" hergeleitet. Die Verbalisierung von Eigennamen ist eher selten. Jedoch gibt es hier einige prominente Beispiele wie Charles Cunningham Boycott („boykottieren"), Christian J. Doppler, Grundlage der Dopplersonographie („dopplern"), Louis Pasteur („pasteurisieren") über Gregor Mendel („mendeln" oder „ausmendeln" = Erbgesetze) bis hin zu Charles D. Dotter („dottern") als Synonym für die Angioplastie (Abb. 4.16).

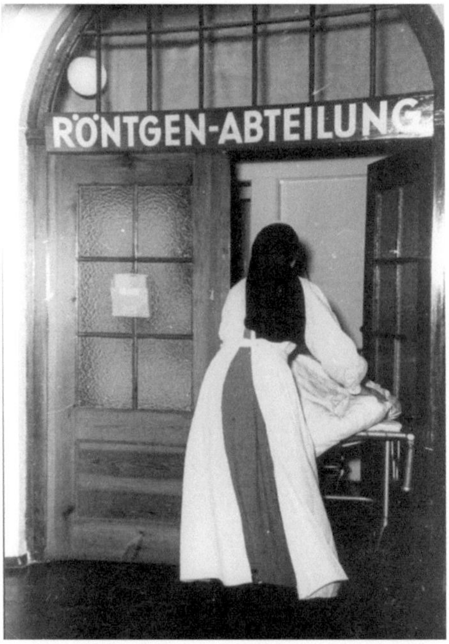

Abb. 4.16 Röntgenschwester bringt Patientin zum Röntgen in die Röntgenabteilung. (© Archiv Deutsches Röntgen-Museum. Abdruck mit freundlicher Genehmigung)

Die Ereignisse einer Nacht

Leider hat Röntgen testamentarisch verfügt, dass wichtige Dokumente, die er in einem stets verschlossenen Schrank in der Münchener Wohnung aufbewahrte, vernichtet werden sollten. Über die Geschehnisse in der Nacht der Entdeckung der X-Strahlen und den Forschergeist Röntgens gibt aber das folgende Interview Auskunft. Der amerikanische Journalist H. J. W. Dam sandte Röntgen Anfang 1896 folgende Anfrage:

> „Sehr geehrter Herr Professor Röntgen!
>
> Ich hoffe, Sie erlauben mir die Feststellung, daß Sie im Umgang ein sehr schwieriger Herr sind; schwieriger noch als Berthelot, Pasteur, Dewar und all die anderen Wissenschaftler, über deren Entdeckungen ich schon geschrieben habe.
>
> Meine Hochachtung vor Ihrer Person und Ihrer Entdeckung ist jedoch so groß, und meine Absichten sind so sehr vom guten Willen geleitet, daß es mir sehr unglücklich erschiene, wenn Sie mir nicht die kleinste Gelegenheit geben wollten, mit Ihnen über Art und Zukunft der neuen Strahlen zu sprechen.
>
> Ich weiß nur zu gut, daß Sie sehr beschäftigt sind, doch wäre ich Ihnen unendlich verbunden, wenn Sie mir heute abend eine halbe Stunde widmen könnten, und ich hoffe sehr auf Ihre Güte, sie mir zu gewähren.
>
> Um zwei Uhr werde ich mit einem Photografen kommen, um das Institut zu photographieren. Dürfte ich vielleicht auch Ihren schwarzen Arbeitstisch aufnehmen, auf dem Sie zum ersten Mal eine menschliche Hand aufgenommen haben?
>
> Mit vorzüglicher Hochachtung
>
> H. J. W. Dam“

Vorab wurde Dams Besuch auch von Henry Young, Assistant Secretary of the Royal Institution Great Britain in London, in einem Schreiben an Röntgen vom 24. Januar 1896 angekündigt. Im Jahr 1906 wurde Röntgen zum Honorary Member der Royal Institution berufen (Abb. 4.17).

Röntgen gewährte Dam das Interview bei seinem Eintreffen in Würzburg. Der Artikel wurde unter dem Titel „The New Marvel in Photography“ in der amerikanischen Monatszeitschrift McClure's Magazine im April 1896 (Heft 06, Nr. 5. S. 401–415) veröffentlicht. Es ist wohl das einzige veröffentlichte Interview, das Röntgen zeitlebens gegeben hat.

> „Am Pleicher-Ring, einer sehr schönen Straße mitten in der Stadt, liegt Prof. Röntgens Wirkungskreis, das Physikalische Institut. Es ist dies ein bescheidenes Gebäude von zwei Stockwerken und Keller. Im oberen Stock hat er seine Wohnung, der Rest des Gebäudes wird für Vorlesungsräume, Laboratorien und zugehörige Räume benutzt. Ein alter Mann öffnete die Tür und führte mich durch einen Korridor, der durch die ganze Länge des Gebäudes lief, in ein kleines Zimmer auf der rechten Seite. In demselben stand ein großer Tisch und ein kleiner Tisch am Fenster, der ganz mit Photographien bedeckt war, während eine Reihe von Schäften an der Wand mit Laboratoriums- und anderen Apparaten gefüllt waren. Durch eine offene Tür sah man in einen etwas größeren Raum von ungefähr 20 x 15 Fuß. Dieses war das Laboratorium, in welchem die Entdeckung stattfand, und das deshalb, so bescheiden es auch ist, von dauerndem geschichtlichem Wert bleiben wird. In

Abb. 4.17 Brief des Sekretärs der Royal Institution London, Henry Young, an Röntgen mit der Ankündigung des Besuchs von H. J. W. Dam. (© Nachlass Röntgens im Archiv Deutsches Röntgen-Museum. Abdruck mit freundlicher Genehmigung)

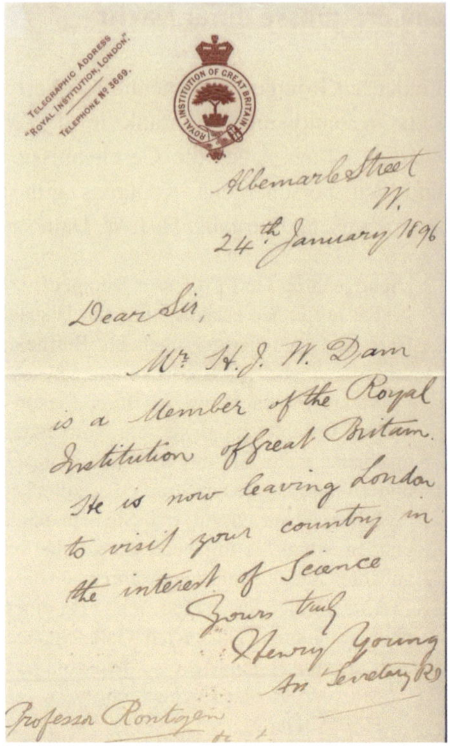

Telegraphic Address "Royal Institution, London." Telephone No 3669.

Royal Institution of Great Britain

Albemarle Street
W.
24th January 1896

Dear Sir,

Mr H. J. W. Dam is a Member of the Royal Institution of Great Britain. He is now leaving London to visit your country in the interest of Science

Yours truly
Henry Young
Asst Secretary

Professor Röntgen

Abb. 4.18 Ansichten des Physikalischen Instituts der Universität Würzburg. (© Archiv Deutsches Röntgen-Museum. Abdruck mit freundlicher Genehmigung)

Abb. 4.19 Röntgens Labor an der Universität Würzburg. Aufnahme aus dem Jahr 1923. (© Archiv Deutsches Röntgen-Museum. Abdruck mit freundlicher Genehmigung)

der linken Ecke stand ein anderer großer Tisch; ein zweiter kleinerer, auf dem lebende Knochen zum ersten Male photographiert worden waren, stand nahe dem Ofen links von einer Ruhmkorffschen Induktionsspule. Dieses Laboratorium sprach für sich selbst. Vergleicht man es z. B. mit den wunderbar eingerichteten und kostspieligen Laboratorien der Universität London oder irgendeiner der großen amerikanischen Universitäten, so ist es kahl und anspruchslos (Abb. 4.18 und 4.19).

Plötzlich trat Herr Prof. Röntgen ein. Er ist groß, schlank und sehr beweglich, und aus seiner ganzen Erscheinung spricht Begeisterung und Energie. Er trug einen dunkelblauen Anzug und sein langes dunkles Haar stand aufrecht auf seiner Stirn, so als ob es dauernd durch seine eigene Begeisterung elektrisiert wäre. Er hat eine volle, tiefe Stimme, spricht schnell und gibt im allgemeinen den Eindruck eines Mannes, der mit unermüdlichem Eifer einer geheimnisvollen Erscheinung nachgehen wird, sobald er nur auf deren Spur ist. Seine Augen sind gütig, schnell und durchdringend, und zweifellos zieht er Crookessche Röhren seinem Besucher vor, da zur Zeit die Besucher ihm viel seiner kostbaren Zeit rauben. Da jedoch unser Zusammentreffen verabredet war, war sein Gruß freundlich und herzlich (Abb. 4.20).

‚Nun', sagte er lächelnd und mit einiger Ungeduld, als einige persönliche Fragen, die ihm unangenehm waren, erledigt waren, ‚Sie sind gekommen, um die unsichtbaren Strahlen zu sehen.'

‚Ist das Unsichtbare sichtbar?'

‚Nicht direkt mit dem Auge, aber die Wirkungen sind sichtbar. Kommen Sie bitte hierher.'

Er führte mich in den anderen Raum und zeigte die Induktionsspule, mit welcher seine Untersuchungen gemacht worden waren, eine gewöhnliche Ruhmkorffsche Spule von etwa

Abb. 4.20 Porträtphoto von Wilhelm Conrad Röntgen zur Zeit der Entdeckung der Röntgenstrahlen. (© Universitätsarchiv Würzburg UAWü WR3. Abdruck mit freundlicher Genehmigung)

4–6 Zoll Funkenlänge, die mit einem Strom von 20 Ampere betrieben wurde. Zwei Drähte gingen von der Spule aus durch eine offene Tür in einen kleineren zur Rechten gelegenen Raum. In diesem Zimmer befand sich ein kleiner Tisch, auf dem eine Crookessche Röhre stand, die mit der Spule verbunden war. Der merkwürdigste Gegenstand in diesem Raume war jedoch eine große und mysteriös aussehende Zinkkiste, die ungefähr 7 Fuß hoch und 4 Fuß im Quadrat war. Sie stand auf einem Ende wie eine große Kiste und eine ihrer Seiten war nur etwa 5 Zoll von der Crookesschen Röhre entfernt.

Der Professor erklärte das Geheimnis dieser Zinkkiste und sagte, daß er sie gebaut hätte, um eine tragbare Dunkelkammer zu haben. [...]

An einer Seite der Zinkkiste, und zwar direkt gegenüber der Röhre, war ein rundes Aluminiumblech von 1 mm Dicke und ungefähr 18 Zoll im Durchmesser angebracht, welches an das es umgebende Zink angelötet war. Um die Strahlen zu untersuchen, brauchte der Professor also nur den Strom einzuschalten und nach dem Eintritt in die Kiste die Tür zu schließen, um dann in vollkommener Dunkelheit nur das Licht oder die Effekte seines Lichtes zu studieren.

‚Gehen Sie herein', sagte er, indem er die Tür auf der der Röhre entgegengesetzten Seite der Kiste öffnete. ‚Auf dem Schaft liegt ein Stück Bariumpapier", sagte er und ging dann hinüber zu der Induktionsspule. Die Türe wurde geschlossen, und es wurde vollständig dunkel im Inneren der Kiste. Ich fand einen Stuhl, auf welchen ich mich setzte. Dann fand ich den Schaft auf der Seite in der Nähe der Röhre und auch einen Papierbogen, der mit Bariumplatinzyanür bestrichen war. Ich sah nun das erste Phänomen, welches die Aufmerksamkeit des Entdeckers auf sich gezogen und zur Entdeckung geführt hatte, nämlich den Durchgang der Strahlen, die selbst ganz unsichtbar sind und deren Vorhandensein nur durch die Wirkung, die sie auf sensitisiertem photographischem Papier hervorrufen, bemerkt werden kann.

Im nächsten Augenblick wurde die Dunkelheit durchsetzt von dem schnell wechselnden Geräusch des Erzeugers des Hochspannungsstromes, und ich wußte, daß die Röhre außen am Kasten glühte. Ich hielt den Papierbogen in die Höhe, ungefähr 4 Zoll von der Platte weg. Es zeigte sich jedoch nichts.

‚Können Sie etwas sehen?', rief er.

‚Nein.'

‚Dann ist die Spannung nicht hoch genug'; er erhöhte die Spannung durch Bewegen eines nahe bei der Spule stehenden Apparates, der Quecksilber in langen aufrecht stehenden Röhren enthielt, die automatisch durch einen Gewichtsheber bewegt wurden. Nach wenigen Minuten konnte ich wieder das Geräusch der Entladung hören und sah dann zum ersten Male die Wirkung der Röntgenstrahlen.

Sobald der Strom floss, begann das Papier zu leuchten. Über die ganze Oberfläche verbreitete sich ein gelbgrünes Licht in Wellenform wolkenförmig oder kurz aufleuchtend. Die gelbgrüne Lumineszenz zitterte und veränderte sich im selben Rhythmus wie die schwankende Entladung, was in der Dunkelheit sonderbar aussah. Die unsichtbaren Strahlen flogen durch die Metallplatte, das Papier, mich und die Zinkkiste hindurch und waren von einer merkwürdig interessanten, aber geheimnisvollen Wirkung. Die Metallplatte schien der fliegenden Kraft keinen besonders großen Widerstand entgegen zu setzen, und das Fluoreszenzlicht war genau so, als ob nichts zwischen der Röhre und dem Schirm gelegen hätte.

‚Stellen Sie das Buch dazwischen.'

Ich fühlte auf dem Schaft herum in der Dunkelheit und fand ein schweres Buch, etwa 2 Zoll dick, welches ich gegen die Platte legte. Ich konnte keinen Unterschied bemerken. Die Strahlen flogen durch das Metall und das Buch hindurch, so als ob keines von beiden da gewesen wäre, und die Lichtwellen, die wie Wolken über das Papier hinwegrollten, zeigten keine Änderung in ihrer Lichtstärke.

Dieses war eine klare Demonstration, mit welcher Leichtigkeit Papier und Holz von den Strahlen durchdrungen werden. Ich legte das Buch und Papier weg und richtete meine Augen gegen die Strahlen. Es blieb jedoch alles schwarz, und ich sah und fühlte nichts. Die Entladung hatte ihre Höchststärke erreicht, und die Strahlen flogen durch meinen Kopf und so weit ich denken konnte durch die Seite der Kiste hinter mir. Sie waren jedoch unsichtbar und unfühlbar. Sie erregten keinerlei Empfindung; die mysteriösen Strahlen können nicht gesehen, sondern nur nach ihren Wirkungen beurteilt werden.

Ich verließ ungern diese historische Zinkkiste, aber da die Zeit knapp wurde, dankte ich dem Professor, der sehr glücklich über seine Entdeckung war.

Ich fragte dann: ‚Wo haben Sie zum ersten Male lebende Knochen photographiert?'

‚Hier', sagte er, indem er mich in den Raum führte, wo die Spule stand. Er zeigte auf einen Tisch, auf welchem ein anderer kleinerer mit kurzen Füßen stand; letzterer hatte mehr die Gestalt und Größe eines Holzsitzes. Er war 2x2 Fuß groß und ganz schwarz angestrichen (Abb. 4.21).

‚Wie machten Sie die erste Photographie einer Hand?'

Der Professor ging nach einem Schaft in der Nähe des Fensters, auf dem eine Reihe von vorbereiteten Glasplatten lagen, die dicht in schwarzes Papier eingepackt waren. Er befestigte eine Crookessche Röhre unter dem Tisch, so dass sie nur wenige Zoll von der unteren Tischseite entfernt war. Daraufhin legte er seine Hand flach auf den Tisch und legte eine Platte lose auf seine Hand.

‚So müssten Sie eigentlich gemalt werden', sagte ich.

‚Ach Unsinn', sagte er und lachte.

‚Oder photographiert.' Dieser Vorschlag wurde mit einer gewissen heimlichen Absicht gemacht. Die Strahlen von Röntgens Augen jedoch durchdrangen unmittelbar diese Absicht.

Abb. 4.21 Experimentelle Anordnung Röntgens an der Universität Würzburg, 1896. (© Archiv Deutsches Röntgen-Museum. Abdruck mit freundlicher Genehmigung)

‚Nein, nein', sagte er, ‚ich kann Ihnen nicht erlauben, von mir Aufnahmen zu machen; ich habe keine Zeit dazu.'

Auf jeden Fall war der Professor zu bescheiden, um den Wünschen einer neugierigen Welt nachzukommen.

‚Nun, Herr Professor', sagte ich, ‚wollen Sie so freundlich sein, mir die Geschichte der Entdeckung zu erzählen?'

‚Da gibt es eigentlich keine Geschichte', antwortete er. ‚Ich interessierte mich schon seit langer Zeit für die Kathodenstrahlen, wie sie von Hertz und speziell von Lenard in einer luftleeren Röhre studiert worden waren. Ich hatte die Untersuchung dieser und anderer Physiker mit großem Interesse verfolgt und mir vorgenommen, sobald ich Zeit hätte, einige selbständige Versuche in dieser Beziehung anzustellen; diese Zeit fand ich Ende Oktober 1895. Ich war noch nicht lange bei der Arbeit, als ich etwas Neues beobachtete.'

‚Welches Datum war es?'

‚Der 8. November.'

‚Und welcher Art war die Beobachtung?'

‚Ich arbeitete mit einer Hittorf-Crookesschen Röhre, welche ganz in schwarzes Papier eingehüllt war. Ein Stück Bariumplatinzyanürpapier lag daneben auf dem Tisch. Ich schickte einen Strom durch die Röhre und bemerkte quer über das Papier eine eigentümliche schwarze Linie.'

‚Was war das?'

‚Die Wirkung war derart, dass sie den damaligen Vorstellungen gemäß nur von einer Lichtstrahlung herrühren konnte. Es war aber ganz ausgeschlossen, dass von der Röhre Licht kam, weil das dieselbe bedeckende Papier sicherlich kein Licht hindurchließ, selbst nicht das einer elektrischen Bogenlampe.'

‚Was dachten Sie sich da?'

‚Ich dachte nicht, sondern ich untersuchte. Ich vermutete, daß die Wirkung von der Röhre herkommen müsse und prüfte nach dieser Richtung hin genauer. Bald war jeder Zweifel ausgeschlossen. Es kamen ‚Strahlen' von der Röhre, welche eine lumineszierende

Wirkung auf den Schirm ausübten. Ich wiederholte den Versuch mit Erfolg in immer größeren und größeren Entfernungen, fast bis zu 2 Metern. Anfangs hielt ich sie für eine neue Art von Licht. Sicher aber war es etwas Neues, noch Unbekanntes."

‚Ist es Licht?"

‚Nein, denn es kann weder reflektiert noch gebrochen werden."

‚Ist es Elektrizität?"

‚Nicht in der bekannten Form."

‚Was ist es dann?"

‚Ich weiß es nicht. Nachdem ich die Existenz einer neuen Art von Strahlen nachgewiesen hatte, ging ich daran, ihre Eigenschaften zu untersuchen. Es zeigte sich aus den Versuchen bald, dass die Strahlen ein ungewöhnliches Durchdringungsvermögen besitzen, und zwar von einer Kraft, die bis jetzt an Strahlen unbekannt ist. Sie durchdringen Papier, Holz und Tuch mit Leichtigkeit, und innerhalb gewisser Grenzen spielt die Dicke der Substanz überhaupt keine Rolle. Die Strahlen gehen durch alle untersuchten Metalle hindurch, und zwar mit einer Leichtigkeit, die im umgekehrten Verhältnis zur Dichtigkeit des Metalls zu stehen scheint. Diese Erscheinungen sind alle ausführlich in meiner Abhandlung besprochen, welche ich der Würzburger Physikalisch-Medizinischen Gesellschaft vorgelegt habe; dort finden Sie auch alle Resultate angegeben. Da die Strahlen diese große Durchdringungskraft hatten, schien es selbstverständlich, daß sie auch durch Fleisch hindurchgehen konnten, und den Beweis fand ich beim Photographieren der Hand, wie ich Ihnen das schon zeigte.‘

‚Wie denken Sie sich die weitere Entwicklung der Anwendung der Strahlen?‘

‚Ich bin kein Prophet und liebe das Prophezeien nicht. Ich setze meine Untersuchungen fort, und sobald meine Resultate sich bestätigen, werde ich sie veröffentlichen.‘

‚Denken Sie, dass die Strahlen so geändert werden können, dass Sie damit die Organe des menschlichen Körpers aufnehmen könnten?‘

Anstatt einer Antwort nahm er die Photographie einer Schachtel mit Gewichten. ‚Hier sind schon solche Änderungen‘, sagte er, indem er die verschieden starken Schatten zeigte, die durch das Aluminium, Platin und Messing der Gewichte und durch die Messingscharniere verursacht worden waren, und man konnte selbst die gedruckten metallunterlegten Buchstaben des Deckels der Schachtel gerade noch erkennen (Abb. 4.22).

‚Herr Prof. Neusser hat schon mitgeteilt, dass Aufnahmen der inneren Organe möglich sein werden.‘

Abb. 4.22 Durchleuchtungsaufnahme eines Wägesatzes aus dem Physikalischen Institut der Universität Würzburg. (© Archiv Deutsches Röntgen-Museum. Abdruck mit freundlicher Genehmigung)

‚Wir werden ja sehen, was wir sehen werden. Wir haben den Anfang gemacht, und mit der Zeit werden die weiteren Entwicklungen folgen.‘

‚Es gibt noch viel zu tun, und ich bin sehr beschäftigt.‘

Er reichte mir zum Abschied die Hand, aber seine Augen wanderten schon zurück zu seiner Arbeit in das Innere des Laboratoriums.“

Prioritätsansprüche

War Röntgen tatsächlich der Entdecker dieser neuen Art von Strahlung? Evidenzen für die Existenz materiedurchdringender Strahlen wurden bereits früher beschrieben.

Der britische Wissenschaftler und Mitglied der Royal Society Francis Hauksbee (1660–1713) forschte auf dem Gebiet der Elektrizität und der Elektrostatik. Mit einer modifizierten Elektrisiermaschine konnte er mit Hilfe von Quecksilber die Luft in einem kugelförmigen Behälter extrahieren und durch Reiben mit der Hand die Kugel elektrostatisch aufladen. Dabei entstand ein recht helles Licht. Dieses Phänomen ähnelt dem Elmsfeuer und wurde später zur Basis der Entwicklung von Glimmlampen und Quecksilberdampflampen. In seiner Abhandlung „Physico-Mechanical Experiments“ (London 1709) schreibt er: „Kaum hatte er die Hand, um das Reiben zu befördern, daran gehalten, als er der Dunkelheit ungeachtet, die Abbildung und die deutliche Gestalt aller Theile derselben, auf der hohlen und inneren Oberfläche des Siegellacks erblickte, so dass es schien, es wäre durchsichtig geworden […].“

Neben Johann Wilhelm Hittorf (1824–1919) befasste sich auch William Crookes (1832–1919) mit den Kathodenstrahlen. In einer stark evakuierten Glasröhre konnte Crookes die Kathodenstrahlen als schattenwerfendes Kreuz durch eine spezielle Konstruktion der Anode (aus Aluminium) nachweisen. Treffen Kathodenstrahlen auf Glas oder andere Stoffe, so kommt es zu einem fluoreszierenden Leuchten. Crookes glaubte, strahlende Atome zu beobachten oder Materie in einem besonderen Zustand. Er nannte diese strahlende Art der Materie einen vierten Aggregatzustand. Bei seinen Versuchen bemerkte er auch Verschleierungen auf photographischen Platten. „[…] the walls of tube emit blue lights and the photo-graphic plates show ‚foggy‘ shadows […]“ (14).

Am Abend des 22. Februar 1890 experimentierten der amerikanischen Physiker Arthur Goodspeed (1860–1943) und der Photograph William. N. Jennings (1860–1945) wieder einmal im physikalischen Labor der Universität von Pennsylvania mit Hochspannungsentladungen. Sie hatten bereits im Herbst 1889 damit begonnen, unterschiedliche Formen von künstlichen elektrischen Entladungen, erzeugt durch verschiedenste Apparate, mit Jennings früheren Aufnahmen von natürlichen Blitzen zu vergleichen. An diesem Abend sollten Blitz- und Büschelentladungen, die mit Funkeninduktoren erzeugt wurden, photographiert werden. Dabei legten sie auch Münzen und Gewichtsstücke auf unbelichtete Photoplatten. Nachdem sie ihre Experimente beendet hatten, lagen auf ihrem Experimentiertisch noch einige unbelichtete photographische Platten in entsprechenden Photokassetten. Goodspeed holte aus seiner Sammlung einige der dort vorhandenen Crook'schen Entladungsröhren, schloss sie an und zeigte Jennings die faszinierenden Leuchterscheinungen in den Röhren. Begeistert und in Gespräche über Kathodenstrahlung vertieft, vergaß man die unbelichteten Photokassetten, die in der Nähe der Röhre lagen.

Einige Tage später berichtete Jennings, dass ihm beim Entwickeln aller Photoplatten, auch derer, die nicht direkt belichtet wurden, etwas Merkwürdiges aufgefallen war. Auf einer Platte zeigten sich kreisrunde Strukturen, die von Funkenspuren überlagert wurden. Die Strukturen waren vollkommen anders als die der direkt belichteten Photoplatten. Weder der Photograph noch der Physiker konnten sich diesen kuriosen Effekt erklären. Waren es Fabrikationsfehler? Goodspeed legte das Negativ mit anderen merkwürdigen Platten beiseite. Im Laufe der Zeit dachte niemand mehr daran. Sechs Jahre später erfuhr auch Arthur Goodspeed von der Entdeckung neuer, durchdringender Strahlen, die ein deutscher Physiker in Würzburg entdeckt hatte. Goodspeed erinnerte sich an die beiseitegelegte Platte und studierte sie nochmals. Die logische Erklärung konnte nur sein, dass er und Jennings am 22. Februar 1890 unbewusst die erste Röntgenaufnahme von Münzen angefertigt hatten.

Goodspeed wiederholte daraufhin seine Experimente unter den gleichen Bedingungen, mit den gleichen Apparaten und Röhren, und er erhielt vergleichbare Resultate. Beim Treffen der American Philosophical Society am 21. Februar 1896 hielt Goodspeed einen bemerkenswerten Experimentalvortrag über Röntgenstrahlen und erzählte die Begebenheiten dieses ersten „Strahlenunfalls" in der Geschichte vor fast genau sechs Jahren. Zum Schluss seines Vortrages sagte Goodspeed: „Now, gentlemen, we wish it clearly understood that we claim no credit whatever for what seems to have been a most interesting accident, yet the evidence seems quite convincing that the first Roentgen shadow picture was really produced almost exactly six years ago to-night, in the physical lecture room of the University of Pennsylvania" (15). In einem Brief an den deutsch-amerikanischen Medizinphysiker und Röntgenbiographen Otto Glasser (1895–1964) vom 15. Februar 1929 bedauerte Goodspeed, den Befunden nicht nachgegangen zu sein: „[…] The accidental roentgen effect which W. N. Jennings and I produced in 1890 was real and authentic. Because of our laxity in not following the matter up we do not claim any credit whatsoever […]" (16) (Abb. 4.23).

Bereits 1891 experimentierte der serbische Erfinder, Physiker und Elektroingenieur Nikola Tesla (1856–1943) mit hochfrequenten Gasentladungen. Er entwickelte anschließend eine Unipolar-Gasentladungsröhre und unternahm im Januar 1894 Versuche zur Photographie mit Phosphoreszenzlampen. Bei der Photographie von Marc Twain soll dabei auf der Aufnahme auch das Röntgenbild der Justierschraube seiner Kameralinse zu sehen gewesen sein. Nachweislich hat sich Tesla aber erst nach der Bekanntgabe Röntgens intensiv auch mit Röntgenstrahlen beschäftigt. Seine frühen

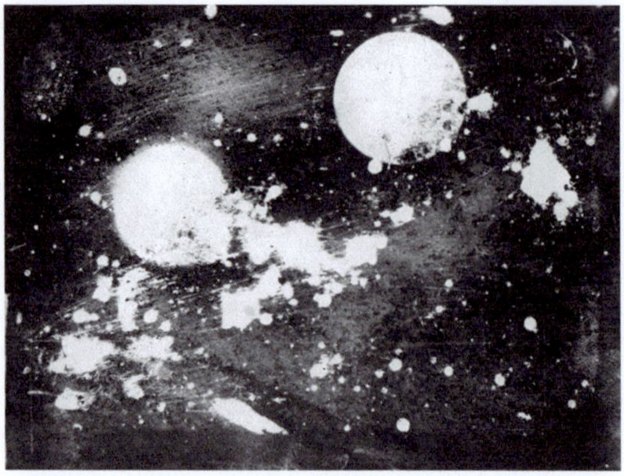

Abb. 4.23 Durchleuchtungsbild von zwei amerikanischen Münzen. (© Archiv Deutsches Röntgen-Museum. Abdruck mit freundlicher Genehmigung)

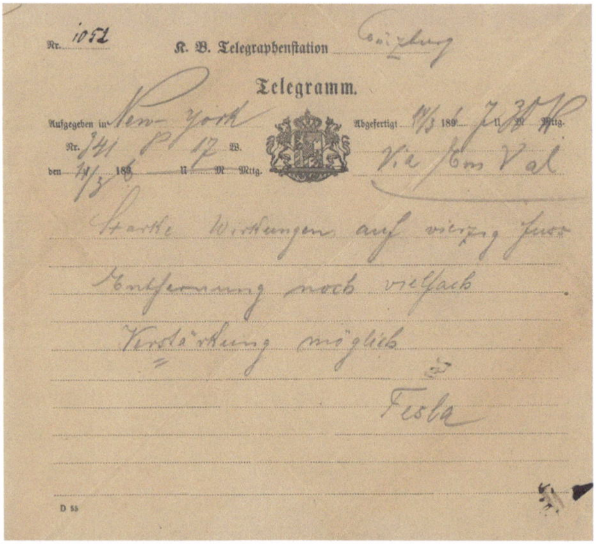

K. B. Telegraphenstation

Telegramm.

Aufgegeben in New York

Starke Wirkungen auf vierzig Fuss Entfernung noch vielfach Verstärkung möglich

Tesla

Abb. 4.24 Telegramm von Tesla an Röntgen vom 14. März 1896. (© Archiv Deutsches Röntgen-Museum. Abdruck mit freundlicher Genehmigung)

Aufnahmen sandte er an Röntgen. Dieser bedankte sich bei Tesla und gratulierte zu den hervorragenden Bildern (Abb. 4.24).

Verwendete und weiterführende Literatur

1. Glasser O (1959) Wilhelm Conrad Röntgen und die Geschichte der Röntgenstrahlen. 2. Aufl. Springerverlag Berlin, Göttingen, Heidelberg 1959. S. 1
2. Zehnder L (1933) Persönliche Erinnerungen an W.C. Röntgen und über die Entwicklung der Röntgenröhren. In Helvetica Physica Acta 6 Heft VIII. S. 618

3. Röntgen WC (1895) Ueber eine neue Art von Strahlen. (Fortsetzung.) In: Aus den Sitzungsberichten der Würzburger Physik.-medic. Gesellschaft Würzburg. (März) 1896, S. 11–17
4. Glasser 1959, aaO, S. 10
5. Röntgen WC (1896) Ueber eine neue Art von Strahlen. (Fortsetzung.) In: Aus den Sitzungsberichten der Würzburger Physik.-medic. Gesellschaft Würzburg. (März) 1896, S. 8
6. Röntgen WC (1897) Weitere Beobachtungen über die Eigenschaften der X-Strahlen. In: Mathematische und Naturwissenschaftliche Mitteilungen aus den Sitzungsberichten der Königlich Preußischen Akademie der Wissenschaften zu Berlin. Physikalisch-Mathematische Klasse, S. 392–406,
7. Zehnder 1933, aaO, S. 619
8. Lummer O (1896) Über die von Prof. W.C. Röntgen entdeckte neue Art von Strahlen. In: Mechaniker 4 (Januar 1896), S. 17.
9. Schreier W und Franke M: Geschichte der Physikalischen Gesellschaft zu Berlin 1845 – 1900. 1995. S. F47 https://onlinelibrary.wiley.com/doi/abs/10.1002/phbl.19950510118
10. Jastrowitz, M (1896) Die Roentgenschen Experimente mit Kathodenstrahlen und ihre diagnostische Verwertung. Vorgetragen im Verein f. innere Medicin am 6. und 20. Januar 1896. In: DMW S. 65–67, 1896
11. Wendel W (1964) Neue Dokumente von und über Wilhelm Conrad Röntgen. In Irene Strube und Hans Wassing (Hrsg.) Beiheft zur Schriftenreihe Geschichte der Naturwissenschaften und Medizin. Teubner Verlag Leipzig, S. 137
12. Wendel 1964, aaO, S. 139–140
13. Glasser 1959, aaO, S. 328–367
14. Crookes W (1879) On radiant matter a lecture delivered to the British Association for the Advancement of Science, at Sheffield, Friday, August 22, 1879
15. Goodspeed, AW (1896) Remarks made at the Demonstration of the Röntgen Ray, at Stated Meeting, February 21, 1896. Proc. Amer. Philos. Soc. 1896:35(150):17–36
16. Glasser O (1943) Arthur Willis Goodspeed. Science. 1943:3;98(2540):219.

Fortschritte der physikalischen Röntgenforschung bis 1915

5

Uwe Busch

Über die physikalische Natur der Röntgenstrahlen gab es einige Hypothesen. Auf Grund ihrer vermuteten Verwandtschaft mit den Kathodenstrahlen und deren Deutung durch Helmholtz als longitudinale elektromagnetische Stoßwellen im Kontext von Maxwells Theorie gab Röntgen am Ende seiner ersten Veröffentlichung folgende Erklärung für die physikalische Natur der X-Strahlen:

> „[…] Eine Art von Verwandtschaft zwischen den neuen Strahlen und den Lichtstrahlen scheint zu bestehen, wenigstens deutet die Schattenbildung, die Fluoreszenz und die chemische Wirkung, welche bei beiden Strahlenarten vorkommen, darauf hin. Nun weiss man schon seit langer Zeit, dass außer den transversalen Lichtschwingungen auch longitudinale Schwingungen im Aether vorkommen können. […] Sollten die neuen Strahlen nicht longitudinalen Schwingungen im Aether zuzuschreiben sein? Ich muss bekennen, dass ich mich im Laufe der Untersuchung immer mehr mit diesem Gedanken vertraut gemacht habe […].“ (1)

Auf Röntgens Hypothese der longitudinalen elektromagnetischen Wellen entgegnete der Münsteraner Physiker Ernst Ketteler bereits im März 1896 in seiner Notiz in den *Annalen der Physik:*

> „Schon beim ersten Bekanntwerden der X-Strahlen hier in Münster habe ich mich in einer mündlichen Unterhaltung mit Hrn. Hittorf gegen die Longitudinalität dieser Strahlen in folgender Weise ausgesprochen. Dass dieselben nicht sehr merklich gespiegelt und gebrochen werden, scheint darauf hinzudeuten, dass es Strahlen kürzester Wellenlange sind, deren Brechungsexponent dem Grenzwerthe 1 der Ketteler-Helmholtz'schen Dispersionsformel (für $\lambda = 0$) schon mehr oder minder nahe liegen dürfte. Da in einer mir heute von

U. Busch (✉)
Museumsdirektor, Deutsches Röntgen-Museum, Remscheid, Deutschland
E-Mail: Uwe.busch@remscheid.de

U. Busch (Hrsg.), *Wilhelm Conrad Röntgen,* Klassische Texte der Wissenschaft,
https://doi.org/10.1007/978-3-662-61350-4_5

Hrn. Winkelmann zugegangene Broschüre dieselbe Vermuthung jetzt auch von anderer Seite ausgesprochen ist, so gestatte ich mir, dieselbe hier öffentlich zu wiederholen.

Münster i. W., 30. März 1896." (2)

Bei den neuen Strahlen muss es sich demnach um sehr kurzwellige (hochfrequente) transversale Lichtwellen, ähnlich dem ultra-ultravioletten Licht, handeln. Kettlers Vermutung erklärt damit auch Röntgens negative Ergebnisse bei der Suche nach Brechung und Interferenz mit den herkömmlichen optischen Methoden. Auch die später von Röntgen und auch von Lenard geäußerten Hypothesen über ein neuartiges „Spektrum", dessen beiderseitige Enden Kathoden- und Röntgenstrahlen seien, gaben keinen Anhaltspunkt für die Klärung der physikalischen Art der Strahlen (3).

Röntgenstrahlung durch Fluoreszenz

Röntgens Vermutung über den möglichen Zusammenhang zwischen X-Strahlen und Fluoreszenz wurde bereits im Januar 1896 Auslöser für eingehende Untersuchungen.

In seiner dritten Veröffentlichung schreibt Röntgen dazu: „Da die X-Strahlen durch die Kathodenstrahlen entstehen, und beide gemeinsame Eigenschaften haben – Fluorescenzerzeugung, photographische und elektrische Wirkungen, eine Absorbirbarkeit, deren Grösse wesentlich durch die Dichte der durchstrahlten Medien bedingt ist u.s.w. –, so liegt die Vermuthung nahe, dass beide Erscheinungen Vorgänge derselben Natur sind" (4).

Der französische Mathematiker, theoretische Physiker und Philosoph Jules Henri Poincaré (1854–1912) war einer der Empfänger von Röntgens Erstveröffentlichung. Er diskutierte anlässlich einer Sitzung der Pariser Akademie der Wissenschaften die von Röntgen gemachte Feststellung, dass X-Strahlen offenbar von der durch den Beschuss der Kathodenstrahlen fluoreszierenden Glaswand der Röhre ausgehen. Poincaré und der ebenfalls anwesende französische Physiker Henri Becquerel (1852–1908) stellten sich daraufhin die Frage, ob Röntgenstrahlung durch Fluoreszenz ausgelöst werden kann. Schon am 24. Februar 1896 konnte Becquerel berichten, dass durch Sonnenlicht zur Fluoreszenz angeregte Kaliumuranylsulfatkristalle auf lichtdicht umhüllten Photoplatten ähnlich wie Röntgenstrahlen eine Schwärzung hervorrufen. Zu seiner Überraschung stellte er bereits am 1. März 1896 fest, dass diese Schwärzungen ebenso intensiv sind, wenn die Kristalle dem Sonnenlicht kaum oder gar nicht ausgesetzt waren. Die neuen Strahlen, die mit Röntgens X-Strahlen viel Ähnlichkeit besitzen, konnten also nichts mit der Fluoreszenz zu tun haben. Ihre Natur blieb vorerst unklar (5).

So hatte eine falsche Vorstellung von einem neu entdeckten, unerklärlichen Phänomen zur Entdeckung einer noch geheimnisvolleren Erscheinung geführt: Den X-Strahlen irgendwie ähnliche Strahlen werden von chemischen Elementen spontan, ohne eine ersichtliche Ursache emittiert. Genauso wie unsichtbares ultraviolettes Licht viele Substanzen zum fluoreszierenden Leuchten anregt, sollte eine unbekannte kosmische Strahlung Elemente wie Uran, Radium, Polonium, Thorium zur Aussendung der noch unbekannten X-Strahlung aktivieren. Marie Curie taufte das neue Phänomen „la radioactivité" (6).

Ganz unter dem Eindruck der Entdeckung der Röntgenstrahlen stehend ignorierte die Wissenschaft allerdings Becquerels Beobachtung, dass „Uranstrahlung" der Umgebungsluft eine elektrische Leitfähigkeit gibt. In Deutschland waren es Hans Friedrich Geitel (1855–1923) und Julius Elster (1855–1920), die Uranstrahlung für Erklärungen luftelektrischer Zustände heranzogen. Sie konnten experimentell Becquerels Untersuchungen bestatigen (Abb. 5.1).

Elster und Geitel deuteten die Strahlung allerdings ganz anders. Sie verstanden darunter eine besondere Art von energetischer Strahlung, die bei der Umwandlung einer Atomart in eine andere Atomart abgegeben wird. Ihre Hypothese wurde drei Jahre später mit dem Nachweis der Elementumwandlung durch Ernest Rutherford (1871–1937) und Frederick Soddy (1877–1956) gesichert.

In einem Brief unterrichteten die beiden Wolfenbutteler Gymnasiallehrer Rontgen uber ihre Versuche (Abb. 5.2).

Transkription (Abb. 5.2)

Wolfenbüttel den 25.II.97

Sehr geehrter Herr Professor!

Anbei erlauben wir uns, Ihnen ein Uranphotogramm (Positiv) zu übersenden, das wir durch Aluminium hindurch nach einer Expositionszeit von 6 Tagen in einem absolut finsteren Raum erhalten haben. Auch eine Probe des von uns als Zwischenschicht verwandten Aluminiumblechs haben wir beigefügt.

Abb. 5.1 Julius Elster **(links)** und Hans Geitel **(rechts)** in ihrem Privatlaboratorium in Wolfenbüttel. (© Privatarchiv Fricke. Abdruck mit freundlicher Genehmigung)

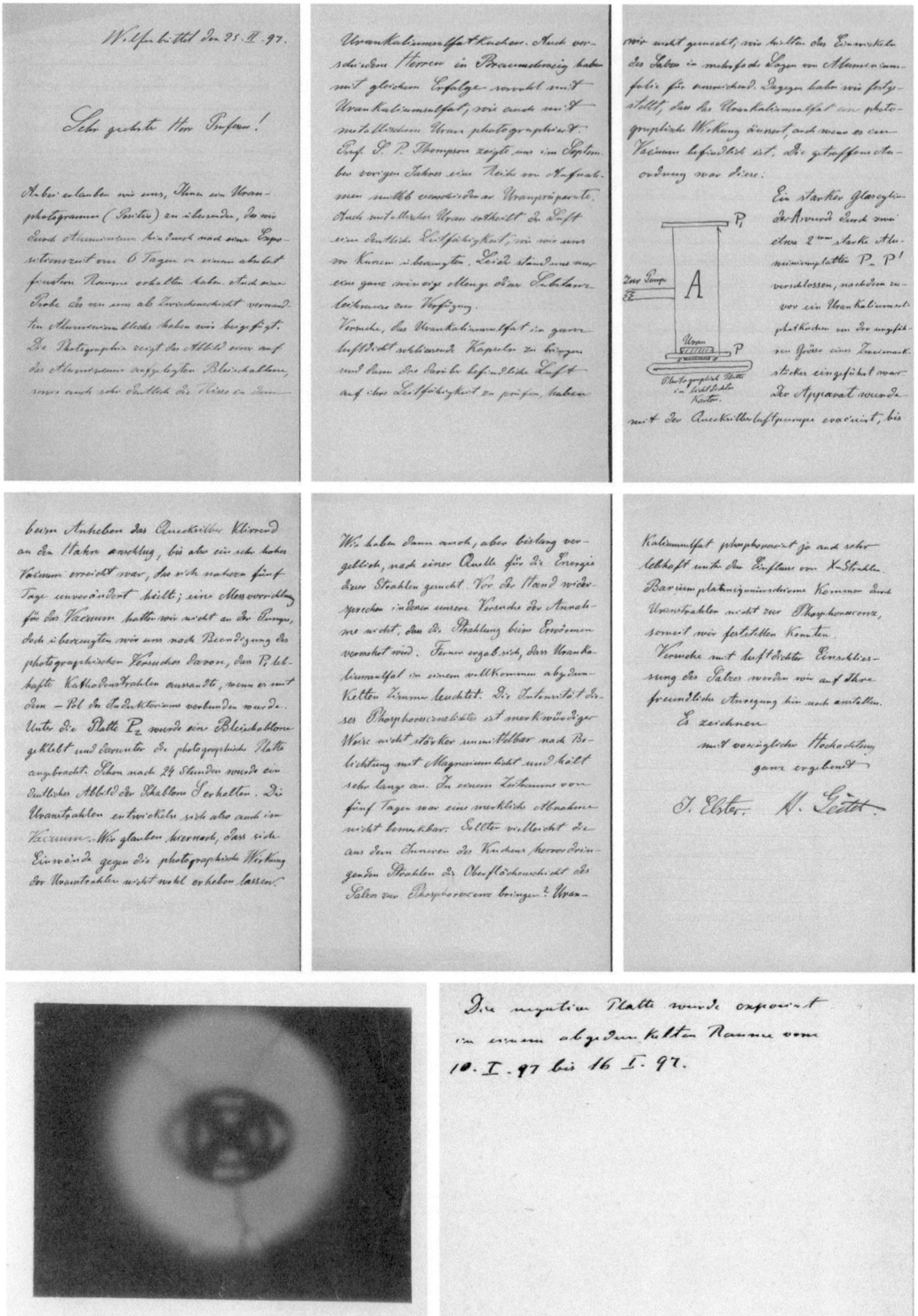

Abb. 5.2 Brief von Elster und Geitel mit der Beschreibung ihrer Versuche zur Radioaktivität 1897. Die Photographie ist wohl die erste in Deutschland gemachte Aufnahme mit ionisierender Strahlung des Urans. (© Archiv Deutsches Röntgen-Museum. Abdruck mit freundlicher Genehmigung)

Die Photographie zeigt das Abbild einer auf das Aluminium aufgelegten Bleischablone sowie auch sehr deutlich die Risse in dem Urankaliumsulfatkuchen. Auch verschiedene Herren in Braunschweig haben mit gleichem Erfolge sowohl mit Urankaliumsulfat wie auch mit metallischem Uran photographiert. Prof. S. P. Thompson zeigte uns im September vorigen Jahres eine Reihe von Aufnahmen mittels verschiedener Uranpräparate.

Auch metallisches Uran ertheilt der Luft eine deutliche Leitfähigkeit, wie wir uns vor Kurzem überzeugten. Leider stand uns nur eine ganz winzige Menge dieser Substanz leihweise zur Verfügung. Versuche, das Urankaliumsulfat in ganz luftdicht schließende Kapseln zu bringen und dann die darüber befindliche Luft auf ihre Leitfähigkeit zu prüfen, haben wir nicht gemacht; wir hielten das Einwickeln des Salzes in mehrfache Lagen von Aluminiumfolie für ausreichend. Dagegen haben wir festgestellt, dass das Urankaliumsulfat eine photographische Wirkung äussert, auch wenn es im Kalium befindlich ist. Die getroffene Anordnung war diese:

Ein starker Glascylin der A wurde durch zwei extra 2 mm starke Aluminiumplatten P u. P 1 verschlossen, nachdem zuvor ein Urankaliumsulphatkuchen von der ungefähren Grösse eines Zweimarkstückes eingeführt war. Der Apparat wurde mit der Quecksilberluftpumpe evacuiert, bis beim Anheben das Quecksilber klirrend an den Hahn anschlug, bis also ein sehr hohes Vacuum erreicht war, das sich nahezu fünf Tage unverändert hielt; eine Meßvorrichtung für das Vacuum hatten wir nicht an der Pumpe, doch überzeugten wir uns nach Beendigung des photographischen Versuches davon, dass P1 lebhafte Kathodenstrahlen aussandte, wenn es mit dem – Pol des Induktoriums verbunden wurde.

Unter die Platte P2 wurde eine Bleischablone geklebt und darunter die photographische Platte angebracht. Schon nach 24 h wurde ein deutliches Abbild der Schablone S erhalten. Die Uranstrahlen entwickeln sich also auch im Vacuum. Wir glauben hiernach, dass sich Einwände gegen die photographische Wirkung der Uranstrahlen nicht wohl erheben lassen. Wir haben dann auch, aber bislang vergeblich, nach einer Quelle für die Energie dieser Strahlen gesucht. Vor der Hand widersprechen indessen unsere Versuche der Annahme nicht, dass die Strahlung beim Erwärmen vermehrt wird. Ferner ergab sich, dass Urankaliumsulfat in einem vollkommen abgedunkelten Zimmer leuchtet. Die Intensität dieses Phosphorrescenzlichtes ist merkwürdiger Weise nicht stärker unmittelbar nach Belichtung mit Magnesiumlicht und hält sehr lange an. In einem Zeitraum von fünf Tagen war eine merkliche Abnahme nicht bemerkbar. Sollten vielleicht die aus dem Inneren des Kuchens hervordringenden Strahlen die Oberflächenschicht des Salzes zur Phosphorescenz bringen? Uran-Kaliumsulfat phosphoresciert ja auch sehr lebhaft unter dem Einfluss von X-Strahlen.

Bariumplatinschirme kommen durch Uranstrahlen nicht zur Phosphorescenz, somit wir feststellen konnten. Versuche mit luftdichter Einschliessung des Salzes werden wir auf Ihre freundliche Anregung hin noch anstellen.

Es zeichnen
Mit vorzüglicher Hochachtung
ganz ergebenst
J. Elster H. Geitel

In seiner Antwort schrieb Röntgen am 23. Februar 1897 (Abb. 5.3):

„Die Becquerelschen Versuche habe ich immer einmal nachmachen wollen, kam aber wegen Mangel an Zeit noch nicht dazu; ich muß nämlich gestehen, daß ich nicht recht daran glaubte. Was vielleicht daher kommt, daß die vielen Versuche mit X-Strahlen, die in letzter Zeit publiziert werden, mich etwas vorsichtig in der Annahme fremder Resultate gemacht haben. Es ist mir nun sehr wichtig, daß zwei so zuverlässige Beobachter wie Sie, die B'schen Beobachtungen bestätigt gefunden haben. Freilich will es mir noch nicht so recht in den Kopf […].“

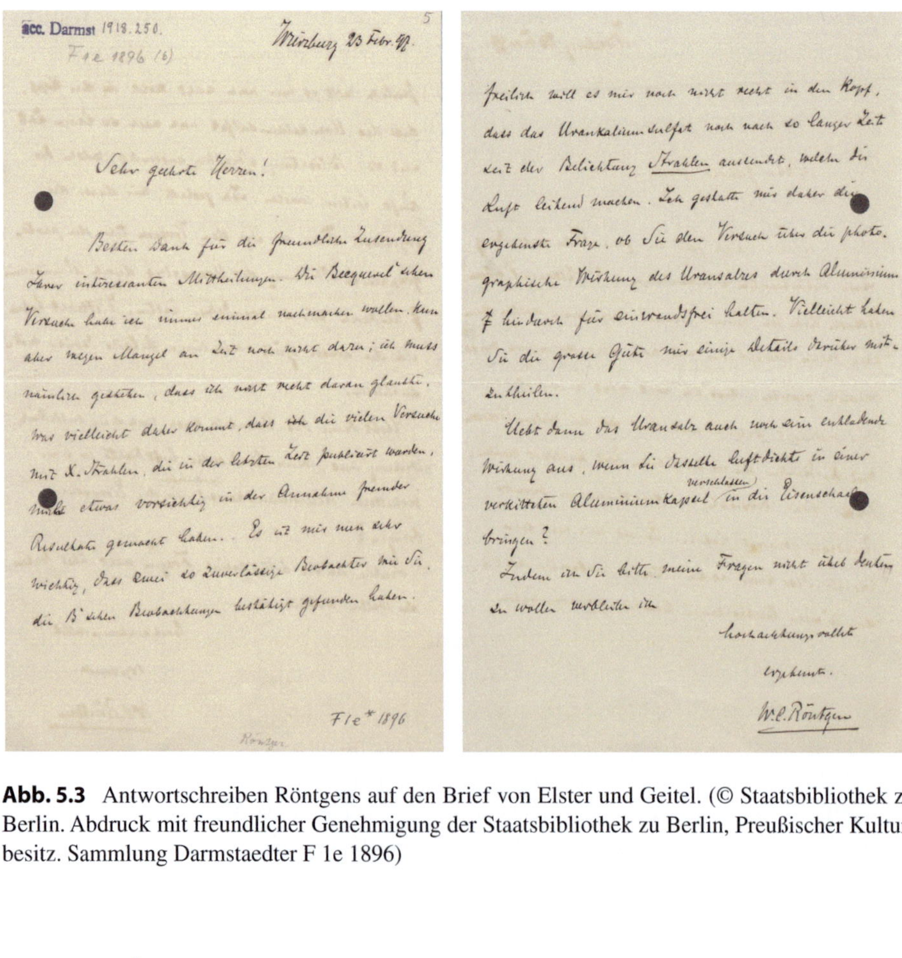

Würzburg 23 Febr. 97.

Sehr geehrte Herren!

Besten Dank für die freundliche Zusendung Ihrer interessanten Mittheilungen. Die Becquerel'schen Versuche habe ich immer einmal nachmachen wollen, kam aber wegen Mangel an Zeit noch nicht dazu; ich muss nämlich gestehen, dass ich nicht recht daran glaubte. Was vielleicht daher kommt, dass die vielen Versuche mit X-Strahlen, die in der letzten Zeit publicirt wurden, mich etwas vorsichtig in der Annahme fremder Resultate gemacht haben. Es ist mir nun sehr wichtig, dass zwei so zuverlässige Beobachter wie Sie, die B'schen Beobachtungen bestätigt gefunden haben.

Freilich will es mir noch nicht recht in den Kopf, dass das Urankaliumsulfat noch nach so langer Zeit seit der Belichtung Strahlen aussendet, welche die Luft leitend machen. Ich gestatte mir daher die ergebenste Frage, ob Sie den Versuch über die photographische Wirkung des Uransalzes durch Aluminium hindurch für einwandsfrei halten. Vielleicht haben Sie die grosse Güte mir einige Details darüber mitzutheilen.

Uebt dann das Uransalz auch noch eine entladende Wirkung aus, wenn Sie dasselbe luftdicht in einer verkitteten Aluminiumkapsel verschlossen in die Eisenschachtel bringen?

Indem ich Sie bitte meine Fragen nicht übel deuten zu wollen verbleibe ich

hochachtungsvollst
ergebenst
W.C. Röntgen

Abb. 5.3 Antwortschreiben Röntgens auf den Brief von Elster und Geitel. (© Staatsbibliothek zu Berlin. Abdruck mit freundlicher Genehmigung der Staatsbibliothek zu Berlin, Preußischer Kulturbesitz. Sammlung Darmstaedter F 1e 1896)

Auf der Suche nach einer Doktorarbeit begann Marie Curie (1867–1934) mit der systematischen Untersuchung der Becquerel-Strahlen. Da sie kein Mitglied der Pariser Akademie der Wissenschaften war und sie damit kein Rederecht hatte, wurden ihre Forschungsergebnisse zur Radioaktivität am 12. April 1898 von dem französischen Physiker und Nobelpreisträger Gabriel Lippmann (1845–1921) vorgetragen.

Teilchen oder Welle

Röntgens Vermutung, es könnte sich um „longitudinale Schwingungen im Äther“ handeln, wurde von zahlreichen Physikern sehr skeptisch gesehen. Allerdings blieb die Klärung der Frage nach der physikalischen Natur der X-Strahlen bis zum Jahr 1912 eines der großen Rätsel der Physik.

Schnell kristallisierten sich zwei theoretische Ansätze heraus. Auf der einen Seite stand das sehr starke Argument der Bevorzugung einer korpuskularen Natur auf Grundlage des von Einstein entdeckten photoelektrischen Effekts. Eine Theorie schnell bewegter Elektronen war für viele Physiker wie z. B. den Niederländer Hendrik Lorentz (1853–1928) von der Universität Leiden sehr attraktiv. In Analogie zur Theorie des Lichts von Sir Isaac Newton (1643–1727), dass Licht aus winzigen Teilchen (Korpuskeln) besteht, sahen einige Wissenschaftler einen guten Grund zu der Annahme, dass Röntgenstrahlen Korpuskeln sein müssten. Hierfür sprach ihre Ähnlichkeit zu den Kathodenstrahlen. Es war wieder Röntgen selbst, der diese enge Beziehung in seiner dritten Mitteilung betonte: „Da die X-Strahlen durch die Kathodenstrahlen entstehen, und beide gemeinsame Eigenschaften haben – Fluorescenzerzeugung, photographische und elektrische Wirkungen, eine Absorbirbarkeit, deren Grösse wesentlich durch die Dichte der durchstrahlten Medien bedingt ist u.s.w. –, so liegt die Vermuthung nahe, dass beide Erscheinungen Vorgänge derselben Natur sind“ (7).

William Henry Bragg (1862–1942) von der University of Adelaide entwickelte 1907 eine korpuskuläre Theorie der Röntgen- und Gammastrahlen. Bragg schlug vor, Röntgenstrahlen und Gammastrahlung als Ströme von neutralen zweiteiligen Korpuskeln (Corpuscular-Pair-Theory) zu beschreiben, die aus einem Elektron bestehen, das von einem Mantel positiver Ladung umgeben ist (8).

Als Bragg seine Theorie veröffentlichte, wusste er, dass sie gegen den allgemeinen Trend war. Es gab viele andere Wissenschaftler, die annahmen, dass die Natur der Röntgenstrahlen sich nur mit Hilfe der Wellentheorie analog den Ideen zur Theorie des Lichts des niederländischen Physikers Christiaan Huygens (1629–1695) beschreiben lassen kann. Bereits 1896 wurden erste theoretische Konzepte unter Zugrundelegung eines Feld- oder Wellenkonzepts von George Stokes (1819–1903) in Manchester, Emil Wiechert (1861–1929) in Königsberg und Alfred Marie Lienard (1869–1958) in Paris unabhängig voneinander veröffentlicht. Stokes teilte seine ersten Gedanken bereits am 3. Januar 1896 in einem Brief an Röntgen mit. In einem weiteren Brief vom 25. September 1899 schrieb er: „I could never believe that they were due to longitudinal vibrations, but at first I was disposed to regard them as of the same nature as ordinary light only that the vibrations were excessively short period.“ (Abb. 5.4)

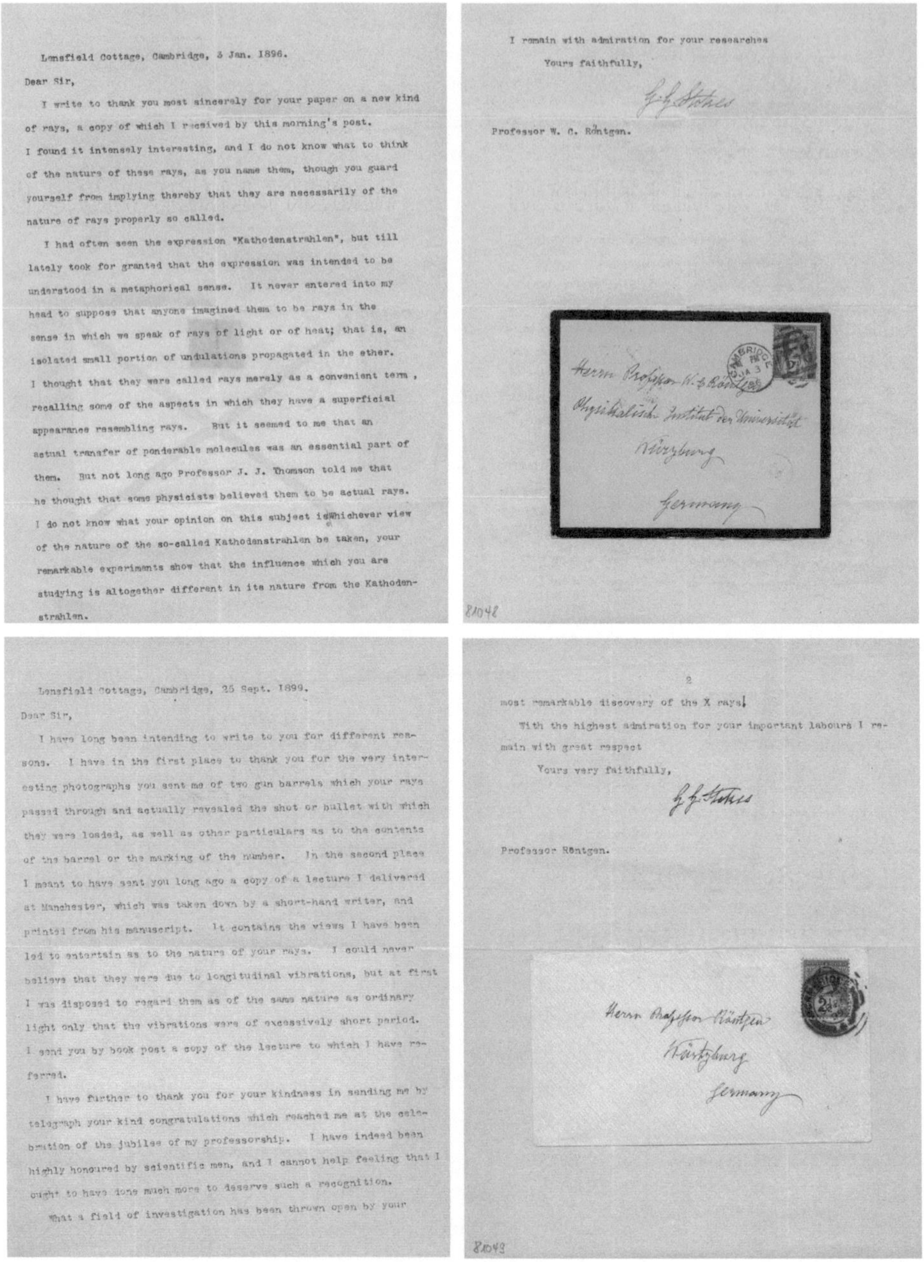

Lensfield Cottage, Cambridge, 3 Jan. 1896.

Dear Sir,

I write to thank you most sincerely for your paper on a new kind of rays, a copy of which I received by this morning's post. I found it intensely interesting, and I do not know what to think of the nature of these rays, as you name them, though you guard yourself from implying thereby that they are necessarily of the nature of rays properly so called.

I had often seen the expression "Kathodenstrahlen", but till lately took for granted that the expression was intended to be understood in a metaphorical sense. It never entered into my head to suppose that anyone imagined them to be rays in the sense in which we speak of rays of light or of heat; that is, an isolated small portion of undulations propagated in the ether. I thought that they were called rays merely as a convenient term, recalling some of the aspects in which they have a superficial appearance resembling rays. But it seemed to me that an actual transfer of ponderable molecules was an essential part of them. But not long ago Professor J. J. Thomson told me that he thought that some physicists believed them to be actual rays. I do not know what your opinion on this subject is. Whichever view of the nature of the so-called Kathodenstrahlen be taken, your remarkable experiments show that the influence which you are studying is altogether different in its nature from the Kathodenstrahlen.

I remain with admiration for your researches

Yours faithfully,

G. G. Stokes

Professor W. C. Röntgen.

Herrn Professor W. C. Röntgen
Physikalisches Institut der Universität
Würzburg
Germany

81042

Lensfield Cottage, Cambridge, 25 Sept. 1899.

Dear Sir,

I have long been intending to write to you for different reasons. I have in the first place to thank you for the very interesting photographs you sent me of two gun barrels which your rays passed through and actually revealed the shot or bullet with which they were loaded, as well as other particulars as to the contents of the barrel or the marking of the number. In the second place I meant to have sent you long ago a copy of a lecture I delivered at Manchester, which was taken down by a short-hand writer, and printed from his manuscript. It contains the views I have been led to entertain as to the nature of your rays. I could never believe that they were due to longitudinal vibrations, but at first I was disposed to regard them as of the same nature as ordinary light only that the vibrations were of excessively short period. I send you by book post a copy of the lecture to which I have referred.

I have further to thank you for your kindness in sending me by telegraph your kind congratulations which reached me at the celebration of the jubilee of my professorship. I have indeed been highly honoured by scientific men, and I cannot help feeling that I ought to have done much more to deserve such a recognition.

What a field of investigation has been thrown open by your

2

most remarkable discovery of the X rays!

With the highest admiration for your important labours I remain with great respect

Yours very faithfully,

G. G. Stokes

Professor Röntgen.

Herrn Professor Röntgen
Würzburg
Germany

81043

Abb. 5.4 Zwei Briefe von George Gabriel Stokes an Röntgen mit Erläuterungen über seine Vorstellung von der physikalischen Natur der Röntgenstrahlen. (© Archiv Deutsches Röntgen-Museum. Abdruck mit freundlicher Genehmigung)

Gemeinsame Grundlage dieser Wellentheorien war die Annahme, dass Kathodenstrahlen aus einem Strom von geladenen Teilchen bestehen, die jeweils von ihrem elektromagnetischen Feld umgeben sind. Beim Auftreffen auf ein Ziel (z. B. eine Anode) werden diese Partikel plötzlich gestoppt, und das Feld verschwindet oder verändert sich im Ruhezustand in ein statisches Feld. Diese plötzliche Veränderung breitet sich mit Lichtgeschwindigkeit von der Anode nach außen aus und bildet einen Röntgenimpuls, d. h. eine elektromagnetische Welle, deren Wellenlänge viel kürzer ist als die des Lichts.

Beugung an einem Spalt

Experimentelle Beweise für den Wellencharakter der Röntgenstrahlen versuchten nach Röntgens erfolglosen Experimenten die beiden niederländischen Physiker Hermanus Haga (1852–1936) und Cornelis Wind (1867–1911) von der Universität Groningen zu finden. Sie führten 1899 eine sorgfältige Reihe von Experimenten durch, um eine mögliche Beugung von Röntgenstrahlen zu messen. Ihre Versuchsanordnung und ihre Ergebnisse beschreiben sie in einem Brief an Röntgen vom 1. März 1899. In dem Experiment werden Röntgenstrahlen durch einen keilförmigen Spalt geführt, der am Strahleingang 14 μm und am Ausgang 1–3 μm breit war. Hinter dem Spalt wurde eine photographische Platte platziert. Nach 100–200 h Belichtungszeit ergab sich eine diffuse Verbreiterung der durchgelassenen Röntgenstrahlenbündel von ca. 1 μm am spitzen Ende des Spalts. Haga und Wind interpretierten dies als Beugungsmuster und bestimmten die Wellenlänge der Röntgenstrahlen mit $\lambda = 1{,}1$ Å (Angström) (Abb. 5.5).

Transkription (Abb. 5.5)

Groningen 1. März 1899

Hochgeehrter Herr College

Es freut mich sehr Ihnen mittheilen zu können, das im hiesigen Physikalischen Institute C. Wind und ich endlich die Beugung der X-Strahlen demonstriert haben. Ich habe vorigen Samstag die Methode und das Resultat in der Sitzung der Akademie in Amsterdam vorgetragen. Die ausführliche Mittheilung wird erst im folgenden Leitungsbericht erscheinen da die Figuren noch nicht fertig sind.

Die Vorrichtung war folgende: (Zeichnung)

Röntgenröhre Spalt Photographische Platte

I = Spalt: 14 μm breit 1 cm hoch.

Differentiationsspalt oben 14 μm unten 1 bis 3 μm.

Expositionszeiten variieren von 100 bis 200 h.

Das Bild zeigte von oben nach unten gehend am Anfang eine Verschmälerung, wurde aber nachher breiter, correspondierend mit einer Spaltenbreite von 1 μm. Damit würde sich $\lambda = 1{,}1$ Angstr. Einheiten ergeben. Aus allen Versuchen glauben

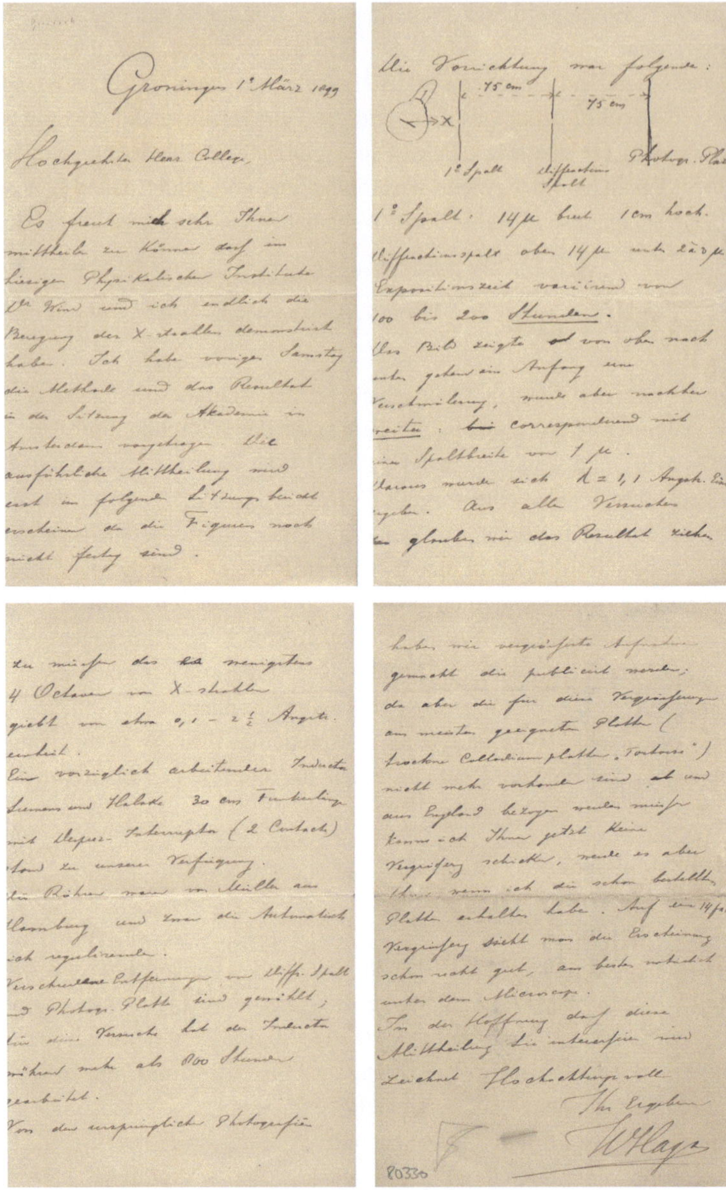

Groningen 1e März 1899

Hochgeehrter Herr College,

Es freut mich sehr Ihnen mittheilen zu können dass im hiesigen Physikalischen Institute Dr Wind und ich endlich die Beugung der X-strahlen demonstriert habe. Ich habe vorigen Samstag die Methode und das Resultat in der Sitzung der Akademie in Amsterdam vorgetragen. Die ausführliche Mittheilung wird erst in folgender Sitzung bericht erscheinen da die Figuren noch nicht fertig sind.

Die Vorrichtung war folgende:

1e Spalt: 14 μ breit 1 cm hoch.
Diffractionsspalt oben 14 μ unten 2 à 3 μ.
Expositionszeit variierend von 100 bis 200 Stunden.
Das Bild zeigte von oben nach unten gehend ein Anfang einer Verschmälerung, wurde aber nachher breiter: correspondierend mit einer Spaltbreite von 1 μ.
Daraus würde sich λ = 1,1 Angstr. Einh. ergeben. Aus allen Versuchen glauben wir das Resultat ziehen zu müssen das wenigstens 4 Octaven von X-strahlen giebt von etwa 0,1 – 2½ Angstr. einheit.
Ein vorzüglich arbeitender Inductor Siemens und Halske 30 cm Funkenlänge mit Wasser-Interruptor (2 Contacte) stand zu unserer Verfügung.
Die Röhren waren von Müller aus Hamburg und zwar die Automatisch sich regulierende.
Verschiedene Entfernungen von Diffr. Spalt und Photogr. Platte sind gewählt; für diese Versuche hat der Inductor während mehr als 800 Stunden gearbeitet.
Von den ursprünglichen Photografien haben wir vergrösserte Aufnahmen gemacht die publiciert werden; da aber die für diese Vergrösserungen am meisten geeigneten Platten (trockene Collodiumplatten „Tortoise") nicht mehr vorhanden sind und aus England bezogen werden müssen kann ich Ihnen jetzt keine Vergrösserung schicken, werde es aber thun wenn ich die schon bestellten Platten erhalten habe. Auf einer 14 fache Vergrösserung sieht man die Erscheinung schon recht gut, am besten natürlich unter dem Microscop.
In der Hoffnung dass diese Mittheilung Sie interessieren wird zeichnet Hochachtungsvoll

Ihr Ergebener

H Haga

80330

Abb. 5.5 Brief von Haga an Röntgen mit einer Beschreibung der Versuche zur Beugung. (© Archiv Deutsches Röntgen-Museum. Abdruck mit freundlicher Genehmigung)

wir das Resultat ziehen zu dürfen das es wenigstens 4 Octaven von X-Strahlen gibt von etwa 0,1–2 ½ Angstr. Einheit.

Ein vorzüglich arbeitender Inductor Siemens und Halske 30 cm Funkenlänge mit Deprez-Interruptor (2 Contacte) stand zu unserer Verfügung. Eine Röhre von Müller aus Hamburg und zwei, die automatisch nachregulieren. Verschiedene Entfernungen vom differ. Spalt und Photogr. Platte sind gewählt; Für diese Versuche hat der Inductor vorher mehr als 800 h gearbeitet.

Von der ursprünglichen Photographie haben wir vergrößerte Aufnahmen gemacht die publiziert werden; da aber die für diese Vergrößerung am meisten geeigneten Platten (trockene Callodiumplatten „Tortoese“) nicht mehr vorhanden sind und aus England bezogen werden müssen kann ich Ihnen jetzt keine Vergrößerung schicken, werde es aber thun wenn ich die schon bestellten Platten erhalten habe. Auf einer 14fachen Vergrößerung sieht man die Erscheinung schon recht gut, am besten sichtbar unter dem Mikroskope. In der Hoffnung dass diese Mittheilung Sie interessieren wird zeichnet

Hochachtungsvoll

Ihr Ergebenster

W. Haga

Röntgen zeigte sich sehr interessiert an den Forschungen und schrieb aus München an Haga am 22. März 1899:

> „Von meiner Ferienreise kommend, finde ich Ihren Brief vom 11. Aug. hier vor, die darin erwähnte Arbeit von Ihnen und Wind müsste vermutlich in Würzburg liegen, da ich mir auch den Brief habe hierher schicken lassen.
>
> Der Inhalt Ihres Briefes, der sich auf die Versuche über Beugung und X-Strahlen bezieht, hat mich sehr interessiert, und es würde mich sehr freuen, wenn es Ihnen und Ihren Schülern gelungen sein sollte, die eigenthümlichen Bilder, welche man mit Spalten und [unleserlich] erhält, durch Beugung zu erklären und aus ihnen eine Grenze für die Grösse der Wellenlängen abzuleiten. Die früheren Beobachter sind alle viel zu hastig und kritiklos gewesen. Ich selbst hatte bisher zwar erkannt, dass man es nicht mit gewöhnlichen Ausgangsbildern zu thun hatte, weil ihre Gestalt sich nicht mit der Spaltweite und den maßgebenden Entfernungen änderte, wie es nach der gewöhnlichen Theorie der Fall sein sollte. Eine eingehende Überlegung zeigte mir auch, das ich wenigstens bei meinen Versuchen die Resultate der bekannten Versuche mit Licht nicht erwarten konnte, weil die Versuchsbedingungen andere waren, als sie die gewöhnliche Theorie verlangt, doch gelang es nur nicht, das Problem in der nöthigen Allgemeinheit zu lösen, weil sie auf zu grosse mathematische Schwierigkeiten stiess. Namentlich in dieser Beziehung hoffe ich, dass von berufenerer Seite Briefe kommen würden. Dass ausserdem auf der photographischen Platte Maxima oder Minima vorkommen können, die Lichter mit Beugung nichts zu thun haben. Ich habe sie [unleserlich] Male erfahren, so habe ich z.B. Platten mit so schönen Streifen, die lediglich Bilder von Ungleichmäßigkeiten der Strahlenquelle sind usw.

Ich bin sehr begierig den Inhalt der von Ihnen genannten Arbeiten zu erfahren.

Versuche zur Bestimmung und Fortpflanzungsgeschwindigkeit der X-Strahlen habe ich schon begonnen. Die Ferienzeit so zum Theil dazu benutzt, die erforderlichen Apparate in besserer Form, als sie mir in meiner sehr einfachen Sammlung zu Gebote standen, anzuschaffen und aufzustellen. Ich kann nur langsam vorwärts kommen, da halt mein Versuch grössere Mittel und bessere Kräfte verlangen. Die J. J. Thomson'sche Bestimmung halte ich für keineswegs einwandfrei und sicher, und es ist mir noch gar nicht sicher, ob man auf diesem Wege zum Ziel gelangt. Später, wenn ich mehr Erfahrungen gesammelt habe, theile ich Ihnen gerne mehr darüber mit.

Empfangen Sie den besten Dank für Ihren ausführlichen Brief; vielleicht erfreuen Sie mich wieder einmal mit einem Schreiben. Indem ich Ihnen den besten Erfolg wünsche, verbleibe ich mit fr. Grüßen."

Trotz zahlreicher Verbesserungen der Messapparatur blieben dennoch Zweifel, ob die Beugungsexperimente wirklich die Wellennatur der Röntgenstrahlen bewiesen haben. Die Forschungen wurden 1909 von Bernhard Walter (1861–1950) und Robert Pohl (1884–1974) an der Universität Hamburg mit noch raffinierteren Methoden wiederholt. Die verbesserte Messtechnik mit Hilfe des von Peter Paul Koch (1879–1945) entwickelten ersten automatischen Mikrophotometers lieferte eine geschätzte Wellenlänge der Röntgenstrahlung von $\lambda = 0{,}4$ Å. Um die Frage konkret zu klären, waren jedoch Beugungsgitter notwendig, die 1000- bis 10.000-mal feiner sein mussten als die vorhandenen.

Polarisation von Röntgenstrahlen

Der eindeutige experimentelle Beweis für den Wellencharakter der Röntgenstrahlen schien mit den damaligen technischen Möglichkeiten unmöglich zu sein. Am University College Liverpool ging Charles G. Barkla (1877–1947) einen anderen Weg. In seiner zweiten Abhandlung hatte Röntgen bereits beschrieben, dass Röntgenstrahlen beim Durchlaufen eines Körpers gestreut werden. Diese Eigenschaft nutze Barkla für ein Experiment, ähnlich dem, mit dem Étienne Louis Malus (1775–1812) die Polarisation des Lichts erkannt hatte. Im Jahre 1905 wies Barkla bei der Streuung von Röntgenstrahlen in Luft und durch leichte Festkörper nach, dass die dabei entstandene sekundäre Streustrahlung polarisiert ist. In seinem Nobelpreisvortrag sagte er: „Die Streustrahlung, die senkrecht zur Ausbreitungsrichtung der Primärstrahlung verläuft, ist stark polarisiert wie das vom Himmel gestreute Licht."

Die Debatte zwischen Bragg und Barkla setzte sich in den folgenden Jahren fort. Einen weiteren Hinweis auf eine Wellennatur der Röntgenstrahlung lieferten die Experimente von Erich Marx (1874–1956) an der Universität Leipzig zur Ausbreitungsgeschwindigkeit der Röntgenstrahlen. Marx konnte 1905 zeigen, dass sich diese mit der gleichen Geschwindigkeit bewegen wie Licht und Herz'sche Wellen (9).

Charakteristische Röntgenstrahlung

Röntgenstrahlen konnten damals nur durch ihre „Härte", d. h. ihr Durchdringungsvermögen, charakterisiert werden. Generell gilt: Je höher die an die Röntgenröhre angelegte Spannung ist, desto härter ist die emittierte Röntgenstrahlung, d. h., desto geringer ist ihr Absorptionsgrad in einem bestimmten Material. Der Absorptionsgrad ist jedoch nicht konstant, da die weichen Bestandteile der aus der Röntgenröhre austretenden Strahlung in den ersten Schichten des Materials absorbiert werden und die restliche Strahlung dann aus härteren Röntgenstrahlen besteht. Die Variabilität des Absorptionskoeffizienten mit der Eindringtiefe ist somit ein Hinweis auf die polychromatische Zusammensetzung der Röntgenstrahlung (10).

In Fortsetzung seiner Experimente mit Röntgenröhren mit Anoden aus verschiedenen Metallen fand Barkla 1909, dass unter bestimmten Bedingungen die entstehende Röntgenstrahlung eine starke monochromatische Komponente enthielt, d. h. eine, deren Absorptionskoeffizient konstant war. Er stellte fest, dass der Absorptionskoeffizient mit zunehmendem Atomgewicht des Anodenmaterials abnahm und dass dieser Zusammenhang durch zwei monotone Kurven, eine für die leichteren und eine für die schwereren Elemente, graphisch dargestellt werden konnte. Er nannte diese beiden Strahlungsarten, charakteristisch für die Elemente, aus denen die Röntgenstrahlen stammen, die K- und die L-Serie. Die neu entdeckten Strahlen waren charakteristisch für das Atomgewicht des Strahlung emittierenden Materials. Theoretisch ließen sich diese charakteristischen Röntgenstrahlen vergleichen mit den charakteristischen Linien im optischen Spektrum chemischer Substanzen. Diese Entdeckung bildete die erste, wenn auch noch vage Verbindung zwischen Röntgenstrahlen und Materie (11).

Vier Jahre später konnte Henry Gywnn Moseley (1887–1915) in Manchester nachweisen, dass die Wellenlänge dieser charakteristischen Röntgenstrahlung proportional mit dem Quadrat der Ordnungszahl des Anodenmaterials zunimmt. Moseleys Entdeckung zeigte, dass die Ordnungszahlen eine experimentell messbare Basis hatten. Nach seinem frühen Tod führte der Schwede Karl M. G. Siegbahn (1886–1978) seine Arbeiten fort und erhielt dafür 1924 den Nobelpreis für Physik.

Bremsstrahlung

Röntgen hatte in guter Voraussicht dafür Sorge getragen, das mit Arnold Sommerfeld (1868–1951) ein exzellenter theoretischer Physiker 1906 den Ruf auf die Professur für theoretische Physik an der Ludwig-Maximilians-Universität München angenommen hat. Hier baute Sommerfeld ein bedeutendes Zentrum für theoretische Physik auf. Sommerfeld war ein Verfechter der Ätherpuls- oder elektromagnetischen Wellentheorie der Röntgenstrahlung. Im Jahr 1909 gelang es ihm, eine Theorie der Entstehung von Röntgenstrahlung durch die Abbremsung von Elektronen an der Anode einer Röntgenröhre auf der Grundlage der elektromagnetischen Wellentheorie zu entwickeln. Seine Bremsstrahlungstheorie war perfekt geeignet, das Röntgenspektrum und die Intensität der Winkelverteilung der Intensität der erzeugten Röntgenstrahlen zu verstehen. Grundlegende experimentelle Untersuchungen zu dieser Theorie wurden von George Wilson Clarkson Kaye (1880–1941) durchgeführt, der 1909 am Cavendish Laboratory der Cambridge University die präzise Messung der Winkelverteilung der Intensität von Röntgenstrahlen in dünnen Folien durchführte.

Nach Sommerfelds Schätzung betrug die Wellenlänge der Röntgenstrahlen ca. $4\ 10^{-9}$ cm. Zusammen mit der Entdeckung der Röntgenfluoreszenz durch Barkla, bei der primäre Röntgenstrahlen absorbiert werden und die angeregten Atome dann charakteristische sekundäre Röntgenstrahlen emittieren, muss man unterscheiden zwischen „Bremsstrahlen" oder inhomogenen „weißen Röntgenstrahlen", die durch die Abbremsung von beschleunigten Elektronen entstehen, und solchen, die homogen oder charakteristisch in Bezug auf die Absorption der beschleunigten Elektronen sind und direkt durch das emittierende Material bestimmt werden (12).

Dennoch galt der experimentelle Beweis für die Beschaffenheit der Röntgenstrahlung als Welle als nicht gesichert. Und so äußerte sich Sommerfeld noch im März 1912: „[…] Der Beweis der Beugung wäre ein Schlüsselelement für die (Puls-)Theorie und sollte definitiv eine korpuskuläre Theorie für Röntgenstrahlen ausschließen […]." Er konnte nicht erahnen, was ein paar Monate später in seinem Institut geschah.

Kristalle als Beugungsgitter

Durch die personelle Kombination von Röntgen, einem Experimentalphysiker, der sich besonders auch für Kristalle interessierte, Sommerfeld, einem hervorragenden theoretischen Physiker, und dem Mineralogen Paul Heinrich von Groth (1843–1927) gab es perfekte Voraussetzungen für weitere Erforschung der Röntgenstrahlen und die Weiterentwicklung der Kristallographie in München. Sommerfeld schrieb bereits 1906, also vor seiner Berufung nach München als Nachfolger von Ludwig Boltzmann (1844–1906), an Willy Wien, dass es eine Schande sei, dass man zehn Jahre nach Entdeckung der Röntgenstrahlen immer noch nicht wisse, was die Natur dieser Strahlung sei.

Zu diesem Team kam 1909 Max von Laue als Privatdozent im Sommerfeld'schen Institut nach München. Er war zuvor Assistent von Max Planck (1858–1947) und erfahren in quantenmechanischen Fragestellungen. Er war aber ebenso stark von Otto Lummer (1860–1925) beeinflusst, der als Experte für Spektroskopie und optische Fragen einen exzellenten Ruf hatte.

1910 bewarb sich Paul-Peter Ewald (1888–1985) um eine Doktorarbeit bei Sommerfeld, nachdem er seine faszinierenden Vorlesungen auch über Röntgenstrahlen gehört hatte. Sommerfeld hatte immer eine Liste von schwierigen theoretischen Fragestellungen in der Schublade, die er interessierten Kandidaten anbot. Sie reichten von der Hydrodynamik bis zur Wellenausbreitung in komplexen Umgebungen. Ewald entschied sich für die Untersuchung, ob die bekannte Erscheinung der Lichtdoppelbrechung in Kristallen durch deren Anisotropie erklärt werden könne oder ob dazu eine Anisotropie der Wellenausbreitung vom einzelnen Atom nötig sei. Sommerfeld warnte Ewald, dass dies eine Fragestellung sei, zu der er ihm selbst keinen theoretischen Zugang aufzeigen könne.

Die Berechnung der optischen Eigenschaften eines Körpers, dessen „Resonatoren" als hypothetisch gedachte Struktur des Körpers, von Lichtwellen anzuregen und die dann emittierte Strahlung wieder zu messen, war äußerst komplex. Die dahinterliegenden Vorstellungen einer dreidimensionalen Raumgitterstruktur wurden damals von Groth vorgeschlagen. Die Schwierigkeit lag jedoch in der notwendigen Summation der gewaltig vielen Einzelwellen. Ewald löste das Problem mit seinem genialen und bis heute berühmten Trick, indem er die Summation nicht im Orts-, sondern im Impulsraum durchführte (heute nennen wir das Fourier-Transformation). Er war von seinem Vorgehen und vor allem den Implikationen dieser Theorie aber so verunsichert, dass er das Gespräch mit von Laue suchte. Dies war der berühmte und bis heute nicht ganz geklärte Spaziergang im Englischen Garten im Jahr 1912. Von Laue sah in dem Konzept sofort die Bedeutung für Röntgenstrahlung, weil in Ewalds Theorie die berechneten Interferenzerscheinungen nur vom Verhältnis der Lichtwellenlänge zum Abstand der Resonatoren im Kristall abhingen. Dieser Gedanke ließ von Laue nicht mehr los, und Ewald musste seine Dissertation ohne die erhoffte Unterstützung fortsetzen (13).

Von Laue war überzeugt, dass dies der Weg sein könnte, Röntgeninterferenzen von Kristallen zu erzeugen. Er berichtete Sommerfeld von dieser Idee. Seine Argumente waren aber von einem theoretischen Standpunkt so verwirrend, dass Sommerfeld zu ihrer Überprüfung keine Zustimmung gab. Auch Röntgen reagierte ablehnend. Während seiner Forschungen hatte er selber Kristalle durchstrahlt, aber nichts gefunden. Trotzdem war dann Walther Friedrich (1883–1968), ein Schüler Röntgens und Experte im Experimentieren mit Röntgenstrahlung, sofort bereit, die entsprechenden Versuche durchzuführen. Friedrich und der junge Doktorand Paul Knipping (1883–1935) entwickelten daraufhin eine Versuchsanordnung zur experimentellen Klärung der von Laue'schen Annahmen.

Die Experimente begannen am 21. April 1912 und wurden im „Sommerfeldkeller", einem kleinen Labor im Keller des Instituts für theoretische Physik in München, durchgeführt. Über die konkrete Durchführung waren sich von Laue und Friedrich zuerst uneinig. Von Laue meinte, die Interferenzen im Bereich der vom Kristall zurückgestreuten Strahlen zu suchen. Friedrich glaubte eher an einen Erfolg mit Strahlen, die durch einen Kristall hindurchgingen. Für die Versuche nahm man Kristalle mit schweren Atomen (Kupfersulfat, Zinkblende), da diese eine besonders intensive charakteristische Röntgenstrahlung aussenden.

Mit Hilfe einer Bleiblende wurde Röntgenstrahlung einer Röntgenröhre mit einem wenige Millimeter großen Querschnitt ausgeblendet. Diese durchlief eine Kristallplatte, hinter der im Abstand von einigen Zentimetern eine Photoplatte stand. Friedrich war sehr erfahren in der Messung von sekundären Röntgenstrahlen und wusste,

Abb. 5.6 Rekonstruktion der im Original im Deutschen Museum in München befindlichen Laue-Apparatur zur Messung von Röntgeninterferenzen. (© Archiv Deutsches Röntgen-Museum. Abdruck mit freundlicher Genehmigung)

dass lange Belichtungszeiten erforderlich sind, um die Wirkung der gebeugten Strahlen photographisch aufzunehmen. Auf der entwickelten Photoplatte waren dann tatsächlich neben dem durchdringenden Primärstrahl einige kleine und seltsame Flecken zu sehen, die als deutliche Spuren von abgelenkten Röntgenstrahlen interpretiert werden konnten. Ihre Symmetrie war von der Art des Kristalls abhängig.

Alle weiteren untersuchten Kristalle zeigten ähnliche und für den jeweiligen Kristall typische Interferenzmuster mit symmetrisch um den Direktstrahl angeordneten hellen Punkten, die durch sukzessive verbesserte Anordnungen immer deutlicher wurden. Röntgen überließ den Vortrag über die fantastische Entdeckung in der Bayerischen Akademie der Wissenschaften am 8. Juni 1912 Arnold Sommerfeld, weil der Versuch in dessen Institut ausgeführt wurde (Abb. 5.6 und 5.7).

Die Entdeckung der Röntgeninterferenz im Frühjahr 1912 war eine Sensation in der wissenschaftlichen Welt, die weit über die Physik hinausging. Für Einstein gehörte das „Experiment zum Schönsten, was die Physik erlebt hat“. Die Interpretation der Muster durch die Beugung von sehr kurzwelliger elektromagnetischer Strahlung an den von Atomen in Kristallen gebildeten Raumgittern konnte zwei Fragestellungen klären. Zum einen konnte die elektromagnetische Wellennatur der Röntgenstrahlen experimentell eindeutig nachgewiesen werden. Zum anderen war die Annahme einer regelmäßigen atomaren Gitterstruktur von Kristallen stimmig.

Es hatte damit fast 17 Jahre nach Röntgens Entdeckung im Jahr 1895 gedauert, bis das Rätsel der physikalischen Natur der Röntgenstrahlen geklärt werden konnte. Durch

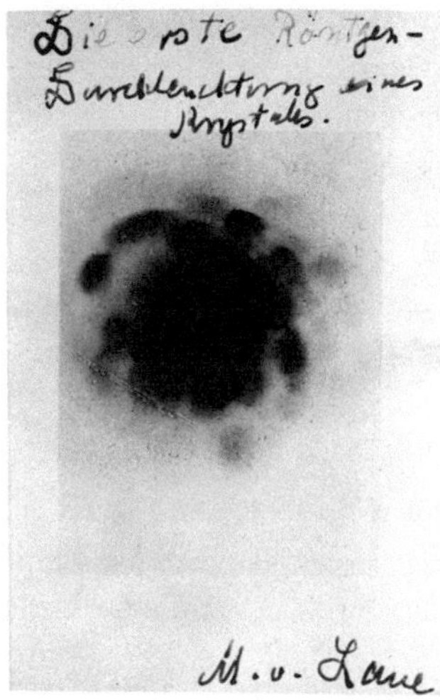

Abb. 5.7 Erste Röntgenbeugungsaufnahme im Frühjahr 1912. (© Archiv Deutsches Röntgen-Museum. Abdruck mit freundlicher Genehmigung)

von Laues Ideen hatte sich herausgestellt, dass Röntgenstrahlen tatsächlich als transversale elektromagnetische Wellen mit Wellenlängen 10.000-mal kleiner als die des sichtbaren Lichts verstanden werden konnten.

Röntgenkristallographie und Röntgenspektroskopie

In seiner originellen Art hatte von Laue am Tag der offiziellen Veröffentlichung der Ergebnisse in der Bayerischen Akademie der Wissenschaften eine Postkarte mit einer Photographie der beschriebenen Kristallinterferenzen ohne weitere Erklärung an Freunde gesandt. Auf seine schelmisch gestellte Frage, was hier wohl zu sehen sei, konnte wahrscheinlich niemand die richtige Antwort geben.

Zu den Empfängern der Interferenzbilder gehörte auch William Henry Bragg (1862–1942), Professor für Physik an der University of Leeds in Großbritannien. Während der Sommerferien sprach er mit seinem Sohn William Lawrence Bragg (1890–1971) über von Laues Experimente. Lawrence studierte zu dieser Zeit am Trinity College der University of Cambridge. Fasziniert von den Ergebnissen begann er mit Unterstützung seines Lehrers, des schottischen Physikers und Nobelpreisträgers Charles T. R. Wilson (1869–1959), und des Chemikers William J. Pope (1870–1939) eigene Experimente zur Interferenz der Röntgenstrahlen durchzuführen.

Bei der Betrachtung der Bilder war er besonders irritiert von der elliptischen Form des Interferenzmusters und deren Veränderung beim Kippen des Kristalls. Dies führte ihn zu einer neuen Interpretation der Interferenzmuster, mit der erstmals eine Systematik der Interferenzen möglich wurde: Er zerlegte gedanklich die atomare Struktur des

Kristalls in planparallele Ebenen, die mit Atomen bestückt sind und später als „Netzebenen" in die Literatur eingingen. Diese Netzebenen wirken dann auf die Röntgenstrahlen analog zu halbdurchlässigen planparallelen Platten in der Lichtoptik: Sie erzeugen Interferenzmaxima und -minima abhängig von Einfallswinkel Θ und Wellenlänge λ der Strahlung. Dieses Konzept führt auf eine einfache mathematische Gleichung, die einen Zusammenhang zwischen Einfallswinkel, Wellenlänge und dem Abstand d zwischen zwei benachbarten Netzebenen herstellt, bei dem Interferenzmaxima entstehen: die berühmte Bragg'sche Gleichung:

$$n\lambda = 2d\ \sin\Theta$$

Bei vorgegebenem Netzebenenabstand d und Einfallswinkel Θ der Strahlung führt eine feste Wellenlänge λ aus dem Röntgenspektrum zur konstruktiven Interferenz. Bei Veränderung des Einfallswinkels kommen also unterschiedliche Wellenlängen aus dem Röntgenspektrum der Röntgenröhre in Reflexionsbedingung. Dies ermöglicht, die systematische Untersuchung der Wellenlängenverteilung der in einer Röntgenröhre emittierten Röntgenstrahlen. Wesentlich bedeutender aber ist, dass dieses Konzept ebenso die Rekonstruktion von Kristallstrukturen und den Atomabständen möglich macht (Abb. 5.8).

In seinem Nobelpreisvortrag beschrieb Lawrence Bragg seinen neuen Ansatz: „Ich habe versucht, das Problem aus einer etwas anderen Perspektive anzugehen und zu sehen, was passieren würde, wenn eine Reihe von unregelmäßigen Impulsen auf Beugungspunkte fiel, die auf einem regelmäßigen Raumgitter angeordnet sind. Dies führte natürlich zur Deutung der Beugungseffekte als Reflexion der Pulse durch die Ebenen der Kristallstruktur."

So hat Lawrence Bragg dem „Familienunternehmen" von Vater und Sohn das wesentliche Wissen der Strukturforschung hinzugefügt. Henry Bragg entwickelte ein spezielles

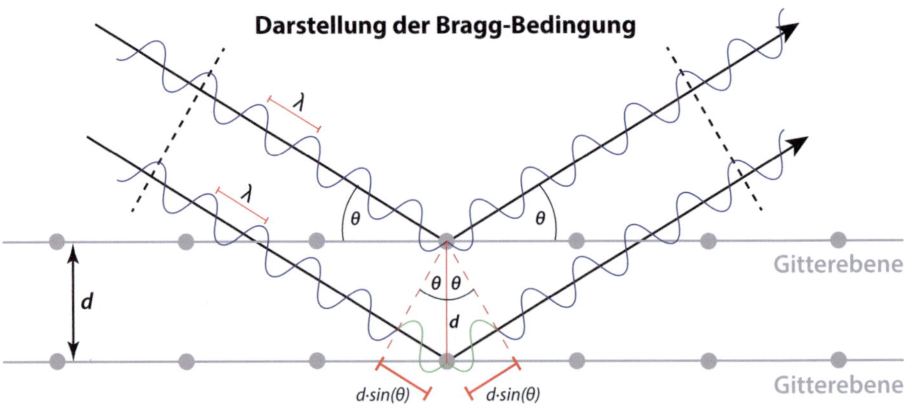

Abb. 5.8 Netzebenenkonzept von Lawrence Bragg. (© Stefan Richtberg. Lehrstuhl für Didaktik der Physik, Ludwig-Maximilians-Universität München. Abdruck mit freundlicher Genehmigung)

Röntgenspektrometer, das die exakte Messung der in kristallinen Atomschichten reflektierten Röntgenstrahlung ermöglichte. Gemeinsam durchgeführte Versuche zeigten, wie man mit jedem einfachen Kristall bekannter Struktur das gesamte Spektrum der Röntgenstrahlen erhalten und quantitativ analysieren kann. Die dabei erhaltenen Ergebnisse ermöglichten es, die Strukturen aller, auch der kompliziertesten Kristalle ermitteln zu können.

So konnten unbekannte Kristallstrukturen anorganischer Substanzen wie Natriumchlorid oder Diamant identifiziert werden. In seinem Festvortrag anlässlich der Verleihung der Röntgenplakette der Stadt Remscheid sagte Sir Lawrence Bragg 1955: „Die neuen Ideen, die ihren Ursprung in Röntgens Werken hatten, haben sich auf den gesamten Bereich der Wissenschaft ausgebreitet." Gemeinsam schufen die Braggs von 1912 bis 1914 die Grundlagen der modernen Röntgenspektralanalyse und der Feinstrukturanalyse der Materie mit Hilfe der Röntgenkristallographie. Es dauerte Jahre, bis andere Wissenschaftler die Standards der Braggs erreichten. Vater und Sohn Bragg erhielten für ihre Forschungen über kristalline Strukturen mittels Röntgenspektroskopie 1915 den Nobelpreis in Physik (Abb. 5.9).

Mitte der zweiten Dekade des 20. Jahrhunderts war damit geklärt, dass das Spektrum der Röntgenstrahlen komplex ist und aus einem kontinuierlichen Bereich und einem überlagerten Linienspektrum besteht (Abb. 5.10).

Die Eigenschaften der Röntgenlinienspektren gaben die Grundlagen für die Vollendung des Bohr'schen Atommodells im Jahr 1913. Die Bragg'sche Methode erlaubte die Herstellung monochromatischer Röntgenstrahlen und Präzisionsmessungen von Röntgenwellenlängen. Sie führten zu der neuen atomistischen Mineralogie und zur

Abb. 5.9 Röntgenspektrometer nach WH Bragg. Royal Insitution London, UK. (© akg-images/ picture alliance)

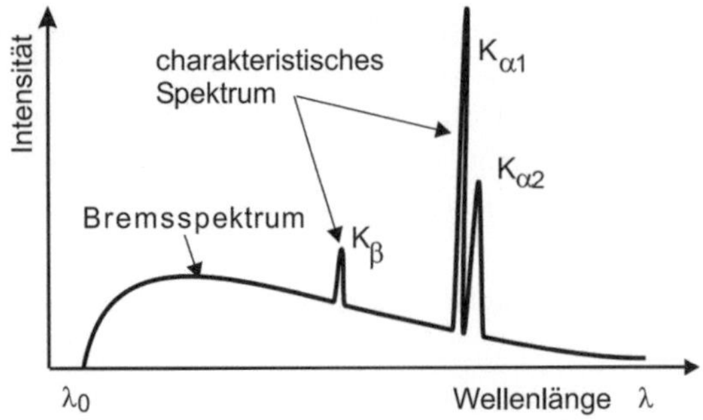

Abb. 5.10 Das kontinuierliche Spektrum ist völlig unabhängig vom Anodenmaterial und wird hervorgerufen durch die Abbremsung der Elektronen in der Anode. Diese „Bremsstrahlung" hat im Gegensatz zum kontinuierlichen Spektrum erhitzter Körper eine scharfe kurzwellige Grenze (λ_0), deren Wellenlänge nur von der maximalen Energie der in der Röntgenröhre beschleunigten Elektronen abhängt. Unterhalb dieser Grenzwellenlänge wird keine Strahlung ausgesendet. Die Grenzwellenlänge ist umso kleiner, je größer die Beschleunigungsspannung ist. Das Röntgenspektrum besteht zudem aus diskreten Linien, deren Wellenlängen nur vom Material der Anode abhängen. Je höher die Atome im Periodensystem der chemischen Elemente stehen, desto kurzwelliger ist das Linienspektrum. (© Archiv Deutsches Röntgen-Museum. Abdruck mit freundlicher Genehmigung)

Aufklärung der Struktur verschiedenster Kristallsysteme. Sie stellte die gesamte naturwissenschaftliche Forschung auf gesicherte atomare oder molekulare Grundlagen. Peter Debye (1884–1966) und Paul Scherrer (1890–1969) konnten mit der gemeinsam 1917 entwickelten Methode zur Untersuchung pulverförmiger kristalliner Substanzen durch Röntgenbeugung einen weiteren Fortschritt erzielen.

Bei genauerer Betrachtung der Forschungen von von Laue, Bragg, Debye und Scherrer wird deutlich, dass Röntgen bereits 1895/96 unmittelbar vor diesen Entdeckungen stand. Bei seinen Experimenten hatte er bereits untersucht, ob die Schwächung der X-Strahlen gleich bleibt, wenn dieselbe Substanz einmal als solider Kristall und einmal als Kristallpulver durchstrahlt wird. Seine Aufnahmen zeigten jeweils die gleiche Schwärzung. Aus diesen Erkenntnissen resultierte sicherlich Röntgens Skepsis gegenüber den von Laue'schen Gedanken. Hätte Röntgen damals mit Blenden einen schmalen Röntgenstrahl erzeugt und die Belichtungszeit verlängert, hätte er ebenfalls Interferenzpunkte beim Kristall und Interferenzringe beim Kristallpulver beobachten müssen (14).

Die frühen Anwendungen in Diagnostik und zerstörungsfreier Materialprüfung wurden nun um die Dimension der Untersuchung der atomaren Feinstruktur erweitert. Auch der Kommentar von Arnold Sommerfeld aus dem Jahr 1926 gilt bis heute: „Die Dimension dieser Entdeckung ist sehr auffällig, da sie der Schlüssel zum Verständnis von Röntgenstrahlen, atomaren Strukturen und kristallinen Strukturen war. In der Entwicklung der modernen Physik stellen die Interferenzmuster der Röntgenstrahlen einen Meilenstein dar."

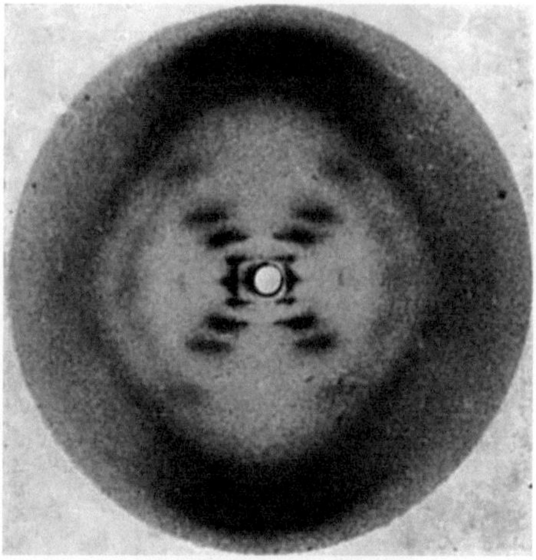

Abb. 5.11 Röntgenstrukturaufnahme der DNA. (Aus Franklin, R. E., Gosling, R. G. Nature 171, 738–740 (1953) Mit freundlicher Genehmigung von Springer Nature)

Damals erahnte Sommerfeld noch nicht, dass sich die Röntgenstrukturanalyse auch über die Bereiche organischer Substanzen und biologischer Moleküle erstrecken würde – Experimente, die heute in der aktuellen Forschung mit dem Europäischen Röntgenlaser XFEL immer noch eine bedeutende Rolle haben. Ein besonders beeindruckendes frühes Experiment zur Entschlüsselung der Geheimnisse von Biomolekülen war die von der britischen Biophysikerin Rosalind Franklin (1920–1958) durchgeführte röntgenkristallographische Untersuchung der Desoxyribonukleinsäure (kurz DNS; englisch DNA). Ihr 1952 aufgenommenes Laue-Diagramm der DNA mit dem Namen „Photo 51" ermöglichte James Watson (geb. 1928) und Francis Crick (1916–2004) die Entwicklung ihres Modells einer Doppelhelixstruktur der DNA, für das beide 1962 den Nobelpreis für Medizin erhielten (Abb. 5.11 und 5.12).

Das Periodensystem der Elemente wurde erweitert, und die Spektralanalyse der Röntgenstrahlen begann. Die von Henry Bragg begonnenen Arbeiten zur Röntgenspektroskopie wurden insbesondere von Henry G. Moseley (1887–1915) und dem schwedischen Physiker Manne Siegbahn (1886–1978) fortgesetzt. Von 1912 bis 1937 entwickelte Siegbahn neue Methoden und Instrumente, die die Entdeckung und Erforschung einer Vielzahl neuer Serien innerhalb der charakteristischen Röntgenstrahlung von Elementen ermöglichte. Siegbahns neue Präzisionstechnik führte zu einer praktisch vollständigen Kenntnis der Energie- und Strahlungsbedingungen in den Elektronenschalen der Atome, die eine solide empirische Grundlage für die quantentheoretische Interpretation der begleitenden Phänomene ermöglichte. Bis heute ist die Röntgenspektroskopie vor allem auch eine Analysemethode zur Untersuchung ultraschwerer Elemente. Für das am 8. Dezember 1994 von Sigurd Hofmann und seinem

Abb. 5.12 Watson (**links**) und Crick (**rechts**) mit einem DNA-Modell von 1953. (© A. Barrington Brown, Gonville & Caius College/Science Photo Library)

Team an der GSI in Darmstadt gefundene Element mit der Ordnungszahl 111 wurde der Name Röntgenium (Rg) vergeben.

Verwendete und weiterführende Literatur

1. Röntgen WC (1895) Ueber eine neue Art von Strahlen. (Vorläufige Mittheilung.) Sitzungsberichte der Würzburger Physik.-medic. Gesellschaft Würzburg 1895, S. 137–147
2. Ketteler E (1896) Notiz, betreffend die Natur der Röntgen'schen X-Strahlen. Annalen der Physik, vol. 294, 6, S. 410
3. Gerlach W (1972) Wilhelm Conrad Röntgen. Biographischer Essay. In: Krafft F (Hrsg) Wilhelm Conrad Röntgen Ueber eine neue Art von Strahlen. Kindler Verlag GmbH München, S. 82
4. Röntgen WC (1897) Weitere Beobachtungen über die Eigenschaften der X-Strahlen. In: Mathematische und Naturwissenschaftliche Mitteilungen aus den Sitzungsberichten der Königlich Preußischen Akademie der Wissenschaften zu Berlin. Physikalisch-Mathematische Klasse, S. 392–406
5. Schreier W und Franke M: Geschichte der Physikalischen Gesellschaft zu Berlin 1845–1900. (1995). S. F-53, https://onlinelibrary.wiley.com/doi/abs/10.1002/phbl.19950510118
6. Gerlach (1972), aaO, S. 83
7. Röntgen (1897), S. 588
8. Mehra J, Rechenberg H (1987): The historical development of Quantum Theory. Chapter II Waves and Quanta. Springer New York Berlin Heidelberg, S. 235
9. Marx E (1905) Die Geschwindigkeit der Röntgenstrahlen; Experimentaluntersuchung. Verh. d. Deutsch. Physik. Gesellach. 7. S. 302.

10. Ewald PP (Hrsg) (1962): Fifty Years of X-ray Diffraction. N.V.A. Oosthoek's Uitgeversmaatschappij/International Union of Crystallography. S. 12 (https://www.iucr.org/publications/iucr/50yearsx)
11. Ewald (1962), aaO, S. 12
12. Ewald (1962), aaO, S. 15–16
13. Gerlach (1972), aaO, S. 88
14. Gerlach (1972), aaO, S. 105

Das Werk Röntgens in ausgewählten Beispielen

6

Uwe Busch

Weltberühmt wurde Wilhelm Conrad Röntgen durch die nach ihm benannte Strahlung. Die Röntgenstrahlen gehören dabei nicht nur zu den grundlegenden Entdeckungen, die die moderne Physik des 20. Jahrhundert einleiteten, da sie sich mit den Mitteln der Klassischen Physik letztlich nicht erklären ließen, sondern auch zu den wenigen wissenschaftlichen Grundlagenentdeckungen, die unmittelbar zu einer technischen Nutzung führten (1). Allerdings hat Röntgen diese Entwicklungen nicht mehr selbst angeregt und beeinflusst, sie aber mit Interesse verfolgt. Grundsätzlich ermöglichte sein genereller Verzicht auf alle persönlichen kommerziellen Vorteile die schnelle Verbreitung und Anwendungsentwicklung in den unterschiedlichsten Gebieten.

Röntgens Lebenswerk umfasst aber weit mehr als die Forschung zu Röntgenstrahlen. Zwischen 1875 und 1921 veröffentlichte er an unterschiedlichen Universitäten insgesamt 60 wissenschaftliche Arbeiten über die verschiedensten Gebiete der Physik. Nur drei dieser Arbeiten behandeln die Röntgenstrahlen. Röntgens besondere Leidenschaft galt der Erforschung von Kristallen, und es freute ihn besonders, dass diese 1912 zum Schlüssel des Geheimnisses und zur Lösung des Rätsels der physikalischen Natur der Röntgenstrahlen werden sollten.

Im Folgenden werden in fünf Kategorien folgende Beiträge Röntgens wiedergegeben, die stellvertretend für die Vielfalt und die Qualität seine wissenschaftlichen Arbeiten stehen.

a) Beiträge zur Erforschung der Röntgenstrahlung
   - Ueber eine neue Art von Strahlen. In: Sitzgsber. physik.-med. Ges. Würzburg 1895, 137:132–141; auch in Ann. Physik u. Chem., N. F. 64, 1 (1898) (Abb. 6.1).

U. Busch (✉)
Museumsdirektor, Deutsches Röntgen-Museum, Remscheid, Deutschland
E-Mail: Uwe.busch@remscheid.de

U. Busch (Hrsg.), *Wilhelm Conrad Röntgen,* Klassische Texte der Wissenschaft,
https://doi.org/10.1007/978-3-662-61350-4_6

– Ueber eine neue Art von Strahlen. 2. Mitteilung. In: Sitzgsber. physik.-med. Ges. Würzburg 1896: 11–16, auch in Ann. Physik u. Chem., N. F. 64, 12 (1898).
– Weitere Beobachtungen über die Eigenschaften der X-Strahlen. In: Math. u. naturw. Mitt. a. d. Sitzgsber. preuß. Akad. Wiss., Physik.-math. Kl. 1897, S. 576–592, auch in Ann. Physik u. Chem., N. F. 64, 18 (1898).

b) Beiträge zur physikalischen Grundlagenforschung – Elektrodynamik
– Versuche über die elektromagnetische Wirkung der dielektrischen Polarisation. In: Math. u. Naturw. Mitt. a. d. Sitzgsber. preuß. Akad. Wiss., Physik.-math. Kl. 1885, 89.
– Über die durch Bewegung eines im homogen elektrischen Felde befindlichen Dielektrikums hervorgerufene elektrodynamische Kraft. Math. u. Naturw. Mitt. a. d. Sitzgsber. preuß. Akad. Wiss., Physik.-math. Kl. 1888, 7.
– Beschreibung des Apparates, mit welchem die Versuche über die elektrodynamische Wirkung bewegter Dielektrika ausgeführt wurden. Ann. Physik u. Chem., N. F. 40, 93 (1890).

c) Beiträge zur physikalischen Grundlagenforschung – Thermodynamik
– Über die Konstitution des flüssigen Wassers. Ann. Physik u. Chem., N. F. 45, 91 (1892).

d) Beiträge zur Entwicklung neuer präziser Messverfahren
– Über Töne, welche durch intermittierende Bestrahlung eines Gases entstehen. Ann. Physik u. Chem., N.F. 12, 155 (1881); auch in Ber. d. Oberhess. Ges. f. Nat. u. Heilk. 20.

e) Beiträge zur Entwicklung neuer präziser Messgeräte
– Über Töne, welche durch intermittierende Bestrahlung eines Gases entstehen. Ann. Physik u. Chem., N.F. 12, 155 (1881); – Auch in Carl, Repertorium 15, 44 (1879).

a) **Beiträge zur Erforschung der Röntgenstrahlung**

„Zur Auffindung vollkommen neuer Dinge gehört aber das Zusammentreffen günstiger Bedingungen. Die eigentliche geistige Leistung besteht dann in der geschärften Aufmerksamkeit und in der Urteilskraft, die bei unscheinbaren Vorgängen, die sich der Beobachtung darbieten, neues und wichtiges vom bekannten und unwichtigen zu unterscheiden vermag. Die Entdeckung der Röntgenstrahlen war von dieser Art." Wilhelm Wien 1920 (2)

„Während nun die Entdeckung der Röntgenstrahlen der Physik den Anlaß gab, die Entstehungsweise dieser Strahlen näher zu untersuchen, wodurch dann die neuere Entwicklung unserer Wissenschaft wesentlich bedingt war, ist das Durchdringungsvermögen der Röntgenstrahlen, [...] der Grund für die medizinische Diagnose geworden." Wilhelm Wien 1920 (2)

„Die Beobachtung eines unscheinbaren, von den meisten übersehenen Vorgangs führt zu einer gewaltigen Anregung und Umwälzung in der physikalischen Wissenschaft, führt zu technischen Anwendungen der mannigfaltigsten Art." Wilhelm Wien 1920 (2)

„Wir stehen noch lange nicht am Ende der Röntgenstrahlenära. Überall sehen wir wissenschaftliches Neuland erschlossen, das noch der Bebauung harrt." Walter Friedrich 1923 (3).

W. C. Röntgen: Ueber eine neue Art von Strahlen. In: Sitzgsber. physik.-med. Ges. Würzburg 1895, 137:132–141; auch in Ann. Physik u. Chem., N. F. 64, 1 (1898) (Abb. 6.1).

Englische Übersetzungen erschienen am 23. Januar in Nature (53, S. 274), am 24. Januar in The Electrician (36, S. 415), am 14. Februar in Science (3, S. 227).

Französische Übersetzungen erschienen am 8. Februar in L'Eclairage Electrique (6, S. 241) und im März im Journal de Physique, (3, S. 101)

1. Lässt man durch eine *Hittorf*'sche Vacuumröhre, oder einen genügend evacuirten *Lenard*'schen, *Crookes*'schen oder ähnlichen Apparat die Entladungen eines grösseren *Ruhmkorff*'s gehen und bedeckt die Röhre mit einem ziemlich eng anliegenden Mantel aus dünnem, schwarzem Carton, so sieht man in dem vollständig verdunkelten Zimmer einen in die Nähe des Apparates gebrachten, mit Bariumplatincyanür angestrichenen Papierschirm bei jeder Entladung hell aufleuchten, fluoresciren, gleichgültig ob die angestrichene oder die andere Seite des Schirmes dem Entladungsapparat zugewendet ist. Die Fluorescenz ist noch in 2 m Entfernung vom Apparat bemerkbar.

Man überzeugt sich leicht, dass die Ursache der Fluorescenz vom Entladungsapparat und von keiner anderen Stelle der Leitung ausgeht (Abb. 6.2).

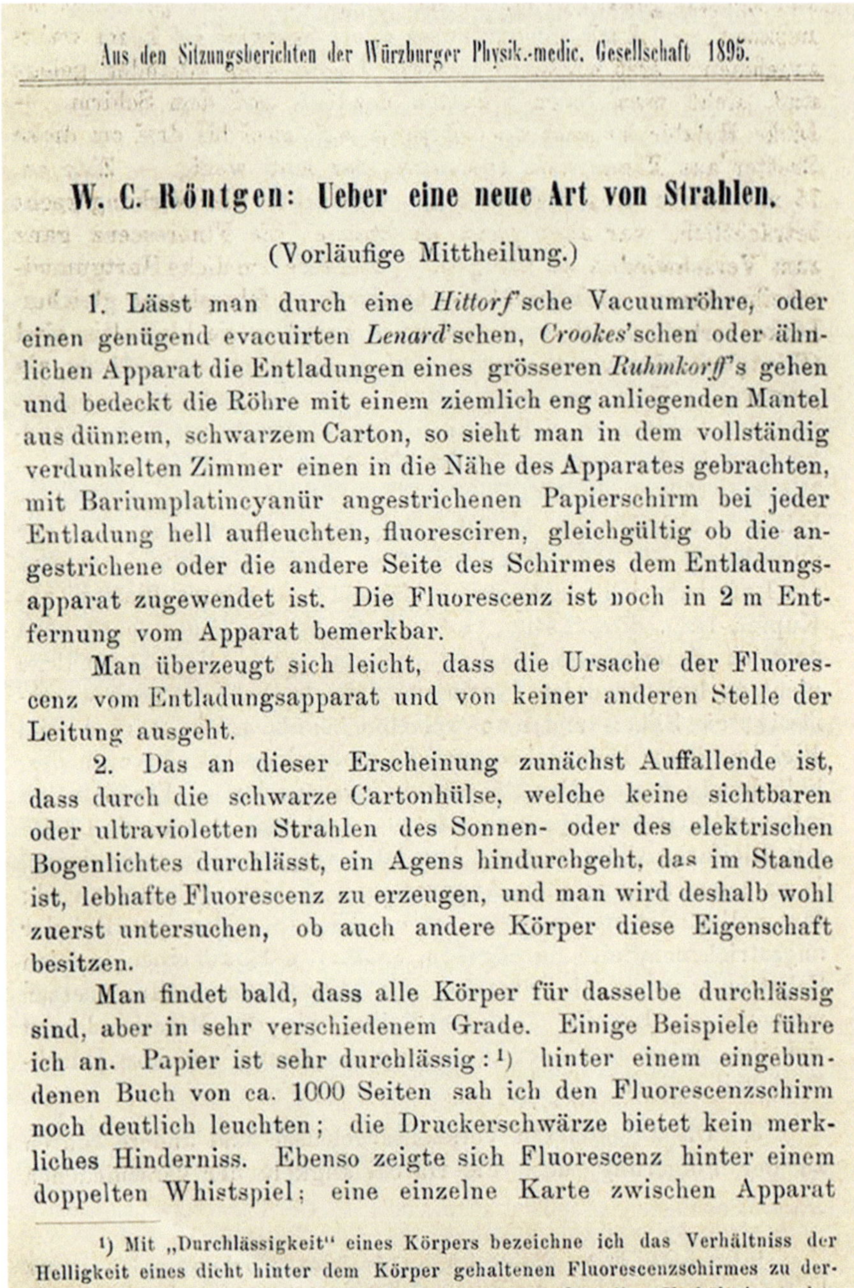

Aus den Sitzungsberichten der Würzburger Physik.-medic. Gesellschaft 1895.

W. C. Röntgen: Ueber eine neue Art von Strahlen.

(Vorläufige Mittheilung.)

1. Lässt man durch eine *Hittorf*'sche Vacuumröhre, oder einen genügend evacuirten *Lenard*'schen, *Crookes*'schen oder ähnlichen Apparat die Entladungen eines grösseren *Ruhmkorff*'s gehen und bedeckt die Röhre mit einem ziemlich eng anliegenden Mantel aus dünnem, schwarzem Carton, so sieht man in dem vollständig verdunkelten Zimmer einen in die Nähe des Apparates gebrachten, mit Bariumplatincyanür angestrichenen Papierschirm bei jeder Entladung hell aufleuchten, fluoresciren, gleichgültig ob die angestrichene oder die andere Seite des Schirmes dem Entladungsapparat zugewendet ist. Die Fluorescenz ist noch in 2 m Entfernung vom Apparat bemerkbar.

Man überzeugt sich leicht, dass die Ursache der Fluorescenz vom Entladungsapparat und von keiner anderen Stelle der Leitung ausgeht.

2. Das an dieser Erscheinung zunächst Auffallende ist, dass durch die schwarze Cartonhülse, welche keine sichtbaren oder ultravioletten Strahlen des Sonnen- oder des elektrischen Bogenlichtes durchlässt, ein Agens hindurchgeht, das im Stande ist, lebhafte Fluorescenz zu erzeugen, und man wird deshalb wohl zuerst untersuchen, ob auch andere Körper diese Eigenschaft besitzen.

Man findet bald, dass alle Körper für dasselbe durchlässig sind, aber in sehr verschiedenem Grade. Einige Beispiele führe ich an. Papier ist sehr durchlässig:[1]) hinter einem eingebundenen Buch von ca. 1000 Seiten sah ich den Fluorescenzschirm noch deutlich leuchten; die Druckerschwärze bietet kein merkliches Hinderniss. Ebenso zeigte sich Fluorescenz hinter einem doppelten Whistspiel; eine einzelne Karte zwischen Apparat

[1]) Mit „Durchlässigkeit" eines Körpers bezeichne ich das Verhältniss der Helligkeit eines dicht hinter dem Körper gehaltenen Fluorescenzschirmes zu derjenigen Helligkeit des Schirmes, welcher dieser unter denselben Verhältnissen aber ohne Zwischenschaltung des Körpers zeigt.

Abb. 6.1 Reproduktion der ersten Seite des Sonderdrucks der Erstveröffentlichung. Original verschollen. (© Archiv Deutsches Röntgen-Museum. Abdruck mit freundlicher Genehmigung)

Abb. 6.2 Schulposter mit künstlerischer Vorstellung von Röntgens Versuchsanordnung. (© Archiv Deutsches Röntgen-Museum. Abdruck mit freundlicher Genehmigung)

2. Das an dieser Erscheinung zunächst Auffallende ist, dass durch die schwarze Cartonhülse, welche keine sichtbaren oder ultravioletten Strahlen des Sonnen- oder des elektrischen Bogenlichtes durchlässt, ein Agens hindurchgeht, das im Stande ist, lebhafte Fluorescenz zu erzeugen, und man wird deshalb wohl zuerst untersuchen, ob auch andere Körper diese Eigenschaft besitzen.

Man findet bald, dass alle Körper für dasselbe durchlässig sind, aber in sehr verschiedenem Grade. Einige Beispiele führe ich an. Papier ist sehr durchlässig[1]: hinter einem eingebundenen Buch von ca. 1000 Seiten sah ich den Fluorescenzschirm noch deutlich leuchten; die Druckerschwärze bietet kein merkliches Hinderniss. Ebenso zeigte sich Fluorescenz hinter einem doppelten Whistspiel; eine einzelne Karte zwischen Apparat und Schirm gehalten macht sich dem Auge fast gar nicht bemerkbar. – Auch ein einfaches Blatt Stanniol ist kaum wahrzunehmen; erst nachdem mehrere Lagen über einander gelegt sind, sieht man ihren Schatten deutlich auf dem Schirm. – Dicke Holzblöcke sind noch durchlässig; zwei bis drei cm dicke Bretter aus Tannenholz absorbiren

[1]Mit „Durchlässigkeit" eines Körpers bezeichne ich das Verhältniss der Helligkeit eines dicht hinter dem Körper gehaltenen Fluorescenzschirmes zu derjenigen Helligkeit des Schirmes, welche dieser unter denselben Verhältnissen aber ohne Zwischenschaltung des Körpers zeigt.

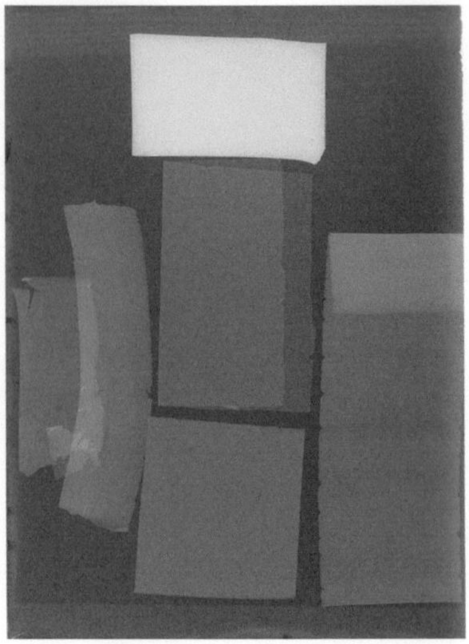

Abb. 6.3 Glasplatte mit Ergebnissen zur Absorption von Stoffen. (© Archiv Deutsches Röntgen-Museum. Abdruck mit freundlicher Genehmigung)

nur sehr wenig. – Eine ca. 15 mm dicke Aluminiumschicht schwächte die Wirkung recht beträchtlich, war aber nicht im Stande, die Fluorescenz ganz zum Verschwinden zu bringen. – Mehrere cm dicke Hartgummischeiben lassen noch Strahlen[2] hindurch. – Glasplatten gleicher Dicke verhalten sich verschieden, je nachdem sie bleihaltig sind (Flintglas) oder nicht; erstere sind viel weniger durchlässig als letztere (Abb. 6.3).

Hält man die Hand zwischen den Entladungsapparat und den Schirm, so sieht man die dunkleren Schatten der Handknochen in dem nur wenig dunklen Schattenbild der Hand (Abb. 6.4).

Wasser, Schwefelkohlenstoff und verschiedene andere Flüssigkeiten erweisen sich in Glimmergefässen untersucht als sehr durchlässig. – Dass Wasserstoff wesentlich durchlässiger wäre als Luft habe ich nicht finden können. – Hinter Platten aus Kupfer, resp. Silber, Blei, Gold, Platin ist die Fluorescenz noch deutlich zu erkennen, doch nur dann, wenn die Plattendicke nicht zu bedeutend ist. Platin von 0,2 mm Dicke ist noch durchlässig; die Silber- und Kupferplatten können schon stärker sein. Blei in 1,5 mm Dicke ist so gut wie undurchlässig und wurde deshalb häufig wegen dieser Eigenschaft verwendet.

Ein Holzstab mit quadratischem Querschnitt (20 × 20 mm), dessen eine Seite mit Bleifarbe weiss angestrichen ist, verhält sich verschieden, je nachdem er zwischen Apparat und Schirm gehalten wird; fast vollständig wirkungslos, wenn die X-Strahlen parallel der angestrichenen Seite durchgehen, entwirft der Stab einen dunklen Schatten, wenn die Strahlen die Anstrichfarbe durchsetzen müssen. – In eine ähnliche Reihe, wie die Metalle, lassen sich ihre Salze, fest oder in Lösung, in Bezug auf ihre Durchlässigkeit ordnen. (Abb. 6.5)

[2]Der Kürze halber möchte ich den Ausdruck „Strahlen" und zwar zur Unterscheidung von anderen den Namen „X-Strahlen" gebrauchen. Vergl. u. pag. 9.

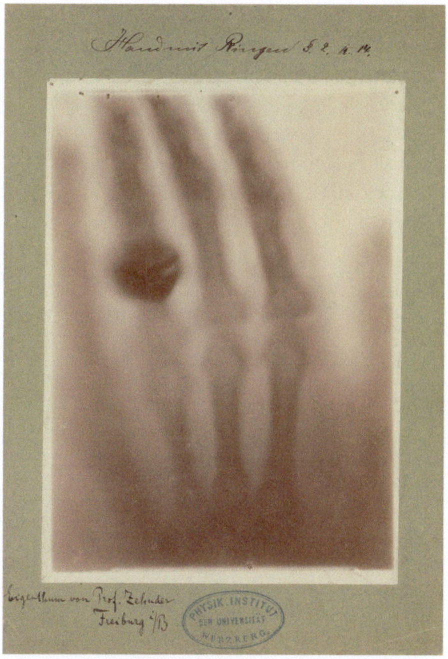

Abb. 6.4 Papierabzug mit der Radiographie der Hand von Anna Bertha Röntgen. (© Archiv Deutsches Röntgen-Museum. Abdruck mit freundlicher Genehmigung)

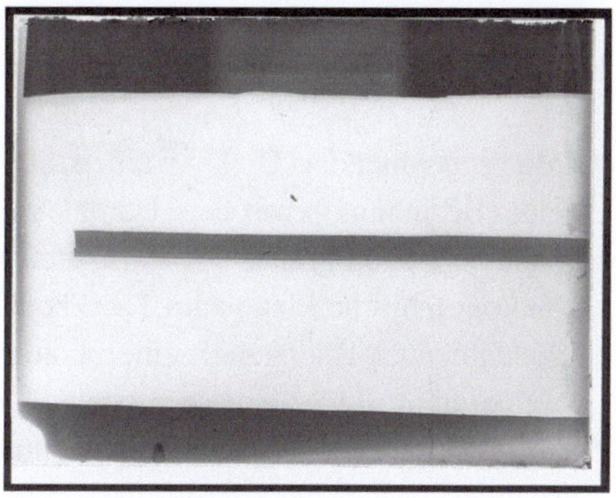

Abb. 6.5 Glasplatte mit der Abbildung eines Holzstabs mit quadratischem Querschnitt. Man sieht deutlich die unterschiedlichen Absorptionen. (© Archiv Deutsches Röntgen-Museum. Abdruck mit freundlicher Genehmigung)

3. Die angeführten Versuchsergebnisse und andere führen zu der Folgerung, dass die Durchlässigkeit der verschiedenen Substanzen, gleiche Schichtendicke vorausgesetzt, wesentlich bedingt ist durch ihre Dichte: keine andere Eigenschaft macht sich wenigstens in so hohem Grade bemerkbar als diese.

Dass aber die Dichte doch nicht ganz allein massgebend ist, das beweisen folgende Versuche. Ich untersuchte auf ihre Durchlässigkeit nahezu gleichdicke Platten aus Glas, Aluminium, Kalkspath und Quarz; die Dichte dieser Substanzen stellte sich als ungefähr

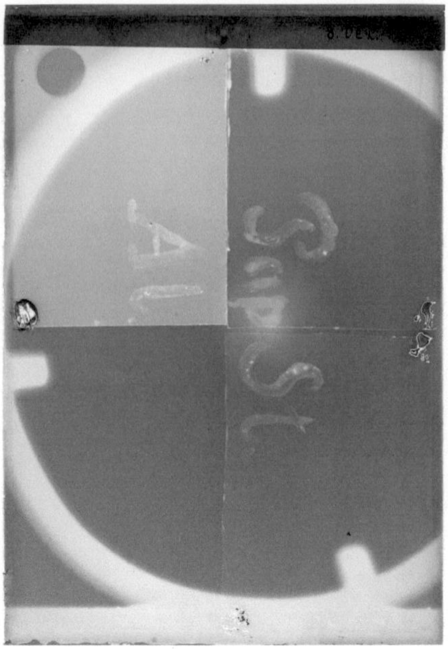

Abb. 6.6 Glasplatte beschriftet mit 8.12.1895 zur Untersuchung der Durchlässigkeit verschiedener Substanzen. (© Archiv Deutsches Röntgen-Museum. Abdruck mit freundlicher Genehmigung)

gleich heraus, und doch zeigte sich ganz evident, dass der Kalkspath beträchtlich weniger durchlässig ist als die übrigen Körper, die sich untereinander ziemlich gleich verhielten. Eine besonders starke Fluorescenz des Kalkspathes (vergl. u. pag. 4.) namentlich im Vergleich zum Glas habe ich nicht bemerkt (Abb. 6.6).

4. Mit zunehmender Dicke werden alle Körper weniger durchlässig. Um vielleicht eine Beziehung zwischen Durchlässigkeit und Schichtendicke finden zu können, habe ich photographische Aufnahmen (vergl. u. pag. 4.) gemacht, bei denen die photographische Platte zum Theil bedeckt war mit Stanniolschichten von stufenweise zunehmender Blätterzahl; eine photometrische Messung soll vorgenommen werden, wenn ich im Besitz eines geeigneten Photometers bin (Abb. 6.7).
5. Aus Platin, Blei, Zink und Aluminium wurden durch Auswalzen Bleche von einer solchen Dicke hergestellt, dass alle nahezu gleich durchlässig erschienen. Die folgende Tabelle enthält die gemessene Dicke in mm, die relative Dicke bezogen auf die des Platinbleches und die Dichte.

Dicke (mm)	Relat Dicke	Dichte
Pt. 0,018	1	21,5
Pb. 0,05	3	11,3
Zn. 0,10	6	7,1
Al. 3,5	200	2,6

Abb. 6.7 Glasplatte zur Untersuchung der Durchlässigkeit bei zunehmender Schichtdicke. (© Archiv Deutsches Röntgen-Museum. Abdruck mit freundlicher Genehmigung)

Abb. 6.8 Glasplatte zur Untersuchung der Durchlässigkeit unterschiedlicher Substanzen bei gleicher Schichtdicke. (© Archiv Deutsches Röntgen-Museum. Abdruck mit freundlicher Genehmigung)

Aus diesen Werthen ist zu entnehmen, dass keineswegs gleiche Durchlässigkeit verschiedener Metalle vorhanden ist, wenn das Produkt aus Dicke und Dichte gleich ist. Die Durchlässigkeit nimmt in viel stärkerem Masse zu, als jenes Product abnimmt (Abb. 6.8).

6. Die Fluorescenz des Bariumplatincyanürs ist nicht die einzige erkennbare Wirkung der X-Strahlen. Zunächst ist zu erwähnen, dass auch andere Körper fluoresciren; so z. B. die als Phosphore bekannten Calciumverbindungen, dann Uranglas, gewöhnliches Glas, Kalkspath, Steinsalz etc.

Von besondererer Bedeutung in mancher Hinsicht ist die Thatsache, dass photographische Trockenplatten sich als empfindlich für die X-Strahlen erwiesen haben. Man ist im Stande manche Erscheinung zu fixiren, wodurch Täuschungen leichter ausgeschlossen werden; und ich habe, wo es irgend anging, jede wichtigere Beobachtung, die ich mit dem Auge am Fluorescenzschirm machte, durch eine photographische Aufnahme controllirt (Abb. 6.9).

Dabei kommt die Eigenschaft der Strahlen, fast ungehindert durch dünnere Holz-, Papier- und Stanniolschichten hindurchgehen zu können, sehr zu Statten; man kann die Aufnahmen mit der in der Cassette, oder in einer Papierumhüllung eingeschlossenen photographischen Platte im beleuchteten Zimmer machen. Andererseits hat diese Eigenschaft auch zur Folge, dass man unentwickelte Platten nicht bloss durch die gebräuchliche Hülle aus Pappendeckel und Papier geschützt längere Zeit in der Nähe des Entladungsapparates liegen lassen darf.

Fraglich erscheint es noch, ob die chemische Wirkung auf die Silbersalze der photographischen Platte direct von den X-Strahlen ausgeübt wird. Möglich ist es, dass diese Wirkung herrührt von dem Fluorescenzlicht, das, wie oben angegeben, in der Glasplatte, oder vielleicht in der Gelatineschicht erzeugt wird. „Films" können übrigens ebenso gut wie Glasplatten verwendet werden.

Dass die X-Strahlen auch eine Wärmewirkung auszuüben im Stande sind, habe ich noch nicht experimentell nachgewiesen; doch darf man wohl diese Eigenschaft als vorhanden annehmen, nachdem durch die Fluorescenzerscheinungen die Fähigkeit der X-Strahlen, verwandelt zu werden, nachgewiesen ist, und es sicher ist, dass nicht alle auffallenden X-Strahlen den Körper als solche wieder verlassen.

Die Retina des Auges ist für unsere Strahlen unempfindlich; das dicht an den Entladungsapparat herangebrachte Auge bemerkt nichts, wiewohl nach den gemachten

Abb. 6.9 Verpackung für von Röntgen verwendete Glasplatten. (© Archiv Deutsches Röntgen-Museum. Abdruck mit freundlicher Genehmigung)

Erfahrungen die im Auge enthaltenen Medien für die Strahlen durchlässig genug sein müssen.

7. Nachdem ich die Durchlässigkeit verschiedener Körper von relativ grosser Dicke erkannt hatte, beeilte ich mich, zu erfahren, wie sich die X-Strahlen beim Durchgang durch ein Prisma verhalten, ob sie darin abgelenkt werden oder nicht. Versuche mit Wasser und Schwefelkohlenstoff in Glimmerprismen von ca. 30° brechendem Winkel haben gar keine Ablenkung erkennen lassen, weder am Fluorescenzschirm, noch an der photographischen Platte. Zum Vergleich wurde unter denselben Verhältnissen die Ablenkung von Lichtstrahlen beobachtet; die abgelenkten Bilder lagen auf der Platte um ca. 10 mm resp. ca. 20 mm von dem nicht abgelenkten entfernt. – Mit einem Hartgummi- und einem Aluminiumprisma von ebenfalls ca. 30° brechendem Winkel habe ich auf der photographischen Platte Bilder bekommen, an denen man vielleicht eine Ablenkung erkennen kann. Doch ist die Sache sehr unsicher, und die Ablenkung ist, wenn überhaupt vorhanden, jedenfalls so klein, dass der Brechungsexponent der X-Strahlen in den genannten Substanzen höchstens 1,05 sein könnte. Mit dem Fluorescenzschirm habe ich auch in diesem Fall keine Ablenkung beobachten können (Abb. 6.10).

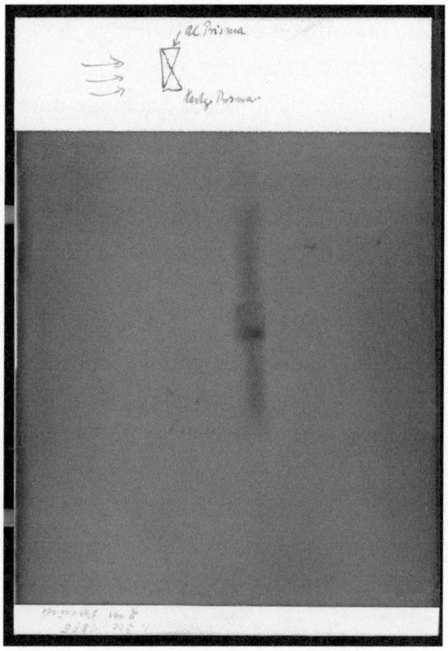

Abb. 6.10 Glasplatte zur Untersuchung des Durchgangs der Strahlen durch ein Prisma. (© Archiv Deutsches Röntgen-Museum. Abdruck mit freundlicher Genehmigung)

Abb. 6.11 Glasplatte zur Untersuchung der Beugung von Röntgenstrahlen in Kohlenstoffdisulfid (Cs_2) und Wasser (H_2O) Prismen vom 6. Dezember 1895. (© Archiv Deutsches Röntgen-Museum. Abdruck mit freundlicher Genehmigung)

Versuche mit Prismen aus dichteren Metallen lieferten bis jetzt wegen der geringen Durchlässigkeit und der in Folge dessen geringen Intensität der durchgelassenen Strahlen kein sicheres Resultat (Abb. 6.11).

In Anbetracht dieser Sachlage einerseits und andererseits der Wichtigkeit der Frage, ob die X-Strahlen beim Uebergang von einem Medium zum anderen gebrochen werden können oder nicht, ist es sehr erfreulich, dass diese Frage noch in anderer Weise untersucht werden kann, als mit Hülfe von Prismen. Fein pulverisirte Körper lassen in genügender Schichtendicke das auffallende Licht nur wenig und zerstreut hindurch in Folge von Brechung und Reflexion: erweisen sich nun die Pulver für die X-Strahlen gleich durchlässig, wie die cohärente Substanz – gleiche Massen vorausgesetzt – so ist damit nachgewiesen, dass sowohl eine Brechung als auch eine regelmässige Reflexion nicht in merklichem Betrage vorhanden ist. Die Versuche wurden mit fein pulverisirtem Steinsalz, mit feinem, auf electrolytischem Wege gewonnenem Silberpulver und dem zu chemischen Untersuchungen vielfach verwandten Zinkstaub angestellt; es ergab sich in allen Fällen kein Unterschied in der Durchlässigkeit der Pulver und der cohärenten Substanz, sowohl bei der Beobachtung am Fluorenscenzschirm, als auch auf der photographischen Platte (Abb. 6.12).

Abb. 6.12 Glasplatte (**a**) und Beschriftung zu einem am 9. Dezember 1895 durchgeführten Versuch zur Reflexion von Röntgenstrahlen (**b**). (© Archiv Deutsches Röntgen-Museum. Abdruck mit freundlicher Genehmigung)

Dass man mit Linsen die X-Strahlen nicht concentriren kann, ist nach dem Mitgetheilten selbstverständlich; eine grosse Hartgummilinse und eine Glaslinse erwiesen sich in der That als wirkungslos. Das Schattenbild eines runden Stabes ist in der Mitte dunkler als am Rande; dasjenige einer Röhre, die mit einer Substanz gefüllt ist, die durchlässiger ist als das Material der Röhre, ist in der Mitte heller als am Rande.

8. Die Frage nach der Reflexion der X-Strahlen ist durch die Versuche des vorigen Paragraphen als in dem Sinne erledigt zu betrachten, dass eine merkliche regelmässige Zurückwerfung der Strahlen an keiner der untersuchten Substanzen stattfindet. Andere Versuche, die ich hier übergehen will, führen zu demselben Resultat.

Indessen ist eine Beobachtung zu erwähnen, die auf den ersten Blick das Gegentheil zu ergeben scheint. Ich exponirte eine durch schwarzes Papier gegen Lichtstrahlen geschützte photographische Platte, mit der Glasseite dem Entladungsapparat zugewendet, den X-Strahlen; die empfindliche Schicht war bis auf einen frei bleibenden Theil mit blanken Platten aus Platin, Blei, Zink und Aluminium in sternförmiger Anordnung bedeckt. Auf dem entwickelten Negativ ist deutlich zu erkennen, dass die Schwärzung unter dem Platin, dem Blei und besonders unter dem Zink stärker ist als an den anderen Stellen; das Aluminium hatte gar keine Wirkung ausgeübt. Es scheint somit, dass die drei genannten

Abb. 6.13 Glasplatte zur Untersuchung der Reflexion. Beschriftung HG Reflexion 2te Aufn. Apparate Seite. (© Archiv Deutsches Röntgen-Museum. Abdruck mit freundlicher Genehmigung)

Metalle die Strahlen reflectiren; indessen wären noch andere Ursachen für die stärkere Schwärzung denkbar, und um sicher zu gehen, legte ich bei einem zweiten Versuch zwischen die empfindliche Schicht und die Metallplatten ein Stück dünnes Blattaluminium, welches für ultraviolette Strahlen undurchlässig, dagegen für die X-Strahlen sehr durchlässig ist. Da auch jetzt wieder im Wesentlichen dasselbe Resultat erhalten wurde, so ist eine Reflexion von X-Strahlen an den genannten Metallen nachgewiesen (Abb. 6.13).

Hält man diese Thatsache zusammen mit der Beobachtung, dass Pulver ebenso durchlässig sind, wie cohärente Körper, dass weiter Körper mit rauher Oberfläche sich beim Durchgang der X-Strahlen, wie auch bei dem zuletzt beschriebenen Versuch ganz gleich wie polirte Körper verhalten, so kommt man zu der Anschauung, dass zwar eine regelmässige Reflexion, wie gesagt, nicht stattfindet, dass aber die Körper sich den X-Strahlen gegenüber ähnlich verhalten, wie die trüben Medien dem Licht gegenüber.

Da ich auch keine Brechung beim Uebergang von einem Medium zum anderen nachweisen konnte, so hat es den Anschein, als ob die X-Strahlen sich mit gleicher Geschwindigkeit in allen Körpern bewegen, und zwar in einem Medium, das überall vorhanden ist, und in welchem die Körpertheilchen eingebettet sind. Die letzteren bilden für die Ausbreitung der X-Strahlen ein Hinderniss und zwar im Allgemeinen ein desto grösseres, je dichter der betreffende Körper ist (Abb. 6.14).

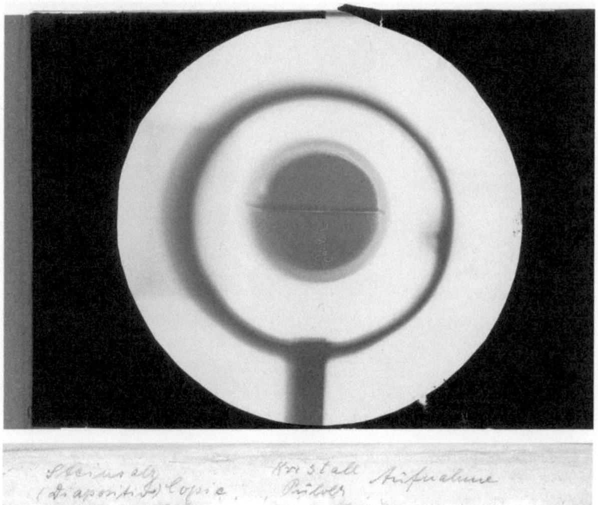

Abb. 6.14 Glasplatte zur Untersuchung der Durchlässigkeit von Kristallpulver. (© Archiv Deutsches Röntgen-Museum. Abdruck mit freundlicher Genehmigung)

9. Demnach wäre es möglich, dass auch die Anordnung der Theilchen im Körper auf die Durchlässigkeit desselben einen Einfluss ausübte, dass z. B. ein Stück Kalkspath bei gleicher Dicke verschieden durchlässig wäre, wenn dasselbe in der Richtung der Axe oder senkrecht dazu durchstrahlt wird. Versuche mit Kalkspath und Quarz haben aber ein negatives Resultat ergeben (Abb. 6.15).
10. Bekanntlich ist *Lenard* bei seinen schönen Versuchen über die von einem dünnen Aluminiumblättchen hindurchgelassenen *Hittorf'*schen Kathodenstrahlen zu dem Resultat gekommen, dass diese Strahlen Vorgänge im Aether sind, und dass sie in allen Körpern diffus verlaufen. Von unseren Strahlen haben wir Aehnliches aussagen können.

In seiner letzten Arbeit hat *Lenard* das Absorptionsvermögen verschiedener Körper für die Kathodenstrahlen bestimmt und dasselbe u. a. für Luft von Atmosphärendruck zu 4,10, 3,40, 3,10 auf 1 cm bezogen gefunden, je nach der Verdünnung des im Entladungsapparat enthaltenen Gases. Nach der aus der Funkenstrecke geschätzten Entladungsspannung zu urtheilen, habe ich es bei meinen Versuchen meistens mit ungefähr gleichgrossen und nur selten mit geringeren und grösseren Verdünnungen zu thun gehabt. Es gelang mir mit dem *L. Weber'*schen Photometer – ein besseres besitze ich nicht – in atmosphärischer Luft die Intensitäten des Fluorescenzlichtes meines Schirmes in zwei Abständen – ca. 100 resp. 200 mm – vom Entladungsapparat mit einander zu vergleichen, und ich fand aus drei recht gut mit einander übereinstimmenden Versuchen, dass dieselben sich umgekehrt wie die Quadrate der resp. Entfernungen des Schirmes vom Entladungsapparat verhalten. Demnach hält die Luft von den hindurchgehenden X-Strahlen einen viel kleineren Bruchtheil zurück als von den Kathodenstrahlen. Dieses Resultat ist auch ganz in Uebereinstimmung mit der oben erwähnten Beobachtung, dass

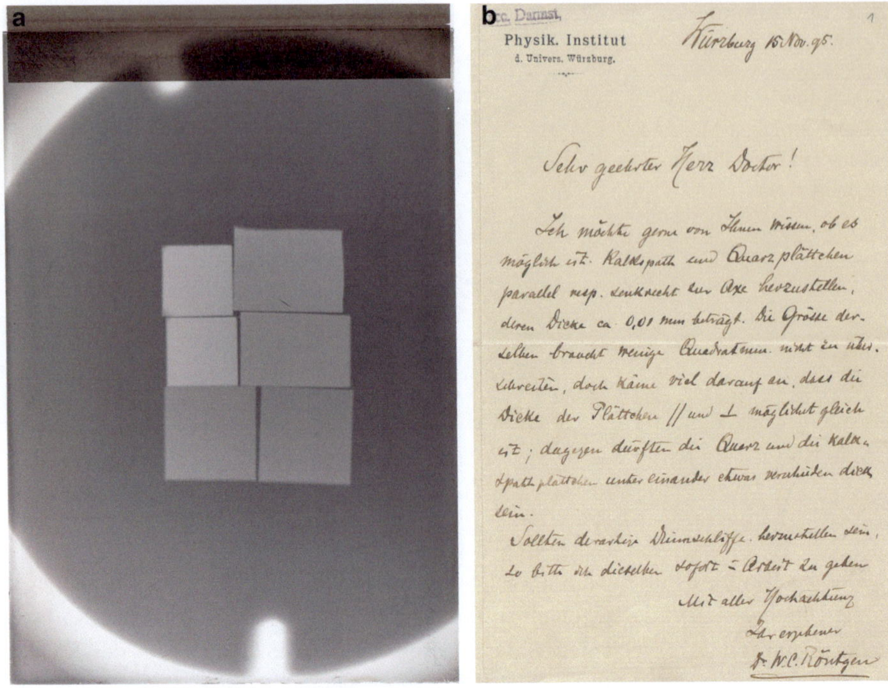

Physik. Institut
d. Univers. Würzburg.

Würzburg 15. Nov. 95.

Sehr geehrter Herr Doctor!

Ich möchte gerne von Ihnen wissen, ob es möglich ist, Kalkspath und Quarzplättchen parallel resp. senkrecht zur Axe herzustellen, deren Dicke ca. 0,01 mm beträgt. Die Grösse derselben braucht wenige Quadratmm. nicht zu überschreiten, doch käme viel darauf an, dass die Dicke der Plättchen // und ⊥ möglichst gleich ist; dagegen dürften die Quarz und die Kalkspathplättchen unter einander etwas verschieden dick sein.

Sollten derartige Dünnschliffe herzustellen sein, so bitte ich dieselben sofort in Arbeit zu geben.

Mit aller Hochachtung
Ihr ergebener
Dr. W. C. Röntgen

Abb. 6.15 **a** Glasplatte zur Untersuchung der Auswirkung der Raumorientierung von Kristallen (Kalkspath und Quarz) auf die Absorption von Röntgenstrahlen. (© Archiv Deutsches Röntgen-Museum. Abdruck mit freundlicher Genehmigung) **b** Brief an einen unbekannten Empfänger vom 15. November 1895 mit der Bitte um Herstellung unterschiedlich geschnittener Quarzplättchen. (©Staatsbibliothek zu Berlin, Preußischer Kulturbesitz. Westdeutsche Bibliothek Sammlung Darmstaeter F 1 e 1896. Abdruck mit freundlicher Genehmigung)

das Fluorescenzlicht noch in 2 m Distanz vom Entladungsapparat wahrzunehmen ist (Abb. 6.16).

Aehnlich wie Luft verhalten sich im Allgemeinen die anderen Körper: sie sind für die X-Strahlen durchlässiger als für die Kathodenstrahlen.

11. Eine weitere sehr bemerkenswerthe Verschiedenheit in dem Verhalten der Kathodenstrahlen und der X-Strahlen liegt in der Thatsache, dass es mir trotz vieler Bemühungen nicht gelungen ist, auch in sehr kräftigen magnetischen Feldern eine Ablenkung der X-Strahlen durch den Magnet zu erhalten.

Die Ablenkbarkeit durch den Magnet gilt aber bis jetzt als ein characteristisches Merkmal der Kathodenstrahlen; wohl ward von *Hertz* und *Lenard* beobachtet, dass es verschiedene Arten von Kathodenstrahlen gibt, die sich durch „ihre Phosphorescenzerzeugung, Absorbirbarkeit und Ablenkbarkeit durch den Magnet voneinander unterscheiden", aber eine beträchtliche Ablenkung wurde doch in allen von ihnen untersuchten Fällen wahrgenommen, und ich glaube nicht, dass man dieses Characteristicum ohne zwingenden Grund aufgeben wird (Abb. 6.17).

Abb. 6.16 Von Röntgen verwendetes Webersches Fotometer. (Aus Weber, L. Eine neue Montierung des Milchglasplattenphotometers, *Schriften des naturwissenschaftlichen Vereins zu Schleswig-Holstein,* Bd. 8 (1891), S. 187–198) (Archiv Deutsches Röntgen-Museum)

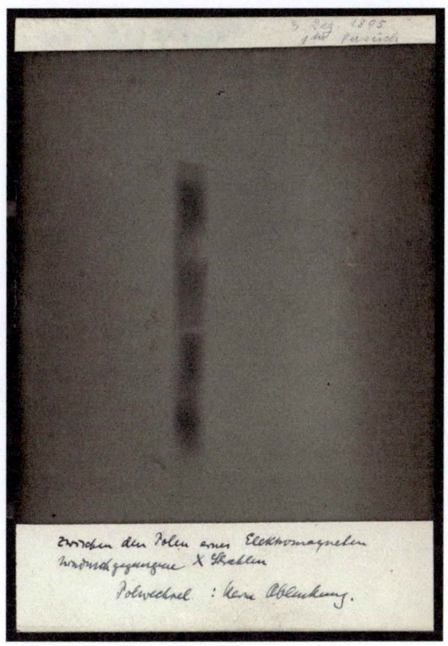

Abb. 6.17 Glasplatte mit Beschriftung zur Untersuchung der Ablenkung von Röntgenstrahlen im magnetischen Feld. Beschriftung oben: 3. Dezember 1895, erster Versuch. Unten: zwischen den Polen eines Elektromagneten hindurchgegangene X-Strahlen. Polwechsel: Keine Ablenkung. (© Archiv Deutsches Röntgen-Museum. Abdruck mit freundlicher Genehmigung)

12. Nach besonders zu diesem Zweck angestellten Versuchen ist es sicher, dass die Stelle der Wand des Entladungsapparates, die am stärksten fluorescirt, als Hauptausgangspunkt der nach allen Richtungen sich ausbreitenden X-Strahlen zu betrachten ist. Die X-Strahlen gehen somit von der Stelle aus, wo nach den Angaben verschiedener Forscher die Kathodenstrahlen die Glaswand treffen. Lenkt man die Kathodenstrahlen innerhalb des Entladungsapparates durch einen Magnet ab, so sieht man, dass auch die X-Strahlen von einer anderen Stelle, d. h. wieder von dem Endpunkte der Kathodenstrahlen ausgehen.

Auch aus diesem Grund können die X-Strahlen, die nicht ablenkbar sind, nicht einfach unverändert von der Glaswand hindurchgelassene resp. reflectirte Kathodenstrahlen sein. Die grössere Dichte des Gases [sic!] ausserhalb des Entladungsgefässes kann ja nach *Lenard* für die grosse Verschiedenheit der Ablenkbarkeit nicht verantwortlich gemacht werden.

Ich komme deshalb zu dem Resultat, dass die X-Strahlen nicht identisch sind mit den Kathodenstrahlen, dass sie aber von den Kathodenstrahlen in der Glaswand des Entladungsapparates erzeugt werden (Abb. 6.18).

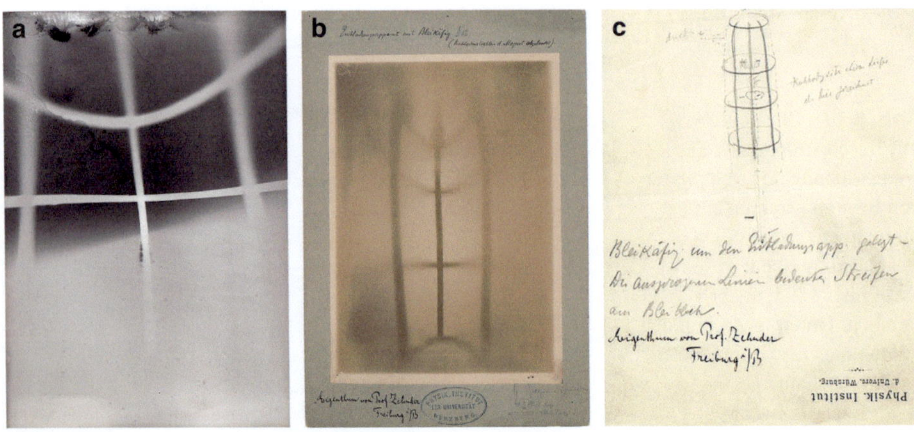

Abb. 6.18 Glasplatte und Fotoabzug zur Untersuchung des Ausgangsorts der Strahlung unter Zuhilfenahme eines Bleikäfigs über der Röhre. **a** Negativglasplatte **b** Positivpapierabzug der Röntgenaufnahme **c** Röntgens Beschriftung auf der Rückseite des Papierabzugs. (© Archiv Deutsches Röntgen-Museum. Abdruck mit freundlicher Genehmigung)

13. Diese Erzeugung findet nicht nur in Glas statt, sondern, wie ich an einem mit 2 mm starkem Aluminiumblech abgeschlossenen Apparat beobachten konnte, auch in diesem Metall. Andere Substanzen sollen später untersucht werden.
14. Die Berechtigung, für das von der Wand des Entladungsapparates ausgehende Agens den Namen „Strahlen“ zu verwenden, leite ich zum Theil von der ganz regelmässigen Schattenbildung her, die sich zeigt, wenn man zwischen den Apparat und den fluorescirenden Schirm (oder die photographische Platte) mehr oder weniger durchlässige Körper bringt.

Viele derartige Schattenbilder, deren Erzeugung mitunter einen ganz besonderen Reiz bietet, habe ich beobachtet und theilweise auch photographisch aufgenommen; so besitze ich z. B. Photographien von den Schatten der Profile einer Thüre, welche die Zimmer trennt, in welchen einerseits der Entladungsapparat, andererseits die photographische Platte aufgestellt waren; von den Schatten der Handknochen; von dem Schatten eines auf einer Holzspule versteckt aufgewickelten Drahtes; eines in einem Kästchen eingeschlossenen Gewichtssatzes; einer Bussole, bei welcher die Magnetnadel ganz von Metall eingeschlossen ist; eines Metallstückes, dessen Inhomogenität durch die X-Strahlen bemerkbar wird; etc. (Abb. 6.19 und 6.20).

Für die geradlinige Ausbreitung der X-Strahlen beweisend ist weiter eine Lochphotographie, die ich von dem mit schwarzem Papier eingehüllten Entladungsapparat habe machen können; das Bild ist schwach aber unverkennbar richtig.

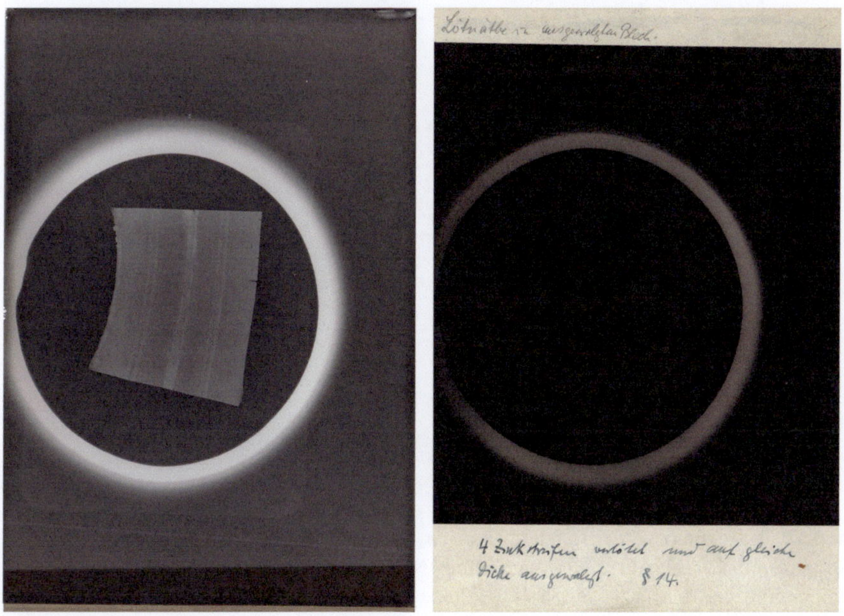

Abb. 6.19 Glasplatte mit Beschriftung zur Untersuchung der Lötstellen von Zinkstreifen. Beschriftung oben: „Lötnäthe in ausgewöztem Blech.“ Unten: „4 Zinkstreifen verlötet und auf gleiche Dicke ausgewalzt §14.“ (© Archiv Deutsches Röntgen-Museum. Abdruck mit freundlicher Genehmigung)

Abb. 6.20 **a** Papierabzug der Laboratoriumstür, **b** Glasplatte Röntgenbild durch die Tür, **c** Glasplatte mit vergrößertem Ausschnitt der Tür mit Aluminiumplättchen. **d** Beschriftung. Oben: „Türaufnahme mit Pt Blech. 20. Nov. 1895 II. Platte." Unten: „Pt Blechstreifen mit Reissbrettstift an Tür befestigt. Im Türanstrich Schatten der bleihaltigen Farbe." (© Archiv Deutsches Röntgen-Museum. Abdruck mit freundlicher Genehmigung)

Abb. 6.21 Glasplatte mit Beschriftung („Fig 10. Spaltenbild von X-Strahlen“) zur Untersuchung von Beugung und Interferenz von Röntgenstrahlen. (© Archiv Deutsches Röntgen-Museum. Abdruck mit freundlicher Genehmigung)

15. Nach Interferenzerscheinungen der X-Strahlen habe ich viel gesucht, aber leider, vielleicht nur in Folge der geringen Intensität derselben, ohne Erfolg (Abb. 6.21).
16. Versuche, um zu constatiren, ob elektrostatische Kräfte in irgend einer Weise die X-Strahlen beeinflussen können, sind zwar angefangen aber noch nicht abgeschlossen.
17. Legt man sich die Frage vor, was denn die X-Strahlen, – die keine Kathodenstrahlen sein können – eigentlich sind, so wird man vielleicht im ersten Augenblick, verleitet durch ihre lebhaften Fluorescenz- und chemischen Wirkungen, an ultraviolettes Licht denken. Indessen stösst man doch sofort auf schwerwiegende Bedenken. Wenn nämlich die X-Strahlen ultra-violettes Licht sein sollten, so müsste dieses Licht die Eigenschaft haben:
    a) dass es beim Uebergang aus Luft in Wasser, Schwefelkohlenstoff, Aluminium, Steinsalz, Glas, Zink etc. keine merkliche Brechung leiden kann;
    b) dass es von den genannten Körpern nicht merklich regelmässig reflectirt werden kann;
    c) dass es somit durch die sonst gebräuchlichen Mittel nicht polarisirt werden kann;
    d) dass die Absorption desselben von keiner anderen Eigenschaft der Körper so beeinflusst wird als von ihrer Dichte.

Abb. 6.22 Geräte aus dem Physikalischen Institut, die Röntgen für seine Untersuchungen nutzte. Photographie aus dem Jahr 1923. (© Archiv Deutsches Röntgen-Museum. Abdruck mit freundlicher Genehmigung)

Das heisst, man müsste annehmen, dass sich diese ultravioletten Strahlen ganz anders verhalten, als die bisher bekannten ultrarothen, sichtbaren und ultravioletten Strahlen.

Dazu habe ich mich nicht entschliessen können und nach einer anderen Erklärung gesucht.

Eine Art von Verwandtschaft zwischen den neuen Strahlen und den Lichtstrahlen scheint zu bestehen, wenigstens deutet die Schattenbildung, die Fluorescenz und die chemische Wirkung, welche bei beiden Strahlenarten vorkommen, darauf hin. Nun weiss man schon seit langer Zeit, dass ausser den transversalen Lichtschwingungen auch longitudinale Schwingungen im Aether vorkommen können und nach Ansicht verschiedener Physiker vorkommen müssen. Freilich ist ihre Existenz bis jetzt noch nicht evident nachgewiesen, und sind deshalb ihre Eigenschaften noch nicht experimentell untersucht (Abb. 6.22).

Sollten nun die neuen Strahlen nicht longitudinalen Schwingungen im Aether zuzuschreiben sein?

Ich muss bekennen, dass ich mich im Laufe der Untersuchung immer mehr mit diesem Gedanken vertraut gemacht habe und gestatte mir dann auch diese Vermuthung hier auszusprechen, wiewohl ich mir sehr wohl bewusst bin, dass die gegebene Erklärung einer weiteren Begründung noch bedarf.

Würzburg. Physikal. Institut der Universität. Dec. 1895.

Abb. 6.23 Erste Seite des Sonderdruck der zweiten Veröffentlichung über Röntgenstrahlen

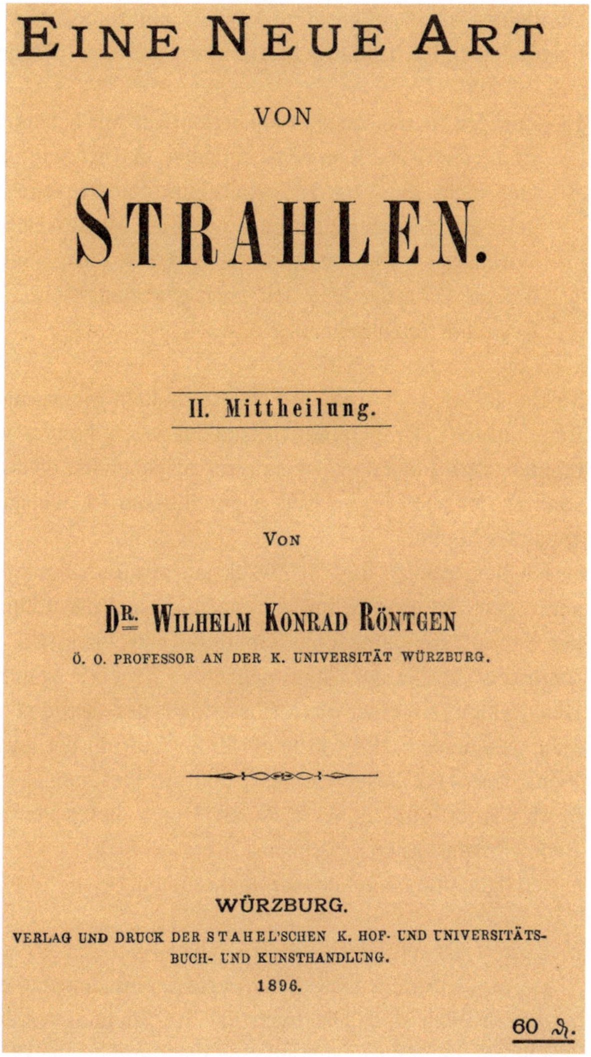

EINE NEUE ART

VON

STRAHLEN.

II. Mittheilung.

VON

DR. WILHELM KONRAD RÖNTGEN

Ö. O. PROFESSOR AN DER K. UNIVERSITÄT WÜRZBURG.

WÜRZBURG.

VERLAG UND DRUCK DER STAHEL'SCHEN K. HOF- UND UNIVERSITÄTS-BUCH- UND KUNSTHANDLUNG.

1896.

60 ₰.

W.C. Röntgen: Ueber eine neue Art von Strahlen. 2. Mitteilung. Sitzgsber. physik.-med. Ges. Würzburg 1896, 11, 17; auch in Ann. Physik u. Chem., N. F. 64, 12 (1898) (Abb. 6.23).

Englische Übersetzungen erschienen in The Electrician 36 (24. April 1896, S. 850); Science 3 (15.-Mai 1896, S. 726).

Französische Übersetzungen erschienen in L'Eclairage Electrique 7 (23. Mai 1896, S. 354); Journal de Physique 3 (Mai 1896, S. 189).

Ueber eine neue Art von Strahlen.
(Fortsetzung.)

Da meine Arbeit auf mehrere Wochen unterbrochen werden muss, gestatte ich mir im Folgenden einige neue Ergebnisse schon jetzt mitzutheilen.

18. Zur Zeit meiner ersten Publication war mir bekannt, dass die X-Strahlen im Stande sind, electrische Körper zu entladen, und ich vermuthe, dass es auch die X-Strahlen und nicht die von dem Aluminiumfenster seines Apparates unverändert durchgelassenen Kathodenstrahlen gewesen sind, welche die von *Lenard* beschriebene Wirkung auf entfernte electrische Körper ausgeübt haben. Mit der Veröffentlichung meiner Versuche habe ich aber gewartet, bis ich in der Lage war, einwurfsfreie Resultate mitzutheilen.

Solche lassen sich wohl nur dann erhalten, wenn man die Beobachtungen in einem Raum anstellt, der nicht nur vollständig gegen die von der Vacuumröhre, den Zuleitungsdrähten, dem Inductionsapparat etc. ausgehenden electrostatischen Kräfte geschützt ist, sondern der auch gegen Luft abgeschlossen ist, welche aus der Nähe des Entladungsapparates kommt.

Ich liess mir zu diesem Zweck aus zusammengelötheten Zinkblechen einen Kasten anfertigen, der gross genug ist, um mich und die nöthigen Apparate aufzunehmen, und der bis auf ein durch eine Zinkthüre verschliessbare Oeffnung überall luftdicht verschlossen ist. Die der Thüre gegenüber liegende Wand ist zu einem grossen Theil mit Blei belegt; an einer dem ausserhalb des Kastens aufgestellten Entladungsapparat nahe gelegenen Stelle wurde die Zinkwand mit der darüber gelegten Bleiplatte in einer Weite von 4 cm ausgeschnitten, und die Oeffnung ist mit einem dünnen Aluminiumblech wieder luftdicht verschlossen. Durch dieses Fenster können die X-Strahlen in den Beobachtungskasten eindringen.

Ich habe nun Folgendes wahrgenommen:

a) In der Luft aufgestellte, positiv oder negativ electrisch geladene Körper werden, wenn sie mit X-Strahlen bestrahlt werden, entladen und zwar desto rascher, je intensiver die Strahlen sind. Die Intensität der Strahlen wurde nach ihrer Wirkung auf einen Fluorescenzschirm oder auf eine photographische Platte beurtheilt.

Es ist im Allgemeinen gleichgültig, ob die electrischen Körper Leiter oder Isolatoren sind. Bis jetzt habe ich auch keinen specifischen Unterschied in dem Verhalten der verschiedenen Körper bezüglich der Geschwindigkeit der Entladung gefunden; ebensowenig in dem Verhalten von positiver und negativer Electricität. Doch ist es nicht ausgeschlossen, dass geringe Unterschiede bestehen.

b) Ist ein electrisirter Leiter nicht von Luft sondern von einem festen Isolator z. B. Paraffin umgeben, so bewirkt die Bestrahlung dasselbe, wie das Bestreichen der isolirenden Hülle mit einer zur Erde abgeleiteten Flamme.

c) Ist diese isolirende Hülle von einem eng anliegenden, zur Erde abgeleiteten Leiter umschlossen, welcher wie der Isolator für X-Strahlen durchlässig sein soll, so übt die Bestrahlung auf den inneren, electrisirten Leiter keine mit meinen Hülfsmitteln nachweisbare Wirkung aus.
d) Die unter a, b, c mitgetheilten Beobachtungen deuten darauf hin, dass die von den X-Strahlen bestrahlte Luft die Eigenschaft erhalten hat, electrische Körper, mit denen sie in Berührung kommt, zu entladen.
e) Wenn sich die Sache wirklich so verhält, und wenn ausserdem die Luft diese Eigenschaft noch einige Zeit behält, nachdem sie den X-Strahlen ausgesetzt war, so muss es möglich sein, electrische Körper, welche selbst nicht von den X-Strahlen getroffen werden, dadurch zu entladen, dass man ihnen bestrahlte Luft zuführt.

In verschiedener Weise kann man sich davon überzeugen, dass diese Folgerung in der That zutrifft. Eine, wenn auch nicht die einfachste, Versuchsanordnung möchte ich mittheilen.

Ich benutzte eine 3 cm weite, 45 cm lange Messingröhre; in einigen Centimeter Entfernung von dem einen Ende ist ein Theil der Röhrenwand weggeschnitten und durch ein dünnes Aluminiumblech ersetzt; am anderen Ende ist unter luftdichtem Abschluss eine an einer Metallstange befestigte Messingkugel isolirt in die Röhre eingeführt. Zwischen der Kugel und dem verschlossenen Ende der Röhre ist ein Seitenröhrchen angelöthet, das mit einer Saugvorrichtung in Verbindung gesetzt werden kann; wenn gesaugt wird, so wird die Messingkugel umspült von Luft, die auf ihrem Wege durch die Röhre an dem Aluminiumfenster vorüber gegangen ist. Die Entfernung vom Fenster bis zur Kugel beträgt über 20 cm.

Diese Röhre stellte ich im Zinkkasten so auf, dass die X-Strahlen durch das Aluminiumfenster der Röhre, senkrecht zur Axe derselben eintreten konnten, die isolirte Kugel lag dann ausserhalb des Bereiches dieser Strahlen, im Schatten. Die Röhre und der Zinkkasten waren leitend mit einander, die Kugel mit einem Hankel'schen Electroskop verbunden.

Es zeigte sich nun, dass eine der Kugel mitgetheilte Ladung (positive oder negative) von den X-Strahlen nicht beeinflusst wurde, so lange die Luft in der Röhre in Ruhe blieb, dass die Ladung aber sofort beträchtlich abnahm, wenn durch kräftiges Saugen bestrahlte Luft der Kugel zugeführt wurde. Erhielt die Kugel durch Verbindung mit Accumulatoren ein constantes Potential, und wurde fortwährend bestrahlte Luft durch die Röhre gesaugt, so entstand ein electrischer Strom, wie wenn die Kugel mit der Röhrenwand durch einen schlechten Leiter verbunden gewesen wäre.

f) Es fragt sich, in welcher Weise die Luft die ihr von den X-Strahlen mitgetheilte Eigenschaft wieder verlieren kann. Ob sie sie von selbst, d. h. ohne mit anderen Körpern in Berührung zu kommen, mit der Zeit verliert, ist noch unentschieden. Sicher dagegen ist es, dass eine kurz dauernde Berührung mit einem Körper von grosser Oberfläche, der nicht electrisch zu sein braucht, die Luft unwirksam machen kann. Schiebt man z. B. einen genügend dicken Pfropf aus Watte in die Röhre so weit ein, dass die bestrahlte Luft die Watte durchstreichen muss, bevor sie zu der electrischen Kugel gelangt, so bleibt die Ladung der Kugel auch beim Saugen unverändert.

Sitzt der Pfropf an einer Stelle, die vor dem Aluminiumfenster liegt, so erhält man dasselbe Resultat wie ohne Watte: ein Beweis, dass nicht etwa Staubtheilchen die Ursache der beobachteten Entladung sind.

Drahtgitter wirken ähnlich wie Watte; doch muss das Gitter sehr eng sein, und viele Lagen müssen über einander gelegt werden, wenn die durchgestrichene, bestrahlte Luft unwirksam sein soll. Sind diese Gitter nicht, wie bisher angenommen, zur Erde abgeleitet, sondern mit einer Electricitätsquelle von constantem Potential verbunden, so habe ich immer das beobachtet, was ich erwartet hatte; doch sind diese Versuche noch nicht abgeschlossen.

g) Befinden sich die electrischen Körper statt in Luft in trocknem Wasserstoff, so werden sie ebenfalls durch die X-Strahlen entladen. Die Entladung in Wasserstoff schien mir etwas langsamer zu verlaufen, doch ist diese Angabe noch unsicher wegen der Schwierigkeit, bei aufeinander folgenden Versuchen gleiche Intensität der X-Strahlen zu erhalten.
h) Die Art und Weise der Füllung der Apparate mit Wasserstoff dürfte die Möglichkeit ausschliessen, dass die anfänglich auf der Oberfläche der Körper vorhandene verdichtete Luftschicht bei der Entladung eine wesentliche Rolle gespielt hätte.
i) In stark evacuirten Räumen findet die Entladung eines direct von den X-Strahlen getroffenen Körpers viel langsamer – in einem Fall z. B. ca. 70mal langsamer – statt, als in denselben Gefässen, welche mit Luft oder Wasserstoff von Atmosphärendruck gefüllt sind.
j) Versuche über das Verhalten einer Mischung von Chlor und Wasserstoff unter dem Einfluss der X-Strahlen sind in Angriff genommen.
k) Schliesslich möchte ich noch erwähnen, dass die Resultate von Untersuchungen über die entladende Wirkung der X-Strahlen, bei welchen der Einfluss des umgebenden Gases unberücksichtigt blieb, vielfach mit Vorsicht aufzunehmen sind.

19. In manchen Fällen ist es vortheilhaft, zwischen den die X-Strahlen liefernden Entladungsapparat und den Ruhmkorff einen Tesla'schen Apparat (Condensator und Transformator) einzuschalten. Diese Anordnung hat folgende Vorzüge: erstens werden die Entladungsapparate weniger leicht durchschlagen und weniger warm; zweitens hält sich das Vacuum, wenigstens bei meinen selbstangefertigten Apparaten, längere Zeit, und drittens liefern manche Apparate intensivere X-Strahlen. Bei Apparaten, die zu wenig oder zu stark evacuirt waren, um mit dem Ruhmkorff allein gut zu functioniren, leistete die Anwendung des Tesla'schen Transformators gute Dienste.

Es liegt die Frage nahe – und ich gestatte mir deshalb sie zu erwähnen, ohne zu ihrer Beantwortung vorläufig etwas beitragen zu können – ob auch durch eine continuirliche Entladung mit constant bleibendem Entladungspotential X-Strahlen erzeugt werden können; oder ob nicht vielmehr Schwankungen dieses Potentials zum Entstehen derselben durchaus erforderlich sind.

20. In § 13 meiner ersten Veröffentlichung ist mitgetheilt, dass die X-Strahlen nicht blos in Glas sondern auch in Aluminium entstehen können. Bei der Fortsetzung der Untersuchung nach dieser Richtung hin hat sich kein fester Körper ergeben, welcher nicht im Stande wäre, unter dem Einfluss der Kathodenstrahlen X-Strahlen zu erzeugen. Es ist mir auch kein Grund bekannt geworden, weshalb sich flüssige und gasförmige Körper nicht ebenso verhalten würden.

Quantitative Unterschiede in dem Verhalten der verschiedenen Körper haben sich dagegen ergeben. Lässt man z. B. die Kathodenstrahlen auf eine Platte fallen, deren eine Hälfte aus einem 0,3 mm dicken Platinblech, deren andere Hälfte aus einem 1 mm dicken Aluminiumblech besteht, so beobachtet man an dem mit der Lochcamera aufgenommenen photographischen Bild dieser Doppelplatte, dass das Platinblech auf der von den Kathodenstrahlen getroffenen (Vorder-)Seite viel mehr X-Strahlen aussendet, als das Aluminiumblech auf der gleichen Seite. Von der Hinterseite dagegen gehen vom Platin so gut wie gar keine, vom Aluminium aber relativ viele X-Strahlen aus. Letztere Strahlen sind in den vorderen Schichten des Aluminiums erzeugt und durch die Platte hindurch gegangen.

Man kann sich von dieser Beobachtung leicht eine Erklärung verschaffen, doch dürfte es sich empfehlen, vorher noch weitere Eigenschaften der X-Strahlen zu erfahren.

Zu erwähnen ist aber, dass der gefundenen Thatsache auch eine praktische Bedeutung zukommt. Zur Erzeugung von möglichst intensiven X-Strahlen eignet sich nach meinen bisherigen Erfahrungen Platin am besten. Ich gebrauche seit einigen Wochen mit gutem Erfolg einen Entladungsapparat, bei dem ein Hohlspiegel aus Aluminium als Kathode, ein unter 45° gegen die Spiegelaxe geneigtes, im Krümmungscentrum aufgestelltes Platinblech als Anode fungirt (Abb. 6.24).

21. Die X-Strahlen gehen bei diesem Apparat von der Anode aus. Wie ich aus Versuchen mit verschieden geformten Apparaten schliessen muss, ist es mit Rücksicht auf die Intensität der X-Strahlen gleichgültig, ob die Stelle, wo diese Strahlen erzeugt werden, die Anode ist oder nicht.

Abb. 6.24 Röntgenröhre mit abgewinkeltem Platinblech als Anode. (© Archiv Deutsches Röntgen-Museum. Abdruck mit freundlicher Genehmigung)

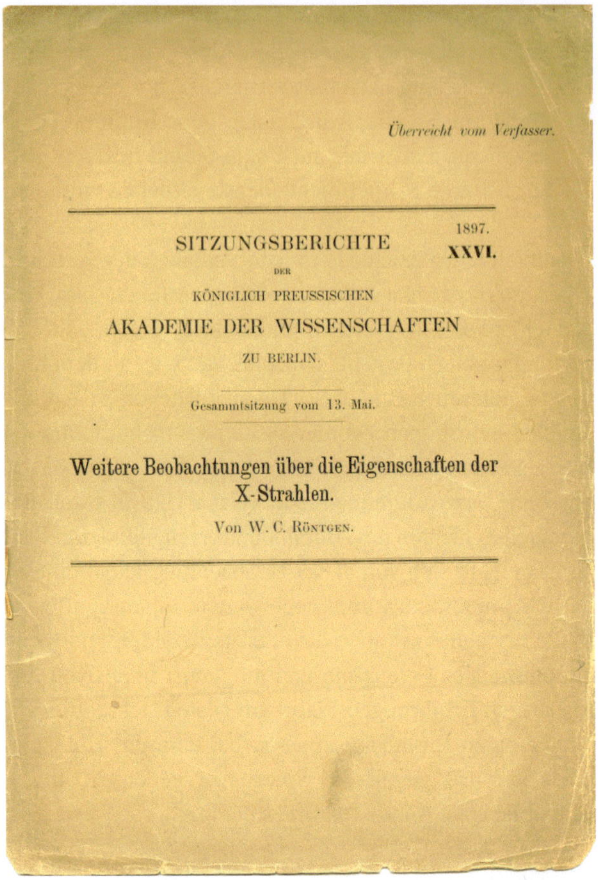

Überreicht vom Verfasser.

SITZUNGSBERICHTE 1897. XXVI.

DER

KÖNIGLICH PREUSSISCHEN

AKADEMIE DER WISSENSCHAFTEN

ZU BERLIN.

Gesammtsitzung vom 13. Mai.

Weitere Beobachtungen über die Eigenschaften der X-Strahlen.

Von W. C. Röntgen.

Abb. 6.25 Erste Seite des Sonderdrucks der dritten Abhandlung über Röntgenstrahlen. (© Archiv Deutsches Röntgen-Museum. Abdruck mit freundlicher Genehmigung)

Speciell zu den Versuchen mit den Wechselströmen des Tesla'schen Transformators wird ein Entladungsapparat angefertigt, bei dem beide Electroden Aluminiumhohlspiegel sind, deren Axen mit einander einen rechten Winkel bilden; im gemeinschaftlichen Krümmungscentrum ist eine die Kathodenstrahlen auffangende Platinplatte angebracht. Ueber die Brauchbarkeit dieses Apparates soll später berichtet werden.

Abgeschlossen: 9. März 1896.

Würzburg. Physikal. Institut d. Universität.

W.C. Röntgen: Weitere Beobachtungen über die Eigenschaften der X-Strahlen. In Sitzungsberichte der Königlich Preußischen Akademie der Wissenschaften zu Berlin. Physik.-math. Kl. Erster Halbband. Berlin, 1897, S. 576–592 (Abb. 6.25).

Math. u. naturw. Mitt. a. d. Sitzgsber. preuß. Akad. Wiss., 1897, S. 576–592; auch in Ann. Physik u. Chem., N. F. 64, 18 (1898).

Weitere Beobachtungen über die Eigenschaften der X-Strahlen.
Von W. C. Röntgen.
(Vorgetragen am 29. April 1897 [s. oben S. 483].)

1. Stellt man zwischen einem Entladungsapparat, der intensive X-Strahlen aussendet, und einem Fluorescenzschirm eine undurchlässige Platte so auf, dass diese den ganzen Schirm beschattet, so kann man trotzdem noch ein Leuchten des Baryumplatincyanürs bemerken. Dieses Leuchten ist sogar dann noch zu sehen, wenn der Schirm direct auf der Platte liegt, und man ist auf den ersten Blick geneigt, die Platte doch für durchlässig zu halten. Bedeckt man aber den auf der Platte liegenden Schirm mit einer dicken Glasscheibe, so wird das Fluorescenzlicht viel schwächer, und es verschwindet vollständig, wenn man, statt eine Glasplatte zu nehmen, den Schirm mit einem Cylinder aus 0.1 cm dickem Bleiblech umgibt, der einerseits durch die undurchlässige Platte, andererseits durch den Kopf des Beobachters abgeschlossen wird.

Die beschriebene Erscheinung könnte durch Beugung von sehr langwelligen Strahlen, oder dadurch entstanden sein, dass von den den Entladungsapparat umgebenden, bestrahlten Körpern, namentlich von der bestrahlten Luft, X-Strahlen ausgehen.

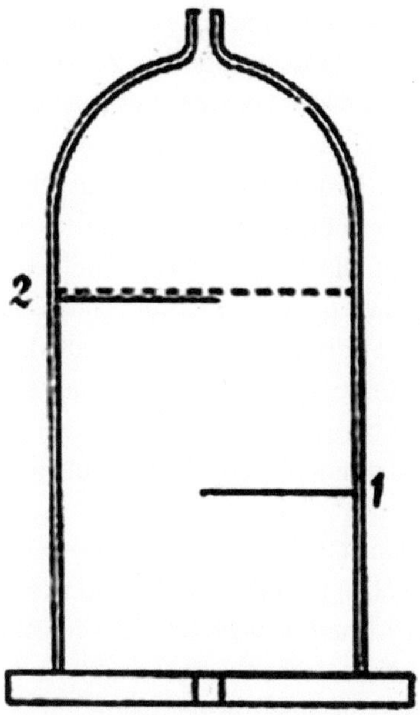

Die letztere Erklärung ist die richtige, wie sich u. a. mit folgendem Apparate leicht nachweisen lässt. Fig. 1 stellt eine sehr dickwandige, 20 cm hohe und 10 cm weite Glasglocke dar, die durch eine aufgekittete, dicke Zinkplatte verschlossen ist. Bei *1* und *2* sind kreissegmentförmige Bleischeiben eingesetzt, die etwas grösser sind als der halbe Querschnitt der Glocke und verhindern, dass X-Strahlen, welche durch eine in der Zinkplatte angebrachte, mit Celluloidfilm wieder verschlossene Öffnung in die Glocke eindringen, auf directem Wege zu dem über der Bleischeibe 2 gelegenen Raum gelangen.

Auf der oberen Seite dieser Bleischeibe ist ein Baryumplatincyanürschirmchen befestigt, das fast den ganzen Querschnitt der Glocke ausfüllt. Dasselbe kann weder von directen, noch von solchen Strahlen getroffen werden, die an einem festen Körper (z. B. der Glaswand) eine einmalige diffuse Reflexion erlitten haben. Die Glocke wird vor jedem Versuch mit staubfreier Luft gefüllt. – Lässt man X-Strahlen in die Glocke eintreten, und zwar zunächst so, dass sie alle von dem Bleischirm *1* aufgefangen werden, so sieht man noch gar keine Fluorescenz bei *2;* erst wenn in Folge von Neigen der Glocke directe Strahlen auch zu dem zwischen *1* und *2* gelegenen Raum gelangen, leuchtet der Fluorescenzschirm auf der nicht von dem Bleiblech *2* bedeckten Hälfte. Setzt man nun die Glocke in Verbindung mit einer Wasserstrahl-Luftpumpe, so bemerkt man, dass die Fluorescenz immer schwächer wird, je weiter die Verdünnung fortschreitet; wird darauf Luft eingelassen, so nimmt die Intensität wieder zu.

Da nun, wie ich fand, die blosse Berührung mit kurz vorher bestrahlter Luft keine merkliche Fluorescenz des Baryumplatincyanürs erzeugt, so ist aus dem beschriebenen Versuch zu schliessen, dass die Luft, während sie bestrahlt wird, nach allen Richtungen X-Strahlen aussendet.

Würde unser Auge für die X-Strahlen ebenso empfindlich sein wie für Lichtstrahlen, so würde ein in Thätigkeit gesetzter Entladungsapparat uns erscheinen, ähnlich wie ein in einem mit Tabakrauch gleichmässig gefüllten Zimmer brennendes Licht; vielleicht wäre die Farbe der directen und der von den Luftheilchen kommenden Strahlen verschieden.

Die Frage, ob die von den bestrahlten Körpern ausgehenden Strahlen derselben Art sind wie die auffallenden, oder mit anderen Worten ob eine diffuse Reflexion oder ein der Fluorescenz ähnlicher Vorgang die Ursache dieser Strahlen ist, habe ich noch nicht entscheiden können; dass auch die von der Luft kommenden Strahlen photographisch wirksam sind, lässt sich leicht nachweisen, und es macht sich diese Wirkung sogar manchmal in einer für den Beobachter unerwünschten Weise bemerkbar. Um sich gegen dieselben zu schützen, was namentlich bei längerer Expositionsdauer häufig nothwendig ist, wird man die photographische Platte durch geeignete Bleihüllen abschliessen müssen.

2. Zur Vergleichung der Intensität der Strahlung zweier Entladungsröhren und zu verschiedenen anderen Versuchen benutzte ich eine Vorrichtung, die dem Bouguer'schen Photometer nachgebildet ist, und welche ich der Einfachheit halber auch Photometer nennen will. Ein 35 cm hohes, 150 cm langes und 0,15 cm dickes, rechteckiges Stück Bleiblech ist, durch Bretter gestützt, in der Mitte eines langen Tisches vertical aufgestellt. Auf beiden Seiten desselben steht, auf dem Tisch verschiebbar, je eine Entladungsröhre. An dem einen Ende des Bleistreifens ist ein Fluorescenzschirm so angebracht, dass jede Hälfte desselben nur von einer Röhre senkrecht bestrahlt wird. Bei den Messungen wird auf gleiche Helligkeit der Fluorescenz beider Hälften eingestellt.

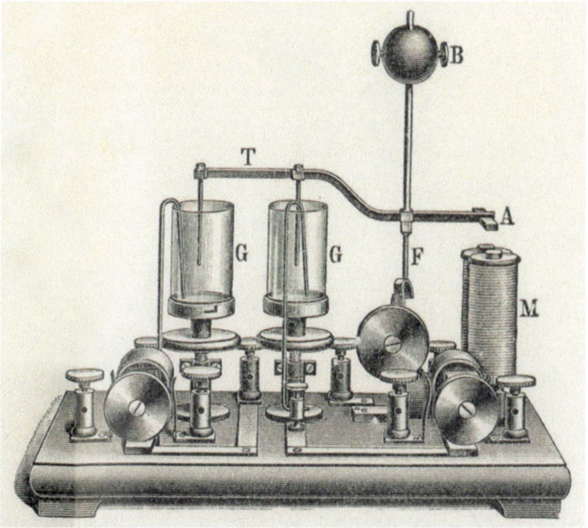

Abb. 6.26 **links:** Deprez-Unterbrecher, **rechts:** Foucault-Unterbrecher. (© Archiv Deutsches Röntgen-Museum. Abdruck mit freundlicher Genehmigung)

Einige Bemerkungen über den Gebrauch dieses Instrumentes mögen hier Platz finden. Zunächst ist zu erwähnen, dass die Einstellungen häufig sehr erschwert werden durch die Inconstanz der Strahlenquelle: die Röhre reagirt auf jede Unregelmässigkeit in der Unterbrechung des primären Stromes, und solche kommen beim Deprez'schen, aber namentlich beim Foucault'schen Unterbrecher vor (Abb. 6.26).

Eine mehrmalige Wiederholung jeder Einstellung ist daher geboten. Zweitens möchte ich angeben, wovon die Helligkeit eines gegebenen Fluorescenzschirmes abhängig ist, der in so rascher Aufeinanderfolge von X-Strahlen getroffen wird, dass das beobachtende Auge die Intermittenz der Bestrahlung nicht mehr wahrnimmt. Diese Helligkeit hängt ab 1) von der Intensität der Strahlung, die von der Platinplatte der Entladungsröhre ausgeht; 2) sehr wahrscheinlich von der Art der den Schirm treffenden Strahlen, denn nicht jede Strahlenart (vergl. unten) braucht in gleichem Maass fluorescenzerregend zu wirken; 3) von der Entfernung des Schirmes von der Ausgangsstelle der Strahlen; 4) von der Absorption, die die Strahlen auf ihrem Wege bis zu dem Baryumplatincyanür erleiden; 5) von der Anzahl der Entladungen in der Secunde; 6) von der Dauer jeder einzelnen Entladung: 7) von der Dauer und der Stärke des Nachleuchtens des Baryumplatincyanürs und 8) von der Bestrahlung des Schirmes durch die die Entladungsröhre umgebenden Körper. Um Irrthümer zu vermeiden, wird man immer daran denken müssen, dass hier im allgemeinen ähnliche Verhältnisse vorliegen, wie wenn man mit Hülfe der Fluorescenzwirkung zwei verschiedenfarbige, intermittirende Lichtquellen zu vergleichen hätte, die von einer absorbirenden Hülle umgeben in einem trüben – oder fluorescirenden – Medium aufgestellt sind (Abb. 6.27).

Abb. 6.27 Bei seinen Versuchen benutzte Röntgen einen Edisonschen Fluoreszenzschirm. (© Archiv Deutsches Röntgen-Museum. Abdruck mit freundlicher Genehmigung)

3. Nach § 12 meiner ersten Mittheilung ist die von den Kathodenstrahlen getroffene Stelle des Entladungsapparates der Ausgangsort der X-Strahlen und zwar breiten sich diese „nach allen Richtungen" aus. Es ist nun von Interesse zu erfahren, wie die Intensität der Strahlen sich mit der Richtung ändert.

Zu dieser Untersuchung eignen sich am besten die kugelförmigen Entladungsapparate mit gut eben geschliffener Platinplatte, die unter einem Winkel von 45° von den Kathodenstrahlen getroffen wird. Schon ohne weitere Hülfsmittel glaubt man an der gleichmässig hellen Fluorescenz der über der Platinplatte liegenden halbkugelförmigen Glaswand erkennen zu können, dass sehr grosse Verschiedenheiten der Intensitäten in verschiedenen Richtungen nicht vorhanden sind, dass somit das Lambert'sche Emanationsgesetz hier nicht gültig sein kann; doch dürfte diese Fluorescenz zum grössten Theil durch Kathodenstrahlen erzeugt sein.

Zur genaueren Prüfung wurden verschiedene Röhren mit dem Photometer auf die Intensität der Strahlung nach verschiedenen Richtungen untersucht, und ausserdem habe ich zu demselben Zweck photographische Films exponirt, die um die Platinplatte des Entladungsapparates als Mittelpunkt zu einem Halbkreis (Radius 25 cm) gebogen waren. Bei beiden Verfahren wirkt die Ungleichheit der Dicke verschiedener Stellen der Röhrenwand sehr störend, weil dadurch die nach verschiedenen Richtungen ausgehenden X-Strahlen in ungleichem Maasse zurückgehalten werden. Doch gelingt es wohl, die durchstrahlte Glasdicke durch Einschaltung von dünnen Glasplatten ziemlich gleich zu machen.

Das Resultat dieser Versuche ist, dass die Bestrahlung einer über der Platinplatte als Mittelpunkt construirt gedachten Halbkugel fast bis zum Rande derselben eine nahezu gleichmässige ist. Erst bei einem Emanationswinkel von etwa 80° der X-Strahlen konnte ich den Anfang einer Abnahme der Bestrahlung bemerken, und auch diese Abnahme ist noch eine relativ geringe, so dass die Hauptänderung der Intensität zwischen 89° und 90° vorhanden ist.

Einen Unterschied in der Art der unter verschiedenen Winkeln emittirten Strahlen habe ich nicht bemerken können.

In Folge der beschriebenen Intensitätsvertheilung der X-Strahlen müssen die Bilder, welche mit einer Lochcamera – bezw. mit einem engen Spalt – von der Platinplatte, sei es auf dem Fluorescenzschirm oder auf der photographischen Platte, erhalten werden, um so intensiver sein, je grösser der Winkel ist, den die Platinplatte mit dem Schirm oder der photographischen Platte bildet; vorausgesetzt, dass dieser Winkel 80° nicht überschreitet. Durch geeignete Vorrichtungen, welche gestatteten, die bei verschiedenen Winkeln mit derselben Entladungsröhre gleichzeitig erhaltenen Bilder mit einander zu vergleichen, konnte ich diese Folgerung bestätigen.

Einen ähnlichen Fall von Intensitätsvertheilung ausgesandter Strahlen treffen wir in der Optik bei der Fluorescenz an. Lässt man in einen mit Wasser gefüllten, viereckigen Trog einige Tropfen Fluoresceïnlösung fallen und beleuchtet den Trog mit weissem oder violettem Licht, so bemerkt man, dass das hellste Fluorescenzlicht von den Rändern der langsam herabsinkenden Fluoresceinfäden ausgeht, d. h. von den Stellen, wo der Emanationswinkel des Fluorescenzlichtes am grössten ist. Wie schon Hr. Stokes bei Gelegenheit eines ähnlichen Versuches bemerkte, rührt diese Erscheinung daher, dass die Fluorescenz erregenden Strahlen von der Fluoresceinlösung bedeutend stärker absorbirt werden als das Fluorescenzlicht. Es ist nun sehr bemerkenswerth, dass auch die die X-Strahlen erzeugenden Kathodenstrahlen von Platin viel stärker absorbirt werden, als die X-Strahlen, und es liegt deshalb nahe zu vermuthen, dass zwischen den beiden Vorgängen – der Verwandlung von Licht in Fluorescenzlicht und der von Kathodenstrahlen in X-Strahlen – eine Verwandtschaft besteht. Irgend ein zwingender Grund für eine solche Annahme ist indessen vorläufig noch nicht vorhanden.

Auch mit Rücksicht auf die Technik der Herstellung von Schattenbildern mittels X-Strahlen haben die Beobachtungen über die Intensitätsvertheilung der von der Platinplatte ausgehenden Strahlen eine gewisse Bedeutung. Nach dem oben Mitgetheilten wird es sich empfehlen die Entladungsröhre so aufzustellen, dass die zur Bildererzeugung verwendeten Strahlen das Platin unter einem möglichst grossen, jedoch nicht viel über 80° hinausgehenden Winkel verlassen; dadurch erhält man möglichst scharfe Bilder, und wenn die Platinplatte gut eben und die Construction der Röhre eine derartige ist, dass die schräg emittirten Strahlen keine wesentlich dickere Glaswand zu durchlaufen haben als die senkrecht von der Platinplatte ausgehenden Strahlen, so erleidet auch die Bestrahlung des Objectes durch die angegebene Anordnung keine Einbusse an Intensität.

4. Mit „Durchlässigkeit eines Körpers" bezeichnete ich in meiner ersten Mittheilung das Verhältniss der Helligkeit eines dicht hinter dem Körper senkrecht zu den Strahlen gehaltenen Fluorescenzschirmes zu derjenigen Helligkeit des Schirmes, welche dieser ohne Zwischenschaltung des Körpers aber unter sonst gleichen Verhältnissen zeigt.

Specifische Durchlässigkeit eines Körpers soll die auf die Dickeneinheit reducirte Durchlässigkeit des Körpers genannt werden; dieselbe ist gleich der d^{ten} Wurzel aus der Durchlässigkeit, wenn *d* die Dicke der durchstrahlten Schicht, in der Richtung der Strahlen gemessen, bedeutet.

Um die Durchlässigkeit zu bestimmen, habe ich seit meiner ersten Mittheilung hauptsächlich das oben beschriebene Photometer gebraucht. Vor die eine der beiden gleich hell fluorescirenden Hälften des Schirmes wurde der betreffende plattenförmige Körper – Aluminium, Stanniol, Glas u. s. w. – gebracht, und die dadurch entstandene Ungleichheit der Helligkeiten wieder ausgeglichen entweder durch Vergrösserung der Entfernung des die nicht bedeckte Schirmhälfte bestrahlenden Entladungsapparates oder durch Nähern des andern. In beiden Fällen ist das richtig genommene Verhältniss der Quadrate der Entfernungen der Platinplatte des Entladungsapparates vom Schirm vor und nach der Verschiebung des Apparates der gesuchte Werth der Durchlässigkeit des vorgesetzten Körpers. Beide Wege führten zu demselben Resultat. Nach Hinzufügen einer zweiten Platte zu der ersten findet man in derselben Weise die Durchlässigkeit jener zweiten Platte für Strahlen, die bereits durch eine Platte hindurchgegangen sind.

Das beschriebene Verfahren setzt voraus, dass die Helligkeit eines Fluorescenzschirmes umgekehrt proportional ist dem Quadrat seiner Entfernung von der Strahlenquelle, und diess trifft nur dann zu, wenn erstens die Luft keine X-Strahlen absorbirt bezw. emittirt, und wenn zweitens die Helligkeit des Fluorezcenzlichtes der Intensität der Bestrahlung durch Strahlen gleicher Art proportional ist. Die erstere Bedingung ist nun sicher nicht erfüllt, und von der zweiten ist es fraglich, ob sie erfüllt ist; ich habe mich deshalb zuerst durch Versuche, wie sie bereits in § 10 meiner ersten Mittheilung beschrieben wurden, davon überzeugt, dass die Abweichungen von dem erwähnten Proportionalitätsgesetz so gering sind, dass sie in dem vorliegenden Fall ausser Betracht gelassen werden können. – Auch ist noch mit Rücksicht auf die Thatsache, dass von den bestrahlten Körpern wieder X-Strahlen ausgehen, zu erwähnen erstens, dass ein Unterschied in der Durchlässigkeit einer 0,925 mm dicken Aluminiumplatte und von 31 über einander gelegten Aluminiumblättern von 0,0299 mm Dicke – $31 \times 0{,}0299 = 0{,}927$ – mit dem Photometer nicht gefunden werden konnte; und zweitens, dass die Helligkeit des Fluorescenzschirmes nicht merklich verschieden war, wenn die Platte dicht vor dem Schirm, oder in grösserer Entfernung von demselben aufgestellt wurde.

Das Ergebniss dieser Durchlässigkeitsversuche ist nun für Aluminium folgendes:

Durchlässigkeit für senkrecht auffallende Strahlen				Röhre 2	Röhre 3	Röhre 4	Röhre 2
Der ersten 1 mm	Dicken	Alum.-	Platte	0,40	0,45	–	0,68
Der zweiten 1 mm	„	„	„	0,55	0,68	–	0,73
Der ersten 2 mm	„	„	„	–	0,30	0,39	0,50
Der zweiten 2 mm	„	„	„	–	0,39	0.54	0,63

Aus diesen und ähnlichen mit Glas und Stanniol angestellten Versuchen entnehmen wir zunächst folgendes Resultat: denkt man sich die untersuchten Körper in gleich dicke, zu den parallelen Strahlen senkrechte Schichten zerlegt, so ist jede dieser Schichten für die in sie eindringenden Strahlen durchlässiger als die vorhergehende; oder mit anderen Worten: die specifische Durchlässigkeit eines Körpers ist um so grösser, je dicker der betreffende Körper ist.

Dieses Resultat ist vollständig in Einklang mit dem, was man an der in § 4 meiner ersten Mittheilung erwähnten Photographie einer Stanniolscala beobachten kann, und auch mit der Thatsache, dass sich mitunter auf photographischen Bildern der Schatten dünner Schichten, z. B. von dem zum Einwickeln der Platte verwendeten Papier verhältnissmässig stark bemerkbar macht.

5. Wenn zwei Platten aus verschiedenen Körpern gleich durchlässig sind, so braucht diese Gleichheit nicht mehr zu bestehen, wenn die Dicke der beiden Platten in demselben Verhältniss und sonst nichts verändert wird. Diese Thatsache lässt sich am einfachsten nachweisen mit Hülfe von zwei neben einander gelegten Scalen aus Platin bezw. aus Aluminium. Ich benutzte dazu Platinfolie von 0,0026 mm und Aluminiumfolie von 0,0299 mm Dicke. Brachte ich die Doppelscala vor den Fluorescenzschirm oder vor eine photographische Platte und bestrahlte dieselben, so fand ich z. B. in einem Fall, dass eine einfache Platinschicht gleich durchlässig war, wie eine sechsfache Aluminiumschicht; dann war aber die Durchlässigkeit einer zweifachen Platinschicht nicht gleich der einer zwölffachen, sondern der einer sechzehnfachen Aluminiumschicht. Bei Verwendung einer anderen Entladungsröhre erhielt ich 1 Platin = 8 Aluminium bez. 8 Platin = 90 Aluminium. Aus diesen Versuchen folgt, dass das Verhältniss der Dicken von Platin und Aluminium gleicher Durchlässigkeit um so kleiner ist, je dicker die betreffenden Schichten sind.
6. Das Verhältniss der Dicken von zwei gleich durchlässigen Platten aus verschiedenem Material ist abhängig von der Dicke und dem Material desjenigen Körpers – z. B. der Glaswand des Entladungsapparates –, den die Strahlen zu durchlaufen haben, bevor sie die betreffenden Platten erreichen.

Um dieses – nach dem in § 4 und 5 Mitgetheilten nicht unerwartete – Resultat nachzuweisen, kann man eine Vorrichtung gebrauchen, die ich ein Platin-Aluminiumfenster nenne, und die auch, wie wir sehen werden, zu anderen Zwecken verwendbar ist. Dieselbe besteht aus einem auf einem dünnen Papierschirm aufgeklebten, rechteckigen (4,0 cm × 6,5 cm) Stück Platinfolie von 0,0026 mm Dicke, das mittels eines Durchschlages mit 15 auf drei Reihen vertheilten runden Löchern von 0,7 cm Durchmesser versehen ist. Diese Fensterchen sind verdeckt mit genau passenden und sorgfältig über einander geschichteten Scheibchen aus 0,0299 mm dicker Aluminiumfolie, und zwar so, dass in dem ersten Fensterchen ein, im zweiten zwei u. s. w., schliesslich im fünfzehnten fünfzehn Scheibchen liegen. Bringt man diese Vorrichtung vor den Fluorescenzschirm, so erkennt man namentlich bei nicht zu harten Röhren (vergl. unten) sehr deutlich, wieviel Aluminiumblättchen gleich durchlässig sind, wie die Platinfolie. Diese Anzahl soll kurz die Fensternummer genannt werden.

Als Fensternummer erhielt ich in einem Fall bei *directer* Bestrahlung die Zahl 5; wurde dann eine 2 mm dicke Platte aus gewöhnlichem Natronglas vorgehalten, so ergab sich die Fensternummer 10; es war somit das Verhältniss der Dicken von Platin- und Aluminiumblechen gleicher Durchlässigkeit dadurch auf die Hälfte reducirt, dass ich statt der direct von dem Entladungsapparat kommenden Strahlen solche benutzte, die durch eine 2 mm dicke Glasplatte hindurchgegangen waren, q. e. d.

Auch der folgende Versuch verdient an dieser Stelle einer Erwähnung. Das Platin-Aluminiumfenster wurde auf ein Päckchen, das 12 photographische Films enthielt, gelegt und dann exponirt; nach dem Entwickeln zeigte das erste unter dem Fenster gelegene Blatt die Fensternummer 10, das zwölfte die Nummer 13 und die übrigen in richtiger Reihenfolge die Übergänge von 10 zu 13.

7. Die in den §§ 4, 5 und 6 mitgetheilten Versuche beziehen sich auf die Veränderungen, welche die von einer Entladungsröhre ausgehenden X-Strahlen beim Durchgang durch verschiedene Körper erleiden. Es soll nun nachgewiesen werden, dass ein und derselbe Körper bei gleicher durchstrahlter Dicke verschieden durchlässig sein kann für Strahlen, die von verschiedenen Röhren emittirt werden.

In der folgenden Tabelle sind zu diesem Zweck die Werthe der Durchlässigkeit einer 2 mm dicken Aluminiumplatte für die in verschiedenen Röhren erzeugten Strahlen angegeben. Einige dieser Werthe sind der ersten Tabelle auf S. 582 entnommen.

Durchlässigkeit	Röhre 1	Röhre 2	Röhre 3	Röhre 4	Röhre 2	Röhre 5
Für senkrecht auffallende Strahlen						
Einer 2 mm dicken Aluminiumplatte	0,0044	0,22	0,30	0,39	0,50	0,59

Die Entladungsröhren unterschieden sich nicht wesentlich durch ihre Construction oder durch die Dicke ihrer Glaswand, sondern hauptsächlich durch den Grad der Verdünnung ihres Gasinhaltes und das dadurch bedingte Entladungspotential; die Röhre 1 erfordert das kleinste, die Röhre 5 das grösste Entladungspotential, oder wie wir der Kürze halber sagen wollen: die Röhre 1 ist die weichste, die Röhre 5 die härteste. Derselbe Ruhmkorff – und zwar in directer Verbindung mit den Röhren – derselbe Unterbrecher und dieselbe primäre Stromstärke wurden in allen Fällen benutzt.

Ähnlich wie das Aluminium verhalten sich die vielen anderen von mir untersuchten Körper: alle sind für Strahlen einer härteren Röhre durchlässiger als für Strahlen einer weicheren Röhre. Diese Thatsache scheint mir einer besonderen Beachtung werth zu sein.

Auch das Verhältniss der Dicken von zwei gleich durchlässigen Platten verschiedener Körper stellt sich als abhängig von der Härte der benutzten Entladungsröhre heraus.

Man erkennt das sofort mit dem Platin-Aluminiumfenster (§ 5): mit einer sehr weichen Röhre findet man z. B. die Fensternummer 2 und für sehr harte, sonst gleiche Röhren reicht die bis Nr. 15 gehende Scala gar nicht aus. Das heisst also, dass das Verhältniss der Dicken von Platin und Aluminium gleicher Durchlässigkeit um so kleiner ist, je härter die Röhren sind, aus denen die Strahlen kommen, oder – mit Rücksicht auf das oben mitgetheilte Resultat – je weniger absorbirbar die Strahlen sind.

Das verschiedene Verhalten der in verschieden harten Röhren erzeugten Strahlen macht sich selbstverständlich auch in den bekannten Schattenbildern von Händen u. s. w. bemerkbar. Mit einer sehr weichen Röhre erhält man dunkle Bilder, in denen die Knochen wenig hervortreten; bei Anwendung einer härteren Röhre sind die Knochen sehr deutlich und in allen Details sichtbar, die Weichtheile dagegen schwach, und mit einer sehr harten Röhre erhält man auch von den Knochen nur schwache Schatten. Aus dem Gesagten geht hervor, dass die Wahl der zu benutzenden Röhre sich nach der Beschaffenheit des abzubildenden Gegenstandes richten muss (Abb. 6.28).

8. Es bleibt noch übrig mitzutheilen, dass die Qualität der von einer und derselben Röhre gelieferten Strahlen von verschiedenen Umständen abhängig ist. Wie die Untersuchung mit dem Platin-Aluminiumfenster lehrt, wird dieselbe beeinflusst: 1) von der Art und Weise, wie der Deprez- oder Foucault-Unterbrecher am Inductionsapparat wirkt, das heisst von dem Verlauf des primären Stromes. Hierher gehört die häufig zu beobachtende Erscheinung, dass einzelne von den rasch aufeinanderfolgenden Entladungen X-Strahlen erzeugen, die nicht nur besonders intensiv sind, sondern sich auch durch ihre Absorbirbarkeit von den anderen unterscheiden. 2) Durch eine Funkenstrecke, welche in den secundären Kreis vor den Entladungsapparat eingeschaltet wird. 3) Durch Einschaltung eines Tesla-Transformators. 4) Durch den Grad der Verdünnung des Entladungsapparats (wie schon erwähnt). 5) Durch verschiedene noch nicht genügend erkannte Vorgänge im Innern der Entladungsröhre. Einzelne dieser Factoren verdienen eine etwas mehr eingehende Besprechung (Abb. 6.29 und 6.30).

Nehmen wir eine noch nicht gebrauchte und nicht evacuirte Röhre und setzen dieselbe an die Quecksilberpumpe an, so werden wir nach dem nöthigen Pumpen und Erwärmen der Röhre einen Verdünnungsgrad erreichen, bei welchem die ersten X-Strahlen sich durch schwaches Leuchten des nahen Fluorescenzschirmes bemerkbar machen. Eine parallel zur Röhre geschaltete Funkenstrecke liefert Funken von wenigen Millimetern Länge, das Platin-Aluminiumfenster zeigt sehr niedrige Nummern, die Strahlen sind sehr absorbirbar. Die Röhre ist „sehr weich". Wenn nun eine Funkenstrecke vorgeschaltet, oder ein Tesla-Transformator eingeschaltet wird, so entstehen intensivere und weniger absorbirbare Strahlen. So fand ich z. B. in einem Fall, dass durch Vergrösserung der vorgeschalteten Funkenstrecke die Fensternummer allmählich von 2,5 auf 10 heraufgebracht werden konnte.

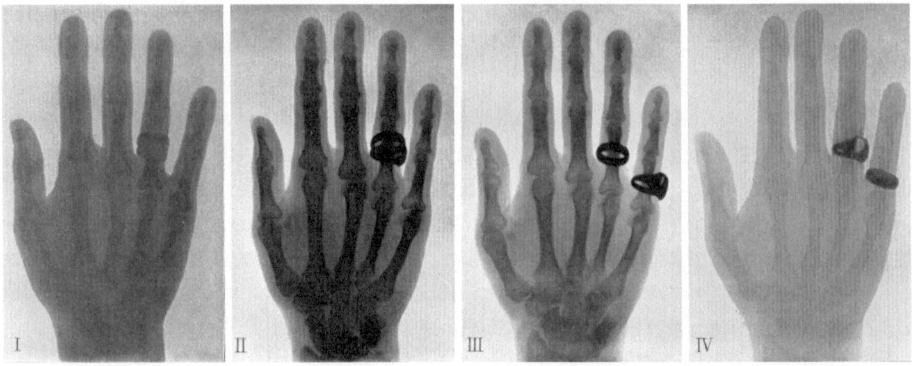

Abb. 6.28 Der Härtegrad der Röhre bestimmt die Qualität der Röntgenbilder. **I** Eine sehr weiche Röhre zeigt den Schatten der Hand fest, die Knochen sind kaum sichtbar. **II** Die Penetration nimmt mit der Härte des Rohres zu. Die Strahlen unterscheiden zwischen Weichteilgewebe, Knochen und Metall. Aufnahmen der oberen Extremität bis zum Schultergelenk sind möglich. **III** Wird die Haut zwischen den Fingern fast durchstrahlt, entsteht die innere Struktur der Knochen. Jetzt hat das Röhrchen einen Härtegrad, der sowohl für die Fluoroskopie als auch für die Bildgebung geeignet ist. **IV** Mit noch größerer Härte nimmt die Differenzierung mit zunehmender Penetration ab. Fleisch und Knochen werden nun fast vollständig und fast ebenso gut ausgestrahlt. Nur bei sehr dichten Körperteilen und der direkten Beobachtung am Lampenschirm sind solche harten Schläuche notwendig. (Aus Kienböck, R., Holzknecht, G. *Röntgenologie. Eine Revision ihrer technischen Einrichtungen und praktische Methoden.* Urban & Schwarzenberg, Berlin/Wien 1918–1924. Archiv Deutsches Röntgen-Museum. Abdruck mit freundlicher Genehmigung)

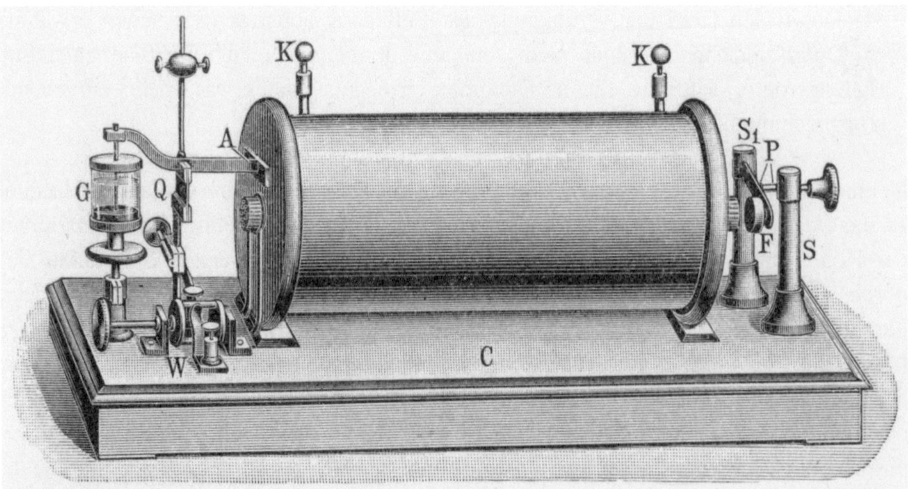

Abb. 6.29 Induktionsapparat (Funkeninduktor) mit Deprez-Unterbrecher. (© Archiv Deutsches Röntgen-Museum. Abdruck mit freundlicher Genehmigung)

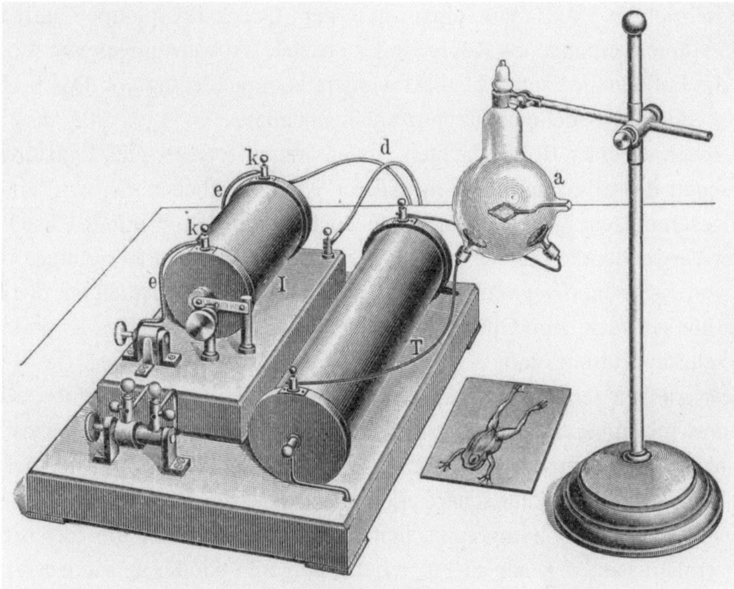

Abb. 6.30 Röntgeneinrichtung mit Tesla-Transformator. (© Archiv Deutsches Röntgen-Museum. Abdruck mit freundlicher Genehmigung)

[Diese Beobachtungen führten mich zu der Frage, ob nicht auch bei noch höheren Drucken durch Anwendung eines TESLA-Transformators X-Strahlen zu erhalten sind. Diess ist in der That der Fall: mit einer engen Röhre mit drahtförmigen Elektroden konnte ich noch X-Strahlen erhalten, wenn der Druck der eingeschlossenen Luft 3,1 mm Quecksilber betrug. Wurde statt Luft Wasserstoff genommen, so durfte der Druck noch grösser sein. Den geringsten Druck, bei welchem in Luft noch X-Strahlen erzeugt werden können, konnte ich nicht feststellen; derselbe liegt aber jedenfalls unter 0,0002 mm Quecksilber, so dass das Druckgebiet, innerhalb dessen überhaupt X-Strahlen entstehen können, schon jetzt ein sehr grosses ist.]

Weiteres Evacuiren der „sehr weichen" – direct mit dem Inductorium verbundenen – Röhre hat zur Folge, dass die Strahlung intensiver wird, und dass ein grösserer Bruchtheil derselben durch die bestrahlten Körper hindurch geht: eine vor den Fluorescenzschirm gehaltene Hand ist durchlässiger als vorher, und es ergeben sich am Platin-Aluminiumfenster höhere Fensternummern. Gleichzeitig musste die parallel geschaltete Funkenstrecke vergrössert werden, um die Entladung durch die Röhre gehen zu lassen: die Röhre ist „härter" geworden. – Pumpt man die Röhre noch mehr aus, so wird sie so „hart", dass die Funkenstrecke über 20 cm lang gemacht werden muss, und nun sendet die Röhre Strahlen aus, für welche die Körper ungemein durchlässig sind: 4,0 cm dicke Eisenplatten, mit dem Fluorescenzschirm untersucht, erwiesen sich noch als durchlässig.

Das beschriebene Verhalten einer mit der Quecksilberpumpe und mit dem Inductorium direct verbundenen Röhre ist das normale; Abweichungen von dieser Regel, die durch die Entladungen selbst bewirkt werden, kommen häufig vor. Das Verhalten der Röhren ist überhaupt manchmal ein ganz unberechenbares.

Das Hartwerden einer Röhre dachten wir uns durch fortgesetztes Evacuiren mit der Pumpe erzeugt; dasselbe kann auch in anderer Weise geschehen. So wird eine von der Pumpe abgeschmolzene, mittelharte Röhre auch von selbst – mit Rücksicht auf die Dauer ihrer Verwendbarkeit leider – fortwährend härter, wenn sie in richtiger Weise zum Erzeugen von X-Strahlen verwendet wird, das heisst, wenn Entladungen, die das Platin nicht, oder nur schwach, zum Glühen bringen, durchgeschickt werden. Es findet eine allmähliche Selbstevacuirung statt.

Mit einer solchen sehr hart gewordenen Röhre habe ich von dem Doppellauf eines Jagdgewehres mit eingesteckten Patronen ein sehr schönes photographisches Schattenbild erhalten, in welchem alle Details der Patronen, die inneren Fehler der Damastläufe u. s. w. sehr deutlich und scharf erkennbar sind. Der Abstand der Platinplatte der Entladungsröhre bis zur photographischen Platte betrug 15 cm, die Expositionsdauer 12 min – verhältnissmässig lang in Folge der geringeren photographischen Wirkung der wenig absorbirbaren Strahlen (vergl. unten). Der Deprez-Unterbrecher musste durch den Foucault-Unterbrecher ersetzt werden. Es würde von Interesse sein, Röhren zu construiren, welche gestatten, noch höhere Entladungspotentiale anzuwenden, als bisher möglich ist (Abb. 6.31).

Als Ursache des Hartwerdens einer von der Pumpe abgeschmolzenen Röhre wurde oben die Selbstevacuirung in Folge von Entladungen angegeben; indessen ist dies nicht die einzige Ursache; es finden auch an den Elektroden Veränderungen statt, die dasselbe bewirken. Worin dieselben bestehen, weiss ich nicht.

Eine zu hart gewordene Röhre kann weicher gemacht werden: durch Einlassen von Luft, manchmal auch durch Erwärmen der Röhre oder Umkehren der Stromrichtung und schliesslich durch sehr kräftige hindurchgeschickte Entladungen. Im letzten Fall hat aber die Röhre meistens andere Eigenschaften als die oben beschriebenen bekommen; so beansprucht sie z. B. manchmal ein sehr grosses Entladungspotential und liefert doch Strahlen von verhältnissmässig geringer Fensternummer und grosser Absorbirbarkeit. Auf das Verhalten dieser „nicht normalen" Röhren möchte ich nicht weiter eingehen. – Die von Hrn. Zehnder construirten Röhren mit regulirbarem Vacuum, welche ein Stückchen Lindenkohle enthalten, haben mir sehr gute Dienste geleistet (Abb. 6.32).

Die in diesem Paragraphen mitgetheilten Beobachtungen und andere haben mich zu der Ansicht geführt, dass die Zusammensetzung der von einer mit Platinanode versehenen Entladungsröhre ausgesandten Strahlen wesentlich bedingt ist durch den zeitlichen Verlauf des Entladungsstromes. Der Verdünnungsgrad, die Härte, spielt nur deshalb eine Rolle, weil davon die Form der Entladung abhängig ist. Wenn man die für das Zustandekommen der X-Strahlen nöthige Entladungsform in irgend einer Weise her-

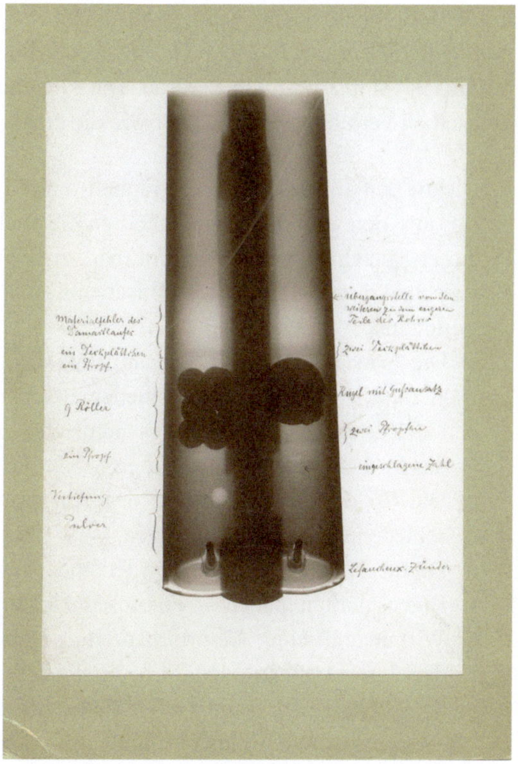

Abb. 6.31 Evaluierte Röntgenaufnahme von Röntgens Jagdgewehr. (© Archiv Deutsches Röntgen-Museum. Abdruck mit freudlicher Genehmigung)

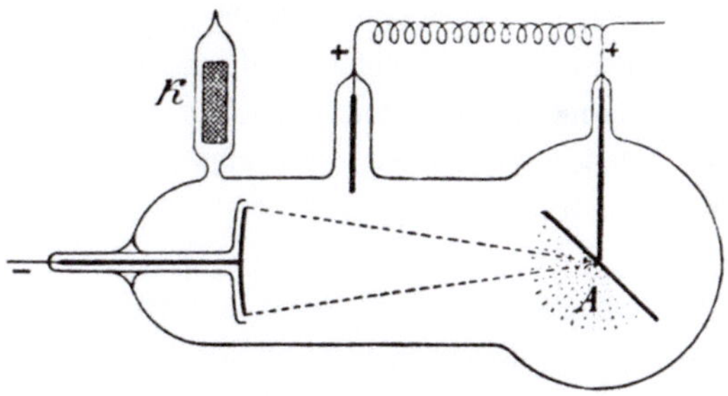

Abb. 6.32 Patent von Ludwig Zehnder zur Regulierung des Gasdrucks in der Röhre mit Hilfe von Lindenholzkohle. (© Archiv Deutsches Röntgen-Museum. Abdruck mit freundlicher Genehmigung)

zustellen vermag, so können auch X-Strahlen erhalten werden, selbst bei relativ hohen Drucken.

Schliesslich ist es noch erwähnenswerth, dass die Qualität der von einer Röhre erzeugten Strahlen gar nicht oder nur wenig geändert wird durch beträchtliche Veränderungen der Stärke des primären Stromes; vorausgesetzt, dass der Unterbrecher in allen Fällen gleich functionirt. Dagegen ergibt sich die Intensität der X-Strahlen innerhalb gewisser Grenzen proportional der Stärke des primären Stromes, wie folgender Versuch zeigt. Die Entfernungen vom Entladungsapparat, in welchen die Fluorescenz des Baryumplatincyanürschirmes in einem speciellen Fall noch eben bemerkbar war, betrugen 18,1 m, 25,7 m und 37,5 m, wenn die Stärke des primären Stromes von 8 auf 16 und 32 Amp. vergrössert wurde. Die Quadrate jener Entfernungen stehen in nahezu demselben Verhältniss zu einander wie die entsprechenden Stromstärken.

9. Die in den fünf letzten Paragraphen aufgeführten Resultate ergaben sich unmittelbar aus den einzelnen mitgetheilten Versuchen. Überblickt man die Gesammtheit dieser Einzelresultate, so kommt man, zum Theil geleitet durch die Analogie, welche zwischen dem Verhalten der optischen und der X-Strahlen besteht, zu folgenden Vorstellungen:
   a. Die von einem Entladungsapparate ausgehende Strahlung besteht aus einem Gemisch von Strahlen verschiedener Absorbirbarkeit und Intensität.
   b. Die Zusammensetzung dieses Gemisches ist wesentlich von dem zeitlichen Verlauf des Entladungsstromes abhängig.
   c. Die bei der Absorption von den Körpern bevorzugten Strahlen sind für die verschiedenen Körper verschieden.
   d. Da die X-Strahlen durch die Kathodenstrahlen entstehen, und beide gemeinsame Eigenschaften haben – Fluorescenzerzeugung, photographische und elektrische Wirkungen, eine Absorbirbarkeit, deren Grösse wesentlich durch die Dichte der durchstrahlten Medien bedingt ist u. s. w. –, so liegt die Vermuthung nahe, dass beide Erscheinungen Vorgänge derselben Natur sind. Ohne mich zu dieser Ansicht bedingungslos bekennen zu wollen, möchte ich doch bemerken, dass die Resultate der letzten Paragraphen geeignet sind, eine Schwierigkeit, die sich jener Vermuthung bis jetzt entgegenstellte, zu heben. Diese Schwierigkeit besteht einmal in der grossen Verschiedenheit zwischen der Absorbirbarkeit der von Hrn. Lenard untersuchten Kathodenstrahlen und der der X-Strahlen, und zweitens darin, dass die Durchlässigkeit der Körper für jene Kathodenstrahlen nach einem andern Gesetz von der Dichte der Körper abhängig ist als die Durchlässigkeit für die X-Strahlen.

Was zunächst den ersten Punkt anbetrifft, so ist zweierlei zu erwägen. 1. Wir haben in § 7 gesehen, dass es X-Strahlen von sehr verschiedener Absorbirbarkeit gibt, und wissen durch die Untersuchungen von Hertz und Lenard, dass auch die verschiedenen Kathodenstrahlen sich durch ihre Absorbirbarkeit von einander unterscheiden: wenn somit auch die auf S. 584 erwähnte „weichste Röhre" X-Strahlen lieferte, deren Absorbirbarkeit noch bei weitem nicht an die der von Hrn. Lenard untersuchten Kathodenstrahlen heranreicht, so gibt es doch ohne Zweifel X-Strahlen von noch grösserer und andererseits Kathodenstrahlen von noch kleinerer Absorbirbarkeit. Es erscheint deshalb wohl möglich, dass bei späteren Versuchen Strahlen gefunden werden, die, was ihre Absorbirbarkeit anbetrifft, den Übergang von der einen Strahlenart zur anderen bilden. 2. Wir fanden in § 4, dass die specifische Durchlässigkeit eines Körpers desto kleiner ist, je dünner die durchstrahlte Platte ist. Hätten wir folglich zu unseren Versuchen so dünne Platten genommen wie Hr.

Lenard, so würden wir für die Absorbirbarkeit der X-Strahlen Werthe gefunden haben, die den Lenard'schen näher gelegen wären.

Bezüglich des verschiedenen Einflusses der Dichte der Körper auf die Absorbirbarkeit der X-Strahlen und der Kathodenstrahlen ist zu sagen, dass dieser Unterschied auch um so kleiner gefunden wird, je stärker absorbirbare X-Strahlen zu dem Versuch gewählt werden (§ 7 und § 8) und je dünner die durchstrahlten Platten sind (§ 5). Folglich ist die Möglichkeit zuzugeben, dass dieser Unterschied in dem Verhalten der beiden Strahlenarten gleichzeitig mit dem zuerst genannten durch weitere Versuche zum Verschwinden gebracht werden kann.

Am nächsten stehen sich in ihrem Verhalten bei der Absorption die in sehr harten Röhren vorzugsweise vorhandenen Kathodenstrahlen und die in sehr weichen Röhren von der Platinplatte vorzugsweise ausgehenden X-Strahlen.

10. Ausser der Fluorescenzerregung üben die X-Strahlen bekanntermaassen noch photographische, elektrische und andere Wirkungen aus, und es ist von Interesse zu wissen, in wie weit dieselben mit einander parallel gehen, wenn die Strahlenquelle geändert wird. Ich habe mich darauf beschränken müssen die beiden zuerst genannten Wirkungen mit einander zu vergleichen.

Dazu eignet sich zunächst wieder das Platin-Aluminiumfenster. Ein Exemplar davon wurde auf eine eingehüllte photographische Platte gelegt, ein zweites vor den Fluorescenzschirm gebracht, und dann beide in gleichem Abstand von dem Entladungsapparat aufgestellt. Die X-Strahlen hatten bis zur empfindlichen Schicht der photographischen Platte bezw. bis zum Baryumplatincyanür genau dieselben Medien zu durchlaufen. Während der Exposition beobachtete ich den Schirm und constatirte die Fensternummer; nach dem Entwickeln wurde auf der photographischen Platte ebenfalls die Fensternummer bestimmt, und dann wurden beide Nummern mit einander verglichen. Das Resultat solcher Versuche ist, dass bei Anwendung von weicheren Röhren (Fensternummer 4–7) kein Unterschied zu bemerken war; bei Anwendung von härteren Röhren schien es mir, als ob die Fensternummer auf der photographischen Platte ein wenig, aber höchstens eine Einheit, niedriger war als die mittels des Fluorescenzschirmes bestimmte. Indessen ist diese Beobachtung, wenn auch wiederholt bestätigt gefunden, doch nicht ganz einwurfsfrei, weil die Bestimmung der hohen Fensternummern am Fluorescenzschirm ziemlich unsicher ist.

Völlig sicher dagegen ist das folgende Ergebniss. Stellt man an dem in § 2 beschriebenen Photometer eine harte und eine weiche Röhre auf gleiche Helligkeit des Fluorescenzschirmes ein und bringt dann eine photographische Platte an die Stelle des Schirmes, so bemerkt man nach dem Entwickeln dieser Platte, dass die von der harten Röhre bestrahlte Plattenhälfte beträchtlich weniger geschwärzt ist als die andere. Die Bestrahlungen, die gleiche Intensität der Fluorescenz erzeugten, wirkten photographisch verschieden.

Bei der Beurtheilung dieses Resultats darf man nicht ausser Betracht lassen, dass weder der Fluorescenzschirm noch die photographische Platte die auffallenden Strahlen vollständig ausnutzen; beide lassen noch viel Strahlen hindurch, die wieder Fluorescenz bez. photographische Wirkungen hervorrufen können. Das mitgetheilte Resultat gilt demnach zunächst nur für die gebräuchliche Dicke der empfindlichen photographischen Schicht und des Baryumplatincyanürbeleges.

Wie sehr durchlässig die empfindliche Schicht der photographischen Platte sogar für X-Strahlen von Röhren mittlerer Härte ist, beweist ein Versuch mit 96 auf einander gelegten, in 25 cm Entfernung von der Strahlenquelle 5 min lang exponirten und durch eine Bleiumhüllung gegen die Strahlung der Luft geschützten Films. Noch auf dem letzten derselben ist eine photographische Wirkung deutlich zu erkennen, während der erste kaum überexponirt ist. Durch diese und ähnliche Beobachtungen veranlasst, habe ich bei einigen Firmen für photographische Platten angefragt, ob es nicht möglich wäre, Platten herzustellen, die für die Photographie mit X-Strahlen geeigneter wären, als die gewöhnlichen. Die eingesandten Proben waren jedoch nicht brauchbar.

Ich hatte, wie schon auf S. 586 erwähnt, häufig Gelegenheit wahrzunehmen, dass sehr harte Röhren unter sonst gleichen Umständen eine längere Expositionsdauer beanspruchen als mittelharte; es ist diess verständlich, wenn man sich des in § 9 mitgetheilten Resultates erinnert, wonach alle untersuchten Körper für Strahlen, die von harten Röhren emittirt werden, durchlässiger sind, als für die von weichen Röhren ausgehenden. Dass mit sehr weichen Röhren wieder lang exponirt werden muss, lässt sich durch die geringere Intensität der von denselben ausgesandten Strahlen erklären.

Wenn die Intensität der Strahlen durch Vergrösserung der primären Stromstärke (vergl. S. 587) vermehrt wird, so wird die photographische Wirkung in demselben Maasse gesteigert wie die Intensität der Fluorescenz; und es dürfte in diesem und in jenem oben besprochenen Fall, wo die Intensität der Bestrahlung des Fluorescenzschirmes durch Veränderung des Abstandes des Schirmes von der Strahlenquelle geändert wird, die Helligkeit der Fluorescenz – wenigstens sehr nahezu – proportional der Intensität der Bestrahlung sein. Es ist aber nicht erlaubt, diese Regel allgemein anzuwenden.

11. Zum Schluss sei es mir gestattet, folgende Einzelheiten zu erwähnen.

Bei einer richtig construirten, nicht zu weichen Entladungsröhre kommen die X-Strahlen hauptsächlich von einer nur 1 bis 2 mm grossen Stelle der von den Kathodenstrahlen getroffenen Platinplatte; indessen ist das nicht der einzige Ausgangsort: die ganze Platte und ein Theil der Röhrenwand emittirt, wenn auch in viel schwächerm Maasse, X Strahlen. Von der Kathode gehen nämlich nach allen Richtungen Kathodenstrahlen aus; die Intensität derselben ist aber nur in der Nähe der Hohlspiegelaxe sehr bedeutend, und deshalb entstehen auf der Platinplatte da, wo diese Axe sie trifft, die intensivsten X-Strahlen. Wenn die Röhre sehr hart und das Platin dünn ist, so gehen auch von der Rückseite der Platinplatte sehr viel X-Strahlen aus, und zwar, wie die Lochcamera zeigt, wieder vorzugsweise von einer auf der Spiegelaxe liegenden Stelle.

Auch in diesen härtesten Röhren liess sich das Intensitätsmaximum der Kathodenstrahlen durch einen Magneten von der Platinplatte ablenken. Einige an weichen Röhren gemachte Erfahrungen veranlassten mich, die Frage nach der magnetischen Ablenkbarkeit der X-Strahlen mit verbesserten Hülfsmitteln nochmals in Angriff zu nehmen; ich hoffe bald über diese Versuche berichten zu können.

Die in meiner ersten Mittheilung erwähnten Versuche über die Durchlässigkeit von Platten gleicher Dicke, die aus einem Krystall nach verschiedenen Richtungen geschnitten sind, habe ich fortgesetzt. Es kamen zur Untersuchung Platten von Kalkspath, Quarz, Turmalin, Beryll, Aragonit, Apathit und Baryt. Ein Einfluss der Richtung auf die Durchlässigkeit liess sich auch jetzt nicht erkennen.

Die von Hrn. G. Brandes beobachtete Thatsache, dass die X-Strahlen in der Netzhaut des Auges einen Lichtreiz auslösen können, habe ich bestätigt gefunden. Auch in meinem Beobachtungsjournal steht eine Notiz aus dem Anfang des Monats November 1895, wonach ich in einem ganz verdunkelten Zimmer nahe an einer hölzernen Thür, auf deren Aussenseite eine Hittorf'sche Röhre befestigt war, eine schwache Lichterscheinung, die sich über das ganze Gesichtsfeld ausdehnte, wahrnahm, wenn Entladungen durch die Röhre geschickt wurden. Da ich diese Erscheinung nur einmal beobachtete, hielt ich sie für eine subjective, und dass ich sie nicht wiederholt sah, liegt daran, dass später statt der Hittorf'schen Röhre andere, weniger evacuirte und nicht mit Platinanode versehene Apparate zur Verwendung kamen. Die Hittorf'sche Röhre liefert wegen der hohen Verdünnung ihres Inhaltes Strahlen von geringer Absorbirbarkeit und wegen des Vorhandenseins einer von den Kathodenstrahlen getroffenen Platinanode intensive Strahlen, was für das Zustandekommen der genannten Lichterscheinung günstig ist. Ich musste die Hittorf'schen Röhren durch andere ersetzen, weil alle nach sehr kurzer Zeit durchschlagen wurden (Abb. 6.33).

Mit den jetzt in Gebrauch befindlichen, harten Röhren lässt sich der Brandes'sche Versuch leicht wiederholen. Vielleicht ist die Mittheilung von folgender Versuchsanordnung von einigem Interesse. Hält man möglichst dicht vor das offene oder geschlossene Auge einen verticalen, wenige Zehntelmillimeter breiten Metallspalt und bringt dann den durch ein schwarzes Tuch verhüllten Kopf nahe an den Entladungsapparat, so bemerkt man nach einiger Übung einen schwachen nicht gleichmässig

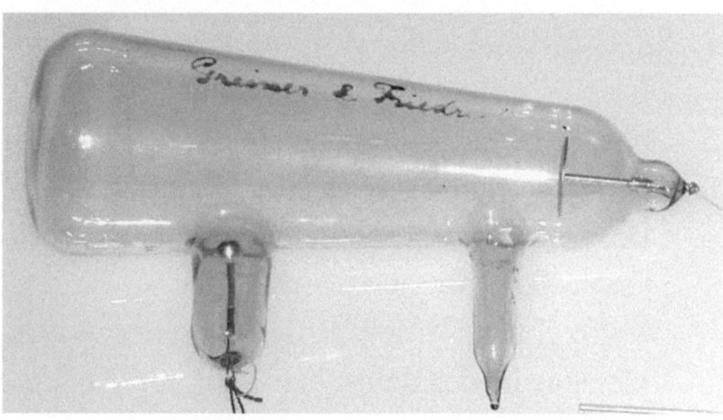

Abb. 6.33 Von Röntgen verwendete Hittorfsche Gasentladungsröhre von Greiner & Friedrichs in Stützerbach in Thüringen. (© Archiv Deutsches Röntgen-Museum. Abdruck mit freundlicher Genehmigung)

hellen Lichtstreifen, der je nach der Stelle, wo sich der Spalt vor dem Auge befindet, eine andere Gestalt hat: gerade, gekrümmt oder kreisförmig. Durch langsames Bewegen des Spaltes in horizontaler Richtung kann man diese verschiedenen Formen allmählich in einander übergehen lassen. Eine Erklärung dieser Erscheinung ist bald gefunden, wenn man daran denkt, dass der Augapfel geschnitten wird von einem lamellaren Bündel X-Strahlen, und wenn man annimmt, dass die X-Strahlen in der Netzhaut Fluorescenz erregen können.

Seit dem Beginn meiner Arbeit über X-Strahlen habe ich mich wiederholt bemüht, Beugungserscheinungen dieser Strahlen zu erhalten; ich erhielt auch verschiedene Male mit engen Spalten u. s. w. Erscheinungen, deren Aussehen wohl an Beugungsbilder erinnerte, aber wenn durch Veränderung der Versuchsbedingungen die Probe auf die Richtigkeit der Erklärung dieser Bilder durch Beugung gemacht wurde, so versagte sie jedesmal, und ich konnte häufig direct nachweisen, dass die Erscheinungen in ganz anderer Weise als durch Beugung zu Stande gekommen waren. Ich habe keinen Versuch zu verzeichnen, aus dem ich mit einer mir genügenden Sicherheit die Überzeugung von der Existenz einer Beugung der X-Strahlen gewinnen könnte.

Würzburg, Physik. Institut der Universität, 10. März 1897.

Ausgegeben am 20. Mai.

Berlin, gedruckt in der Reichsdruckerei

1. Alle in der folgenden Mittheilung erwähnten Entladungsröhren sind nach dem in § 20 meiner zweiten Mittheilung (Sitzungsber. d. phys.-medic. Gesellschaft zu Würzburg, Jahrg. 1895) angegebenen Princip construirt. Einen grossen Theil davon erhielt ich von der Firma Greiner & Friedrichs in Stützerbach i. T., der ich für das mir in reichstem Maasse und kostenlos zur Verfügung gestellte Material öffentlich meinen Dank ausspreche.
2. Bei diesen und anderen Versuchen hat sich der Edison'sche Fluorescenzschirm als sehr praktisch erwiesen. Derselbe besteht aus einem stereoskopähnlichen Gehäuse, das sich lichtdicht an den Kopf des Beobachters anlegen lässt, und dessen Cartonboden mit Baryumplatincyanür bedeckt ist. Edison nimmt statt Baryumplatincyanür Scheelit; ich ziehe aber ersteres aus manchen Gründen vor.
3. Sitzungsberichte der phys.-medic. Gesellschaft zu Würzburg, Jahrg. 1895.
4. Über das Verhalten „nicht normaler“ Röhren siehe unten S. 587.
5. Ein guter Deprez-Unterbrecher functionirt regelmässiger als ein Foucault-Unterbrecher; der letztere nutzt jedoch den primären Strom besser aus.
6. Dass eine vorgeschaltete Funkenstrecke ähnlich wie ein eingeschalteter Tesla-Transformator wirkt, habe ich in der französischen Ausgabe meiner zweiten Mittheilung (Archives des sciences physiques etc. de Genève. 1896) erwähnen können; in der deutschen Ausgabe ist diese Bemerkung durch ein Versehen weggeblieben.

b) Physikalische Grundlagenforschung – Elektrodynamik

„[…] daß Röntgen bei seiner Entdeckung des Röntgenstroms an den letzten Fragen der Optik und Elektrodynamik rührt, die Fragen nach der Natur des ruhenden oder mitbewegten Äthers, die ihre Beantwortung erst Jahrzehnte später in der Elektronentheorie oder vielmehr der Relativitätstheorie gefunden haben.“ Arnold Sommerfeld 1915 (4)

„Der Röntgenstrom, wie Lorentz den von Röntgen entdeckten Effekt nennt, bildet zusammen mit dem Rowland-Effekt, ein unentbehrliches Fundament für die Auffassung, dass die dielektrischen Eigenschaften der Körper auf der Einlagerung von Ladungen (Elektronen) beruhen.“ Arnold Sommerfeld 1915 (4)

„It was, undoubtedly, one oft he most important experiments of the 19th century.“ Peter Dawson 1997 (5)

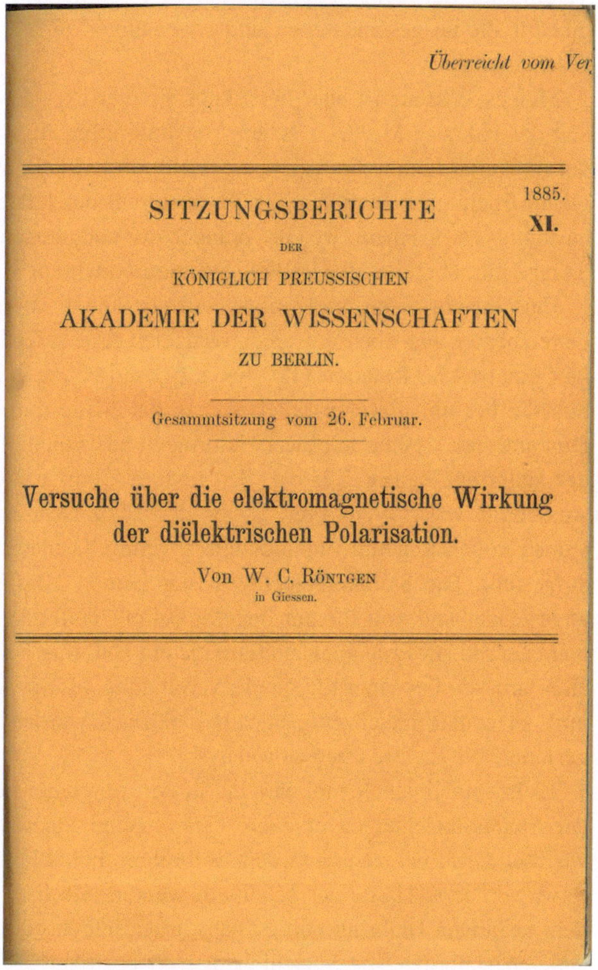

Überreicht vom Ver

1885.
XI.

SITZUNGSBERICHTE

DER

KÖNIGLICH PREUSSISCHEN

AKADEMIE DER WISSENSCHAFTEN

ZU BERLIN.

Gesammtsitzung vom 26. Februar.

Versuche über die elektromagnetische Wirkung der diëlektrischen Polarisation.

Von W. C. Röntgen
in Giessen.

Abb. 6.34 Erste Seite des Sonderdrucks Versuche über die elektromagnetische Wirkung der dielektrischen Polarisation. (© Archiv Deutsches Röntgen-Museum. Abdruck mit freundlicher Genehmigung)

Versuche über die elektromagnetische Wirkung der dielektrischen Polarisation. Math. u. Naturw. Mitt. a. d. Sitzgsber. preuß. Akad. Wiss., Physik.-math. Kl. 1885, 89 (Abb. 6.34).

Von W. C. Röntgen
in Giessen.

Der von Faraday aufgestellten und von Clerk Maxwell ausgearbeiteten Theorie der elektrischen und magnetischen Erscheinungen liegt die Vorstellung zu Grunde, dass in den von elektrisirten Leitern begrenzten Isolatoren eine dielektrische Polarisation (Verschiebung) besteht, deren in irgend einer Weise erzeugte Veränderung elektro-dynamische Wirkungen ausübt, gerade so wie ein in einem Leiter fliessender elektrischer Strom. Hr. von Helmholtz hat gezeigt, dass keine der Folgerungen aus dieser Annahme den Grundgesetzen der Mechanik widerspricht, und dass dieselbe in Verbindung mit dem verallgemeinerten Potentialgesetz eine ausreichende Erklärung gibt für die an geschlossenen und sogenannten ungeschlossenen Leitern beobachteten Erscheinungen.

Meines Wissens ist aber noch kein directer experimenteller Beweis für die Richtigkeit der Faraday-Maxwell'schen Annahme erbracht, und ich hatte mir deshalb bereits vor mehreren Jahren die Aufgabe gestellt, diese Lücke wenn möglich auszufüllen. Nach vielen fruchtlosen Bemühungen ist es mir in der letzten Zeit gelungen, eine Methode ausfindig zu machen, welche brauchbare und entscheidende Resultate lieferte. Ich erlaube mir, über dieselbe im Folgenden zu berichten.

Eine 0,5 cm dicke, horizontale und vorzüglich isolirende Ebonitscheibe von 16 cm Durchmesser war oben auf einer verticalen Axe befestigt, welche durch einen Schnurlauf eine rasche Rotation (120 bis 150 Umdrehungen pro Secunde) erhielt. Unter der Scheibe lag mit dieser parallel eine in der Mitte durchbohrte Glasplatte von 17,5 cm Durchmesser, welche mit zwei Halbringen aus Stanniol beklebt war; der innere Radius der Halbringe betrug 2,25 cm, der äussere 7 cm; der die beiden Halbringe trennende Ausschnitt war 1,4 cm breit. Über der Ebonitscheibe war eine zweite horizontale, jedoch vollständig mit Stanniol überzogene Glasplatte von 21,5 cm Durchmesser fest aufgestellt. Die Stanniolbelegungen der beiden Glasplatten waren der Ebonitscheibe zugewendet und von ihr um ungefär 0,1 cm entfernt; die Belegung der oberen Platte war dauernd zur Erde abgeleitet, und je ein Halbring konnte mit der inneren Belegung je einer grossen Leydener Flasche in Verbindung gesetzt werden, wodurch der eine positiv und der andere gleichzeitig negativ elektrisch wurde. Ein eingeschalteter Commutator gestattete die Elektrisirung zu wechseln.

Es ist nun einleuchtend, dass die in der rotirenden Ebonitscheibe durch Elektrisirung der Stanniolbelegungen erzeugte dielektrische Polarisation ihr Zeichen an der Stelle wechselte, wo der zwischen den Halbringen befindliche Ausschnitt lag. Auf der einen (etwa vorderen) Hälfte der Scheibe bewegten sich ihre Theilchen von dem positiven zu dem negativen Halbring und es fand in denselben beim Übergang von dem einen zum anderen Halbring eine Verschiebung von positiver Elektricität statt, welche eine nach unten gerichtete verticale Componente besass. Gleichzeitig war in der anderen (hinteren) Hälfte der Scheibe eine verticale Verschiebungscomponente vorhanden, die von unten nach oben gerichtet war. Diese Verschiebungen dauerten so lange fort, als die Scheibe bei unveränderter Elektrisirung der Halbringe rotirte, und sie müssten deshalb nach der FARADAY – MAXWELL'schen Annahme in elektromagnetischer Beziehung sich verhalten, wie continuirliche Ströme, welche bei der angenommenen Drehungsrichtung in der vorderen Hälfte der Scheibe von oben nach unten, in der hinteren Hälfte in umgekehrter Richtung verlaufen würden. Es fragt sich nun, ob diese verticalen Componenten thatsächlich eine solche Wirkung ausübten.

Um darüber entscheiden zu können, wurde dicht über der oberen Glasplatte ein metallisches, immer zur Erde abgeleitetes Gehäuse aufgestellt, welches ein äusserst empfindliches astatisches Nadelpaar enthielt; die untere Nadel war ungefähr 0,6 cm weit von der Ebonitscheibe entfernt, ihre Mitte befand sich in der Verlängerung der Drehungsaxe jener Scheibe, und ihre Richtung war parallel mit der Trennungslinie der Halbringe; die Länge der Nadel betrug 4,8 cm (etwas mehr als der innere Durchmesser der Halbringe). Die zweite Nadel hing um 21,5 cm höher als die untere. Die Ablenkungen wurden durch ein über 3 m weit entferntes Fernrohr mit Scala abgelesen. Alle nöthigen Vorkehrungen waren getroffen, um zu verhindern, dass äussere von statischer Elektricität herrührende Einflüsse auf die Nadeln wirkten; auch war durch eine besondere Construction der Axe dafür gesorgt, dass die durch Rotationsmagnetismus erzeugten Ablenkungen nur äusserst gering waren (2 bis 3 Scalentheile). Trotzdem wechselte bei rascher Drehung der Scheibe die Nadel ihre Ruhelage fortwährend, was die Beobachtungen ungemein erschwerte; die Ursache dieser Bewegungen lag, wie ich mich überzeugte, in Luftströmungen und namentlich in kleinen Erschütterungen, welchen der Apparat in Folge der durch die hiesigen Institutsverhältnisse bedingten, mangelhaften Aufstellung ausgesetzt war.

Die Versuche wurden nun in der Weise angestellt, dass ein Beobachter am Fernrohr sass, während ein Gehülfe die Scheibe drehte und ein zweiter nach erfolgtem Anruf von Seiten des Beobachters commutirte. In welchem Sinne commutirt wurde, blieb dem Beobachter absichtlich bis zu Ende einer Versuchsreihe unbekannt; gewöhnlich wurde während einer Versuchsreihe acht Mal commutirt. Von einer genauen Bestimmung der Grösse des nach dem Commutiren erfolgten Ausschlages konnte nicht die Rede sein, da derselbe in allen Fällen sehr klein war und im günstigsten Fall 1,5 Scalentheile (mm), meistens aber nur Bruchtlieile davon betrug. Die Thätigkeit des Beobachters musste sich darauf beschränken, die Richtung des Ausschlages jedesmal zu bestimmen, und dazu gehörte schon in Anbetracht der fast immer vorhandenen kleinen Bewegungen der Nadel eine ziemliche Übung. Durch weit über 1000 Beobachtungen habe ich mir so viel Übung verschafft, dass ich bei den letzten Versuchen die Ablenkungsrichtung fast ausnahmslos richtig angeben konnte.

Aus diesen Versuchen, die in der mannigfaltigsten Weise variirt wurden, ergab sich nun das Resultat, dass das Nadelsystem stets so abgelenkt wurde, wie es die FARADAY'sche Annahme verlangte. Die Veränderung der dielektrischen Polarisation übt somit eine elektromagnetische Kraft aus, gerade so wie ein elektrischer Strom, welcher in einem Leiterstück in derselben Richtung fliessen würde, in welcher die Verschiebung der positiven Elektricität in einem Isolator stattfindet.

Die ausführliche Mittheilung der oben nur kurz beschriebenen Versuche und namentlich der vielen Versuche, welche ich anstellte, um mögliche Täuschungen auszuschlicssen, wird an anderer Stelle erfolgen.

Augenblicklich bin ich beschäftigt mit der Construction eines auf demselben Princip beruhenden Apparates, welcher hoffentlich weniger Mängel besitzen wird und namentlich grössere Ablenkungen zu erzeugen vermag, als der beschriebene. Auch beabsichtige ich, einige aus der FARADAY'schen Theorie sich ergebenden Folgerungen experimentell zu prüfen.

Zum Schluss sei noch erwähnt, dass ich mit dem entsprechend umgeänderten Apparat gewissermaassen als Probe auf seine Empfindlichkeit den von Hrn. VON HELMHOLTZ beschriebenen Rowland'schen Versuch wiederholt habe. Die nicht belegte Ebonitscheibe wurde durch Spitzen geladen. Beim Wechsel der Elektrisirung erfolgte jedesmal ein Ausschlag von 8 bis 10 Scalentheilen.

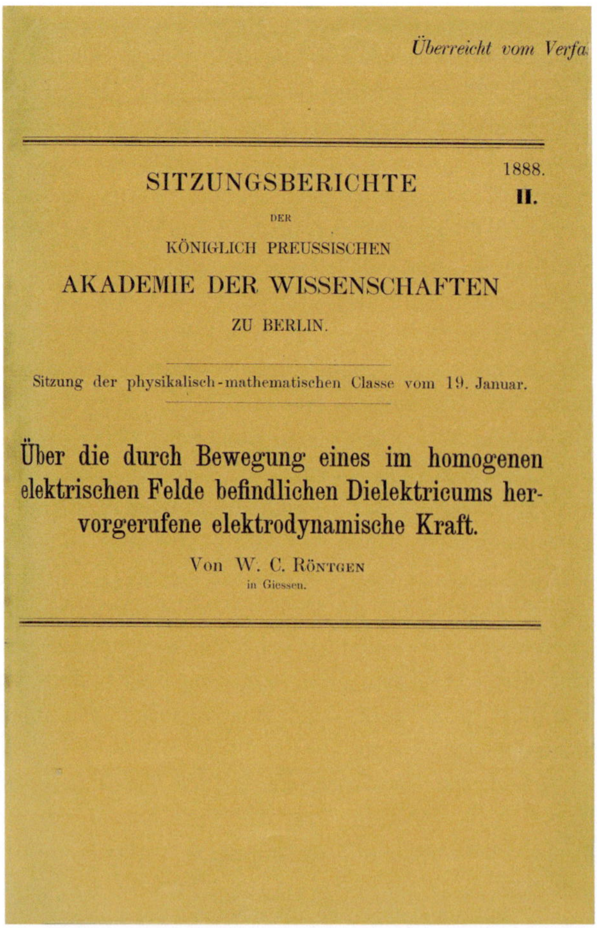

Überreicht vom Verfa

SITZUNGSBERICHTE 1888. II.

DER

KÖNIGLICH PREUSSISCHEN

AKADEMIE DER WISSENSCHAFTEN

ZU BERLIN.

Sitzung der physikalisch-mathematischen Classe vom 19. Januar.

Über die durch Bewegung eines im homogenen elektrischen Felde befindlichen Dielektricums hervorgerufene elektrodynamische Kraft.

Von W. C. RÖNTGEN in Giessen.

Abb. 6.35 Erste Seite des Sonderdrucks elektrodynamische Kraft. (© Archiv Deutsches Röntgen-Museum. Abdruck mit freundlicher Genehmigung)

Über die durch Bewegung eines im homogen elektrischen Felde befindlichen Dielektrikums hervorgerufene elektrodynamische Kraft. Math. u. Naturw. Mitt. a. d. Sitzgsber. preuß. Akad. Wiss., Physik.-math. Kl. 1888, 7 (Abb. 6.35).

Die vorliegende Mittheilung enthält die auf experimentellem Wege gefundene Beantwortung folgender Frage: Kann die Bewegung eines in einem homogenen und constanten elektrischen Felde befindlichen Dielektricums, welches keine eigentliche Ladung mit sich führt, eine elektrodynamische Kraft erzeugen?

Zunächst möchte ich darlegen, dass die Möglichkeit, auf diese Weise eine elektrodynamische Wirkung zu erzielen, vorhanden ist. Man stelle sich zwei parallele, ebene, unendlich grosse Condensatorplatten vor, welchen eine bestimmte Potentialdifferenz ertheilt wurde; die isolirende Zwischenschicht werde senkrecht zu den Kraftlinien in gerader Richtung mit constanter Geschwindigkeit bewegt. Nehmen wir dann an, dass das Medium, in welchem die elektrische Polarisation stattfindet, die Bewegung der Schicht mitmacht, so muss jene Schicht sich nach aussen elektrodynamisch verhalten, wie zwei in ihrer oberen bezw. unteren Begrenzungsfläche vorhanden gedachte, in Ruhe befindliche Stromlamellen, von denen die eine in der Richtung der Bewegung, die andere in der entgegengesetzten Richtung von gleich starken, constanten Strömen durchflossen würde. Ist z. B. die obere Condensatorplatte bis zu einem höheren Potential geladen als die untere, so muss der äquivalente Strom in der unteren Begrenzungsfläche in der Richtung der Bewegung fliessend gedacht werden.

Am einfachsten kommt man zu der Einsicht von der Richtigkeit dieser Betrachtung, wenn man das Dielektricum aus polarisirten Theilchen bestehend denkt: dann ist die Ursache der elektrodynamischen Kraft in der Bewegung der elektrischen Pole zu finden. Aber auch die MAXWELL'sche Theorie von der elektrischen Verschiebung führt zu demselben Resultat

Von den Versuchen, die ich zur Prüfung der angeregten Frage ausführte, gestatte ich mir zwei mitzutheilen.

Ich liess eine runde Glasscheibe (oder eine Hartgummischeibe) rotiren zwischen zwei horizontalen Condensatorplatten, von denen die obere dauernd zur Erde abgeleitet war, die untere von einer Elektricitätsquelle aus mit positiver bezw. negativer Elektricität geladen werden konnte. Dicht über der oberen Condensatorplatte hing die eine von zwei zu einem sehr empfindlichen System verbundenen Magnetnadeln; ihre Richtung stand senkrecht zu einem Radius der Scheibe und ihr Mittelpunkt befand sich über der Scheibe unweit vorn Rande derselben. Durch Fernrohr, Spiegel und Scala konnten die Ablenkungen der Nadel, die beim Commutiren der Ladung des Condensators eventuell eintraten, beobachtet werden.

Bei diesen Versuchen ergab sich nun, dass jedesmal, wenn commutirt wurde, die Nadel eine Ablenkung erfuhr; die so gerichtet war, wie wenn man die oben näher angegebene Richtung eines vorhanden gedachten Stromes umgekehrt hätte. Die Wirkung der Bewegung der positiven Pole auf die Nadel entsprach der eines in gleicher Richtung wie die Bewegung fliessenden Stromes, die Bewegung der negativen Pole, der eines der Bewegung entgegengesetzt fliessenden Stromes.

Abgesehen von anderen leicht zu entkräftenden Einwänden gegen diese Versuche, wie namentlich der Möglichkeit, dass die Ablenkungen der Nadel durch wirkliche in den Condensatorplatten vorhandene Ströme erzeugt wurden, bleibt noch ein Einwand übrig, der einer besonderen Erwähnung bedarf und beseitigt werden muss. Es ist das der folgende: Wenn eine Scheibe zwischen kräftig geladenen Condensatorplatten rotirt, so ist es möglich, dass sie allmählich eine eigentliche Ladung enthält, sei es durch ihre wenn auch nur geringe Leitungsfähigkeit, oder durch eine directe Mittheilung von Elektricität von Seiten des Condensators. Die Bewegung dieser Ladung würde, wie Rowland gezeigt hat, auf die Nadel elektrodynamisch wirken, und man könnte geneigt sein, die bei meinen Versuchen beobachtete Ablenkung dieser Wirkung zuzuschreiben.

Um sicher zu sein, dass die beobachteten Ablenkungen nicht auf diese bekannte Erscheinung zurückzuführen waren, stellte ich Versuche an mit einem Condensator, dessen untere Platte in zwei voneinander isolirten Hälften getheilt war, die beide gleichzeitig aber entgegengesetzt geladen waren; der Mittelpunkt der Nadel befand sich über einer Stelle der rotirenden Scheibe, die von einem Radius derselben getroffen wurde, welcher senkrecht stand zu der Trennungslinie der beiden Condensatorhälften. Von einer merklichen durch Leitung in der Scheibe entstandenen Ladung derselben konnte nun in Anbetracht der raschen Rotation nicht mehr die Rede sein; dass auch keine Elektricität von dem Condensator auf die Scheibe überstimmte, ergab sich aus der Beobachtung, dass der Ausschlag von zwei mit je einer Condensatorhälfte verbundenen Elektrometern von einer Commutirung bis zur folgenden constant blieb.

Auch bei dieser Versuchsanordnung erhielt ich im wesentlichen dieselben Ausschläge der Nadel, wenn commutirt wurde.

Es dürfte daher die Thatsache experimentell festgestellt sein, dass elektrodynamische Kräfte erzeugt werden können durch die Bewegung eines unter dem Einfluss von statischen Ladungen stehenden Dielektricums; ob auch umgekehrt jede beobachtete elektrodynamische Kraft auf diese Ursache zurückgeführt werden kann, ist eine Frage, deren Beantwortung ich noch nicht in Angriff zu nehmen wage.

Die erhaltenen Ausschläge waren immer klein: 2–3 Scalentheile; vergeblich bemühte ich mich dieselben zu vergrössern. Der Grund, weshalb ich viel Werth darauf legte, grössere Ablenkungen zu bekommen, ist nicht etwa darin zu suchen, dass ich noch im Zweifel bin über die Existenz oder über die Ursache derselben, sondern vielmehr darin, dass ich dann vielleicht im Stande gewesen wäre, die Versuchsresultate besser quantitativ zu verwerthen. Es wäre mir namentlich von grossem Interesse gewesen, zu erfahren, ob dasjenige Medium, in welchem die dielektrische Polarisation stattfindet, die Bewegung der ponderabelen Theilchen vollständig mitmacht, oder sich ähnlich wie der Lichtäther nach Fresnel's Ansicht verhält. In der That sind die sich nach dieser Richtung hin eröffnenden Perspective zu verlockend, um nicht alles zu versuchen, was zu einem entscheidenden Resultat führen könnte. Indessen blieben, wie schon gesagt, meine Bemühungen bis jetzt erfolglos.

Schliesslich gestatte ich mir, meiner Mittheilung noch einige weitere Betrachtungen hinzuzufügen.

1. Zunächst die folgende, welche an das zuletzt Gesagte anknüpft. Aus gewissen optischen Ursachen hat man bekanntermaassen geschlossen, dass zwischen den Körpern auf der Erdoberfläche und dem sie umgebenden Lichtäther eine Geschwindigkeitsdifferenz bestehen müsse; ob mit Recht oder nicht, ist, wie mir scheint, eine noch offene Frage. Sollte es nicht gelingen, auch auf elektrischem Wege zu einer Entscheidung zu gelangen? Sprechen doch manche Gründe für die Annahme, dass der Lichtäther auch das Medium ist, durch welches die elektrischen Kräfte übertragen werden. Eine Möglichkeit, dieses Ziel zu erreichen, schien mir durch meine Versuche gegeben zu sein. Man denke sich einen aus zwei parallelen metallischen Platten bestehenden Condonsator horizontal aufgestellt und über der oberen Platte eine Magnetnadel angebracht. Zwischen den Platten befinde sich Luft oder irgend ein anderer Isolator, der aber nicht wie bei den oben beschriebenen Versuchen künstlich bewegt wird, sondern sich relativ zum Condensator in Ruhe befindet. Wenn nun eine Bewegung des Lichtäthers in Bezug auf die Körper auf der Erdoberfläche wirklich vorhanden wäre, so würde derselbe auch zwischen den geladenen Condensatorplattcn durchstreichcn und zwar nach der erwähnten Annahme von der Identität des Licht- und des Elektricitätäthers in einem dielektrisch polarisirten Zustand. Würde man somit für die Beobachtung eine Zeit wählen, wo diese Bewegung möglichst parallel mit den Condensatorplattcn und der Magnetnadel stattfände, so wäre es möglich, dass man beim Commutieren der Ladung eine Ablenkung der Nadel wahrnähme. Eine solche wirklich beobachtete Ablenkung würde eine kräftige Stütze bilden für die Richtigkeit der gemachten Voraussetzungen.

Leider muss ich mittheilen, dass meine Versuche in dieser Beziehung negative und daher nicht beweiskräftige Resultate ergeben haben. Es war nämlich niemals auch nur die geringste Ablenkung der Nadel zu beobachten, wiewohl ich zu sehr verschiedenen Jahres und Tageszeiten und bei verschiedenen Stellungen der Nadel zum Meridian experimentirte.

2. Nach verschiedenen Beobachtern besitzt die Erde eine elektrische Ladung; der die Erde umgebende Raum ist daher dielektrisch polarisirt, und da das diesen Raum erfüllende Dielektricum an weit von der Erde entfernten Stellen die Bewegung der Erde jedenfalls nicht vollständig mitmacht, so ist zu vermuthen, dass auf eine mit der Erdoberfläche mitgeführte Magnetnadel eine ähnliche elektrodynamische Kraft ausgeübt wird, wie wir sie bei meinen Versuchen kennen gelernt haben. Ueber die Grösse dieser Kraft lässt sich vorläufig nichts Bestimmtes sagen, da aber grosse Geschwindigkeitsdifferenzen vorkommen und das Dielektricum einen grossen Raum ausfüllt, so könnte diese Kraft möglicherweise nicht so sehr gering sein.

3. Wenn ein senkrecht zu den Kraftlinien bewegtes Dielektricum auf einen ausserhalb des elektrischen Feldes liegenden, ruhenden Magnetpol elektrodynamisch wirkt, so wird auch dieser Pol auf das Dielektricum zurückwirken; es fragt sich, worin diese Rückwirkung sich äussert. Falls die Bewegungsrichtung unveränderlich ist, könnte meines Erachtens diese Wirkung in einer Aenderung der Richtung und des Momentes der dielektrischen Polarisation bestehen. Der Nachweis einer solchen Aenderung dürfte aber, auch wenn grosse magnetische Kräfte angewendet werden, äusserst schwierig zu erbringen sein.

Betrachtet man ein senkrecht zu den Kraftlinien eines homogenen elektrischen Feldes bewegtes Dielektricum wie eine aus sehr vielen, übereinander gelagerten, in Ruhe befindlichen Stromlamellen bestehende Scheibe, von der jede Lamelle in der entgegengesetzten Richtung vom Strom durchflossen wird, als die benachbarten, so kommt man zu der Schlussfolgerung, dass auch im Innern des Dielektrieums elektrodynamische Kräfte auftreten, welche eine Ausdehnung des Dielektricums in der Richtung der Kraftlinien, oder eine Aenderung des dielectrischen Momentes, oder auch beides zusammen bewirken. Auch die Wahrnehmung dieser Erscheinungen dürfte mit grossen Schwierigkeiten verknüpft sein.

Die Dimensionen des zu den Versuchen mit ungetheiltem Condensator verwendeten Apparates waren folgende:

Durchmesser der rotirenden Scheibe	10,0 cm
Dicke	0,35 cm
Abstand der Scheibe von der oberen Condensatorbelegung	0,14 cm
Abstand der Scheibe von der unteren Condensatorbelegung	0,25 cm
Durchmesser der Belegungen	20,0 cm
Excentricität der Nadel	4,0 cm
Abstand der unteren Nadel von der oberen Fläche der rotirenden Scheibe	0,3 cm
Abstand der beiden Nadeln voneinander	24,5 cm
Länge der unteren Nadel	4,65 cm
Länge der oberen Nadel	4,74 cm
Magnetisches Moment der unteren Nadel	9,393 cm $^{5/2}$ g ^{½} sec $^{-1}$
Magnetisches Moment der oberen Nadel	9,551 $^{5/2}$ g ^{½} sec $^{-1}$
Schwingungsdauer des gedämpften astatischen Systems	17,0 s
Torsionsverhältnis des gedämpften astatischen Systems	0,0062
Log. Decrement des gedämpften astatischen Systems	1
Schwingungsdauer des Systems mit gleichgerichteten Nadeln	1,3 s
Torsionsverhältnis des Systems mit gleichgerichteten Nadeln	0,000050
Log. Decrement des Systems mit gleichgerichteten Nadeln	0,0879

Die Potontialdifferenz der beiden Condensatorbelegungen entsprach einer Funkenstrecke von 0,3 cm in Luft zwischen Kugeln von 2,0 cm Durchmesser.

Die Umdrehungszahl der Scheibe betrug ungefähr 100 pro Sec. Die nach dem Commutiren beobachteten Ausschläge betrugen 2–3 Scalenstriche (Millimeter).

Die Entfernung des Spiegels von der Scala war 229 cm

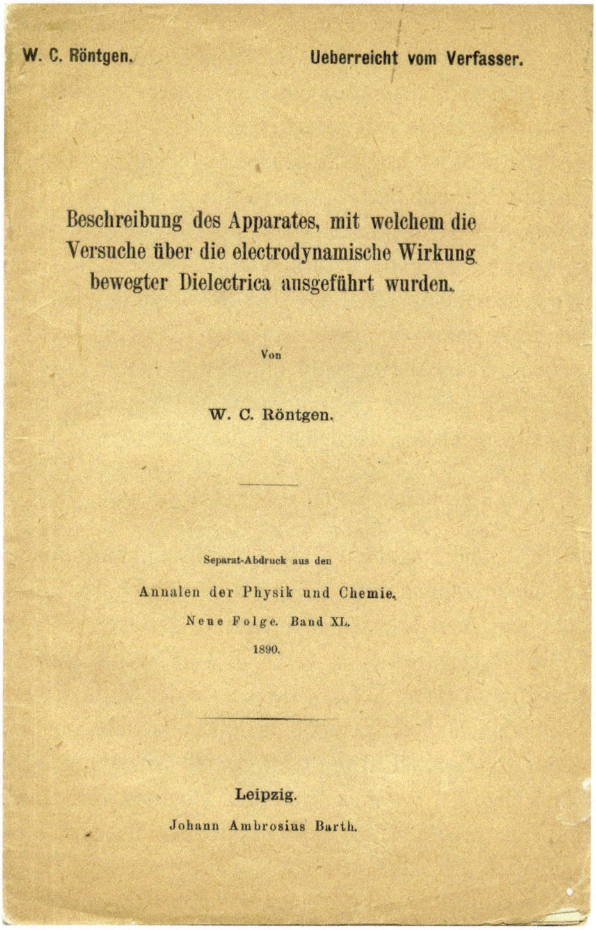

W. C. Röntgen. Ueberreicht vom Verfasser.

Beschreibung des Apparates, mit welchem die Versuche über die electrodynamische Wirkung bewegter Dielectrica ausgeführt wurden.

Von

W. C. Röntgen.

Separat-Abdruck aus den

Annalen der Physik und Chemie.

Neue Folge. Band XL.

1890.

Leipzig.

Johann Ambrosius Barth.

Abb. 6.36 Erste Seite des Sonderdrucks Beschreibung des Apparats zur Messung des dielektrischen Verschiebungsstroms. (© Archiv Deutsches Röntgen-Museum. Abdruck mit freundlicher Genehmigung)

Beschreibung des Apparates, mit welchem die Versuche über die elektrodynamische Wirkung bewegter Dielektrika ausgeführt wurden[3] (Abb. 6.36):
Von W. C. Röntgen
Ann. Physik u. Chem., N. F. 40, 93 (1890).

Zu der Veröffentlichung der folgenden Zeilen wurde ich hauptsächlich durch eine im Juniheft des Jahrganges 1889 vom Philosophical Magazine erschienenen Arbeit der Herren Rowland und Hutchinson[4] veranlasst. Die genannten Herren halten es für möglich, dass die von mir bei meinen Versuchen beobachtete Ablenkung der Magnetnadel durch Convectionsströme erzeugt wäre, während ich dieselbe als einen Beweis für die Existenz einer electrodynamischen Wirkung ansehe, welche von einem in einem homogenen electrischen Felde senkrecht zu den Kraftlinien bewegten Dielectricum ausgeübt wird.

Zwar habe ich bereits in meiner ersten kurzen Mittheilung die Versuche erwähnt, welche ich anstellte, um mich davon zu überzeugen, dass Convectionsströme in dem von Hrn. Rowland und Hutchinson gemeinten Sinne die Ursache der Nadelablenkung nicht sein könnten, ich lege aber in dieser, wie mir scheint, nicht unwichtigen Frage soviel Werth auf das sachkundige Urtheil des Hrn. Rowland, dass ich es nochmals versuchen möchte, den Beweis zu liefern für die Richtigkeit der Deutung, welche ich meinen Versuchen gab.

Dieses Ziel dürfte wohl am besten durch eine ausführliche Beschreibung meines Apparates und der damit angestellten Versuche zu erreichen sein; dieselbe soll im Folgenden gegeben werden.

1. Der Rotationsapparat mit dem Condensator

In Fig. 1 und 2 sind ein Verticalschnitt und ein Grundriss meines Apparates gezeichnet; um die Zeichnung nicht zu sehr zu überladen, ist in dem Grundriss der Condensator und der obere Theil des Magnetometers weggelassen.

Die Buchstaben *A, B, C, D, E, F* bezeichnen ein schweres, dreiarmiges Gestell aus Rothguss in einem Stück gegossen. In der Mitte dieses Gestelles ist die Drehungsaxe *G, H* angebracht, welche unten auf einer verstellbaren Stahlspitze läuft und oben in einer durch drei Schrauben mit dem Gestell befestigten Fassung *L K* gelagert ist. Die kleine Stahlspitze ist, mit Ausnahme der Magnete, das einzige Stück aus Eisen, welches am Apparat vorkommt; bei einer eventuellen Wiederholung der Construction des Apparates würde ich die Stahlspitze zu vermeiden suchen. Dieselbe wird so gestellt, dass die Axe nur noch einen äusserst kleinen Spielraum für eine verticale Bewegung hat.

Die aus Phosphorbronze angefertigte Rotationsaxe ist, um das Entstehen von Rotationsmagnetismus möglichst zu vermeiden, der ganzen Länge nach durchbohrt und auf der einen Seite in der Längsrichtung aufgeschnitten; die dadurch entstandene Spalte wurde durch eingekittetes Hartgummi ausgefüllt. Die Axe erhält ihre Bewegung durch ein aufgeschraubtes, mit einer Contermutter aus Elfenbein befestigtes Schnurlaufrädchen *L* aus Hartgummi. Die Stabilität der Axe ist trotz ihrer geringen Dicke (0,5 cm) selbst bei der grössten angewandten Drehungsgeschwindigkeit eine durchaus genügende, und der Rotations-

[3]Röntgen, „Ber. d. Bcrl. Acad. 1SSS. p. 23. Wied, Ami. 35“ p. 264. 1SSS.

[4]Rowland u. Hutchinson, Phil. Mag. 27. p. 445. 1S89.

magnetismus ist so klein, dass die dadurch hervorgerufene Ablenkung des astatischen Nadelsystems im ungünstigsten Falle 1 Scalentheil (mm) beträgt. Der obere Theil der Axe besteht ganz aus Hartgummi; derselbe ist schwach conisoh abgedreht, um die Hülse aufstecken zu können, welche die in Rotation zu versetzende Glasscheibe *M, N* trägt.

Diese Hülse bestand bei den ersten Versuchen aus Hartgummi; nachdem ich aber gefunden hatte, dass dieses Material trotz Abschabens und längerer Behandlung mit Salzsäure stets etwas magnetisch war, wurden nur noch Hülsen aus Elfenbein verwendet. Mittelst einer kleinen Elfenbeinschraube wird die Hülse mit der Axe befestigt. Wie die Glasscheibe durch eine Schraube und einen Stellstift aus Elfenbein mit der Hülse verbunden ist, geht zur Genüge aus der Zeichnung hervor. Bei guter.lustirung der Axe war ein Schlagen oder Schlottern der Scheibe kaum zu bemerken.

Sechs verschiedene Scheiben wurden zu den Versuchen benutzt: zwei bestehen aus Hartgummi verschiedener Herkunft, drei aus Spiegelglas und eine aus Fensterglas. Die grösste hat 16 cm, die kleinste 10 cm Durchmesser; ihre Dicke variirte von 0,5 bis 0,2 cm. Alle wurden durchprobirt und ergaben, wie ich gleich bemerken will, qualitativ gleiche Resultate. Die kleinen Scheiben mittlerer Dicke (0,35 cm) halte ich für die geeignetesten.

Die Hartgummischeiben haben gewiss ihre Vorzüge, allein sie sind stets magnetisch; legt man eine solche Scheibe unter das Magnetsystera des Apparates, so erhält man meistens sehr beträchtliche Ausschläge der Nadel, deren Grösse und auch wohl Richtung sich ändert, wenn man der Scheibe andere Lagen gibt. Setzt man dagegen die Scheibe in nicht zu langsame Rotation, so zeigt die Nadel wohl noch immer eine Ablenkung; dieselbe ist aber relativ klein und ändert sich, was die Hauptsache ist, kaum mehr mit zunehmender Drehungsgeschwindigkeit. Die Nadel hat eine neue, sich mit der Drehungsgeschwindigkeit kaum ändernde Ruhelage bekommen. Man kann folglich mit einiger Vorsicht die Hartgummischeiben sehr wohl zu qualitativen Versuchen, und nur solche beabsichtigte ich zu machen, verwenden. Trotzdem habe ich es für nöthig erachtet, die Versuche auch mit Glas anzustellen.

Die Glasscheiben wurden jedesmal vor dem Gebrauch nach Warburg's Vorschrift mit heissem Wasser behandelt und darauf gut getrocknet. Sie erwiesen sich in den trockenen Wintermonaten, in welchen die Versuche ausgeführt wurden, als vortreffliche Isolatoren.

Die Form des Condensators wurde im Laufe der Querstrich mehrfach geändert: Die obere Platte ist eine auf der unteren Seite ganz mit Stanniol überzogene runde Spiegelglasscheibe *O P,* die an der Stelle, wo sich das Magnetometer befindet, einen kreisrunden Ausschnitt hat, um die Magnetnadel so nahe wie möglich an die rotirende Scheibe heran bringen zu können. Die Oeffnung ist auf der unteron Seite der Platte mit einer doppelten Stanniollage überzogen; dieser Verschluss war nöthig, weil das Magnetometer nicht von den Luftströmen, die von der rotirendon Scheibe ausgehen, getroffen werden durfte, wenn man die dadurch erzeugten Schwankungen des Nadelsystems vermeiden wollte. Zwischen der Condensatorplatte und dem Magnetometer findet nirgendwo eine Berührung statt. Da die Excentricität der Nadel bei den verschiedenen Versuchen nicht dieselbe war, so war es nöthig, für jede Stellung eine besondere obere Condensatorplatte anfertigen zu lassen. Der Versuch, die Spiegelglasscheiben durch solidere Scheiben aus dünnem Messingblech zu ersetzen, scheiterte daran, dass zwischen dem Stanniol, mit welchem die runde Oeffnung überklebt werden musste, und dem Messing bei der geringsten Temperaturdifferenz an den Berührungsstellen Thermoströme entstanden. die mitunter sehr beträchtliche Ablenkungen der Nadel hervorbrachten. (Vgl. unten p. 102). Wie die obere Condensatorplatte von den drei Hartgummischrauben *D, E, F* die ein Höher-, resp. Tieferstellen und eine Justirung der Platte ermöglichen, getragen wird, ist in der Zeichnung ersichtlich. Die Platte war stets zur Erde abgeleitet und die Ableitung befindet sich an der Schraube, welche auf dem Arme des Gestelles angebracht ist, der senkrecht zur Nadelrichtung steht; diese Vorsichtsmassregel ist geboten, weil sonst die Nadel durch die beim Laden des Oondensators ab- oder zufliessende Electricität eine Ablenkung erfahren würde. Bei einigen Versuchen war die Stanniolbelegung mit radialen oder auch mit concentrischen Ritzen versehen, aber davon abgesehen, blieb die Form der oberen Condensatorplatte unverändert.

Die untere Condensatorplatte *Q R* dagegen wurde mehrfach ausgewechselt. Einige dieser Formen möchte ich beschreiben. Die einfachste besteht aus einer runden, von den Hartgummischrauben *DEF* getragenen, auf der oberen Seite mit einem möglichst breiten Stanniolring beklebten Glasscheibe, die, um die Drehungsaxe durchzulassen, in der Mitte mit einer runden Oeffnung versehen ist. Die Zuführung der Ladung geschieht von derselben Schraube aus, an welcher auch die Erdleitung angesetzt ist. Die Versuche wurden hei verschiedenen Abständen der Condensatorplatten angestellt, bei dem der Berliner Acadernie rnitgetheilten Versuch betrug der Abstand der beiden Belegungen 0,74 cm.

Gegen die Anwendung dieses Condensators kann man Einwände erheben, und ich habe dieselben bereits in der citirten Mittheilung besprochen. Diese Einwände sind es denn auch, welche, wie eingangs erwähnt, von den Herren Rowland und Hutchinson meinen Versuchen gemacht wurden; die genannten Herren führen an, dass die rotirende Scheibe eine eigentliche Ladung erhalten haben könnte, und dass ich deshalb möglicherweise die Wirkung eines Convectionsstromes (Rowlandeffect) beobachtet hätte. Eine solche Ladung der Scheibe wäre allerdings auf zwei Wegen möglich: einmal durch Uebertragung von Electricität von Seiten einer benachbarten geladenen Condensatorplatte[5], und zweitens durch eine in der rotirenden Scheibe selbst stattfindenden Leitung der Electricität. Den ersten Weg kann man mit ziemlicher Sicherheit abschneiden, indem man die Belegungen nicht auf der Innenseite, sondern auf der Aussenseite des Condensators anbringt, und ich habe auch Versuche mit einem solchen Condensator mit gutem Erfolg gemacht, allein es bleibt dann noch immer der zweite Einwand bestehen. ‚Ich' habe deshalb folgende Versuchsanordnungen getroffen, um zu einwurfsfreien Versuchen zu gelangen.

[5]Bemerken möchte ich noch, dass man durch Steigerung der Ladung über die ausprobirte erlaubte Grenze hinaus sehr wohl solche Ladungen der Scheibe erhalten kann, wie sie soeben besprochen wurden; der Rowlandeffect ist dann sehr gut zu beobachten. Ich möchte bemerken, dass nur eine von der unteren Condensatorplattc erhaltenen Ladung den von mir beobachteten Ausschlag der Nadel erzeugen könnte, und nicht eine Ladung, die von der oberen Platte übergegangen wäre.

Statt der beschriebenen unteren Condensatorplatte setzte ich eine solche ein, die aus zwei in einer Ebene liegenden, voneinander durch, einen 0,8 cm breiten Streifen getrennten Halbringen besteht (vgl. Fig. 1 und die obere Ansicht in Fig. 3); diese Halbringe sind entweder wieder aus Stanniol geschnitten und auf einer Glasplatte aufgeklebt oder sie bestehen aus vergoldeten Messingplatten mit verstärkten, gut abgerundeten Bändern, die von Glasfüsschon getragen worden (vgl. Fig. 1); beide Formen wurden angewendet. Die untere Nadel des Magnetsystems hängt Uber einem Halbringe und ist parallel mit der Trennungslinie der Halbringe. Beide Hälften sind ziemlich gleich stark, aber verschieden electrisch, während die eine positiv ist, ist dio andere negativ. Die Zuleitung der Eiectricität zu der einen Hälfte geschieht mittelst eines Drahtes, der von einem kleinen Stativchen S (Fig. 1) getragen wird; die Zuleitung zu der anderen ist dieselbe, welche oben beschrieben wurde. Die beiden Drähte, welche die Electricitäten zum Condensator führen, werden durch einen eingeschalteten Commutator mit je einer Leydener Flasche in Verbindung gesetzt, die ihre Ladung von den Conductoren einer Holtz'schen Maschine erhalten haben. Jede Flasche trägt ein einfaches Electroskop, dessen Einrichtung genügt, um beurtheilen zu können, inwieweit die Ladung constant bleibt.[6]

Um Gewissheit zu erlangen, dass der rotirenden Scheibe von einer geladenen Condensatorplatte keine Electricität in merklichem Maasse zugeführt wurde, bestimmte ich zuerst bei stillstehender Scheibe mit Hülfe der erwähnten Electroskope, um wieviel die auch nachher bei rotirender Scheibe anzuwendende Ladung innerhalb einer gewissen Zeit abnahm. Da für eine sehr gute Isolation gesorgt war, so war diese Abnahme verhältnissmässig sehr gering, sie betrug in 5 min 1 Scalenth. des Electroskops, wenn dasselbe bis auf 10 geladen war. Darauf wurde dieselbe Bestimmung mit rotirender Scheibe wiederholt, und gefunden, dass in diesem Falle keine raschere Abnahme der Ladung stattfand. Gleichzeitig wurde das Magnetometer beobachtet, und es ergab sich eine Ablenkung der Nadel im richtigen Sinne; darauf wurde ein dritter Versuch gemacht, bei welchem nun das Magnetometer über der anderen Condensatorhälfte stand, und ebenso verfahren wie beim zweiten Versuch; auch jetzt fand ich wieder die erwartete Ablenkung, d. h. bei gleicher Drehungsrichtung und Ladung des Condensators eine Ablenkung in demselben Sinne wie vorhin.

Aus diesen mehrmals wiederholten Versuchen kann man mit Gewissheit schliessen, dass keine merklichen Electricitätsmengen von dem Condensator auf die rotirende Scheibe übergingen. Denn erstens kann dieser Uebergang nicht von einer Hälfte allein stattgefunden haben: ich hätte sonst in den beiden Stellungen des Magnetometers Ablenkungen in verschiedenem Sinne beobachten müssen, was nicht der Fall war. Man könnte somit nur noch zweitens annehmen, dass die Ladung der Scheibe fortwährend wechselte an den beiden über der Trennungslinie der beiden Halbringe gelegenen Stellen, sodass die eine Hälfte mit positiver, die andere mit negativer Electricität

[6]Vgl. die ausführlichere Beschreibung dieser Apparate auf p. 105.

geladen wäre; dann müsste aber von den beiden Halbringen fortwährend Electricität, von dem einen positive und von dem anderen negative, auf die rotirende Scheibe überfliessen. Diese fortwährende Entladung müsste aber in Anbetracht des Verhältnisses der Capacitäten der Flaschen und des Condensators, sowie der raschen Rotation der Scheibe (ca. 100 Umdrehungen pro Sec.) zur Folge gehabt haben, dass die Flaschen sehr bald ihre Ladung verloren hätten. Da nun, wie gesagt, die Electroskope keine merklich raschere Abnahme der Ladung bei rotirender Scheibe anzeigten, so ist auch diese letzte Möglichkeit ausgeschlossen.

Ebenso wie der erste dürfte auch der zweite von den oben auf p. 97 erwähnten Einwänden durch die Versuche mit dem getheilten Condensator beseitigt sein. Wenn es schon nicht wahrscheinlich ist, dass die obere und die untere Fläche der zwischen ungeteilten Condensatorplatten rotirenden, sehr gut isolirenden Hartgummi- oder Glasscheibe durch Leitung in dieser Scheibe während einer halben bis zu einer ganzen Minute, d. h. in der Zeit, welche zwischen zwei aufeinander folgenden Commutirungen vergeht, eine solche Ladung erhalten, dass dieselbe eine Rowland'sche Wirkung von der beobachteten Grösse hervorbringen könnte, so ist diese Möglichkeit jetzt wohl ganz ausgeschlossen, wo diese Ladung innerhalb einer Zeit von ca. 0,003 Secunden zu Stande kommen müsste. Gegen eine solche Möglichkeit sprechen die Erfahrungen, welche andere Beobachter bei Bestimmungen der Dielectricitätsconstanten, namentlich der des Hartgummis, gemacht haben. Noch ist zu erwähnen, dass die Versuche mit getheiltem und ungeteiltem Condonsator auch qualitativ gleiche Resultate lieferten.

Eine andere Form der unteren Condensatorbelegung ist in Fig. 4 gezeichnet; die Lage der Nadel ist in der Figur angegeben. Die beiden nun ungleich grossen Theile der Belegung waren bei den Versuchen wieder ungleichnamig electrisch. Die beobachtete Ablenkung der Nadel fand im richtigen Sinne statt; die Scheibe hätte jetzt in weniger als 0,001 s. durch Leitung die nöthige Ladung erhalten müssen. –Bei anderen Versuchen wurde blos die eine Hälfte des geteilten Condensators geladen, die andere wurde zur Erde abgeleitet; über der geladenen Hälfte erhielt ich Nadelausschläge, über der anderen nicht.

Schliesslich ist noch zu erwähnen, dass ich richtige Ablenkungen der Nadel, aber entsprechend kleinere auch erhielt mit schwächeren Ladungen und mit Condensatorplatten, die weiter voneinander entfernt waren, als in der citirten Mittheilung an die Berliner Academie angegeben ist.

2. Das Magnetometer

Auf einem von drei Fussschrauben getragenen starken Messingring a, *b* (Fig. 1 und 2) sind zwei Träger befestigt, die oben durch zwei parallele horizontale Leisten *cd* und *cf* verbunden sind. Auf diesen Leisten, von denen die eine, *ef*, dachförmig, die andere eben abgeschliften ist, liegen die drei Ansätze *g, h, i* einer kreisförmigen Platte, mit welcher die übrigen Theile des Magnetometers verbunden sind, frei auf. Infolge dieser Einrichtung kann man das Magnetometer, ohne die Justirung viel zu verderben, in der Richtung eines Durchmessers der Condensatorplatte und senkrecht zu der Richtung der Magnetnadeln verschieben und dasselbe an verschiedenen Stellen über dem Condensator aufstellen. Aul der erwähnten runden Platte ist der Träger für die ca. 40 cm lange messingene Aufhängeröhre *k* befestigt. Das Spiegelgehäuse wird durch eine übergeschobene Messingkappe gebildet; eine vor das Fensterchen *l* gesetzte conische Metallröhre schützt den Spiegel gegen äussere electrische Einflüsse. An jener Platte hängt, durch Bajonnetverschluss befestigt, ein Schutzmantel *nm* für das Nadelsystem; derselbe ist arn unteren Ende mit vier fensterartigen Öffnungen versehen, durch welche man zum Zwecke des Justirens die untere Nadel zu sehen bekommen kann. Während der Versuche sind diese Oeffnungen durch einen heruntergelassenen, durch Schliffe luftdicht schliessenden Ring verschlossen. Der Boden des Gehäuses besteht aus einer äusserst dünnen Kupferplatte; bei *m* und *n* sind Kupferringe als Dämpfer angebracht, deren innerer Durchmesser nur ungefähr 1 mm grösser ist, als die Länge der beiden Nadeln. – Alle Theile des Gehäuses bestehen aus electrolytischem Kupfer. Dasselbe ist stets zur Erde abgeleitet.

Das astatische Nadelpaar hängt an dem dünnsten Coconfaden, den ich habe erhalten können; das sehr dünne Spiegelchen *o* ist durch ein Korkstückchen auf einem Aluminiumdraht befestigt, der unten mit einem leichten Doppelhaken versehen ist; in diesem Haken hängt die obere der beiden Nadeln (bei *m).* Die Nadeln bestehen aus cylindrischen, 0,1 cm dicken und 4,65, resp. 4,74 cm langen Stahlmagneten, die nach den Vorschriften von F. Kohlrausch hergestellt wurden; sie werden von Aluminiumbügelchen gehalten, die

miteinander durch eine dünnwandige Capillare aus Glas verbunden sind. Ihr Abstand beträgt 24,5 cm. Das magnetische Moment der unteren Nadel beträgt 22,534 $cm^{5/2}$ $g^{1/2\,s-1}$, und da dieselbe 0,3215 g wiegt, so ist ihr specifischer Magnetismus gleich 70. Das magnetische Moment der oberen Nadel beträgt 22,913 $cm^{5/2} = g^{1/2}\ s^{-1}$; das Verhältniss der Momente beider Nadeln ist gleich 1,0168, während das Verhältniss ihrer Längen gleich 1,0193 ist.[7] Die Schwingungsdauer des gedämpften astatischen Systems beträgt 17,0 s.; das logarithmische Decrement 1.0; das Torsionsverhältniss 0,0062. Für das System mit gleichgerichteten Nadeln gelten folgende Werthe: Schwingungsdauer 1,3 s.; logarithmisches Decroment 0,0879; Torsionsverhältniss $0{,}0_4 50$.

Die untere Nadel ist 0,3 cm von der oberen Fläche der rotirenden Scheibe entfernt, und steht., wie ich wohl kaum zu bemerken brauche, senkrecht zu einem nach ihrer Mitte gezogenen Radius der Scheibe; ihre Excentricitaet betrug in dem der Berliner Academie mitgetheilten Falle 4 cm.

Das beschriebene Nadelsystem ist das zuletzt von mir gebrauchte; die anderen unterscheiden sich hauptsächlich durch die Befestigung und die Gestalt der Magnete (Nähnadeln, Uhrfedern) von jenem.

Die Ablenkungen wurden mit Hülfe von Fernrohr und Scala, die in 229 cm Entfernung vom Spiegel aufgestellt waren, bestimmt; 1 Scalenth. = 1 mm.

Entsprechend den Erfahrungen anderer Beobachter fand ich, dass es kaum möglich ist, das sehr empfindliche Nadelsystem gegen den Einfluss von benachbarten Thermoströmen zu schützen. So genügt z. B. das Näheren der Hand oder die Strahlung einer

[7]Leider hat sich bei der ersten Berechnung der magnetischen Momente aus Ableukungsbeobachtungon ein Fehler eingeschlichen; deshalb sind die der Berl. Acad. mitgetheilten Werthe durch die obigeu zu ersetzen.

entfernteren Gasflamme, um in dem Magnetgehäuse Thermoströme hervorzurufen, welche die Nadeln beträchtlich ablenken. Diesem Uebelstand half ich in einfacher und doch vollständig ausreichender Weise dadurch ab, dass ich das Gehäuse mit einem auf die obere Conden- satorplatte aufgesetzten weiten Cylinder aus starkem Schreibpapier umgab. – Durch unausgesetztes und möglichst gleichmassiges Heizen des Ofens im Beobachtungsraume erhielten die Zimmerwände in der Ecke, in welchem das Magnetometer stand, eine Temperatur, die nicht allzusehr von der Temperatur der Zimmerluft abwich, was wiederum nöthig war, um eine fortwährende Verlegung des Nullpunktes zu vermeiden. – Nicht zu vermeiden waren dagegen die Thermoströme, welche durch die Drehung der Scheibe im Rotationsapparat erzeugt wurden; zwar habe ich dieselben durch Aufsuchen und möglichste Beseitigung ihrer Ursache auf ein Minimum reducirt, aber es ist mir nicht gelungen, sie ganz zum Verschwinden zu bringen.

Dieser Rest, welcher je nach der Lage der unteren Magnetnadel Ablenkungen von 6 bis zu 25 Scalenth. erzeugte, rührte von der durch dio Drehung der Scheibe entstehende Erwärmung des Rotationsapparates her. Sie traten infolge dessen sowohl bei geladenem, als bei ungeladenem Condensator auf, beim Anfängen des Drehens zuerst sehr schwach, dann stärker werdend, um langsam abzunehmen, nachdem die Drehung aufgehört hatte. Ihre Richtung war unabhängig von der Drehungsrichtung. Da diese Ströme sehr regelmässig verliefen und ziemlich constant wurden, nachdem die Scheibe einige Zeit in gleichmässiger Weise gedreht war, so störten sie die Beobachtung der beim Commutiren der Ladung entstehenden Ausschläge nur wenig; namentlich dann, wenn die Magnete stark excentrisch aufgestellt waren, denn in diesem Falle war ihr Einfluss auf die Nadel überhaupt geringer. Ich konnte daher stets mit Sicherheit beobachten, dass jene beim Commutiren entstehenden Ausschläge dauernd, d. h. von einer Commutirung bis zur nächstfolgenden anhaltend waren.

Um zu vermeiden, dass die mitunter starken, durch die rasche Rotation der Glasscheibe erzeugten Erschütterungen auf das Magnetometer übertragen wurden, habe ich nach einigen Vorversuchen dem Apparate folgende Aufstellung gegeben, die sich ganz ausgezeichnet bewährt hat. Der Rotationsapparat steht auf einem ca. 1 m hohen und 50 cm dicken und breiten, von der Zimmerwand und dem hölzernen Fussboden isolirten Sandsteinpfeiler, der mit breiterer Basis auf das starke Gewölbe des Gebäudes aufcementirt ist. Ursprünglich beabsichtigte ich den Apparat durch Ankerschrauben mit dem Pfeiler zu verbinden; dieselben wurden aber nicht angebracht, sondern ich kittete die drei Füsse des Apparates mit Wachs und Kolophoniumkitt auf den Pfeiler fest. Das Magnetometer wird getragen von einer 12 cm dicken Sandsteinplatte, die in die ca. 50 cm dicken, massiven Eckwände des Gebäudes eingemauert ist. Wie aus Fig. 1 und aus der Dispositionszeichnung (Fig. 5) ersichtlich ist geht der runde Pfeilerkopf, ohne das Consol zu berühren, durch dieses hindurch, sodass die obere Fläche des Pfeilers bündig ist mit jener des Consols. Trotzdem also die im Rotationsapparat entstehenden Erschütterungen keinen so sehr weiten Weg hatten, um zum Magnetometer zu gelangen, wurden sie für gewöhnlich gar nicht übertragen; nur bei einer bestimmten Drehungsgeschwindigkeit entstanden so starke Erschütterungen, dass man sie im ganzen Beobachtungsraume und in den benachbarten Zimmern, folglich auch am Magnetometer kräftig spürte; bei rascherer oder langsamerer Drehung verschwanden sie wieder. Bei dieser Drehungsgeschwindigkeit wurden selbstverständlich keine Versuche gemacht.

Die Scheiben werden in Rotation versetzt durch ein Savart'sches Rad, auf dessen Axe eine hölzerne, mit Blei beschwerte Scheibe aufgesetzt war. Die Schnur läuft dicht vor dem Rotationsapparat über zwei kleine Führungsröllchen (vgl. Fig. 5). Die Kurbel wurde von einem Gehülfen in einem möglichst gleichmässigen Tempo gedreht; die Rotationszahl der Scheibe wurde auf akustischem und auf stroboskopischem Wege bestimmt. Erwähnen möchte ich noch, dass die Arbeitskraft eines kräftigen Mannes nöthig war, um die Umdrehungszahl der grössten Scheiben zwischen eng gestellten Condensatorplatten auf etwa 100 pro Sec. längere Zeit zu erhalten.[8]

3. Die Zuleitung der Electricität zum Condensator

Die zur Ladung des Condensators nötliige Electricität wurde von einer kleinen Holtz'schen Maschine (vgl. Fig. 5) geliefert. Je ein Conductor derselben ist mit der inneren Belegung einer Leydener Flasche (Höhe der Belegung 20 cm, Weite 12 cm), die als Reservoir diente, in dauernder leitender Verbindung; die äussere Belegung ist zur Erde abgeleitet. Von den beiden Flaschen gelangt die Electricität durch einen Commutator zu zwei Quecksilbernäpfchen, die durch Schellackstangen auf dem Steinconsol befestigt sind, und von hier führte je ein Draht zu den beiden Halbringen des getheilten Condensators oder, wenn der ungetheilte Condensator benutzt wurde, von einem Näpfchen nur ein Draht zu der unteren Platte dieses Condensators (vgl. p. 93). Für die Verbindungen wurden mit Guttapercha überzogene Kupferdrähte genommen.

Der Commutator besteht aus einer Glasröhre, die an den Enden und in der Mitte mit Stanniol überzogen ist; die Endbelegungen stehen durcli einen durch die Röhre gehenden Draht miteinander in Verbindung; ausserdem sind sie mit der Leitung 1 (Fig. 5) und die mittlere Belegung mit der Leitung 2 verbunden. Die Glasröhre wird getragen von zwei an den Leydener Flaschen angebrachten Bügelchen (Fig. 6); liegt die Röhre, wie in Fig. 5 gezeichnet ist, nach rechts, so ist das Näpfchen 2 positiv, das Näpfchen 1 negativ; wird die Röhre nach links verschoben, so wechselt die Electrisirung der beiden Näpfchen, und folglich auch die der Halbringe.

Zur Controlirung und auch zur ungefähren Messung des Potentials dienen die auf den Stangen der Leydener Flaschen angebrachten Quadrantelectroskope (vgl. Fig. 6). Dieselben bestehen aus einem dünnen Aluminiumdraht mit angeschraubter Aluminiumhohlkugel; als Gegengewicht dient ein Glasfaden mit einem verschiebbaren Glaskörperchen, welches je nach der gewünschten Empfindlichkeit gestellt wird. Die aus einer dünnen Nähnadel geformte Axe ist leicht beweglich in einer Messingkugel gelagert. Die Ausschläge des Pendelchens werden an einem aus Elfenbein verfertigten Gradbogen abgelesen und mit dem durch ein Funkenmikrometer gemessenen Potential verglichen. Sorgt man dafür, dass bei ungeladener Flasche die Aluminiumkugel die Stange und zwar

[8] Der Rotationsapparat und das Magnetometer wurden von der Firma Hartmann und Braun nach meinen Angaben angefertigt.

eine ungefirnisste Stelle derselben gerade leise berührt, so bewährt sich die beschriebene Einrichtung recht gut, und kann, eine einigermassen exacte Ausführung vorausgesetzt, als brauchbar empfohlen werden.[9]

4. Die Versuche

Es bleibt mir noch übrig, zu beschreiben, wie ein Versuch ausgeführt wurde; ich beschränke mich dabei auf die Mittheilung des Verlaufes eines der zuletzt angesteliten, definitiven Versuche, da aus dem Vorhergehenden zur Genüge hervorgeht, in welcher Weise und wie häufig die Versuchsanordnung abgeändert wurde.

Zu jedem Versuche sind ausser dem am Fernrohr sitzenden Beobachter zwei Gehülfen nöthig; der eine derselben ladet den Condensator und handhabt den Commutator, der zweite setzt die Scheibe des Rotationsapparates in gleichmassige Drehung. Den Anfang macht der zweite Gehülfe, da bis zum Constant werden der Thermoströme (vgl. p. 102) einige Zeit vergehen muss; darauf ladet der erster durch Drehen der Holtz'schen Maschine den Condensator so weit, bis die Electroskope die gewünschte Spannung anzeigen, dann hört er mit dem Drehen auf, da die Ladung infolge der guten Isolation bis zur Commutirung und auch später von einer Commutirung bis zur nächstfolgenden constant genug bleibt. Eine Nachlieferung von Electricität ist nur nöthig, um die beim Commutiren entladene Electricität zu ersetzen, was jedesmal direct nach dem Commutiren durch eine kleine Drehung der Holtz'schen Maschine geschah. Zu den Obliegenheiten dieses Gehülfen gehört weiter die unausgesetzte Beobachtung der Electroskope und das Umlegen des Commutators. Letzteres geschieht auf ein von dem Beobachter am Fernrohr gegebenes Zeichen. Da von einer Commutirung bis zur folgenden kaum eine Minute vergeht, so wurden immer mehrere Beobachtungen hintereinander gemacht.

Nach Beendigung einer solchen Versuchsreihe wurde meistens eine zweite angefangen, bei welcher die Scheibe in umgekehrter Richtung gedreht wurde.

Vor und nach diesen Beobachtungen wurde stets untersucht, welche der beiden Flaschen die positive Electricität enthielt; auch überzeugte ich mich häufig, dass ein Commutiren bei stillstehender oder nur langsam gedrehter Scheibe keine Ablenkung der Nadeln zur Folge hatte. Wie die Scheiben vor dem Versuche gereinigt wurden, ist bereits oben erwähnt.

Bei den vielen angestellten Versuchen ergab sich, dass die beim Commutiren erhaltenen Ablenkungen der Magnete desto grösser waren, je grösser die Potentialdifferenz und je kleiner die Entfernung der Condensatorplatten war, je rascher die Scheibe rotirte und je weiter der untere Magnet von der Drehungsaxe entfernt war; dann je dicker die rotirende Scheibe bei gleichbleibender Condensatorplattendistanz war, und schliesslich je näher der untere Magnet über der Scheibe hing. Auch schien es mir, als ob die Glasscheiben unter sonst gleichen Umständen grössere Ablenkungen ergaben, als die Hartgummischeiben. Wegen der Kleinheit der beobachteten Ausschläge (im Maximum 3 Scalenth.) musste ich auf eine Aufstellung von genaueren quantitativen Beziehungen zwischen dem Nadelausschlag und den soeben genannten Grössen verzichten.

[9]Hr. K. Wesendonck hat in Wied. Ann. 30. p. 15. 1SS7 ein ganz ähnliches Elcctroskop beschrieben; meine Versuche wurden im Winter 1885/86 und 1886/87 ausgeführt.

Die beobachteten Ablenkungen der Nadel waren stets so gerichtet, wie wenn in der rotirenden Scheibe ein galvanischer Strom fliessen würde, dessen Richtung mit der Richtung der Rotation übereinstimmt, im Fall die obere Condensatorplatte die negative ist; ist diese Platte positiv geladen, so müsste der gedachte Strom gegen die Rotation fliessen, um die beobachtete Ablenkung hervorzurufen.

Ich glaube also durch die beschriebenen Versuche die von der Theorie geforderte electrodynamische Wirkung von senkrecht zu den Kraftlinien eines electrischen Feldes bewegten Dielectrica experimentell nachgewiesen zu haben. Nach dieser Theorie müsste die zwischen ungetheilten Condensatorplatten rotirende Scheibe bei meinen Versuchen sich verhalten, wie zwei in der oberen, resp. der unteren Fläche der Scheibe fliessende, an entsprechenden Stellen gleich starke Kreisströme von entgegengesetzter Richtung; die experimentelle Prüfung hat ergeben, dass sie sich einer in der Nähe aufgehängten Magnetnadel gegenüber in der That so verhält.

Die in dem getheilten Condensator rotirende Scheibe kann man sich bezüglich ihrer electrodynamischen Wirkung ersetzt denken, durch zwei in je einer Hälfte der Scheibe fliessende geschlossene Ströme; die dielectrische Verschiebung, welche in der rotirenden Scheibe an den beiden über der Trennungslinie der Halbringe gelegenen Stellen continuirlich stattfindet, ist den dort in derselben Richtung fliessend gedachten Strömen äquivalent. Der Untersuchung der Wirkung dieser Verschiebung war meine erste der Berliner Academie mitgetheilten Arbeit[10] gewidmet.

Den beschriebenen Apparat habe ich bei meiner im Herbst 1888 erfolgten Uebersiedlung nach Würzburg in Giessen als Eigenthum des dortigen physikalischen Instituts zurückgelassen. Das zwölfte Heft des Jahrganges 1880 von Wied. Ann. enthält eine Abhandlung meines Amtsnachfolgers in Giessen, Hrn. Himstedt, „über die electromagnetische Wirkung der electrisolien Convection", in welcher der Verfasser seine Versuche über den Rowlandeffect mit zwei verschiedenen Apparaten, einem Apparat mit horizontaler und einem mit verticaler Scheibe bespricht. Da Hr. Himstedt nur den zweiten Apparat genauer beschreibt und an keiner Stelle seiner Arbeit erwähnt, dass er mit meinem von ihm Vorgefundenen Apparat gearbeitet hat, so kann ich, streng genommen, nur vermuthen, dass sein Apparat mit horizontaler Scheibe und der meinige identisch sind. Im Fall sich diese Yermuthung bestätigen würde, so würden die Versuche des Hrn. Himstedt zeigen, dass mein Apparat nach einigen entsprechenden kleinen Veränderungen sich zur Wiederholung der Rowland'schen Versuche eignet. Dass letzteres der Fall ist, habe ich übrigens bereits selbst gefunden und der Berliner Academie mitgetheilt[11]; auch dürfte man dieses Resultat wohl ohne weiteres erwarten, da mein Apparat mit dem von Hrn. Rowland zuerst benutzten wahrscheinlich viel Aehnlichkeit hat (Abb. 6.37).

Die oben beschriebene Einrichtung, durch welche ich eine erschütterungsfreie Aufstellung des Magnetometers erreichte, beschreibt auch Hr. Himstedt; dieselbe hat seinen Beifall gefunden, denn auf p. 565 heisst es: „ohne diese getrennte und feste Aufstellung wäre die Beobachtung gar nicht möglich gewesen".

Würzburg, Phys. Inst. d. Univ., im Februar 1890

[10]W. C. Röntgen, Bcr. d. Berl. Acad. 1885. p. 195.

[11]W. C. Röntgen, Ber. d. Berl. Acad. ISS5. p. 198.

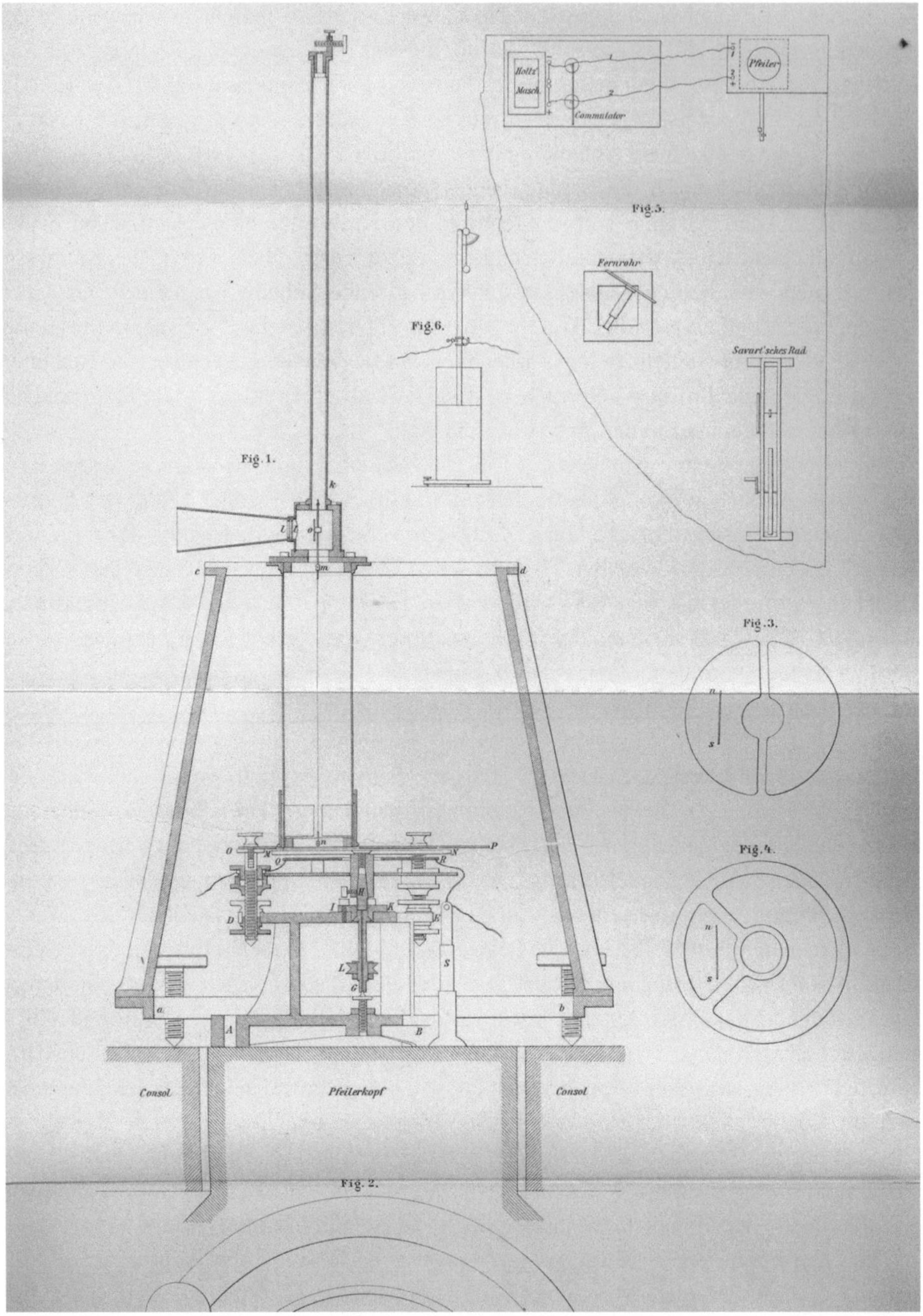

Abb. 6.37 Konstruktionszeichnung des Apparates zur Messung des dielektrischen Verschiebungsstroms. (© Archiv Deutsches Röntgen-Museum. Abdruck mit freundlicher Genehmigung)

c) Physikalische Grundlagenforschung – Thermodynamik

„Dieses annormale Verhalten des Wassers […] führte ihn zu der Ansicht, daß das Wasser aus zweierlei Molekülen, Wasser- und Eismolekülen besteht, was unserer heutigen Polymerisationsauffassung nahe stehen dürfte.“ Walter Friedrich, 1912. (3)

„[…] dass im Wasser zwei Arten von Molekülen vorkommen, […] die sich unter dem Einfluß von Temeperatur- und Druckveränderungen wechselseitig ineinander umwandeln.“ Peter Paul Koch 1923 (6)

„Röntgen ist nicht nur der Meister des Experiments, als den ihn alle kannten, sondern auch der tiefgründige Denker, als den ihn infolge seiner Zurückhaltung nur wenige kannten.“ Arnold Sommerfeld 1915 (4)

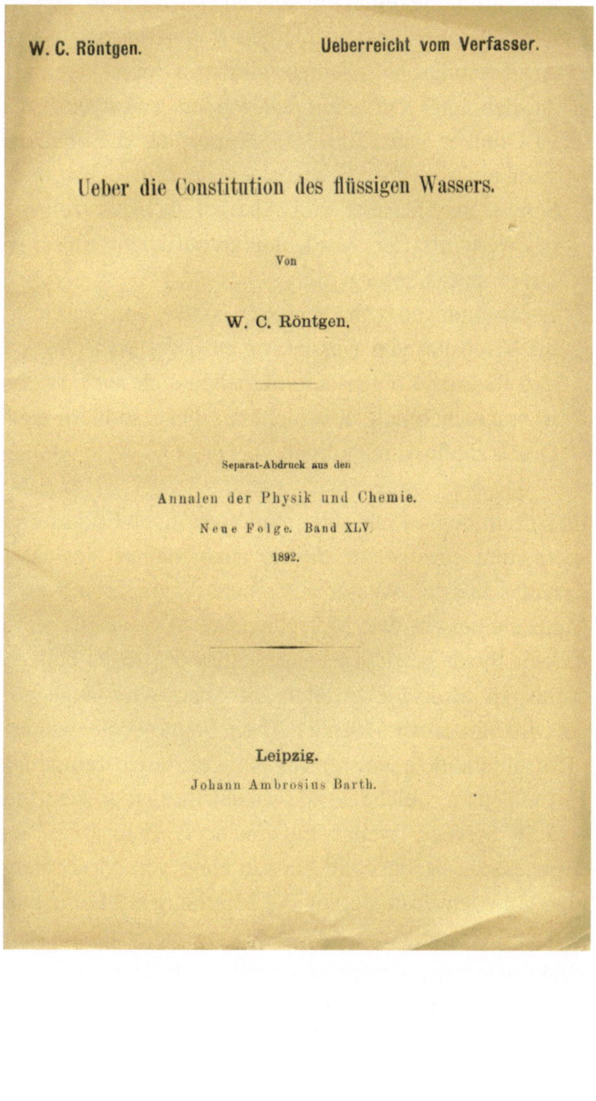
W. C. Röntgen. Ueberreicht vom Verfasser.

Ueber die Constitution des flüssigen Wassers.

Von

W. C. Röntgen.

Separat-Abdruck aus den

Annalen der Physik und Chemie.

Neue Folge. Band XLV.

1892.

Leipzig.

Johann Ambrosius Barth.

Abb. 6.38 Erste Seite des Sonderdrucks zur Konstitution des flüssigen Wassers. (© Archiv Deutsches Röntgen-Museum. Abdruck mit freundlicher Genehmigung)

Über die Constitution des flüssigen Wassers. Ann. Physik u. Chem., N. F. 45, 91 (1892) (Abb. 6.38).
Von
W. C. Röntgen

Die Thatsache, dass das Volumen des Wassers durch Abkühlung zunimmt, wenn die Anfangstemperatur nicht über ca. 4° C. liegt, ist bereits seit längerer Zeit bekannt. In den letzten Jahren sind nun zu dieser noch weitere Anomalien im physikalischen Verhalten des Wassers gefunden worden, von denen ich die drei folgenden hervorheben möchte.

1. Aus den Versuchen von Grassi, Pagliano und Vicentini, Röntgen und Schneider folgt, dass die Compressibilität des Wassers in dem Temperaturintervall von 0 bis 50° mit *zunehmender* Temperatur *kleiner* wird, während die der übrigen untersuchten einfachen Flüssigkeiten mit zunehmender Temperatur wächst.
2. Die schönen Untersuchungen von Amagat über die Aenderung des thermischen Ausdehnungscoefficienten mit dem Druck führen zu dem Resultate, dass der mittlere Ausdehnungscoefficient des Wassers zwischen 0 und 10°, 0 und 30°, 0 und 50° bis zu Drucken von 2500–3000 Atmosphären fortwährend mit dem Druck *zunimmt* und zwar umso stärker, je niedriger die Temperatur und je kleiner der Druck ist, Aether, Schwefelkohlenstoff und Alkohol dagegen zeigen das entgegengesetzte Verhalten insoweit, als der Ausdehnungscoefficient dieser Flüssigkeiten mit zunehmendem Druck stets *kleiner* wird.
3. Beobachtungen vom Verfasser, sowie von Warburg und Sachs haben ergeben, dass die Viscosität von Wasser von ca. 18° durch Druck *vermindert,* wird. Benzol, Aether und flüssige Kohlensäure verhalten sich nach Warburg und Sachs umgekehrt und es ist wahrscheinlich, dass nicht nur diese, sondern die Mehrzahl der Flüssigkeiten durch Druck zähflüssiger werden.

Es ist nun begreiflich, dass man nach einer Erklärung dieser auffälligen Erscheinungen sucht, und eine solche dürfte, nach meiner Ansicht in der Annahme gefunden sein, dass das flüssige Wasser aus einem Aggregat von zwei Arten verschieden constituirter Molecüle besteht. Die Molecüle erster Art, welche wir auch Eismolecüle nennen wollen, da. wir ihnen gewisse Eigenschaften des Eises beilegen werden, gehen durch Wärmezufuhr in Molecüle zweiter Art über; wird dagegen dem Wasser Wärme entzogen, so wird ein entsprechender Theil Eismolecüle wieder zurückgebildet. Wir halten das nicht unterkältete Wasser für eine bei jeder Temperatur gerade gesättigte Lösung von Eismolecülen, welche umso concentrirter ist, je niedriger ihre Temperatur ist.

Wir nehmen weiter entsprechend dem, was wir beim Schmelzen des Eises beobachten, an, dass die Verwandlung von Molecülen erster Art in solche zweiter Art eine Volumenverminderung der Mischung zur Folge hat.

Die Erklärung der Existenz eines Dichtemaximums bei einer über dem Gefrierpunkt gelegenen Temperatur ergibt sich dann, indem wir beachten, dass die durch eine Temperaturänderung erzeugte, gesammte Volumenänderung des Wassers aus zwei

Theilen besteht, aus einer Contraction und einer gleichzeitig stattfindenden Dilatation. Bei Temperaturen unterhalb 4° wird die durch Wärmezufuhr erzeugte Verwandlung von Eismolecülen eine Contraction zur Folge haben, welche die Dilatation an Grösse übertrifft; bei Temperaturen von 4° aufwärts wird dagegen die Dilatation überwiegen.

Die hier gegebene Erklärung des Dichtemaximums des Wassers ist nun keineswegs neu; wir finden dieselbe, wenn auch manchmal in etwas anderer Form, an vielen Stellen der Litteratur. Wer sie zuerst gefunden hat, ist mir nicht bekannt geworden. Eine ältere Form, nach welcher die Bildung von Eismolecülen bei 4° beginnen sollte, enthält offenbar eine nicht nothwendige und wenig wahrscheinliche Beschränkung.

Wir wollen jetzt untersuchen, welchen Einfluss der Druck auf Wasser, welches die von uns angenommene Constitution besitzt, ausüben kann.

Von den echten gesättigten Lösungen wissen wir durch die Versuche von Möller, Sorby und Braun, dass sie entweder in Folge des gesteigerten Druckes im Stande sind noch mehr von dem gelösten Körper aufzunehmen, oder dass ein Theil des gelösten Körpers durch Druck aus ihnen ausgeschieden wird; Braun hat auf theoretischem Wege die Bedingungen für das Eintreffen des einen oder des anderen Falles aufgestellt. Mit diesen Bedingungen durchaus verträglich ist es nun, wenn wir unserer gesättigten Lösung von Eismolecülen die Eigenschaft beilegen, dass ihre Lösungsfähigkeit durch Druck vermindert wird. Lassen wir somit auf das Wasser einen Druck wirken, so muss dasselbe ärmer werden an Eismolecülcn und zwar, wenn die über dem Gefrierpunkt liegende Temperatur constant erhalten wird, auf dem einzig möglichen Wege durch Verwandlung in Molecüle zweiter Art.

Diese Verwandlung ist aber von einer Volumen Verminderung begleitet, welche für dieselbe Drucksteigerung um so grösser ist, je tiefer die Temperatur ist; denn die relative Menge der Eismolecüle ist bei tieferen Temperaturen grösser als bei höheren, folglich wird auch wohl durch denselben Druck im ersten Fall eine grössere Anzahl dieser Molecüle verwandelt werden, als im zweiten Falle. Die direct sich aus der Beobachtung ergebende, durch Druck erzeugte Volumenverminderung des Wassers ist also aus zwei Theilen zusammengesetzt: aus der eigentlichen Compression und aus der Contraction, welche eine Folge ist der besprochenen Verwandlung. Der erste Theil, die Compression, ist vielleicht bei tieferen Temperaturen kleiner als bei höheren, für den zweiten Theil gilt aber, wie wir sahen, das Umgekehrte; folglich *kann* es bei einer über dem Gefrierpunkt des Wassers liegenden Temperatur ein Minimum der Compressibilität geben, das aber keineswegs mit dem Maximum der Dichte zusammenzufallen braucht. Wenn somit, wie eingangs erwähnt, Versuche die Existenz eines solchen Minimums in der Nähe von 50° ergeben haben, so dürfen wir diese Thatsache als durch unsere Annahme erklärt betrachten.

Was nun die dritte Anomalie anbetrifft, dass nämlich der thermische Ausdehnungscoefficient des Wassers im Gegensatz zu dem der anderen Flüssigkeiten bis zu Drucken von etwa 3000 Atmosphären mit zunehmendem Druck *zunimmt,* so ergibt sich dafür mit Hülfe unserer Annahme eine Erklärung auf folgendem Wege.

Eine Temperaturerhöhung wirkt, wie wir oben sahen, in zweifacher Richtung auf das Volumen des Wassers. Wie die Volumenvergrösserung pro Grad Temperatur eines Aggregates, das blos aus Molecülen zweiter Art bestehen würde, vom Druck beeinflusst wird, wissen wir nicht: dieselbe ist vielleicht, wie bei den Gasen, vom Druck nur wenig abhängig. Dagegen können wir mit ziemlicher Sicherheit angeben, dass die entsprechende Volumenverkleinerung desto grösser sein muss, je niedriger der Druck ist; denn diese wird durch Verwandlung von Moleeülen erster Art in solche zweiter Art hervorgebracht, und die Zahl der Molecüle erster Art ist bei kleineren Drucken grösser als bei höheren. – Folglich *kann* die Differenz der beiden durch 1° Temperaturerhöhung erzeugten Volumenänderungen, der beobachtete Ausdehnungscoefficient, mit zunehmendem Druck *grösser* werden: und mehr brauchen wir nicht nachzuweisen.

Dass die in Rede stehende Anomalie, wie Amagat fand, bei steigendem Druck in stets geringerem Maasse bemerkbar wird, erklärt sich wiederum daraus, dass die Anzahl der Eismolecüle in der Lösung desto kleiner wird, je höher der Druck steigt. Aus einem ganz ähnlichen Grunde muss die Anomalie desto weniger hervortreten, je höher die Temperatur gewählt wird: ein Resultat, das ebenfalls, wie erwähnt, von Amagat gefunden wurde.

Um die folgenden Bemerkungen einzuschieben, dürfte hier die geeignete Stelle sein. Wenn wir daran festhalten, dass durch Druck die Zahl der Eismolecüle im Wasser vermindert wird, so können wir begreifen, weshalb, wie Amagat und andere fanden, das Maximum der Dichte des Wassers durch Druck nach niedrigeren Temperaturen hin verschoben wird, und weshalb der Gefrierpunkt des Wassers durch Druck erniedrigt wird. Auch sehen wir ein, dass innerhalb eines gewissen Temperaturintervalles (dessen Grenzen experimentell festzustellen einer wiederholten Prüfung mir werth zu sein scheint) das Wasser durch Druckzunahme eine Abkühlung erfahren kann, wenn wir daran denken, dass zur Verwandlung von Eismolecülen in Molecüle der zweiten Modifikation Wärme verbraucht wird.

Wir kommen nun zu der vierten Anomalie, welche darin besteht, dass das Wasser bei hohem Druck leichtflüssiger ist, als bei dem Druck einer Atmosphäre. Die Erklärung für dieses Verhalten des Wassers finden wir wieder in unserer Annahme, sobald wir noch die weitere hinzufügen, dass die Reibung des Wassers desto grösser ist. jo mehr Eismolecülc darin gelöst sind. Für diese zweite Annahme bildet die Thatsache eine Stütze, dass die Reibung des Wassers in einer überwiegenden Mehrzahl von Fällen durch Zusatz von anderen Körpern vergrössert wird, und zwar ist dann, wenigstens bis zu gewissen Goncentrationen, die Reibung desto grösser, je concentrirter die Flüssigkeit ist. Ich glaube, dass diese zweite Annahme durchaus plausibel ist, und auf alle Fälle wird durch dieselbe dem Wasser eine uns sonst unbekannte oder auch nur selten beobachtete Eigenschatt nicht beigelegt.

Lassen wir also auch diese Annahme gelten, so ergibt sich die Erklärung nach dem, was oben wiederholt gesagt wurde, von selbst.

Bemerkenswerth ist es, dass die nicht nur beim Wasser, sondern auch bei den anderen Flüssigkeiten beobachtete Abnahme der Zähflüssigkeit mit zunehmender Temperatur durchaus im Einklang ist mit den gemachten Annahmen. Ueberhaupt steht keine als normal bezeichnete Eigenschaft des Wassers in Widerspruch mit unseren Hypothesen.

Falls unsere Betrachtungen der Wirklichkeit entsprechen, müssen Versuche ergeben, dass die Viscosität des Wassers bei hohen Drucken durch eine gewisse Druckvermehrung weniger vermindert wird, als bei niedrigen Drucken; dass mit anderen Worten auch die Anomalie, von der wir augenblicklich sprechen, ebenso wie die anderen immer mehr und mehr verschwindet, je höher der Druck ist, unter dem das Wasser steht: Ebenso lässt sich mit ziemlicher Gewissheit erwarten, dass der genannte Einfluss bei gleichen Drucken desto grösser gefunden wird, je tiefer die Temperatur des Wassers ist. Die Frage aber, ob die Viscosität bereits bei endlichen Drucken einen kleinsten Werth erreicht, lässt sich von vornherein nicht beantworten, da wir gar nichts darüber wissen, wie der Druck auf die Viscosität des von Eismolecülen befreiten Wassers wirkt; indessen halte ich die Existenz eines solchen Minimums für wahrscheinlich.

Wie mir scheint, ist es uns in befriedigender Weise gelungen die erwähnten Anomalien des Wassers zu erklären, d. h. die Eigenthümlichkeiten, welche das Verhalten des Wassers zeigt, ungezwungen in den Rahmen der bei anderen Flüssigkeiten beobachteten und als normal bezeichneton Thatsachen einzufügen. Man wird mir aber entgegenhalten, dass dem Wasser dadurch wieder eine Ausnahmestellung unter den Flüssigkeiten eingeräumt wurde, dass wir über seine Constitution eine ganz besondere Annahme machen mussten. Dieser Einwand würde berechtigt sein, und ich müsste zugeben, dass wir das Ziel nur unvollständig erreicht hätten, wenn wir durch irgend einen Umstand genöthigt wären, diese Annahme auf das Wasser zu beschränken. Letzteres ist aber, wie ich glaube, nicht der Fall: nichts dürfte im Wege stehen, wenn wir den Bereich unserer Hypothese auf die übrigen Flüssigkeiten ausdehnen wollen und annehmen, dass im Allgemeinen alle Flüssigkeiten aus einem Gemisch von mindestens zwei Arten von verschieden constituirten Molecülen bestehen, deren Mengenverhältniss in der Mischung von Druck und Temperatur abhängig ist; und zwar in der Weise, dass die Molecüle der einen Art durch Wärmezufuhr bei *allen* Flüssigkeiten, durch Druckerhöhung dagegen nur bei *den* Flüssigkeiten, welche beim Erstarren sich ausdehnen, in solche der zweiten Art verwandelt werden, und dass bei Flüssigkeiten, die sich beim Erstarren zusammenziehen, der Druck die umgekehrte Verwandlung erzeugt.

Soweit ich die Consequenzen dieser Anschauung habe verfolgen können, bin ich nirgends auf einen entschiedenen Widerspruch mit den Thatsachen gestossen, ich fand im Gegentheil, dass diese Vorstellung nicht nur bei den Anomalien des Wassers, sondern auch in manchen anderen Fällen zu einem besseren Verständniss der beobachteten Erscheinungen führt. Ich möchte aber die Mittheilung dieser weitergehenden Ueberlegungen vorläufig unterlassen und nur noch erwähnen, dass die Beobachtungen von Haga über den Thomson-Effect in Quecksilber, sowie von Braun über die Thermoelectricität geschmolzener Metalle mir besonders dazu geeignet erscheinen, um die obige Annahme zu unterstützen; denn auch diese Versuche führen zu der Ansicht, dass in einfachen Flüssigkeiten durch Temperaturänderungen moleculare Umwandlungen erzeugt worden können.

Es liegt nahe, dass man versucht, die angestellten Betrachtungen auch auf den festen und den gasförmigen Zustand auszudehnen, und dass man sich die Frage vorlegt, ob cs nicht zweckmässig sei, sich vorzustellen, dass im Allgemeinen die Körper sowohl im fester als im flüssigen und gasförmigen Zustand aus einem Aggregat von mindestens zwei durch Zufuhr resp. Entziehung von Wärme in einander verwandelbaren Arten von Molecülen bestehen, und dass der Unterschied in den drei Zuständen bei gleicher Temperatur hauptsächlich durch die Verschiedenheit der relativen Mengen beider Molecülarten bedingt sei. Ich habe mich mit dieser Frage wohl beschäftigt, möchte jedoch auch in diesem Falle die Antwort schuldig bleiben, weil vorläufig noch zu wenig Beobachtungen vorliegcn, durch welche man eine solche Vorstellung genügend begründen könnte.

Ich erinnere noch daran, dass ähnliche Gedanken über den festen Zustand bereits von Maxwell und Pfaundler geäussert wurden.

Würzburg, Physik. Institut, September 1891

d) Entwicklung neuer präziser Messverfahren

„Schon seine ersten Arbeiten zeigen die Vorliebe für einfache, meist selbst gebaute Versuchsanordnungen, mit denen er trotz der Einfachheit Ergebnisse von großer Präzision erreichte." Walter Friedrich 1923 (3)

„Seine Arbeitsweise, meist eigenhändig die Versuchsanordnung zusammenzustellen [...] kommt zum Ausdruck in einer großen Anzahl von experimentellen Kniffen und Rezepten. So werden noch heute schwierige Kittungen, Aneinanderlöten von Gläsern usw. nach Röntgegenschen Rezepten ausgeführt." Walter Friedrich 1923 (3)

„Es war also das Gebiet der Präzisionsphysik, das Röntgen sich von Anfang an zu seinem Arbeitsfeld erwählte [...] Dem Geist der Präzisionsphysik ist Röntgen auch während seines ganzen langen Forscherlebens treu geblieben." Peter Paul Koch 1923 (6)

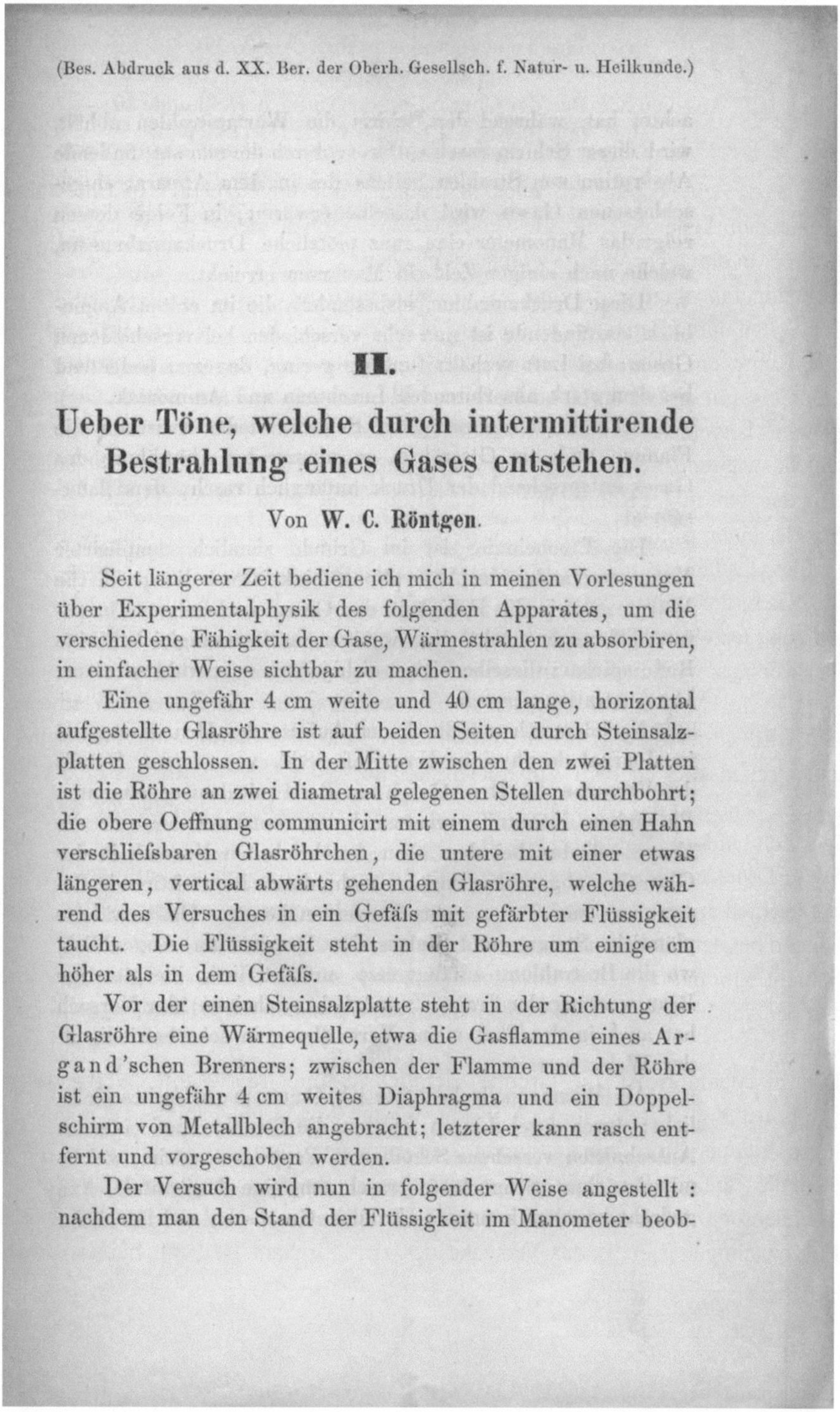

(Bes. Abdruck aus d. XX. Ber. der Oberh. Gesellsch. f. Natur- u. Heilkunde.)

II.

Ueber Töne, welche durch intermittirende Bestrahlung eines Gases entstehen.

Von **W. C. Röntgen**.

Seit längerer Zeit bediene ich mich in meinen Vorlesungen über Experimentalphysik des folgenden Apparates, um die verschiedene Fähigkeit der Gase, Wärmestrahlen zu absorbiren, in einfacher Weise sichtbar zu machen.

Eine ungefähr 4 cm weite und 40 cm lange, horizontal aufgestellte Glasröhre ist auf beiden Seiten durch Steinsalzplatten geschlossen. In der Mitte zwischen den zwei Platten ist die Röhre an zwei diametral gelegenen Stellen durchbohrt; die obere Oeffnung communicirt mit einem durch einen Hahn verschliefsbaren Glasröhrchen, die untere mit einer etwas längeren, vertical abwärts gehenden Glasröhre, welche während des Versuches in ein Gefäfs mit gefärbter Flüssigkeit taucht. Die Flüssigkeit steht in der Röhre um einige cm höher als in dem Gefäfs.

Vor der einen Steinsalzplatte steht in der Richtung der Glasröhre eine Wärmequelle, etwa die Gasflamme eines Argand'schen Brenners; zwischen der Flamme und der Röhre ist ein ungefähr 4 cm weites Diaphragma und ein Doppelschirm von Metallblech angebracht; letzterer kann rasch entfernt und vorgeschoben werden.

Der Versuch wird nun in folgender Weise angestellt: nachdem man den Stand der Flüssigkeit im Manometer beob-

Abb. 6.39 Erste Seite des Sonderdrucks über Töne, die durch intermittierende Bestrahlung eines Gases entstehen. ()

Ueber Töne, welche durch intermittirende Bestrahlung eines Gases entstehen (Abb. 6.39); von W. C. Röntgen. Aus dem XX. Ber. der Oberh. Ges. für Natur- u. Heilkunde 20 auch Ann. Physik u. Chem., N.F. 12, 155 (1881)

Seit längerer Zeit bediene ich mich in meinen Vorlesungen über Experimentalphysik des folgenden Apparates, um die verschiedene Fähigkeit der Gase, Wärmestrahlen zu absorbiren, in einfacher Weise sichtbar zu machen.

Eine ungefähr 4 cm weite und 40 cm lange, horizontal aufgestellte Glasröhre ist auf beiden Seiten durch Steinsalzplatten geschlossen. In der Mitte zwischen den zwei Platten ist die Röhre an zwei diametral gelegenen Stollen durchbohrt; die obere Oeffnung communicirt mit oinom durch einen Hahn verschliessbaren Glasröhrchen, die untere mit einer etwas langen, vertical abwärts gehenden Glasröhre,

welche während des Versuches in ein Gelass mit gefärbter Flüssigkeit taucht. Die Flüssigkeit steht in der Röhre um einige Centimeter höher als in dem Gelass.

Vor der einen Steinsalzplatte steht in der Richtung der Glasröhre eine Wärmequelle, etwa die Gasflamme eines Argand'schen Brenners; zwischen der Flamme und der Röhre ist ein ungefähr 4 cm weites Diaphragma und ein Doppelschirm von Metallblech angebracht; letzterer kann rasch entfernt und vorgeschoben werden.

Der Versuch wird nun in folgender Weise angestellt: nachdem man den Stand der Flüssigkeit im Manometer beobachtet hat, während der Schirm die Wärmestrahlen abhält, wird dieser Schirm rasch entfernt; durch die nun stattfindende Absorption von Strahlen seitens des in dem Apparat eingeschlossenen Gases wird dasselbe erwärmt, infolge dessen zeigt das Manometer eine ganz plötzliche Druckzunahme an, welche nach einiger Zeit ein Maximum erreicht.

Diese Druckzunahme, insbesondere die im ersten Augenblick stattfindende, ist nun sehr verschieden bei verschiedenen Gasen; bei Luft verhältnissmässig gering, dagegen bedeutend bei dem stark absorbirenden Leuchtgas und Ammoniak.

Schiebt man darauf den Schirm wieder zwischen die Flamme und die Glasröhre, so nimmt der Abkühlung des Gases entsprechend der Druck anfänglich rasch, dann langsam ab.

Die Erscheinung ist im Grunde ziemlich complicirter Natur, weil ausser der Absorptionsfähigkeit auch die specifische Wärme, sowie die Fähigkeit des Gases vorhandene Temperaturdifferenzen mehr oder weniger rasch auszugleichen eine Rolle spielen; dieselbe eignet sich jedoch sehr wohl zu einem Demonstrationsversuch.

Nachdem ich durch den Aufsatz des Hm. Breguet im Journal de physique Nov.-Heft 1880, von einigen Details der Versuche des Hrn. Graham Bell mit dem sogenannten

Photophon Kenntniss erhalten hatte, entstand bei mir die Frage, ob das bei dem oben beschriebenen Versuch in der Glasröhre abgeschlossene Gas nicht durch intermittirende Bestrahlung zum Tönen gebracht werden könne. Das erwähnte plötzliche Steigen und Sinken des Druckes im Augenblick, wo die Bestrahlung anfängt, resp. aufhört, liess eine günstige Beantwortung der Frage als möglich erscheinen; der Versuch hat auch in der That meine Vermuthung in sehr befriedigender Weise bestätigt.

Als Wärmequelle benutzte ich Drummond'sches Kalklicht; durch zwei Linsen wurden die Strahlen auf eine mit Ausschnitten versehene Scheibe von Pappe concentrirt, welche mittelst eines Schnurlaufes rasch um eine horizontale Axe gedreht werden konnte. Um das Geräusch, welches beim Drehen der Scheibe entsteht, möglichst abzuschwächen, rotirte dieselbe zwischen zwei grösseren, festen Scheiben, welche mit je einem den Oeffnungen in der Scheibe entsprechenden und durch eine dünne Glasplatte verschlossenen Ausschnitt versehen waren.

Hinter diesen Ausschnitten wurde der Absorptionsapparat entweder fest aufgestellt oder frei mit der Hand gehalten; derselbe hatte bei diesen Versuchen eine Länge von 12 cm; das Manometer war durch ein kurzes 1 cm weites Glasröhrchen ersetzt, über welches ein weiter Kautschukschlauch geschoben war, der zum Ohr des Beobachters führte und möglichst tief in dasselbe hineingesetzt wurde.

Die Strahlen drangen jedesmal in den Absorptionsapparat hinein, wenn eine Oeffnung in der rotirenden Scheibe vor der Steinsalzplatte stand; die Unterbrechung derselben fand durch die nicht ausgeschnittenen Theile der Scheibe statt.

Anfänglich war der Apparat mit Luft gefüllt; beim Drehen der Scheibe war es mir nicht möglich, einen Ton wahrzunehmen, vielleicht weil durch das Drehen u. s. w. noch immer zu viel fremde Geräusche vorhanden waren; ganz anders gestaltete sich dagegen dio Sache, als die Luft durch Leuchtgas ersetzt war; der Ton war ausserordentlich deutlich vernehmbar und etwa mit dem Sausen eines nicht zu starken Windes zu vergleichen. Die Höhe wechselte mit der Geschwindigkeit, der Rotation, und erst bei sehr rascher Rotation verschwand der Ton. Die Stärke des Tones änderte sich nicht merklich mit der Zeit, während welcher die Röhre exponirt war; das Tönen hörte aber sofort auf, wenn die Strahlen durch einen vor die Scheibe gehaltenen, undurchlässigen Körper, wie die Hand, ein Holzbrettchen oder eine Hartgummischeibe, aufgefangen wurden.

Mit Ammoniakgas erhielt ich ebenfalls deutliche Töne, dagegen verhielten sich trockener Wasserstofl und Sauerstoff wie atmosphärische Luft.

Die Erklärung dieser Versuche liegt auf der Hand und ist oben schon angedeutet worden; wir haben es mit keiner neuen Eigenschaft der Strahlen zu thun; die durch Absorption erzeugte Erwärmung und Ausdehnung und die darauf folgende Abkühlung und Contraction des absorbirenden Körpers sind die Ursachen jener Erscheinungen. Dass das Gas wirklich die Hauptrolle bei meinen Versuchen spielte und nicht etwa die von den Strahlen ebenfalls getroffene Glaswand, geht schon daraus hervor, dass nur die stark absorbirenden Gase deutlich hörbare Töne liefern; den directen Beweis dafür fand ich, indem bei einigen Versuchen mittelst einer dritten Linse und eines Diaphragmas die Strahlen so gerichtet wurden, dass dieselben blos durch das Steinsalz und das Gas gingen, ohne irgend die Glaswand zu berühren; der Effect war im wesentlichen derselbe wie bei einfacher Bestrahlung.

Eine in den Weg der Strahlen gestellte Alaunlösung bewirkte ein sofortiges Verschwinden des Tones, dagegen war kaum eine Schwächung zu beobachten, wenn die Strahlen durch eine ungefähr 10 cm dicke Schicht von Jodlösung (in Schwefelkohlenstoff) hindurchgegangen waren. Es sind somit, wenigstens bei Leuchtgas und Ammoniak, die weniger brechbaren Strahlen, welche am wirksamsten sind.

Ich beabsichtige das Verhalten des Wasserdampfes zu untersuchen, in der Hoffnung, auf diesem Wege einen Beitrag zu der Entscheidung der Frage zu liefern, ob derselbe in beträchtlicher Weise Wärmestrahlen absorbirt oder nicht.

Giessen, 8. December 1880.

e) Entwicklung neuer präziser Messinstrumente

> „Mit besonderer Liebe hegte Röntgen die Instrumentensammlung als das Handwerkzeug der Forschung. […] Vor allem die Messapparate hatten es ihm angetan und mit den Instrumenten, mit denen er selbst arbeitete, stand er in einem geradezu persönlichen Verhältnis. ‚Wer die Apparate schlecht behandelt, ist mein Feind!'" Peter Paul Koch 1923 (6)

> „Ein technisch vollkommener Apparat […] ist ihm ein Freund, den er vor ungehöriger Behandlung zu bewahren sich verpflichtet hat." Arnold Sommerfeld 1915 (4)

> „Für die Art Röntgens, mit einfachen Apparaten zu arbeiten sind seine Arbeiten über die Absorption der Wärmestrahlen in Wasserdampf ein […] Beispiel. Durch die Anwendung eines empfindlichen Luftthermometers konnte er diese Frage, die zu einer lebhaften Diskussion zwischen Tyndall und Magnus geführt hatte, lösen und nachweisen, dass feuchte Luft bei der Bestrahlung einer Bunsenflamme stärker erwärmt als trockene." Walter Friedrich 1923 (3)

Ueber ein Aneroidbarometer mit Spiegelablesung.

Von

W. C. Röntgen.

(Hiezu Tafel I.)

Schon vor mehreren Jahren theilte ich in einer Abhandlung über das Verhältniss der specifischen Wärmen von Gasen[1]) mit, dass ich die bei jener Untersuchung gewonnenen Erfahrungen über die Vorzüge und die Brauchbarkeit der dort beschriebenen Methode zur Messung von schnell verlaufenden kleinen Druckänderungen in Gasen zur Construction eines Barometers zu verwerthen beabsichtigte, welches die bei Anwendung eines Quecksilberbarometers der Beobachtung entschwindenden Schwankungen des Luftdruckes zu beobachten und zu messen gestattete[2]). Ich veranlasste auch sofort Herrn Mechaniker Goldschmidt in Zürich, ein solches Instrument nach meinen Angaben und Zeichnungen zu verfertigen; allein es vergingen einige Jahre, bis ich das zuletzt von Herrn Mechaniker Dr. Müller in Stuttgart fertig gemachte Barometer in einer den gestellten Anforderungen entsprechenden Form erhielt. Dasselbe soll in Folgendem kurz beschrieben werden. Siehe dazu Taf. I Fig. 1, 2 und 3.

Mit *A* sind die fünf über einander gelagerten, fast luftleeren Büchsen aus starkem Neusilberblech bezeichnet, welche denjenigen Theil des Apparates bilden, der die Aenderungen des Druckes der ihn umgebenden Luft sichtbar und der Messung zugänglich machen

1) Pogg. Ann. Bd. 148.

2) Seither hat Herr Kohlrausch in Pogg. Ann. Bd. 150 S. 423 ein nach seinen Angaben construirtes Variationsbarometer beschrieben, bei welchem ebenfalls die Spiegelablesung zur Messung von geringen Druckänderungen verwendet wird.

Abb. 6.40 Erste Seite des Sonderdrucks zur Beschreibung eines Aneroidbarometers. (© Archiv Deutsches Röntgen-Museum. Abdruck mit freundlicher Genehmigung)

Über ein Aneroidbarometer mit Spiegelablesung. Ann. Physik u. Chem., N. F. 4, 305 (1878). – Auch in Carl, Repertorium 15, 44 (1879) (Abb. 6.40).

Schon vor mehreren Jahren theilte ich in einer Abhandlung über das Verhältniss der specifischen Wärmen von Gasen[12] mit, dass ich die bei jener Untersuchung gewonnenen Erfahrungen über die Vorzüge und die Brauchbarkeit der dort beschriebenen Methode zur Messung von schnell verlaufenden kleinen Druckänderungen in Gasen zur Construction eines Barometers zu verwerthen beabsichtigte, welches die bei Anwendung eines Quecksilberbarometers der Beobachtung entschwindenden Schwankungen des Luftdruckes zu beobachten und zu messen gestattete[13]. Ich veranlasste auch sofort Herrn Mechaniker Gold-Schmidt in Zürich, ein solches Instrument nach meinen Angaben und Zeichnungen zu verfertigen; allein es vergingen einige Jahre, bis ich das zuletzt von Herrn Mechaniker Dr. Müller in Stuttgart fertig gemachte Barometer in einer den gestellten Anforderungen entsprechenden Form erhielt. Dasselbe soll in Folgendem kurz beschrieben werden. Siehe dazu Taf. I Fig. 1, 2 und 3 (Abb. 6.41).

Mit ***A*** sind die fünf über einander gelagerten, fast luftleeren Büchsen aus starkem Neusilberblech bezeichnet, welche denjenigen Theil des Apparates bilden, der die Aenderungen des Druckes der ihn umgebenden Luft sichtbar und der Messung zugänglich machen soll.

Die Construction dieser Büchsen ist dieselbe wie bei allen Gold-Schmidt'schen Aneroiden; die unterste ist auf dem Boden eines cylindrischen Messinggehäuses BB befestigt und die oberste trägt eine sorgfältig gearbeitete Stahlspitze. Diese Spitze geht durch eine Oeffnung des Deckels des erwähnten Gehäuses und berührt die genau eben geschliffene und fein polirte untere Fläche eines horizontalen Hebels *a,* der um eine horizontale Achse *bb* leicht drehbar ist. Aul die Construction dieser Achse sowie ihrer Steinlager ist besondere Sorgfalt verwendet; dieselbe ist leicht beweglich, schlottert jedoch nicht im geringsten. Von den Lagern dieser Achse mag vorläufig angenommen werden, dass sie mit dem Deckel resp. mit dem Boden des Messinggehäuses unverrückbar fest verbunden seien; es wird alsdann eine Hebung oder Senkung der Spitze in Folge einer Abnahme oder Zunahme des Druckes der Luft eine Drehung dieser Achse bewirken.

Mit der Achse dreht sich das darauf befestigte Spiegelchen *c:* der Betrag dieser Drehung wird in bekannter Weise mittelst Fernrohr und verticaler Scala gemessen. Ich fand, dass die Stahlspitze bei einer Abnahme des Barometerstandes von 1 mm Quecksilber um 0,023 mm gehoben wird; nehmen wir an, dass die Spitze den horizontalen Hebel in einer Entfernung von 0,5 mm von der geometrischen Drehachse trifft und dass das Fernrohr mit Scala in einer Entfernung von 2 m vom Spiegel aufgestellt ist, so ergibt

[12]Pogg. Alm. Bd. 348.

[13]Seither hat Herr Kohlrausch in Togg. Ami. Bd. 150 S. 423 ein nach seinen Angaben construirtes Variationsbarometer beschrieben, bei welchem ebenfalls die Spiegelablesung zur Messung von geringen Druckänderungen verwendet wird.

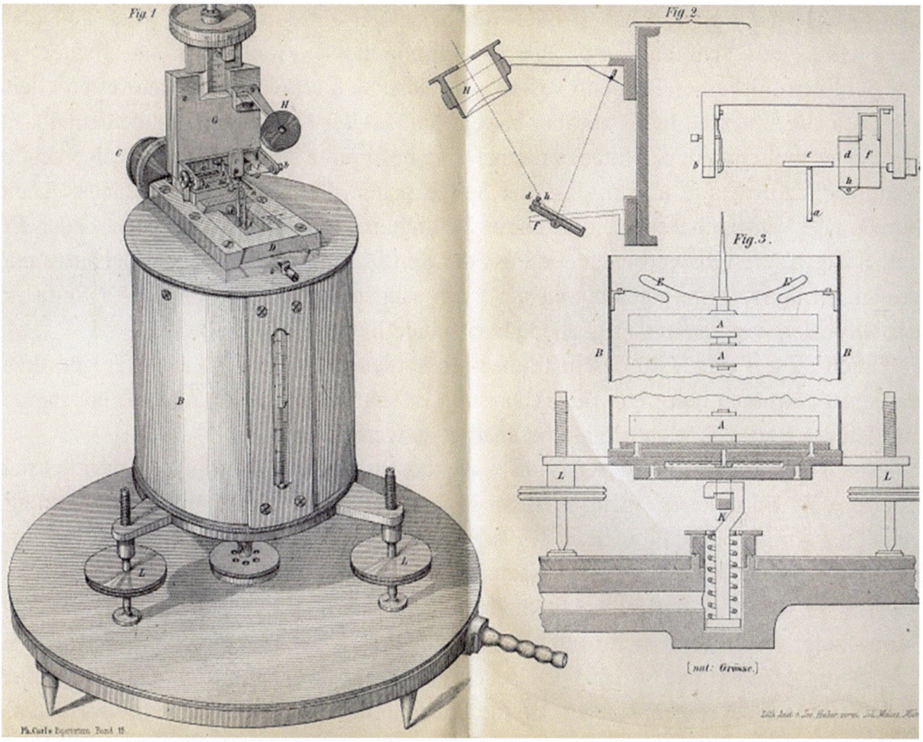

Abb. 6.41 Konstruktionszeichnung des Aufbaus des Aneroidbarometers. (© Archiv Deutsches Röntgen-Museum. Abdruck mit freundlicher Genehmigung)

sich für eine Aenderung des Barometerstandes von 1 mm eine Verschiebung der Scala im Fernrohr von 184 mm. Da nun bei mässiger Vergrösserung des Fernrohrs unter den angegebenen Bedingungen noch sehr wohl Bruchtheile eines Millimeters (Scalentheiles) geschätzt werden können, so sind wir im Stande, Schwankungen des Luftdruckes im Betrage von 1/200 mm Quecksilber zu beobachten und bis auf diese Grösse genau zu messen.

Diese Schwankungen können überdies verhältnissmässig rasch verlaufen, ohne dass man befürchten muss, dieselben mit zufälligen Eigenschwingungen der Büchsen zu verwechseln; denn solche Eigenschwingungen machen sich in Folge ihrer äusserst kleinen Schwingungsdauer nur durch ein Undeutlichwerden des Spiegelbildes bemerkbar und werden sehr rasch gedämpft.

Ich habe oben die Entfernung der Drehachse von dem Berührungspunkte von Hebel und Spitze beispielsweise zu 0,5 mm angenommen. Diese Entfernung, welche für die Empfindlichkeit des Instrumentes massgebend ist, lässt sich innerhalb weiter Grenzen ändern. Durch Drehen der Schraube *C* wird nämlich der Schlitten D welcher die Drehachse trägt, auf dem Deckel des Messinggehäuses horizontal verschoben und somit diese Achse der Spitze genähert oder von derselben entfernt. Um zu jeder Zeit über die Stellung des Schlittens resp. über die Empfindlichkeit Aufschluss zu erhalten, ist der Schlitten mit. einer Theilung versehen, welche sich an einem auf den festen Gleitschienen angebrachten Index vorüber bewegt, und ist der Kopf der Schraube getheilt. Es wird jeder Stellung des Schlittens offenbar eine bestimmte Empfindlichkeit entsprechen, wenn wir dafür Sorge tragen, dass die Spitze gegen den Deckel des Gehäuses keine horizontale Verschiebung erleidet. Diese Bedingung wird erfüllt durch die Feder *EE* Taf. II Fig. 4; dieselbe verbindet den Fuss der Spitze mit zwei Stellen des Gehäuses und gestattet in Folge ihrer eigenthümlichcn Form sehr leicht Verschiebungen der Spitze in der Verticalen, verhindert dagegen jede horizontale Bewegung derselben.

Durch diese Feder wird das Instrument ausserdem bedeutend transportfähiger, denn das sonst nur unten befestigte Büchsensystem ist sehr schwankend und läuft bei starken Erschütterungen sehr leicht Gefahr beschädigt zu werden.

Eine kurze Ueberlegung zeigt, dass die beschriebenen, allerdings wesentlichsten Theile des Barometers nicht ausreichen zur vollständigen Lösung der anfangs gestellten Aufgabe. Denn nehmen wir wieder beispielsweise den Fall, dass die Spitze den horizontalen Hebel in einer Entfernung von 0,5 mm von der Drehachse trifft, so können wir wohl bei dem augenblicklich herrschenden Barometerstände die Variationen beobachten; allein wenn sich nach Verlauf einiger Zeit der Barometerstand stark, z. B. um 20 mm geändert hat, so wird der Hebel nicht mehr horizontal resp. das Spiegelchen nicht mehr vertical stehen, sondern, da die Spitze um 0,46 mm höher oder tiefer steht als vorhin, um nahezu 45° gegen die Horizontale geneigt sein; eine Beobachtung mit Fernrohr und Scala wäre alsdann nicht mehr möglich. Um diesem Uebelstande abzuhelfen, wurde die Drehachse auch in verticaler Richtung beweglich gemacht; durch Drehen der Schraube *F* wird die auf einem Schlitten *G* befestigte Drehachse gehoben oder gesenkt und kann derselben bei jedem Baromerstande eine passende Stellung gegeben werden.

Zu diesem Zwecke dient die Vorrichtung, welche in Taf. II Fig. 5 (Durchschnitt und Grundriss) in zweifacher Vergrösserung gezeichnet ist. Auf der Drehachse ist ein Spiegelchen *d* befestigt, neben demselben und ihm möglichst nahe befindet sich ein zweites *f*, das jedoch mit dem Schlitten unverrückbar fest verbunden ist; die Lage der beiden Spiegelchen ist so gewählt, dass, wenn der Hebel *a* genau parallel der Verschiebungsrichtung des horizontalen Schlittens, oder sagen wir der Einfachheit wegen genau horizontal ist, die Spiegelchen in einer Ebene liegen. Ein durch die Lupe *H* sehendes Auge sieht in diesem Falle die von den beiden Spiegelchen reflectirten Hälften eines geraden bei *g* angebrachten, der Drehachse parallelen Striches als einfachen Strich. Ist dagegen der Hebel nicht genau horizontal, so machen die Spiegelchen einen Winkel mit einander und das Auge beobachtet zwei neben einander liegende, gegen einander verschobene Hälften des Striches. Da nun die Lage des Hebels durch die verticale Entfernung der Drehachse von der Spitze bedingt ist, so wird zu jeder Zeit, wenn durch die Lupe die Coincidenz der beiden Spiegelbilder beobachtet wird, die Drehachse sich in derselben verticalen Entfernung von der Spitze befinden. In diesem Falle ist, wie oben erwähnt, die Stellung des verticalen Schlittens ein Mass für die Höhe der Stahlspitze oder für den augenblicklichen Barometerstand. Soll somit der herrschende Barometerstand mit dem Instrumente bestimmt werden, so wird die verticale Schraube so lange gedreht, bis durch die Lupe die besprochene Coincidenz beobachtet wird, und darauf die Stellung des Schlittens. Wie ich mich öfters überzeugte, ist diese Methode der Einstellung äusserst bequem und genau. Ein Theilstrich (wirkliche Größe nahezu 1 mm) des Schraubenkopfes entspricht 0,15 mm Quecksilber.

Das kleine Schräubchen *h*, sowie die eigenthümliche Form der Fassung des Spiegelchens sind nothwendig, um das Spiegelchen ein- für allemal zu justiren.

Die in der Zeichnung sichtbare zweite Stahlspitze *i* ist auf dem Deckel des Gehäuses fest geschraubt und hat den doppelten Zweck, erstens von Zeit zu Zeit zu controliren, ob der eigentlich messende Theil des Apparates (verticale Schraube, Schlitten, Achse etc.) sich seit der Vergleichung des Instrumentes mit dem Quecksilberbarometer geändert hat. und zweitens die zuletzt besprochene Justirung vorzunehmen. Damit der Hebel auf dieser Spitze zu liegen kommt, wird durch Drehen der verticalen Schraube die Achse so weit gehoben, bis dieselbe bei einer Verschiebung des horizontalen Schlittens frei über die bewegliche Spitze hinweggeht. Darauf verschiebt man den horizontalen Schlitten so weit (in der Zeichnung nach vorn), bis derselbe gegen die Schraube *k* stösst, und lässt nun den verticalen Schlitten herunter. Die bei der Coineidenz der beiden Striche an der verticalen Theilung gemachte Ablesung ist selbstredend vom augenblicklichen Barometerstände unabhängig und wird überhaupt nur dann zu verschiedenen Zeiten verschieden ausfallen, wenn durch den häufigen und längeren Gebrauch des Instrumentes oder durch zufällige störende Einflüsse der messende Theil sich geändert hat. Solche Aenderungen habe ich bis jetzt nicht beobachtet; sollten dieselben jedoch auftreten, so kann man sie in der angegebenen Weise bestimmen und in einfacher Weise bei der Reduction der Ablesungen auf Millimeter Quecksilber in Rechnung ziehen.

Während der Zeit, wo das Instrument nicht gebraucht wird, wird durch eine in der Zeichnung bei *lmn* sichtbare einfache Vorrichtung der Hebel von der Spitze abgehoben; es ist alsdann eine gegenseitige Verletzung der beiden Stahltheile nicht zu befürchten.

Das Intervall des Barometerstandes, innerhalb dessen der Apparat benutzt werden kann, beträgt nahezu 250–800 mm Quecksilber. Die durchwegs solide Construction, das sehr geringe Gewicht und die compendiöse Form machen den Apparat sehr transportfähig; folglich ist derselbe sehr geeignet zu Höhenbestiminungen. Ich habe ihn in der That auch öfters dazu verwendet und immer mit überraschend gutem Erfolge. Nur muss bei jeder Ablesung für eine feste Aufstellung gesorgt werden, denn bei Erschütterungen ist eine genaue Einstellung nicht möglich. Diese Aufstellung lässt sich in verschiedener Weise ausführen; ich habe meistens ein kleines mitgenommenes Brettchen auf meinen senkrecht in den Boden gesteckten Alpenstock geschraubt und auf dasselbe das Instrumentchen gestellt.

Das in der Zeichnung bei ***J*** angegebene Thermometer dient zur Bestimmung der anzubringenden Temperaturcorrectionen.

Schliesslich sei noch erwähnt, dass das Aneroid benutzt werden kann, um kleine Druckänderungen eines in einem Raum eingeschlossenen Gases genau zu verfolgen und zu messen. Zu diesem Zwecke wird dasselbe, wie aus der Zeichnung ersichtlich, auf einen kleinen Luftpumpenteller gestellt und durch eine Glocke (nicht in der Zeichnung wiedergegeben), die, um eine Spiegelablesung zu ermöglichen, in der Höhe des verticalen Spiegelchens mit einer planparallelen Glasplatte versehen ist, von der äusseren Luft abgesperrt. Um dem Barometer eine grössere Standfestigkeit zu geben, ist dasselbe unten durch einen Haken *K* mit dem Teller verbunden. Dieser Haken wird durch eine Feder gehalten und kann, nachdem die Fussschrauben *L* genügend hinaufgeschraubt sind, leicht von dem Aneroid gelöst werden.

Strassburg, April 1878

Literatur

1. Kant H (2003) Roentgen, Wilhelm. In: Neue Deutsche Biographie (NDB). Band 21, Duncker & Humblot, Berlin. S. 88
2. Wien W (1920) Zur Entdeckung der Röntgenstrahlen vor fünfundzwanzig Jahre. in: Arnold Berliner, August Pütter. Die Naturwissenschaften **8** Heft 50, S. 959–992
3. Friedrich W (1923): Wilhelm Conrad Röntgen. Strahlentherapie. **XV**, 855–863
4. Sommerfeld A (1915) Zu Röntgens siebzigsten Geburtstag. Phys Zeitschr **16**: 89–93
5. Dawson P (1997) Röentgen's other experiment. Brit Jour Radiol **70**: 809–816
6. Koch PP (1923) Reden zur Röntgen-Gedächtnisfeier. Zeitsch Tech Phys **4**: 273–279

7 Epilog. Die Zukunft der Röntgenstrahlen

Uwe Busch

Die Anwendungen der Röntgenstrahlen in Wissenschaft und Forschung sind vielfältig und so attraktiv wie zu ihrer Anfangszeit. Aktuelle Forschungen finden auf zahlreichen Gebieten statt. Neue technische Errungenschaften und Ideen ermöglichen dabei immer tiefer gehende Einblicke.

„Röntgenstrahlen waren nicht nur in den vergangenen gut 125 Jahren eins der wichtigsten Instrumente zum Verständnis des Aufbaus der Materie – sie sind es vielleicht jetzt mehr denn je! Denn wir haben nun gelernt, ultrakurze Röntgenpulse zu erzeugen. So wie die kurze Wellenlänge von Röntgenstrahlen uns den Mikrokosmos und die einzelnen Atome darin sehen lässt, so können wir mit Röntgenpulsen ultrakurzer Dauer nun auch verfolgen, wie Atome sich bewegen, Elektronenwolken sich verschieben oder Spins sich ordnen. Bisher hatten wir nur Standbilder zur Verfügung, nun können wir dynamische Prozesse auf den mikroskopisch relevanten Zeit- und Längenskalen beobachten! Wir werden viele grundlegende Prozesse nun verstehen, weil wir dabei zusehen können, wie sie ablaufen. Damit nicht genug: auch zunehmend komplexere Systeme werden der Untersuchung zugänglich, da die Kombination mit der spektroskopischen Sensitivität der Röntgenstrahlung es oftmals erlaubt, gezielt nur auf den jeweils relevanten Teil des Gesamtsystems zu schauen. Ultrakurze Röntgenpulse sind ein mächtiges Werkzeug, mit dem die Forschenden nun der Natur sehr direkt ‚bei der Arbeit' zuschauen können."

Stefan Eisebitt, Professor für Experimentalphysik, Max-Born-Institut für Nichtlineare Optik und Kurzzeitspektroskopie, Berlin, Deutschland

„In the coming decade I expect significant progress in the use of x-rays for research in the physical and life sciences, advances in clinical capabilities in medicine, improved diagnostic capabilities for border and port detection of harmful substances, and a significant advance in our understanding of the universe. Specifically I expect advances in x-ray sources with

U. Busch (✉)
Museumsdirektor, Deutsches Röntgen-Museum, Remscheid, Deutschland
E-Mail: Uwe.busch@remscheid.de

U. Busch (Hrsg.), *Wilhelm Conrad Röntgen,* Klassische Texte der Wissenschaft,
https://doi.org/10.1007/978-3-662-61350-4_7

regard to photon flux, spectral control, spatial and temporal coherence, and compactness. Pulsed hard x-ray sources with durations of attoseconds will be available for probing electron dynamics in molecules, clusters and solid state systems. I expect equivalent improvements in x-ray optics, spatial resolution, aberration and wavefront control, the extension of diffractive optics to hard x-rays, and the availability of modestly inexpensive optics for the various communities. Through inoperando space-time studies of energy storage devices we can expect x-ray nanoscopy to play a significant role in limiting human impact on the environment. In the not too distant future we can expect that hard x-ray tomography will be extended to spatial resolutions of 10 nm and below for the both the life and physical science. These will also extend to clinical capabilities for routine medical diagnostics with compact sources, perhaps with the additional use of partial coherence techniques. X-ray spectroscopic capabilities with compact sources will become available for the semi-remote detection and interdiction of illicit drugs and weapons grade materials. With improved x-ray optics and telescopes, on orbiting and other distant platforms, we can expect significant improvements in our understanding of the cosmos. This will include our knowledge of black hole formation, the nature of dark matter and energy, and a better understanding of the dynamics of our evolving universe.“
David Attwood, Professor em. Applied Physics, University of California, Berkeley, USA

„Es gibt wenige Entdeckungen, die über mehr als ein Jahrhundert hinweg kontinuierlich neue Impulse für die Forschung und Innovationen gegeben haben und gleichzeitig noch heute millionenfach täglich angewendet werden. Wilhelm Conrad Röntgens Entdeckung gehört dazu. Für seine Entdeckung erhielt Röntgen 1901 den ersten Nobelpreis für Physik, 2020 jährt sich diese Entdeckung zum 125. Geburtstag von Wilhelm Conrad Röntgen selbst feiern wir zum 175. Mal. Die Entdeckung der Röntgenstrahlen hat 1905 zur Gründung der Deutschen Röntgengesellschaft geführt – damals gab es noch gar keine Radiologen, sondern nur von Röntgenaufnahmen begeisterte Ärzte – und viele Jahre später zur Etablierung unseres Fachgebietes. Die Radiologie zählt mit Abstand zu den innovativsten Bereichen der Medizin (ergänzt u. a. durch eine Vielzahl weiterer biophysikalischer Verfahren) und übt somit eine große Anziehungskraft auf Studenten, Ärzte und natürlich auch Patienten aus. Zumindest kann ich dies für meine eigene Person bestätigen; mein Vater war als Radiologe tätig und schon als Schulkind war ich von einer gewissen ‚Magie‘ des Durchleuchtungsraums (damals noch mit Adaptationsbrille) und der Diagnosestellung anhand von Röntgenbildern fasziniert, was mich sicher bei meiner späteren Berufswahl ‚positiv‘ beeinflusst hat. Kaum vorstellbar, wieviel Energie und Enthusiasmus wir in unserer Assistentenzeit in die Durchführung einer Durchleuchtungsuntersuchung des Gastrointestinaltraktes und in den optimalen Bariumbeschlag einer Doppelkontrastuntersuchung hineinlegten. Aus heutiger Sicht hört sich dies schon antiquiert an, dokumentiert es jedoch die geradezu atemberaubende Weiterentwicklung und stete Neuausrichtung unseres Faches. Heute leistet Radiologie sowohl Diagnostik als auch Therapie. Das Innovationspotential der Radiologie ist Chance und Herausforderung zugleich. Es bietet die Chance, neue eigene Ideen und neue Techniken sowohl mit dem Ziel eines Erkenntnisgewinns als auch einer Verbesserung der Patientenversorgung in Diagnostik und minimalinvasiver bildgesteuerter Therapie zu erforschen; es stellt auch gleichzeitig die Herausforderung für uns dar, dem Neuen offen gegenüber zu treten, kritisch wissenschaftlich zu analysieren und ein Optimum in die tägliche Praxis zu übertragen.“
Bernd Hamm, Professor für Radiologie, Direktor der Klinik für Radiologie, Charité -Universitäsmedizin, Berlin, Deutschland

„Ich bin mir sehr wohl bewusst, dass die zukünftige Entwicklung der Bildgebung nicht absolut kontinuierlich, sondern oft in unregelmässig gestaffelten, kaum vorhersagbaren Schritten verlaufen dürfte, vor allem weil meiner Erfahrung nach nicht nur die innovativen Ideen erforderlich sind, sondern oft gleichzeitig Fortschritte in einzelnen technischen Komponenten (Strahlenproduktion, Detektion, Bildberechnung und -nachverarbeitung, Informatik) die Innovation erst ermöglichen. Die nicht-invasive Bildgebung wird in meiner Erwartung wegen ihrer präzis-lokalisierenden Diagnostik und Therapie ihre Bedeutung trotz ‚liquid biopsy' und ‚genomics' eher noch ausbauen. Dabei haben die Verfahren ohne ionisierende Strahlung ein breites Entwicklungspotential. Dennoch werden die bereits etwas reiferen nuklearmedizinischen und Röntgenverfahren indessen, wie es die letzten 30 Jahre eindrücklich gezeigt haben, dank Verfeinerungen, neuer Applikationen (zurzeit etwa die spektrale Bildgebung und das Phasenkontrast-Röntgen) und einer weiteren Dosisreduktion in den nächsten 1–2 Jahrzehnten weiter an Bedeutung zunehmen."
Peter Vock, Professor em. für Radiologie, Universität Bern, Schweiz

„According to a survey conducted more than ten years ago at the ‚Science Museum' in London with 50,000 visitors, the discovery of Professor Röntgen comes out as the most important invention. The discovery of penicillin and DNA come in respectively 2nd and 3rd place. It is curious to note that these have, all three, important applications in medicine. On the other hand, the radiological technology is also applied in non-medical fields as evidenced by the good thirty Nobel laureates who owe their price to the use of this technology! To stay in the medical field, which I know a little better, we will distinguish several periods that have tended to succeed each other fast. Thanks to the X-ray, man first becomes the transparent body with the conventional radiology. Thanks to or because of the Great War the development of the conventional tomography sees the daylight, and with the arrival of contrast media, appears the opacified and sliced body. Later, thanks to the development of the Digital Imaging, i.e. computer tomography and the ultrasound technology, appears the reconstructed body. Another medical imaging technology, magnetic resonance imaging, will open the possibility to move from the morphology of certain anatomical structures to the functional body. Thanks to the recent appearance of the algorithms that lead to the emergence of artificial intelligence, a next step, even more revolutionary perhaps, begins to develop in many fields like facial recognition, digital or vocal, the self-driving car [...], also in medical imaging. By the increased relevance of the diagnosis, we are entering a phase of greater medical-economic efficiency of it as well; perhaps we could talk about the self-controlled body. With this fabulous breakthrough, medical imaging ‚risks' well to face still beautiful days ahead! The right mastery of the techniques, acquired thanks in particular to the guidelines, allows a better diagnostic approach already and a considerable time reduction of the hospital stay. As a condition of tight security for the medical privacy of the communication networks, it also provides a better support for appointments, the transcription and transmission of results, image archiving (PACS) and inter- hospital communication of information ‚Big data' see even in the realization of the radiological act by the ‚teleradiology'. Now with the arrival of artificial intelligence in radiology (fed of course by the radiology environment!), many radiological reading tasks, sometimes repetitive and tedious, can be delegated, no doubt, to ‚robots'. If nowadays the radiologists look like collectors instead of decision makers, they will be able to focus on the essence rather than the format. This will also allow time for radiologists to integrate more into the team of caregivers. The goal is one: to provide better advice to the practitioners and to explain more to the patients, who are in dire need of it and who are seeking, righteously

so, trust and human contact, and two: explaining how their exams will be carried out, and which exams are best suited for the problems inherent to their pathology. All together this will be a qualitative gain for the patient and a financial gain for the community but the ‚robot' will never be able to replace the singular patient-caregiver conversation; fortunately, so. In the medical imaging, the big difficulty lies in the need to have heavy technical platforms. Here we touch on the problems of geographical accessibility for patients and an even greater productivity of the teams and the setup equipment. This poses probably the biggest challenge for tomorrow and it will be imperative to overcome it. Common sense and measure will have to prevail? Intentionally, because that's less important to me, I do not want to address here the financial aspect of fees that can undoubtedly play a role, particularly in the shortage of radiologists, in some countries. In any case, however, I think that the appearance of this artificial intelligence will make the craft even more exciting. Unable of course to foretell the future, I would still like to finish these modest reflections by the beautiful quote from Abraham Lincoln: ‚The best way to predict the future, is to create it.'"
Rene Van Tiggelen, Curator Belgian Museum for Radiology, Brüssel, Belgien

„In den ersten Tagen meiner Schulzeit als Gymnasiast machte ich eine Erfahrung, die sich für immer tief in mein Gedächtnis eingeprägt hat. Es war im Jahr 1954. Ein Mitschüler hatte ein Trillerpfeifchen aus Blech verschluckt. Unser Lehrer schickte mich als Begleitperson mit ihm ins benachbarte Krankenhaus. Wir beide waren gerade mal zehn Jahre alt. Dort angekommen untersuchte der Arzt den kleinen Patienten mit einem Röntgengerät. Er ließ mich, wohl aus didaktischen Gründen, neben sich Platz nehmen und der Prozedur zuschauen. Auf einem Leuchtschirm sah ich das Skelett meines Mitschülers und etwa in der Mitte das Bildes das Trillerpfeifchen, das sich im Rhythmus des Atmens leicht auf und ab bewegte. Es war im Magen gelandet. Dem Mitschüler konnte mit einigen Tagen Sauerkrautdiät geholfen werden. Vierzig Jahre später, im Dezember 1994, bestrahlte unsere Forschungsgruppe bei der Gesellschaft für Schwerionenforschung, GSI, in Darmstadt eine dünne Folie aus Wismut mit Nickelionen. Ziel war es, durch Verschmelzen der Atomkerne der beiden Materialien das neue Element mit der Ordnungszahl 111 herzustellen. In dem Experiment konnten wir die Entstehung von drei Atomen des neuen Elementes eindeutig nachweisen. Die Resultate wurden 1995 veröffentlicht. Zehn Jahre später waren unsere Ergebnisse durch weitere Experimente bestätigt. Das neue Element konnte nun einen Namen bekommen. Jetzt erinnerte ich mich an die eindrucksvollen Röntgenbilder aus meiner Kindheit. Im Physikstudium hatte ich inzwischen gelernt, wie sie entstehen und welch großartige Entdeckung Wilhelm Conrad Röntgen im Jahr 1895 gelungen war. Außerdem hatte ich gelernt, dass beim radioaktiven Zerfall und auch bei anderen Reaktionen zwischen Atomkernen und Atomen sehr häufig Strahlen mit Energien emittiert werden, die für jedes Element kennzeichnend sind, die so genannten ‚charakteristischen Röntgenstrahlen'. Schon bei unseren allerersten Experimenten bei GSI halfen uns diese Strahlen, die entstandenen Isotope bestimmten Elementen zuzuordnen. Es lag also nahe, das neue Element 111 nach dem Entdecker der Röntgenstrahlen zu benennen. Mit seiner Entdeckung stand Wilhelm Conrad Röntgen am Anfang des Zeitalters der modernen Physik. Seine Entdeckung revolutionierte die Medizin und sie fand breite Anwendung in Technik und Grundlagenforschung. Chemische Elemente, auch wenn sie nur in Spuren vorliegen, können sicher nachgewiesen werden. Die Messung der charakteristischen Röntgenstrahlung wird auch in Zukunft breite Anwendung in Technik und der Physik der Kernreaktionen finden. Sie ist zerstörungsfrei und liefert sichere Resultate. Unsere Ergebnisse zur Synthese

des neuen Elementes 111 wurden 100 Jahre nach der Entdeckung der Röntgenstrahlen veröffentlicht. Mit der Benennung dieses Elementes wollten wird den Wissenschaftler Wilhelm Conrad Röntgen ehren und ihm für alle Zeiten einen Platz im Periodensystem der Elemente sichern. Wir schlugen vor, das neue Element ‚Roentgenium' mit der Abkürzung ‚Rg' zu benennen. Unser Vorschlag wurde spontan angenommen. Im Periodensystem steht nun Roentgenium in der Spalte der Edelmetalle nach Silber und Gold."
Sigurd Hofmann, Professor für Physik, Gesellschaft für Schwerionenforschung (GSI), Darmstadt, Deutschland

„X-rays are here to stay; although in different applicational forms, and image post-processing and artificial intelligence will enable automatic pathology detection and will be an aid to radiologists. Examples of these recent changes are: angiography and orthopantomography have become cone-beam CT-scanners with flat solid state detectors in stead of image intensifier tubes. Mammography makes use of tomosynthesys and multi-slice spiral CT scanners rapidly create data-volumes that are instantly remodeled als MPR-, MIP- or 3-D images. Our spectral variety of X-rays in CT have made place for dual-energy scans that enable monochromatic reconstructions without beam-hardening artifacts. Cardiac CT has become so fast that electron-beam CT-scanners are no longer needed."
Frans W. Zonneveld, Professor em. of Medical Imaging Technology, University of Utrecht, Niederlande

„Zukünftige Anwendungen von Röntgenstrahlen werden geprägt sein durch physikalisch-technische Weiterentwicklungen sowie durch die Digitalisierung: Neue Röntgenquellen werden mit ultrakleinem Röntgenfokus die Röntgenmikroskopie auf der Nanoskala auch im Labor ermöglichen, effiziente Röntgenoptiken und -interferometer werden neue refraktive und diffraktive Methoden im Labor erlauben, Röntgenszintillatoren könnten aus programmierbaren Materialien hergestellt werden und damit zukünftig in ihren Eigenschaften durch äußere Einflüsse (z.B. Temperatur, elektromagnetische Felder etc.) verändert oder sogar gesteuert werden. Die Digitalisierung wird insbesondere die volumenbildgebende Röntgen-Computertomographie maßgeblich verändern und in der Zukunft ein kognitives CT-System ermöglichen, das sich mit Hilfe eines Gedächtnisses und mit Methoden der künstlichen Intelligenz für seine Messaufgaben selbst parametrieren und anpassen wird (adaptive sensing) und das selbstständig aus seinen Bildern und Messdaten die benötigte Information extrahiert und Wissen über das Untersuchungsobjekt generieren wird."
Randolf Hanke, Professor für Physik, Fraunhofer Institut für zerstörungsfreie Prüfverfahren IZFP, Saarbrücken, Deutschland

„Schon sehr kurz nach der Entdeckung der Röntgenstrahlen durch Wilhelm Conrad Röntgen 1895 wurden die durchdringenden Eigenschaften dieser Strahlen für die Medizinische Diagnostik verwendet. Bis heute hat sich aus diesen anfänglich sehr einfachen Durchleuchtungsaufnahmen eine breite Anwendungspalette entwickelt, die von der meist digitalen Radiographie bis hin zur modernen Computertomographie reicht. Vor mehr als 100 Jahren entdeckte Max von Laue in München, dass Röntgenstrahlung nicht nur als Röntgenquanten im Teilchenbild interpretiert werden können, sondern ebenso einen Wellencharakter aufweisen. Und obwohl diese Eigenschaft schon seit langem in der Grundlagenforschung, zum Beispiel in der Kristallographie zur Strukturbestimmung von Proteinen, genutzt wird, wird die Wellennatur des Röntgenlichts in der medizinischen Bildgebung bisher

nicht genutzt. Meine persönliche Motivation ist es, das volle Potential des Röntgenlichts, und insbesondere die Verwendung der Wellennatur des Röntgenlichts, eben auch für die medizinische Bildgebung in der Breite zu erschließen. Basierend auf den bereits erreichten technologischen Fortschritten meiner Forschung in diesem Bereich in den letzten zehn Jahren und zahlreichen vorklinischen Evaluierungen, bin ich davon überzeugt, dass eine baldige Nutzung des Wellencharakters von Röntgenlicht nun auch für die medizinische Bildgebung möglich ist. Diese neuartige, sogenannte Phasenkontrast-Radiographie oder Phasenkontrast-Computertomographie birgt ein großes Potential für eine signifikante Verbesserung der Röntgen-Diagnostik und kann eine wesentliche Rolle bei der Verbesserung von Screening-Verfahren, beispielsweise zu Früherkennung von Krebs- oder Lungenkrankheiten in naher Zukunft spielen. Diese Entwicklung möchte ich weiter vorantrieben und in ersten klinischen Studien begleiten."
Franz Pfeiffer, Professor for Biophysics, Chair for Biomedical Physics, Faculty of Physics & Medicine, Munich School of BioEngineering, TUM (Technical University Munich), Deutschland

„The ESRF Upgrade Programme, thanks to the strong collaboration existing among the ESRF Member and Scientific Associate Countries, will pave the way for future synchrotron science, and contribute at a global level to an exciting time for fundamental discoveries and innovative applications. The new opportunities in X-ray science, complementing and extending other advanced analysis tools for material and living matter, will contribute with key discoveries to the sustainable well-being of our society: new smart materials will optimise the use of existing natural resources and provide better production and management of clean energy, new understanding of biological processes at the mesoscopic and cellular levels will introduce new drugs and create new diagnostic and therapeutic programmes, and studies of exotic natural thermodynamic states will help us to better understand our planet, its resources and evolution. These far-sighted plans will attract a new generation of scientists who, with the use of a new generation of X-ray probes, will be able to explore and understand more effectively than today many of the mysteries of the world surrounding us."
Francesco Sette, Professor for Physics, Director General, ESRF, Grenoble, Frankreich

„Die Entdeckung der Röntgenstrahlen vor über 100 Jahren hat die Medizin grundlegend revolutioniert. Im Bereich der Onkologie sind Röntgenstrahlen für eine zielgerichtete maßgeschneiderte Tumordiagnose und -therapie unverzichtbar. Innovative Technologien wie Röntgenlaser und flexible hochempfindliche Detektoren kombiniert mit fortschrittlichen künstlichen Intelligenz Algorithmen werden beitragen, dass auch in Zukunft Röntgenstrahlen ein wesentliches Instrument zur Früherkennung und Bekämpfung von Krebserkrankungen sind."
Michael Baumann, Professor für Radioonkologie, Vorstandsvorsitzender und wissenschaftlicher Vorstand, Deutsches Krebsforschungszentrum, Heidelberg, Deutschland

„Wenn man Zukunftsprognosen abgibt, lohnt sich oft ein Blick in die Vergangenheit. Röntgenstrahlen und Verbrennungsmotoren sind Erfindungen der Gründerzeit – einer Epoche, in der dem menschlichen Gestaltungwillen kaum Grenzen gesetzt waren und besonders in Europa der Mensch vor Energie, Euphorie und Optimismus nur so strotzte. Beide haben seit dem eine dramatische Karriere gemacht – im Guten wie im Schlechten. Verbrennungsmotoren sind nach mehr als hundert Jahren ihrer Existenz erstmals heftiger Kritik ausgesetzt aufgrund ihrer unkalkulierbar globalen Risiken, die am Einzelnen sich

aber nur schleichend verwirklichen. Insofern bleibt die individuelle Besorgnis meist abstrakt. Die traumatische Erfahrungen mit den Risiken von Röntgenstrahlen, die sich dagegen nur am Einzelnen manifestieren, aber keine globale Wirkung erzielen, hat zu einem latenten Misstrauen gegenüber dieser die Medizin fundamental revolutionierenden Erfindung Anlass gegeben. Dies hat zu einer umfangreichen, sachbezogenen und streng reglementierten Regelung ihrer Anwendung geführt, die beispielhaft ist. Insofern ist die Röntgentechnik ein hervorragendes Beispiel für den vernünftigen Umgang mit potentiell gefährlichen Techniken. Ihre Anwendung hat einen hohen Reifegrad entwickelt. Sie ist schnell, preisgünstig, fast überall verfügbar und zuverlässig. Auch nach einem Jahrhundert ihrer Existenz gibt es noch neue Ansätze in der Forschung wie z.B. mit der Computertomographie der Mamma, der Phasenkontrastbildgebung oder der monoenergetischen Strahlung. Deren zukünftige Bedeutung ist zurzeit noch schwer abschätzbar. Wirklich spannend wird es aber, wenn klassische Röntgentechnik und die digitale Revolution zusammenkommen. Mit der iterativen Rekonstruktion sind die gerade in der Computertomographie brennenden Dosisfragen erfolgreich verbessert worden – die Einbeziehung neuer Algorhythmen aus dem Ansatz der künstlichen Intelligenz lassen auf weitere Innovationen auch in der Frage der Strahlenreduktion hoffen. Daher kann man durchaus erwarten, dass radiologische Untersuchungen auch weiterhin fester Bestandteil medizinischer Untersuchungen bleiben werden, ob als konventionelle Technik oder in der Computertomographie. Sie dort zu ersetzen, wo andere Verfahren schneller, besser und ungefährlicher sind, bleibt für uns alle dennoch verpflichtend.“
Dierk Vorwerk, Professor für Radiologie, Direktor des Instituts für Radiologie, Klinikum Ingolstadt, Deutschland

„X-ray crystallography has the ability to provide accurate three dimensional structural information at unprecedented accuracy and quality of inorganic, organic and biological molecules as well as of complex biological assemblies, by measuring the diffraction of the Roentgen rays (X-rays) by crystals of the studied systems. In this way not only super accurate locations of atoms (and even of fractions of electrons) of small inorganic and organic molecules could be determined experimentally, also the modes of function of giant cellular systems, such as a membrane transport or the translation of the genetic code to proteins by the ribosomes. X-ray crystallography has been and is still being employed successfully even currently, when the structures of huge biological complexes are being studied by Cryo-electron microscopy (cryo-EM) using non-crystalline samples, as the bases needed for the interpretation of the results of many of these studies, which is provided by structures determined previously or in parallel by X-ray crystallography.“
Ada Yonath, Professor for Biochemistry, Weizmann Institute of Science, Rechowot, Israel. Chemie-Nobelpreis 2009

„Since Röntgen's discovery of x-rays, the developments in the field have mainly been driven by the invention of new x-ray sources, new detectors for x-rays, and by new ways to analyze and interpret the data collected from x-rays interacting with particular materials, such as scattering from crystals and molecules to form diffractograms, or absorption to form x-ray images. In particular, the x-ray sources have undergone a dramatic evolution. In the 1990's, the synchrotron x-ray sources achieved a billion times more peak brilliances (a central measure of performance of x-ray sources) than x-ray tubes. This enabled a flourishing of new methods and opened fields of study to new frontiers, hardly imaginable at Röntgens time, from cultural heritage to protein structures. In the last 10 years, the Free Electron X-ray Lasers (XFELs) have yet again revolutionized the field. Through the

process of self-amplified spontaneous emission, ultra-short and ultra-bright flashes of X-rays now have a further billion times higher peak brightness than the synchrotrons, i.e. 10^{18} times more than x-ray tubes. This may well open for a similar wealth of new fields of study, many likely in areas we have yet to imagine. For example, the XFEL flashes are so short that the molecules effectively are frozen in place, and for the first time it becomes possible to capture snapshots of their structure without the ‚motion blur' that has otherwise been unavoidable. In essence, we can combine such snapshots into a ‚molecular movie' and capture the motion of the quantum mechanic atomic nuclear wave packets, thereby mapping the path taken by atoms, when processes occur in materials. For instance, when light strikes the chlorophyll molecule in the leaf of a plant or a dye molecule in a solar cell, charges are transferred from one site in the molecule to another in response to the excitation, and in turn, the molecule changes its shape. The detailed dynamics of how the atoms move during this change determines how efficiently the charges can be moved, and thus underpins any comprehensive model of charge transfer. The new knowledge may therefore lead to better predictions of the relationship between the structure of molecules and their properties, and thus enable a rational design of new functional materials for better health and cleaner energy. All this is made possible by the new XFEL X-ray sources, and predictably, the evolution will continue. The European XFEL, in operation since 2017, is 100 times more powerful than previous XFELs, and in the near future, it may become possible to capture intermittent, spontaneous events, such as the moment when atoms come together to form a crystal, when cracks form and something breaks, or when an electric discharge sparks a path through an insulator. With even shorter X-ray flashes it may become possible to match the time for electrons to jump between molecular orbitals, and thereby to make the first movie of every detail in a chemical reaction."
Martin Meedom Nielsen, Professor for Physics, DTU PHYSICS, Department of Physics, Technical University of Denmark, Fysikvej, Dänemark

„On the occasion of the 125th anniversary of the discovery of X-rays, it is appropriate to note that the brilliance of X-ray sources has increased more than 28 orders of magnitude over the early X-ray tube sources available soon after Roentgen's discovery. This exponential increase surpasses the famous Moore's Law governing the rate of increase of the number of transistors on integrated circuit chips. In addition, new X-Ray sources (which include tabletop plasma X-Ray lasers, High Harmonic Generation laser-based sources and X-Ray Free Electron Lasers, as well as new synchrotron sources) can enable experiments utilizing coherent X-rays and ultrafast (down to attosecond) timescales. As a result, X-rays are increasingly finding applications beyond the historical role they have played in medicine and crystallography since their discovery. We may expect increased application of X-Rays to image nanosized objects using both X-Ray microscopy and relatively new methods, such as ptychography, to invert speckle patterns using intensities alone (and recovering the phase information). In addition, X-Rays will be increasingly used to study dynamics of various kinds of matter, either by pumping materials with intense ultrafast laser pulses and probing their response using ultrafast X-Rays after given delay times, or by studying the fluctuations of speckle patterns using a technique called X-Ray Photon Correlation Spectroscopy (XPCS), the analog of Dynamical Light Scattering. Eventually, it may be possible to combine imaging and XPCS to make dynamical movies of matter at the nanoscale, although the data processing problems will be formidable. Existing techniques will continue to be refined and applied to novel materials and processes. Thus, X-Ray Photoemission Spectroscopy (XPES), which owes its origin to another Nobel Prize winning discovery, namely Einstein's theory of the photoelectric effect, is already established as one of the key

tools for elucidating the electronic structure of solids, and will continue to flourish, as will Inelastic X-Ray Scattering (IXS) and in particular Resonant Inelastic Scattering (RIXS) to study electronic excitations. The use of grazing incidence scattering and diffraction methods for studying surface structure, fluctuations and nanoparticles will continue to increase rapidly. Finally, it seems likely that the field of X-Ray quantum optics will take off, with many interesting fundamental experiments on X-Ray photon entanglement, parametric down-conversion or collective resonant photon emission involving long-lived nuclear resonant transitions, X-Ray waveguides, and dynamical control of the resonant interactions. X-Rays truly have an exciting future for scientific applications.“
Sunil K. Sinha, Professor for Physics, Dept. of Physics, University of California San Diego, USA

„In meiner Forschung als Beschleunigerphysiker an der Universität Hamburg benutze ich Pulse aus einem Hochleistungslaser, um Elektronen in kürzester Strecke auf Geschwindigkeiten sehr nahe der Lichtgeschwindigkeit zu beschleunigen. Diese Laser arbeiten im sog. nahen Infraroten – also weit weg vom Röntgenbereich. Nun mag man sich fragen, wo hier die Brücke zur Röntgenstrahlung liegt. Die Antwort wird fast sofort evident, wenn man bedenkt, dass solche fast lichtschnellen Elektronen überaus geeignete ‚Taschenlampen‘ im Röntgenbereich sind, wobei sie ihre Röntgenstrahlung sogar gebündelt wie ein Laserpointer aussenden. Da unsere Laser im Vergleich zu großen Synchrotronen und Freien-Elektronen-Lasern sehr kompakt sind, eröffnen sie die Möglichkeit zu einem künftigen Einsatz in einer Klinik. Und genau das fasziniert mich: neuartige Röntgenquellen *und* neuartige Methoden zur medizinischen Bildgebung, die eben diese neue Röntgenlichterzeugung ausnutzen. Aber was genau kann damit Neues erreicht werden? Mehr als 120 Jahre nach Röntgens Entdeckung? Mehr als 40 Jahre nach der Erfindung von Computer-Tomographie (CT)? Vor allem, wenn man auch bedenkt, dass die medizinische Bildgebung nicht nur auf der Nutzung von Röntgenstrahlen basiert. Röntgenbildgebung wird aber auch in Zukunft ein unerlässliches Werkzeug in der Klinik sein, sei es in der Notfallmedizin, da z.B. die Magnet-Resonanz-Tomographie (MRT) hierfür prinzipiell zu langsam ist, oder bei der Darstellung von Herzkranzgefäßen, wo MRT ebenfalls aufgrund der längeren Messdauer durch Bewegungsartefakte manche Koronarien nicht darstellen kann. Im Gegensatz zu CT und MRT bietet die Positronen-Emissions-Tomographie (PET) eine unerreichbare Sensitivität, z.B. beim Auffinden kleiner Tumore und/oder Metastasen, hat aber eine relative schlechte räumliche und zeitliche Auflösung – und das Signal ist nach wenigen Stunden weg, weil ja die sog. Radiotracer zerfallen. Nun gibt es bei der Röntgenbildgebung neue Ansätze, um die bisher erreichten Grenzen, z.B. in der Sensitivität, deutlich zu verschieben – hier sei etwa die Röntgen-Fluoreszenz-Bildgebung genannt. Diese Methode basiert darauf, dass Nanopartikel, die, etwa mit Antikörpern bestückt, im Körper auf die Suche nach Tumorzellen gehen, an diese andocken – und dann, wenn sie von außen mit Röntgenlicht angeregt werden, ein ‚Röntgen-Echo‘ aussenden, eben die Fluoreszenz. Viele Ansätze sind zwar längst in der Grundlagenforschung, deren klinische Anwendung ist aber noch weit entfernt – u.a. weil bisher eben nur große Synchrotronanlagen diese neuen Methoden ermöglichen, die oft sog. ‚*brillantes*‘ Röntgenlicht brauchen, also intensive Strahlung mit geringer Bandbreite, kleiner Quellgröße und kleinem Strahlungskegel. Meine Zukunftsprognose lautet daher: Röntgenbildgebung in der Medizin wird neue Bereiche erobern, wenn sie mit neuartigen, kompakten Quellen realisiert wird. Und auch hier wird der Weg eben noch lang sein, aber man darf hier nicht übersehen, dass CT auch erst knapp 70 Jahre nach Röntgens Entdeckung entwickelt wurde – und eine wichtige mathematische Vorarbeit zur CT bereits 1917 von Johann Radon veröffentlicht wurde. Ganz so lange, hoffe ich, wird es nun aber

nicht mehr dauern, bis Erkenntnisse aus der Grundlagenforschung an Synchrotronen auf die neuen laserbasierten Quellen übertragen und damit neue Röntgenverfahren klinisch realisiert werden.“
Florian Grüner, Professor für Physik, Institut für Experimentalphysik, Universität Hamburg, Deutschland

„Discovery of X-rays by Wilhelm Conrad Roentgen in 1895 was a symbolic event in physics which immediately attracted interest of not only physicists but also those working in other fields. In fact, other types of radiation were discovered soon, alpha and beta rays in 1887 and radioactivity of radium in 1898. The use of radiation was obvious in medicine and diagnostic and therapeutic uses started in 1896. However, people involved in handling of radiation frequently developed skin ulcers and sometime even cancer in early time of radiation use which necessitated accurate dose estimation and reliable dosimetry methods were developed in 1927. In the same year X-rays were found to induce gene mutation in fruit fly. The atomic bombing in Hiroshima and Nagasaki in 1945 was the world first cases of large scale human exposures to radiation, from which we learned the entire spectrum of health effects due to radiation. Atmospheric nuclear tests then followed until 1963 and the world trend of nuclear power brought radiation to the everyday life of the public. In addition, the Chernobyl accident in 1986 and the Fukushima Daiichi accident in 2011 demonstrated the negative side of radiation. The discovery of X-rays by Roentgen is symbolic as the way it has expanded from a simple scientific finding to holistic radiation science within 125 years of the history. Radiation science is already an integral and important element of modern society, with a whole range of implications the entire dimensions of human life. This is the way many fields of science expanded in the 20th Century, and the X-rays was the first of such science. We thank Professor Roentgen for his great discovery.“
Ohtsura Niwa, Professor em. for Radiation Biology, Kyoto University Radiation Biology Center, Kyoto, Japan

„Vielfach übersehen wird, dass mit der Entdeckung der Röntgenstrahlen auch die Entdeckung der ionisierenden Strahlung einherging. Seit ewigen Zeiten gab es diese Art von Strahlung, und niemand wusste, dass sie existierte. (Am Rande: dies wirft auch die Frage auf, welche anderen Phänomene es noch gibt, von deren Existenz wir nichts ahnen.) Und es ist interessant, dass Röntgen in seiner ersten Publikation ‚Ueber eine neue Art von Strahlen‘ in einer Fußnote folgende Erläuterung anführte: ‚Der Kürze halber möchte ich den Ausdruck ‚Strahlen‘ und zwar zur Unterscheidung von anderen den Namen ‚X-Strahlen‘ gebrauchen.‘ Das ‚X‘ reflektiert sehr schön, dass es sich (analog zur Mathematik) um etwas Unbekanntes handelt. Selbst wenn in der Zukunft möglicherweise die Anwendung von Röntgenstrahlen in der Medizin an Bedeutung verlieren sollte (z.B. wegen der Verwendung anderer Techniken), bleibt die herausragende Bedeutung der Entdeckung der X-Strahlen in der Erkenntnis, dass ionisierende Strahlung existiert und sie uns auf immer zum Beispiel in Form der Hintergrundstrahlung begleiten wird. Forschung auf dem Gebiet der ionisierenden Strahlung wird also auch in Zukunft in jedem Fall von erheblicher Bedeutung sein.“
Wolfgang-Ulrich Müller, Professor em. für Biophysik, Universität Essen, Deutschland; ehemaliger Vorsitzender der Strahlenschutzkommission und des SSK-Krisenstabes

„I wish to reassure any of my readers who might be feeling either alarmed or worried that the future of X-rays is in doubt, that there is no need for any concern. When Wilhelm Conrad Röntgen discovered the new rays back in 1895 he did not know what they were, and so he called them ‚X‘ as the unknown quantity. We now know that the rays are part of

the electromagnetic spectrum, and in finding this out we gained a whole new understanding of the nature of reality. Röntgen's discovery may therefore be seen as the midwife of ‚The New Physics'. In the microcosmos we discovered atomic structure, and in the macrocosmos we developed X-ray astronomy. At a molecular level X-ray spectroscopy has shown the arrangements of simple salts, and also the shape of complex structures, reaching its apotheosis in the determination of the structure of life when the double helical nature of DNA was elegantly demonstrated. At a human scale we had major insights into anatomy and development that were previously unsuspected. We also learnt about the nature and treatment of disease and medical care has been transformed with therapy and diagnosis. Realities previously unimagined were displayed with an amazing clarity. Physical structure is shown in the use of radiography in art history, both looking at the physical structure of paintings, and in archeology examining the deep structure of both human artifacts and the contents of Egyptian mummies. X-rays in non-destructive testing continue to make all of our lives safer. X-rays reveal what should be hidden, and this is particularly shown in border and airport security, and in the assessment of suspicious postal material. With the discovery and implementation of new techniques in medical imaging such as ultrasound and nuclear magnetic resonance many traditional radiographic techniques have been superseded, however the plain radiograph remains central to the initial assessment of many conditions and is likely to remain so for the foreseeable future. X-ray fluoroscopy remains an elegant and simple means of guiding medical interventions. Instead of diminishing in use as the decades have passed, the uses of Röntgen's discovery have blossomed. X-rays have been present since the first moments of creation, and human applications show no signs of being exhausted. X-rays will continue until the end of time, and no one should tell you otherwise."
Adrian M. K. Thomas, Visiting Professor, Canterbury Christ Church University, Kent, England

„Wilhelm Conrad Röntgen lebte in einer Zeit, in der Fundamente für unser heutiges von Wohlstand geprägtes Leben gelegt wurden, und in der die Menschheit begierig neue wissenschaftliche Erkenntnisse annahm. Röntgen ist einer der herausragenden – wenn nicht der – herausragende Vertreter eines Wissenschaftlertypus, der nicht nur grundlegende Erkenntnis generiert sondern unmittelbar auch deren Anwendungspotenzial auslotet. Seine Entdeckung fällt zeitlich mit der Entdeckung radioaktiver Elemente zusammen. Die beiden physikalischen Entdeckungen haben die Medizin revolutioniert und haben eine für die moderne Medizin kaum in vollem Umfang zu erfassende Bedeutung. Vor etwa 20 Jahren, etwa 100 Jahre nach diesen bahnbrechenden Entdeckungen sind die beiden medizinischen Felder, die mit ionisierender Strahlung arbeiten, die Funktionsdiagnostik der Nuklearmedizin und die Morphologiediagnostik mit Röntgenstrahlen durch die Einführung von Hybridgeräten, PET/CT bzw. SPECT/CT, zusammengewachsen. Damit hat die Entdeckung Röntgens auch in der Nuklearmedizin eine unmittelbare fundamentale Bedeutung erlangt."
Andreas Bockisch, Professor em. für Nuklearmedizin, Universitätskrankenhaus Essen, Deutschland

„Bildgebende Verfahren haben sich in den letzten Jahrzehnten gemäß des Mottos "schneller, höher, weiter" rasant entwickelt. Um für die Zukunft gewappnet zu sein, ist neben technischer Innovation die Verbindung mit anderen diagnostischen Verfahren notwendig. Insbesondere die Verbindung mit nuklearmedizinischen Verfahren ist hierbei wesentlich (im Rahmen der Hybridbildgebung, aber auch im interventionellen Bereich, denke an Theranostics). In den Niederlanden ist die Ausbildung von Radiologie und Nuklearmedizin reformiert und integriert, diese wird ab 2019/20 mit einem gemeinsamen Facharzt abgeschlossen. Diese

Entwicklung ermöglicht ein tieferes Verständnis für funktionelle Zusammenhänge und bereichert die primär anatomisch ausgerichtete Bildgebung. 125 Jahre Röntgendiagnostik sind und bleiben hierbei unser Fundament. Eine globale Vernetzung aller diagnostischer Verfahren (Pathologie, Genetik, Labor, Bildgebung) sollte als Chance proaktiv befördert werden, bis hin zu ‚Decision Support Systemen' (DSS). Klassischerweise werden DSS derzeit als Hilfsmittel für Überweiser eingesetzt, um für eine klinische Fragestellung das geeignete bildgebende Verfahren vorzuschlagen. Eine Integration aller diagnostischen Befunde im Rahmen von DSS kann helfen, Patienten und deren behandelnden Ärzten alle notwendigen Informationen objektiv an die Hand zu geben, um individualisiert und maßgerecht passende Therapieentscheidungen zu treffen.
Intelligente (semi-) automatische Befundung kann uns unterstützen, radiologische Arbeitsabläufe effektiver und effizienter zu gestalten. Einfache, stets standardisiert wiederkehrende Muster sind hierfür besonders geeignet. So ist denkbar, dass Normalbefunde nicht mehr befundet werden müssen, sondern automatisch freigegeben werden können (sofern hierfür die rechtlichen Rahmenbedingungen geschaffen werden), ebenso wie eine computergestützte Priorisierung von Untersuchungen, wobei Untersuchungen zeitnah gemäß ihrer klinischen Relevanz beurteilt werden. Umarmen wir die Möglichkeiten, die uns ‚big data', ‚arteficial intelligence' und digitale Formen der Zusammenarbeit mit anderen diagnostischen Fächern bieten. Machen wir aber anderen Spezialisten auch deutlich, dass Bildgebung mehr bedeutet als ‚Bilder' und ‚Daten': Künstliche Intelligenz wird Radiologie, Radiologen und Nuklearmediziner nicht ersetzen, allerdings wird sich unser Fach durch diese neuen Möglichkeiten nachhaltig verändern. ‚Connect, annotate and educate.'"
Joachim E. Wildberger, Professor for Radiology, Maastricht University Medical Center, Maastricht, Niederlande

„The great discovery of W. K. Roentgen has made a tremendous impact on the development of medical science and technology. Actually, all modern imaging modalities originated from x-rays. Today we have in our hand quite a number of imaging tools to depict the anatomy of the human body and analyze the function and metabolism of different organs and tissues. My dream is to get in radiologists hands some holistic whole-body imaging tool capable to combine all modern imaging modalities into the single one. Will it be a real-time MR scanner of new generation or ultra-low-dose multi-energy CT scanner combined with Artificial Intelligance (A) – time will show. Imaging technology continues to evolve with very high speed and I hope that we will witness new amazing developments of the great Roentgen's discovery pretty soon."
Valentin Sinitsyn, Professor of Radiology, University Hospital, Lomonosov Moscow State University, Moskau, Russland

„Die Entdeckung der Röntgenstrahlen durch W. C. Röntgen hat auch zu einem hervorragenden Instrument geführt, um lebenswichtige zell- und molekular-biologische Prozesse zu untersuchen. Dieses gilt ebenso für die später entdeckten ionisierenden Strahlen allgemein. So sind mit diesen Instrumenten u.a. die DNA-Struktur ebenso wie von Proteinen, die Reparatur von DNA-Schäden, der Zyklus der Zellproliferation erkannt worden. Diese Prozesse sind von großer Bedeutung für die Stabilität des Genoms eines Organismus, des Lebens schlechthin und damit einer guten Lebensqualität von der pränatalen Entwicklung bis zum Lebensende. Sie sind aber auch von großer Bedeutung für die Entwicklung von gesundheitlichen Schäden, für regenerative Abläufe in geschädigten Organen, für die Entwicklung von Krebs.

Bei diesen sehr komplexen Prozessen sind die Regulation, die Feinabstimmung biologischer Abläufe, die Entscheidungsprozesse, ob z.B. eine exponierte Zelle im Proliferationszyklus verbleibt oder durch intrazelluläre Signale sich auflöst (Apoptose) bei weitem nicht hinreichend geklärt. Es hat sich gezeigt, dass es mehrere Reparaturwege für gravierende DNA-Schäden gibt, die zur Initiation unterschiedlicher Lebensabläufe und teilweise zum ‚Misrepair' führen. Die Strukturen der DNA-Schäden nach Exposition durch ionisierende Strahlen sind gut bekannt. Diese Schäden und Chromosomen-Aberrationen sind nach niedrigen Dosen (1–10 mGy/mSv) gemessen worden. Es ist jedoch offen, welche dieser molekularen Effekte zu gesundheitlichen Schäden (z.B. Verursachung von Krebs) führen. Im niedrigen Dosisbereich (<100 mSv) ist die Entwicklung von Krebs der entscheidende Gesundheitsschaden. Viele Zellgeneration nach einer Exposition durch Röntgenstrahlen kann die genomische Instabilität ansteigen. Der Mechanismus dieses Effektes ist ungeklärt, ebenso wie die Beteiligung an der Entwicklung eines Krebses und das möglicherweise damit verbundene transgenerationale Risiko.
Die Zukunft der biologischen Forschung mit Röntgenstrahlen liegt in der Lösung der geschilderten offenen Probleme. Im Vordergrund stehen:

1. Welches sind die Einzelschritte, die nach einer Strahlenexposition häufig erst nach Jahrzehnten zu einer Krebserkrankung führen (Beteiligung der DNA-Schäden, der genomischen Instabilität, epigenetische Effekte)?
2. Kann ein solcher Effekt von einer Zelle ausgehen, nur dann ist wohl eine Dosiswirkung ohne Schwellendosis möglich?
3. Wie kann die individuelle Strahlenempfindlichkeit erfasst werden? Das hätte große Bedeutung für die Strahlentherapie und für den Strahlenschutz.
4. Es hat sich gezeigt, dass ionisierende Strahlen nicht randomisiert Schädigungen in der DNA-Struktur und in Stoffwechselketten hervorrufen, sondern dass häufig spezifische Strukturen (‚pacemaker') geschädigt werden. Daher werden Röntgenstrahlen auch in Zukunft wichtige Daten zur Erkundung von Lebensabläufen liefern."

Christian Streffer, Professor em. für Strahlenbiologie, Medizinische Fakultät, Universitätsmedizin Essen, Deutschland

„Irgendwann wird es passieren! Auch wenn es heute noch klingt wie Zukunftsmusik oder wie aus einem Scienfictionroman abgeschrieben, aber die Navigation zukünftiger interplanetarer Raumschiffe wird über die pulsarbasierte Navigation erfolgen. Kein Zweifel! Zu einfach ist die Methode die eine von der Entfernung zur Erde unabhängige Navigation von Raumschiffen erlaubt und dabei überall in unserer Milchstraße eine Positionsgenauigkeit von bis zu ~30-300 m liefert. Mittel zum Zweck sind dabei sogenannte Millisekundenpulsare. Das sind stark magnetisierte Neutronensterne, die sich mit einer Rotationsperiode die im Millisekundenbereich liegt um ihre eigene Achse drehen. Dabei beschleunigen sie oberhalb ihrer Magnetpole elektrisch geladene Teilchen, die entlang der gekrümmten Magnetfeldbahnen fliegen und dabei intensive Röntgenstrahlung, sogenannte Krümmungsstrahlung, in einen mit dem Pulsar mitrotierenden schmalen Strahlungskegel aussenden. Genau wie jeder Leuchtturm anhand seiner Strahlung überall auf der Erde identifizierbar ist, so sendet jeder Millisekundenpulsar sein ihm eigenes charakteristisches Röntgensignal aus. Überstreicht dieser Strahlungskegel aus gebeamter Röntgenstrahlung den Röntgendetektor eines Raumschiffs, und empfängt man mit diesem Röntgendetektor die Strahlung von mindestens vier dieser Millisekundenpulsaren gleichzeitig, so kann man mittels Triangulation seine Position im dreidimensionalen Raum bestimmen sowie die Borduhr

synchronisieren. Das Highlight dabei ist nicht nur, dass die Genauigkeit der so bestimmten Position unabhängig von der Entfernung zur Erde bestimmt werden kann, sondern, dass diese Positionsbestimmung autonom, d.h. ohne äußeres Zutun eines Ingenieurs auf der Erde erfolgen kann! In der Urzeit haben sich die Völker sowohl bei der Bildung von Kalendern wie auch bei ihrer Bewegung auf der Erde an den Gestirnen orientiert. Es ist faszinierend zu sehen, dass nun gerade die Röntgenstrahlung von Millisekundenpulsaren der Menschheit bei der Besiedlung des Universums helfen wird.
Ganz wie in der US-amerikanischen Science-Fiction-Fernsehserie aus den 1960er-Jahren, die von Gene Roddenberry konzipiert wurde, wird es dann vielleicht heißen: ‚Der Weltraum, unendliche Weiten. Wir schreiben das Jahr 2200. Dies sind die Abenteuer des Raumschiffs Enterprise, das mit seiner 400 Mann starken Besatzung 5 Jahre lang unterwegs ist, um neue Welten zu erforschen, neues Leben und neue Zivilisationen. Viele Lichtjahre von der Erde entfernt, dringt die Enterprise in Galaxien vor, die nie ein Mensch zuvor gesehen hat.‘ Am Navigationspult sitzt der dynamische Japaner Mr. Sulu und der Bordingenieur Mr. Scott, den alle nur liebevoll ‚Scotty‘ nennen, wird ihn fragen ‚Mr. Sulu, was sagt der röntgenpulsarbasierte Navigator, wie weit ist es noch bis nach Hause?‘“
Werner Becker, Professor für Astrophysik, Max-Planck-Institut für extraterrestrische Physik, Ludwig-Maximilians-Universität München, Garching, Deutschland

„Wilhelm Conrad Röntgens Entdeckung der X-Strahlen im Jahre 1895 bedeuteten eine Revolution: Bis heute ist es seine wissenschaftliche Entdeckung, die am schnellsten ihren Weg aus dem Laboratorium in die weltweite medizinische Versorgung gefunden hat. Die auf den Röntgenstrahlen basierenden Weiterentwicklungen haben im 20. Jahrhundert zu einer fortwährenden Evolution der diagnostischen und therapeutischen Medizin geführt. Auch in Zukunft wird sich die Bildgebung – evolutionär oder revolutionär – weiterentwickeln und in der Medizin eine zentrale Rolle spielen: Vermutlich basierend auf bisher noch unentdeckten Bildgebungsmethoden, die für uns heute so unvorstellbar sind, wie vor 125 Jahren die unsichtbaren und die Materie durchdringenden elektromagnetischen Wellen der X-Strahlen.“
Peter Bannas, Privatdozent für Radiologie, Klinik und Poliklinik für Diagnostische und Interventionelle Radiologie und Nuklearmedizin UKE, Hamburg, Deutschland

„Röntgenstrahlen können künstlich erzeugt werden, sie sind aber auch ein natürliches Phänomen. Unser Universum ist durchzogen von Röntgenstrahlen. Diese Strahlung wird noch lange fortbestehen, auch wenn die menschliche Zivilisation längst erloschen ist. In solchen kosmischen Dimensionen stellt die menschliche Nutzung von Röntgenstrahlen also nur ein kleines Ausnahmekapitel dar, das mit dem Anthropozän zu Ende gehen wird. Paradoxerweise sind Aussagen über die nähere Zukunft viel schwieriger, vor allem über die Rolle von Röntgenstrahlen in der Medizin. Denn dort steht der hohe Nutzen als Bildgebungstechnik in Konflikt mit dem Schadensrisiko durch die Strahlenbelastung. Daraus resultiert aktuell ein hoher Druck, alternative Bildgebungsmodalitäten wie MRT und Ultraschall auch in bisher noch der Röntgentechnik vorbehaltene Domänen hineinzutreiben. Wenn Medizintechnikfirmen heute damit werben, die Strahlenbelastung künftig auf null senken zu wollen, heißt das nichts anderes als auf Röntgenstrahlen zu verzichten. Die Zukunft der Röntgenstrahlen scheint in der Medizin deshalb heute dort zu liegen, wo sie ihren ersten Routineeinsatz gefunden hat, in der Diagnostik von Knochenbrüchen. Denn dort überwiegen Schnelligkeit, Sicherheit und Kosteneffizienz eine ohnehin minimierte

Strahlenbelastung. Als vor über hundert Jahren Röntgenphotographien um die Welt gingen, lösten sie die Vorstellung aus, die Strahlen würden lebendige Menschen als tote Skelette zeigen. Vielleicht werden also Knochendarstellungen, ihre ersten Bilder, auch ihre letzten sein."
Cornelius Borck, Professor für Medizingeschichte, Institut für Medizingeschichte und Wissenschaftsforschung, Universität zu Lübeck, Deutschland

„,Die Wahrheit steckt in der Röntgentüte' habe ich damals als Assistenzarzt von meinem Oberarzt gelernt. Was er damit meinte war, dass ich mich nicht auf Vorbefunde verlassen sondern mir die Bilder der Voruntersuchungen selbst anschauen sollte. Ich interpretiere diesen Satz heute aber viel weitreichender. Der Mensch ist ein durch und durch visuelles Wesen. Wir glauben oft nur das, was wir sehen und wir visualisieren um zu verstehen. In der Medizin bietet der Röntgenstrahl dem Arzt eine der umfangreichsten Möglichkeiten, um Krankheiten im wahrsten Sinne des Wortes sehen zu können. Wer bereits an Röntgendemonstrationen oder Tumorkonferenzen teilgenommen hat, wird wissen was ich damit meine. Die radiologischen Bilder sind der visuelle Dreh- und Angelpunkt einer solchen Veranstaltung und auch die Patienten legen vielfach größten Wert darauf, dass ihre Erkrankung am Röntgenbild besprochen wird. Natürlich muss man zwischen technischer Anfertigung und Interpretation solcher Aufnahmen unterscheiden. Von manchen wurde bereits das Ende des Facharztes für Radiologie beschworen. So hat der im Bereich der Erforschung künstlicher neuronaler Netzwerke sicherlich herausragende Geoffrey Hinton vor einiger Zeit gesagt ,We should stop training Radiologists now', was im Zuge des KI Hypes und des erheblichen medialen Echos bei manchen KollegInnen sicherlich für schlaflose Nächte gesorgt haben dürfte. Tatsächlich muss man sich aber doch fragen, wie Prof. Hinton zu derart profunden Einsichten in das Berufsbild des Radiologen gelangen konnte, um eine derart ultimative Aussage über die nahe Zukunft – eine Facharztausbildung dauert ca. 5 Jahre – dieser nicht kleinen medizinischen Fachdisziplin treffen zu können. Die Wahrheit könnte sein, dass seiner Aussage lediglich eine laienhaft simplifizierte Vorstellung vom in Wirklichkeit überaus vielfältigen und teils hochgradig komplexen Arbeitsalltag eines Radiologen zugrunde lag. Der moderne Radiologe ist eben nicht nur der ,Bildchengucker' sondern entwickelt sich im Klinikalltag in seinen interventionellen Facetten zunehmend zu einem zentralen Bestandteil der minimalinvasiven operativen Therapien. Zum anderen bewegt sich die nicht-invasive Radiologie mehr und mehr in die Richtung eines fachgebietsübergreifenden Diagnostikers – in die Zukunft gedacht vielleicht auch Superdiagnostikers. Durch eine hohe und weiterhin steigende Nachfrage nach bildgebender Diagnostik, eine breite diagnostische Ausbildung, die zentrale Vernetzung innerhalb der Medizin und nicht zuletzt eine weit fortgeschrittene Digitalisierung ist die diagnostische Radiologie prädestiniert für eine Vorreiterrolle bei der digitalen Transformation des Gesundheitswesens. Natürlich kann KI für Radiologen zur existentiellen Bedrohung werden, aber nur für jene, die sich den neuen Technologien verschließen und nicht bereit sind, bei der anstehenden Transformation ihres Fachgebietes mitzugehen. Für die überwältigende Mehrheit, gerade auch der jungen KollegInnen, bedeutet diese Transformation vielmehr Chance als Bedrohung."
Felix Nensa, Privivatdozent für Radiologie, Institut für Diagnostische und Interventionelle Radiologie und Neuroradiologie, Universitätsklinikum Essen, Deutschland

„Als Wilhelm Conrad Röntgen im Dezember 1895 über ,Ueber eine neue Art von Strahlen', berichtete, die er kurz zuvor entdeckt hatte, war dies eine Weltsensation. Ungläubig schaute man auf Bilder, die zum ersten Mal Einblicke in den menschlichen Körper zuließen. Mit den neuen ‚X-Strahlen' konnte man einfach durch den Körper und sogar durch Gegenstände hindurchgucken – ein alter Menschheitstraum wurde somit zur Realität. Heute 125 Jahre später haben wir wieder eine solche Schwelle des Fortschritts erreicht, denn es wurde wieder ‚eine neue Art von Strahlen' erzeugt: Röntgenstrahlung mit ungeahnter Intensität, perfekter Kohärenz und extrem kurzen Pulsen. Diese Strahlung, die mit Freien-Elektronen-Lasern wie etwa dem European XFEL in Hamburg erzeugt wird, lässt ebenfalls Menschheitsträume wahr werden. Prinzipiell kann man mit diesen Maschinen Moleküle nicht nur dreidimensional ‚Photographieren', sondern auch chemische Reaktionen in Echtzeit mit atomarer Auflösung verfolgen – was will man mehr, um der Natur ihre fundamentalsten Geheimnisse zu entlocken? Während die Verwendung von Röntgenstrahlen in der Medizin wegen ihrer auch schädigenden Wirkungen nicht unbedingt immer stärkere Quellen erforderte, war es anders bei den Forschern, die die atomare Struktur von Materie aufklären wollten. Sie brauchten bald intensivere Röntgenquellen als die herkömmlichen Röhren. Die Lösung für dieses Dilemma kam von den Teilchenphysikern, die Elektronen in ihren immer größer werdenden Ringen auf immer größere Energien für Kollisionsexperimente beschleunigten. Als unerwünschte Begleiterscheinung lieferten diese Anlagen die sog. Synchrotronstrahlung, die im Wesentlichen der Grund dafür war, dass die Teilchen nicht noch höhere Energien erreichen konnten. In den 1960er Jahren kamen dann einige Forscher bei DESY in Hamburg auf die Idee, diesen ‚Abfall' der Teilchenphysiker für ihre Forschungen zu nutzen. Die Synchrotronstrahlung hat nämlich einmalige Eigenschaften: Sie ist ungeheuer intensiv, extrem gebündelt, vollständig polarisiert und erstreckt sich vom Infrarot- bis hinein in den harten Röntgenbereich. Damit hatte man mit der Synchrotronstrahlung wieder ‚eine neue Art von Strahlen' zur Verfügung, deren Siegeszug zur Bestimmung von atomaren Strukturen in den folgenden 60 Jahren durch die verschiedensten Forschungsfelder anhielt. Nachdem die Synchrotronstrahlung 20 Jahre lang ‚parasitär' genutzt wurde, sind Anfang der 1980er Jahre die ersten dedizierten Quellen – die sog. Quellen der 2. Generation – zur Nutzung dieser besonderen Strahlung gebaut worden. Die Entwicklung der Quellen für Synchrotronstrahlung verlief dann aber stürmisch weiter. Nachdem sich nun die Parasiten' von ihrem ‚Wirten', also den Ringen der Teilchenphysiker, gelöst hatten, konnte man die eigenen Speicherringe weiter optimieren. Durch den Einbau sog. Insertion Devices wie Wiggler und Undulatoren, also von speziellen Magnetstrukturen, die den Elektronenstrahl auf Schlangenlinien führen, konnte die Leuchtstärke dieser ohnehin schon extrem intensiven Synchrotronstrahlungsquellen nochmals um viele Größenordnungen gesteigert werden. Solche Quellen heißen seitdem Quellen der 3. Generation und stellen wieder ‚eine neue Art von Strahlen' zur Verfügung. Auch die Entwicklung der Extremely Brilliant Source, wie sie gegenwärtig bei der Europäischen Synchrotronstrahlungsquelle ESRF in Grenoble stattfindet, wird wieder ‚eine neue Art von Strahlen' hervorbringen, denn die ohnehin schon phantastische Leuchtstärke wird nun bis an das physikalische Limit für Speicherringe ausgereizt. Aber dies ist noch lange nicht das Ende. Diese ohnehin schon unvorstellbare Entwicklung der Röntgenquellen erlebte nun nochmals eine milliardenfache Steigerung der Leuchtstärke mit den Freie Elektronen Lasern (FELs). Da kann man sich schon fragen: Wozu soll das gut sein? Während bei den Quellen der 3. Generation immer noch Kristalle zur Strukturaufklärung benötigt werden, reicht die Leuchtstärke dieser FEL-Quellen nun sogar aus, um einzelne Moleküle dreidimensional abzubilden. Dies wird eine weitere Revolution für die Lebenswissenschaften bedeuten, da sich die meisten Riesenmoleküle eben nicht kristallisieren lassen. Weiterhin liefern die FELs ultrakurze Röntgenpulse mit einer Dauer von Femtosekunden. Auf dieser Zeitskala spielen sich aber chemische Reaktionen ab. Die Röntgen FEL-Strahlung kann daher letztlich die

ultimative Information liefern: Man könnte prinzipiell mit atomarer Auflösung auf atomaren Zeitskalen der Natur bei ihren elementarsten Prozessen ‚live' zusehen. Deswegen sind die FELs auch nicht einfach nur Synchrotronstrahlungsquellen der 4. Generation, sondern stellen eine eigene ‚völlig neue Art von Strahlen' zur Verfügung. Genauso wie Wilhelm Conrad Röntgen im Jahr 1895 wissen wir heute noch gar nicht, was man alles mit dieser ‚neuen Art von Strahlung' alles anfangen kann."
Metin Tolan, Professor für Physik, Technische Universität Dortmund, Deutschland

8 Besondere Orte

Uwe Busch, Hans-Georg Stavginski und Roland Weigand

Das Deutsche Röntgen-Museum

Uwe Busch, Deutsches Röntgen-Museum, Remscheid, Deutschland

Das Werk von Wilhelm Conrad Röntgen lässt sich mit vielen Superlativen beschreiben. Seine Entdeckung war revolutionär. Seine Forschungen bahnbrechend und wegweisend für viele Forschungsbereiche. In seinem Geburtsort, am Rande der malerischen Altstadt von Remscheid-Lennep, widmet sich das Deutsche Röntgen-Museum seit 1932 dem bedeutenden Physiker. Weltweit ist es der Ort, an dem Leben, Werk und Wirken Röntgens sowie die weitreichende Anwendung seiner Strahlen umfassend erschlossen, dokumentiert und vermittelt werden. Nach einer grundlegenden Neuprofilierung und maßgeblichen Erweiterung der Angebote entwickelte sich das Haus von einem wissenschaftszentrierten Spezialmuseum zu einem „lebenspraktisch" verankerten Themen- und Familienmuseum kreativen Forschens und erlebnisreichen Entdeckens (Abb. 8.1).

U. Busch (✉)
Museumsdirektor, Deutsches Röntgen-Museum, Remscheid, Deutschland
E-Mail: Uwe.busch@remscheid.de

H.-G. Stavginski
Bereichsleitung Kommunikation, Deutsche Röntgengesellschaft e. V., Berlin, Deutschland
E-Mail: stavginski@drg.de

R. Weigand
Vorstand Röntgen-Kuratorium Würzburg e. V., Würzburg, Deutschland
E-Mail: roland.weigand@fhws.de

U. Busch (Hrsg.), *Wilhelm Conrad Röntgen,* Klassische Texte der Wissenschaft,
https://doi.org/10.1007/978-3-662-61350-4_8

Abb. 8.1 Deutsches Röntgen-Museum. (© Archiv Deutsches Röntgen-Museum. Abdruck mit freundlicher Genehmigung)

Zur Geschichte des Hauses

Erste Ideen zur Einrichtung eines Röntgenmuseums wurden von der Deutschen Röntgengesellschaft (DRG) bereits kurz nach deren Gründung im Jahr 1905 diskutiert. Ihr damaliger Präsident Heinrich Albers-Schönberg sah die besonderen Aufgaben eines solchen Museums in der Aufarbeitung und Präsentation der geschichtlichen Entwicklung der Radiologie und der DRG. Zahlreiche Radiologen begannen enthusiastisch mit der Sammlung von Exponaten. Jedoch konnte kein geeignetes Gebäude bezogen werden. Parallel zu diesen Bemühungen beschloss das Präsidium der Rheinisch-Westfälischen Röntgengesellschaft unter Vorsitz des Münsteraner Internisten und Radiologen Paul Krause im Jahr 1929, Spenden für die Einrichtung eines Denkmals zu Ehren Wilhelm Conrad Röntgens an seinem Geburtsort in Lennep zu sammeln. Am 29. November 1930 wurde das von Arno Breker geschaffene Kunstwerk „Der Genius des Lichts" feierlich am Thüringsberg unweit seines Geburtshauses in Lennep enthüllt. Weitere Denkmäler wurden in Berlin 1898 durch Bildhauer Reinhold Felderhoff (1865–1919), in Gießen 1962 durch den Bildhauer Ernst Fritz Reuter (1911–1997) und in Würzburg 1970 durch den Bildhauer Norbert Kleinlein (geb. 1945) gestaltet.

Während der Feierstunde in Lennep unterbreitete Paul Krause (1871–1934) den Vorschlag, im Geburtshaus Röntgens ein Museum einzurichten. Dieser Vorschlag wurde sofort vom Oberbürgermeister der Stadt Remscheid, Walther Hartmann (1873–1964), aufgegriffen. Da das Geburtshaus Röntgens nicht zu erwerben war, entschloss man sich in der Stadtverordnetenversammlung, das vis-à-vis des Denkmals zu findende bergische Patrizierhaus (Oelbermannsche Haus) aus dem Jahre 1803 anzukaufen. Hier wurden am 18. Juni 1932 die ersten Ausstellungen des neuen Röntgenmuseums feierlich eröffnet (Abb. 8.2).

Das neue Konzept

Das thematisch und inhaltlich vollkommen neu ausgerichtete Museum leistet am Beispiel der Biographie und der Entdeckungen Röntgens sowie der von ihm angestoßenen interdisziplinären Nutzung der Röntgenstrahlen auf unterschiedlichsten wissenschaftlichen und technischen Fachgebieten einen qualifizierten Beitrag zur Vermittlung naturwissenschaftlich-technischer Grundfertigkeiten und Kenntnisse. Die unkonventionelle, fantasievolle, die nicht in engen Disziplingrenzen befangene Form des Röntgen'schen Denkens ist dabei besonders geeignet, stereotype Meinungsbilder, Voreingenommenheit und eingefleischte Vorurteile gegenüber naturwissenschaftlichen Denk- und Arbeitsprozessen zu erschüttern. Damit werden Neugier, Interesse und Motivation für die Beschäftigung mit naturwissenschaftlichen Phänomenen und Zusammenhängen erweckt. Wer in diesem Sinne seine naturwissenschaftliche Neugier und Wissbegierde entdeckt und dabei gelernt hat, naturwissenschaftlich zu fragen, zu denken und zu argumentieren, dem eröffnet sich ein neuer „Welterkundungshorizont".

Abb. 8.2 Arno Breker: „Der Genius des Lichts", 1932. (© Archiv Deutsches Röntgen-Museum. Abdruck mit freundlicher Genehmigung)

Die Ausstellungen

Nach einem nun fast abgeschlossenen Umbau führt das Deutsche Röntgen-Museum heute seine Besucher auf eine spannende Erfahrungs- und Erlebnisreise in die Welt des Unsichtbaren in Medizin, Naturwissenschaft und Technik. Dabei will das Museum nicht nur Exponate zeigen, sondern auch Geschichten erzählen. So erleben die Besucher im Nobelpreisraum hautnah die Atmosphäre der Verleihung des ersten Nobelpreises 1901. Sie können in Röntgens Lieblingsurlaubsort Pontresina eintauchen, seine Entdeckung im Labor nachvollziehen oder in seinem Schreibtisch nach alten Dokumenten und Geschichten stöbern (Abb. 8.3).

Der Rundgang führt weiter in die faszinierende Welt der Anwendungen der neuen Strahlen: von ersten Jahrmarktattraktionen des „Magischen Kabinetts des Unsichtbaren", mit Röntgenapparaten, mit denen man damals anderen in den Kopf sehen konnte, oder mit Schuhdurchleuchtungsgeräten, die – aus heutiger Sicht – unsinnigerweise bei der Anpassung von Schuhen benutzt wurden, hin zu einem frühen Röntgenkabinett aus dem Jahr 1900. Das Verlegen elektrischer Hochspannungsleitungen und das Zucken von Hochspannungsblitzen erinnern hier eher an Frankensteins Labor (Abb. 8.4).

Die Etablierung der Röntgenstrahlen in die allgemeine Medizin vollzog sich intensiv nach dem Ersten Weltkrieg. Die Besucher werden nach dem Besuch eines Feldlazaretts

Abb. 8.3 Nobelpreisraum. (© Archiv Deutsches Röntgen-Museum. Abdruck mit freundlicher Genehmigung)

aus dem Ersten Weltkrieg in einem Röntgenbus zur Früherkennung der Lungentuberkulose geführt. Die damalige Atmosphäre dieser gesetzlich vorgeschriebenen Massenuntersuchungen kann nachempfunden werden (Abb. 8.5).

Neben der diagnostischen Qualität der Röntgenstrahlen entwickelte sich etwas zeitversetzt auch der Bereich der Therapie mit Röntgenstrahlen. Unter dem Motto „Kampf dem Krebs“ wurden auch zahlreiche neue Technologie zur Bestrahlung von Tumoren entwickelt. In einer Krankenhausatmosphäre begeben sich die Besucher auf eine kleine Zeitreise bis hin zu einer aus den 1950er Jahre stammenden Zahnarztpraxis. Wer möchte, darf auf dem Zahnarztstuhl gerne Platz nehmen. Jede Inszenierung erzählt ihre eigene Geschichte und vermittelt einen Einblick in die jeweilige unmittelbare Anwendung der Röntgenstrahlung.

Die in Vorbereitung befindliche medizinische Fachabteilung führt die Besucher in die Welt der modernen Radiologie. Dort kann miterlebt werden, welche aktuellen technischen Möglichkeiten es gibt, um Krankheiten zu diagnostizieren und zu heilen (Abb. 8.6).

Röntgens Arbeit revolutionierte nicht nur die medizinische Diagnostik und Therapie. Wie kaum eine andere Entdeckung haben Röntgens X-Strahlen Einfluss nicht nur in das Leben der Menschen, sondern auch in alle Bereiche der Wissenschaft und Technik genommen.

Abb. 8.4 Röntgenkabinett, 1905. (© Archiv Deutsches Röntgen-Museum. Abdruck mit freundlicher Genehmigung)

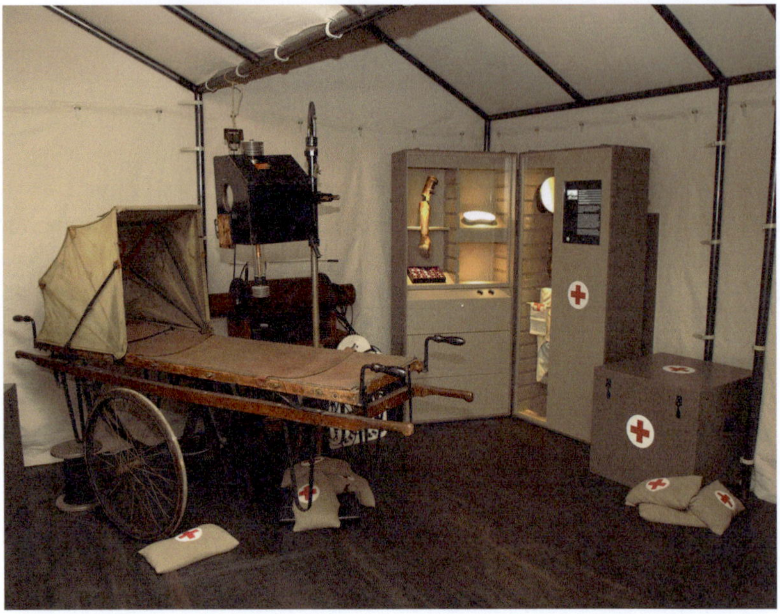

Abb. 8.5 Röntgenfeldlazarett, Erster Weltkrieg. (© Archiv Deutsches Röntgen-Museum. Abdruck mit freundlicher Genehmigung)

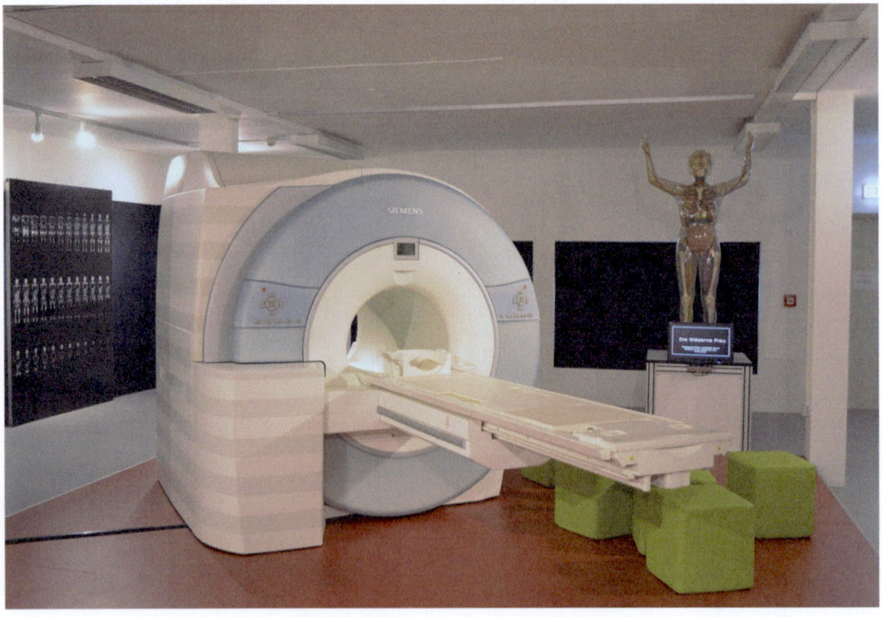

Abb. 8.6 Moderne medizinische Bildgebung. (© Archiv Deutsches Röntgen-Museum. Abdruck mit freundlicher Genehmigung)

Röntgentechnik ist keine geradlinige Fortsetzung und automatische Konsequenz technischer Entwicklungen. Sie ist vielmehr auf die unterschiedlichen Anwendungsfelder mit ihren spezifischen Fragestellungen genau abgestimmt. Bei der Röntgentechnik wird das grundlegende Prinzip der Erzeugung der Strahlung, der Durchleuchtung des Objektes, der Detektion und der Analyse des Strahlenreliefs jeweils unterschiedlich interpretiert und umgesetzt. Immer wieder neu aufkommende Fragestellungen führen zu anderen, dem besonderen Zweck angepassten technischen Lösungen. Transparente Einblicke in die technischen Grundstrukturen ermöglichen ein Verstehen der besonderen Anforderungen und Funktionen.

Die Präsentation von ausgewählten Exponaten im Schauarchiv zeigt einen Querschnitt aus den umfangreichen Sammlungen des Deutschen Röntgen-Museums. Die seit Röntgens Entdeckung im Jahr 1895 entstandenen Formen und Funktionen eröffnen einen facettenreichen Blick in das vielfältige Anwendungsspektrum der Röntgenstrahlen, die weit über das medizinische Feld hinausragen. Beim genaueren Betrachten zeigt sich eine besondere Ästhetik der technischen Details und des Zusammenspiels der Formen und Materialien. Die historischen, gegenwärtigen und zukünftigen Anwendungen der Röntgenstrahlen sind komplex und vielfältig. Sie erstrecken sich vom Mikro- bis zum Makrokosmos. Kleinste Zellstrukturen und Magnetdomänen, Moleküle und Kristalle, Materialien und Werkstoffe, Fossilien und archäologische Funde, Kunstwerke und Mumien, Koffer und Container, Sterne und Galaxien sind einige ihrer Untersuchungsobjekte. Die dazu verwendete Röntgentechnik ist ebenso vielfältig wie hoch technisiert. Die Themenausstellung bietet eine Rundschau zu aktueller gegenwärtiger Forschung mit und um Röntgenstrahlen. Die neue Ausstellung macht damit den Besuchern nicht nur technischen Fortschritt durch immer weitergehende Spezialisierung deutlich, sondern sie vermittelt auch eine wichtige und zentrale Aufgabe eines Museums, nämlich das Sammeln und Bewahren von technischem Kulturgut (Abb. 8.7).

Eine weitere wichtige Aufgabe des Museums ist es, insbesondere junge Menschen für Naturwissenschaften und Technik zu begeistern. Wissenschaft und Forschung soll erlebbar und nachvollziehbar werden und gleichzeitig, gemäß Röntgens Lebensmotto „Ich fühle mich nur wohl, wenn ich es mit dem Experimentieren zu tun habe“ dazu anzuregen, selber zu experimentieren.

Als wichtiger Bestandteil des Museums ermöglicht das Schüler-Röntgenlabor Kindern und Jugendlichen selbst zu Wissenschaftlern zu werden und sich auf die Spuren des großen Physikers zu begeben. Das speziell an Schulen gerichtete Angebot ermöglicht Experimente in den Bereichen „ionisierende Strahlung“, „Röntgenphysik“, „Radioaktivität“, „Medizinphysik“ und „Materialprüfung“ (Abb. 8.8).

Abb. 8.7 Blick ins Schauarchiv. (© Archiv Deutsches Röntgen-Museum. Abdruck mit freundlicher Genehmigung)

Abb. 8.8 Das Röntgen-Schülerlabor (RöLab). (© Archiv Deutsches Röntgen-Museum. Abdruck mit freundlicher Genehmigung)

Das X-perimente Mobil

Im Jahr 2020 wird bundesweit der 125. Entdeckungstag der Röntgenstrahlen und der 175. Geburtstag ihres Entdeckers gefeiert. Für das Röntgenjahr 2020 haben sich das Deutsche Röntgen-Museum in Remscheid und die Reiss-Engelhorn-Museen in Mannheim die Aufgabe gestellt, Schulen und vergleichbaren Bildungseinrichtungen die Möglichkeit zu geben, mit Kindern und Jugendlichen „selbst aktiv zu werden, zu experimentieren und sich so auf die Spuren eines bedeutenden Forschers und Entdeckers zu begeben". Das X-perimente Mobil ist mit vielfältigen Experimenten zur „Entdeckung des Unsichtbaren" ausgestattet. Das Mobil steuert Schulen und andere Bildungseinrichtungen bundesweit an. Die Ziele: mit spannendem Praxisbezug neue Zielgruppen für ein interdisziplinäres Thema zu erschließen und über das Jahr 2020 hinaus zukünftige Generationen für Naturwissenschaften, Technik und Medizin zu begeistern (Abb. 8.9).

Ausgehend von der Faszination des Röntgenverfahrens ermöglicht das experimentelle Angebot einen Überblick über verschiedene Verfahren und Techniken, mit denen das „Innere" bzw. „Unsichtbare" sichtbar gemacht werden kann. Hierzu werden entlang des elektromagnetischen Spektrums Untersuchungen, beginnend mit langwelligem Infrarotlicht bis hin zu extrem kurzwelligen Gammastrahlen, ermöglicht. Dabei wird auch deutlich, welche Stärken und Schwächen einzelne Untersuchungsmethoden haben.

Abb. 8.9 Das X-perimente Mobil. (© rem, Foto. Maria Schumann. Abdruck mit freundlicher Genehmigung)

Die Experimente gliedern sich thematisch in sechs Spektralbereiche, ergänzt durch Schallwellen mit Frequenzen oberhalb des Hörfrequenzbereichs des Menschen:

A) Infrarotes Licht
B) Sichtbares Licht
C) Ultraviolettes Licht
D) Röntgenstrahlung
E) Gammastrahlung
F) Ultraschall

Jeder Bereich lässt unterschiedliche Untersuchungen von Körpern und Materialien zu. Einige ermöglichen dabei nur besondere Ansichten (Infrarot, sichtbares Licht und ultraviolettes Licht). Andere gewähren tiefergehende Einblicke (Röntgen, Gammastrahlung, Ultraschall). Beim Experimentieren soll insbesondere auch auf die kreativen eigenen Wünsche und Ideen der Lernenden eingegangen werden. „Selbst zum Entdecker und Forscher werden" heißt auch hier die Devise. Bei den Untersuchungen kann dabei auch erfahren und erlebt werden, welche qualitativen und quantitativen Aussagen die einzelnen Verfahren zulassen. Ermöglicht und gefördert wird das Projekt durch die Klaus Tschira Stiftung gGmbH in Heidelberg.

Anreise
Das Deutsche Röntgen-Museum liegt am Rande der malerischen Altstadt von Remscheid-Lennep, direkt gegenüber der katholischen Kirche. Das markante Gebäude der alten Oelbermannschen Villa schließt direkt an den neuen gläsernen und mit Edelstahl verkleideten neuen Eingangsbereich an. Mit öffentlichen Verkehrsmitteln ist das Museum über die Buslinie 655 erreichbar, die direkt vom Bahnhof-Lennep in Richtung Schwimmbad H2O führt. Die Anreise mit der Bahn kann sowohl über die beiden ICE-Bahnhöfe Wuppertal Hbf oder Solingen Hbf erfolgen. Jeweils von dort führt die Regionalbahn Wuppertal-Solingen nach Remscheid-Lennep.

Adresse
Deutsches Röntgen-Museum
Schwelmer Str. 41
42897 Remscheid
Tel.: 02191/16-3384
Fax: 02191/16-3145
E-Mail: info@roentgenmuseum.de
Weitere Informationen unter www.roentgenmuseum.de

Das Röntgen Geburtshaus – aktiver Ort für Informationsvermittlung und gedanklichen Austausch

Hans-Georg Stavginski, DRG, Berlin, Deutschland

Remscheid ist die Geburtsstadt Wilhelm Conrad Röntgens, im heutigen Ortsteil Lennep steht sein Geburtshaus. Errichtet wurde es um 1785, inmitten des Färberzentrums der ehemaligen bergischen Tuchmacherstadt. Seine bauliche Anlage ist im Urkataster von 1827 dokumentiert und gehörte bereits zu dieser Zeit der Familie Röntgen. 1846 erwarb laut Kaufvertrag der Metzger Gustav Kühne das Haus von Friedrich Conrad, Richard und Ferdinand Röntgen.

Das Fachwerkgebäude ist in seinem Aufbau typisch für den bergischen Wohnungsbau um 1800 – zweigeschossig, mit einer mittig angelegten Treppenanlage und einem Gewölbekeller. Ende des 19. Jahrhunderts wurde in der rechten Haushälfte ein Laden mit bodentiefen Schaufenstern eingebaut. Das Haus am Gänsemarkt 1 war lange Zeit eine Metzgerei, bis es Anfang 1964 von der Stadt Remscheid gekauft wurde. Auf Grund seiner besonderen Bedeutung wurde das Geburtshaus von Röntgen unter Denkmalschutz gestellt und 1982 in die Denkmalliste der Stadt Remscheid eingetragen. Viele Jahre beherbergte es die Fachbibliothek des ebenfalls in Lennep ansässigen Deutschen Röntgen-Museums (Abb. 8.10).

Wilhelm Conrad Röntgen behielt seine Geburtsstadt zeit seines Lebens in guter Erinnerung. Sein Vater, der Tuchfabrikant Friedrich Conrad Röntgen, fertigte um 1840 ein mehrteiliges Modell des Hauses am Gänsemarkt an. Das Modell begleitete Wilhelm Conrad Röntgen auf seinen Lebensstationen und dokumentiert die besondere Verbindung zu seinem bergischen Heimatort (Abb. 8.11).

Coming Home

Die Deutsche Röntgengesellschaft e. V. (DRG) hatte im Jahr 2011 das Röntgen-Geburtshaus von der Stadt Remscheid erworben und es sich zur Aufgabe gemacht, den Ursprungsort des weltberühmten Wissenschaftlers umfassend zu sanieren und so zu gestalten, dass er als ein lebendiges Denkmal und inspirierender Ort regional, national und international genutzt und erlebt werden kann. Am 27. März 2020, zum 175. Geburtstag von Röntgen und im 125. Jahr nach der Entdeckung der X-Strahlen, findet dieses einzigartige Sanierungsprojekt mit seiner Fertigstellung und feierlichen Eröffnung einen krönenden Abschluss.

Möglich gemacht wurde diese Erfolgsgeschichte durch die Unterstützung zahlreicher Mitglieder und Partner der DRG sowie von Bürgerinnen und Bürgern und Unternehmen aus der Region. Zu den über 200 Spendern, Förderern und Paten gehören u. a. Bracco

Abb. 8.10 Das historische Geburtshaus von Wilhelm Conrad Röntgen inmitten der Lenneper Altstadt. (© Deutsches Röntgen-Museum. Abdruck mit freundlicher Genehmigung)

Abb. 8.11 Das Modell des Geburtshauses von Wilhelm Conrad Röntgen ist Teil der Publikumsausstellung im Erdgeschoss des Geburtshauses. (© Deutsche Röntgengesellschaft. Abdruck mit freundlicher Genehmigung)

Imaging Deutschland, die Dr. Wolf, Beckelmann und Partner GmbH, die Radiological Society of North America und der Georg Thieme Verlag. Zusätzliche Fördermittel haben die NRW-Stiftung, der Landschaftsverband Rheinland und die Stiftung der Stadtsparkasse Remscheid bereitgestellt. Die Planung und Umsetzung erfolgten in enger Kooperation mit dem Deutschen Röntgen-Museum und der Stadt Remscheid sowie unter Einbezug lokaler Dienstleister.

Vielfältige Angebote für Experten wie Laien

Während das benachbarte Deutsche Röntgen-Museum Werk und Wirkung von Röntgen in den Mittelpunkt rückt und zahlreiche Programme und Aktivitäten für Jung und Alt bereithält, die das kreative Forschen und erlebnisreiche Entdecken zum Gegenstand haben, steht das Geburtshaus für ein zusätzliches und andersartiges Angebot: den emotionalen Moment der Begegnung in einer speziellen Atmosphäre.

Für die breite Öffentlichkeit meint dies die Begegnung mit dem Haus in seiner historischen Bedeutung sowie mit der Biographie von Röntgen, die vielfältige Verknüpfungen offenbart und zahlreiche Identifikationsmöglichkeiten bietet. Für die Fachöffentlichkeit, insbesondere aus (Natur-)Wissenschaft und Forschung, stellt das Geburtshaus einen einzigartigen Treffpunkt dar für den fachlich motivierten Austausch sowie eine außergewöhnliche, inspirierende Arbeitsumgebung für neue Forschergenerationen (Abb. 8.12).

Abb. 8.12 Die „Schatzkammer“ mit Originalbriefdokumenten aus dem Nachlass Röntgens. (© Deutsche Röntgengesellschaft. Abdruck mit freundlicher Genehmigung)

Auf Röntgens Spuren

Eine Publikumsausstellung im Erdgeschoss widmet sich ganz der Person Röntgens und seiner Lebensleistung. Sie zeigt Stationen von seiner Geburt und seiner Familie in der bergischen Stadt Lennep, über seine Schulzeit, sein Studium bis hin zu seinen beruflichen Stationen in Gießen, Würzburg und München. Den Besucherinnen und Besuchern wird, angelehnt an die ursprüngliche Raumaufteilung um 1840, ein Rundgang durch vier Ausstellungsräume rund um das zentrale Treppenhaus ermöglicht. Sie können dabei die Geschichte dieses besonderen Hauses mit dem Wandel seiner Funktion und Nutzung im Laufe der Zeit nachvollziehen, die weltweiten Netzwerke Röntgens ergründen und sich in einer Schatzkammer auf Spurensuche mit Objekten aus seinem Nachlass begeben. Das Deutsche Röntgen-Museum stellte hierfür aus seinen Archiven eine Auswahl besonderer Dokumente, Urkunden und Briefe zur Verfügung. Die eingesetzte digitale Technik lässt Raum für die Aura der originalen Exponate und bietet vertiefende Informationen und interessante Einblicke in die echten Dokumente. An Medienstationen können die Geschichte des Hauses und das weltweite soziale Netzwerk, das Röntgen zu Lebzeiten pflegte, entdeckt sowie zahlreiche weitere, vornehmlich handgeschriebene Dokumente eingesehen werden. Das historische Ladenschaufenster ist bewusst als Blickfläche von außen gestaltet und bespielt, um bei Passanten Neugier und Interesse zu wecken. Ein gläserner Wintergarten bietet zusätzlich Platz für kleine Sonderausstellungen sowie öffentliche Veranstaltungen und Vorträge (Abb. 8.13).

Tagung und Dialog

Das Obergeschoss bietet einen Konferenz- und Tagungsraum für unterschiedliche Zusammenkünfte auf nationaler und internationaler Ebene, der auf Anfrage bei der DRG genutzt werden kann. Ganz im Sinne Röntgens wird hier der wissenschaftliche Austausch ermöglicht. Die Räume verfügen über modernste Technik- und Medienausstattung und können variabel für unterschiedliche Konferenz- und Tagungssituationen hergerichtet werden. Als besonderer Rückzugsraum für Gespräche und Rekreation dient das straßenseitige Zimmer – der „Röntgen-Club“. Als atmosphärisch gestaltete Lounge enthält er eine Liebhaberbibliothek, bestückt mit Raritäten der frühen Radiologie.

Gäste willkommen

Im Dachgeschoss ist ein Apartment untergebracht, das Wissenschaftlerinnen beziehungsweise Wissenschaftlern und Gästen der DRG sowie besonderen Gästen der Stadt Remscheid und des Landes Nordrhein-Westfalen zur Verfügung steht. Stipendiatinnen

Abb. 8.13 Besucher in der Schatzkammer. (© Deutsche Röntgengesellschaft. Abdruck mit freundlicher Genehmigung)

sowie Stipendiaten und „Thinkers in Residence" können die Räumlichkeiten als inspirierenden Denk- und Lernort nutzen. Eine authentische und wertige Gestaltung der Räumlichkeiten macht den Aufenthalt zu einem erinnerungswürdigen Erlebnis.

Ein besonderer Ort im Geiste Wilhelm Conrad Röntgens

Das Gesamtkonzept des Hauses verbindet mit seinen unterschiedlichsten Nutzungsbereichen konservatorische Ansprüche an die Bewahrung des Erbes mit lebendigem Wissenschaftsaustausch, ganz im Sinne des vielseitig interessierten und gebildeten Gelehrten Wilhelm Conrad Röntgen. Es nimmt dabei in mehrerlei Hinsicht Bezug zu Wilhelm Conrad Röntgen:

- Themen und Inhalte orientieren sich an seiner Biographie.
- Formen und Herangehensweisen nehmen seine Wertschätzung für interdisziplinäres und kreatives Querdenken, seine pragmatische Herangehensweise, die Präzision in der Umsetzung, den Mut zum Experiment wie auch seine Freude an der Wissenschaft zum Maßstab.

- Angebote zur Teilhabe geben seiner Heimatverbundenheit, Bodenständigkeit und nicht zuletzt auch seinem altruistischen Habitus einen sichtbaren Ausdruck (Abb. 8.14).

Lernen und Erleben in Röntgens Lichterglanz

Das Geburtshaus bietet all denjenigen eine Heimstätte, die sich Röntgen verbunden fühlen und deren Denken und Tun einen Bezug haben zu seiner Forschung und seinem Verständnis von Wissenschaft. Im Mittelpunkt steht dabei die radiologische Community, die zu ihren Wurzeln zurückkehrt – im wissenschaftlichen Austausch wie auch in der Förderung des wissenschaftlichen Nachwuchses. Mit dem International Roentgen Training and Testing Center (iRTTC) hat die DRG zudem eine zentrale Anlaufstelle etabliert für themenspezifische Veranstaltungen und Lernformate wie z. B. Intensivworkshops, Zertifizierungsprüfungen, Simulatorkurse und Seminare für angehende Führungskräfte in der Radiologie.

Getragen von der Geburtshaus-Wilhelm-Conrad-Röntgen-Stiftung e. V. wird zudem mit der Wilhelm Conrad Röntgen (WCR) Juniorakademie sukzessive ein Bildungsprogramm entwickelt, das Jugendlichen einen spielerischen und experimentellen Zugang zu Medizin und Technik ermöglicht. Das Geburtshaus ist darüber hinaus in die lokalen Aktivitäten des Deutschen Röntgen-Museums respektive dessen Gesellschaft

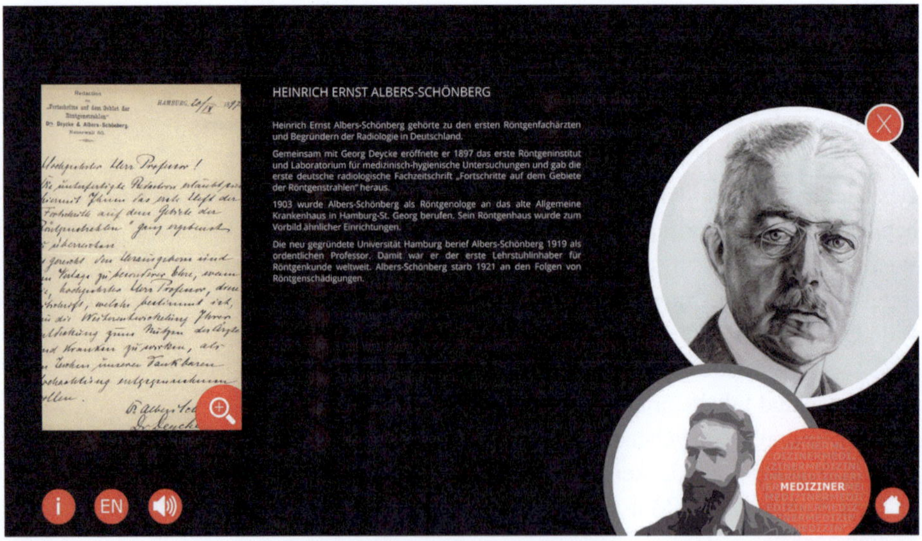

Abb. 8.14 Digitale Station zu den sozialen Netzwerken Röntgens. (© Deutsche Röntgengesellschaft. Abdruck mit freundlicher Genehmigung)

der Freunde und Förderer, der Stadt Remscheid und ihrer Einrichtungen eingebunden. Langjährige Bildungspartner der DRG wie z. B. die integrierte Röntgen-Sekundarschule in Berlin haben Remscheid-Lennep als Zielort für Exkursionen und Projekttage fest in ihrem Schülerprogramm etabliert. Führungen, Sonderausstellungen, Vortragsveranstaltungen zu historischen und wissenschaftlichen Themen sowie Musikveranstaltungen runden das breitgefächerte Angebot ab und tragen dazu bei, dass das Geburtshaus von Wilhelm Conrad Röntgen als ein inspirierender Ort der Informationsvermittlung, des gedanklichen Austausches und der geistigen Arbeit erlebt werden kann.

Röntgen-Gedächtnisstätte – Röntgen-Kuratorium Würzburg e. V.

Roland Weigand, Röntgen-Kuratorium Würzburg e. V. Würzburg

Wo – wenn nicht am Ort des Geschehens – kann man der sensationellen Entdeckung von Wilhelm Conrad Röntgen besser gedenken als am Entdeckungsort? So präsentiert das Röntgen-Kuratorium Würzburg e. V. im ehemaligen Physikalischen Institut der Julius-Maximilians-Universität Würzburg die Röntgen-Gedächtnisstätte (Abb. 8.15).

Abb. 8.15 Abendstimmung am Röntgenring. (© Röntgen-Kuratorium Würzburg e. V. Abdruck mit freundlicher Genehmigung)

Das Gebäude – ehemaliges Physikalisches Institut der Julius-Maximilians-Universität Würzburg

Das Institutsgebäude wurde 1878 in nur zweijähriger Bauzeit unter der Federführung des Physikers Friedrich Kohlrausch als das neue Physikalische Institut der Universität Würzburg errichtet und hatte den großen Vorteil, auch eine Dienstwohnung zu besitzen. Das Institut war zu jener Zeit das modernste in Deutschland und eines der modernsten in Europa und bot damit die besten Forschungsbedingungen.

In die Dienstwohnung zog im Oktober 1888 Wilhelm Conrad Röntgen ein; er blieb hier bis 1900 und sagte später einmal: „Diese zwölf Würzburger Jahre waren meine glücklichsten!"

Röntgen ließ den Institutsneubau 1895 auf der Gartenseite erweitern und es entstanden ein Anbau und ein Hörsaal. Der Hörsaal sollte noch historische Bedeutung erlangen – hier hielt Röntgen am 23. Januar 1896 den ersten öffentlichen Vortrag zur Entdeckung der X-Strahlen.

Das Gebäude Röntgenring 8 wird heute von der Hochschule für angewandte Wissenschaften Würzburg-Schweinfurt (FHWS) genutzt.

Das Röntgen-Kuratorium Würzburg e. V.

Nach der Übernahme des Gebäudes des Physikalischen Instituts der Universität Würzburg durch die Hochschule für angewandte Wissenschaften Würzburg- Schweinfurt (FHWS) im Jahre 1978 war es den Beteiligten Ehre und Pflicht, der sensationellen Forscherarbeit am Ort der Entdeckung der Röntgenstrahlen zu gedenken.

So konstituierte sich am 3. Dezember 1981 das „Kuratorium zur Förderung des Andenkens an Wilhelm Conrad Röntgen in Würzburg". 43 Gründungsmitglieder waren zusammengekommen und beschlossen den Satzungszweck: Förderung des Andenkens an Wilhelm Conrad Röntgen am Ort der Entdeckung der Röntgenstrahlen. Der Satzungszweck sollte insbesondere Verwirklichung finden durch die Ausgestaltung, Unterhaltung und Betreuung der Röntgen-Gedächtnisstätte am Ort der Entdeckung der Röntgenstrahlen im Gebäude Röntgenring 8 in Würzburg (Abb. 8.16).

Von 1980 bis 1982 wurde das Gebäude für Zwecke der Hochschule Würzburg-Schweinfurt umgebaut. Die Umbaumaßnahmen wurden vom Staatlichen Bauamt Würzburg mit großem historischen Einfühlungsvermögen geplant und durchgeführt und die Einrichtung einer Gedächtnisstätte vorgesehen.

Die Röntgen-Gedächtnisstätte Würzburg konnte dann zum 90. Jahrestag der Entdeckung der Röntgenstrahlen am 8. November 1985 im Rahmen eines Staatsempfanges im Beisein des damaligen Bayerischen Kultusministers Hans Meier der Öffentlichkeit übergeben werden (Abb. 8.17).

Abb. 8.16 Poster der Röntgen-Gedächtnisstätte Würzburg. (© Röntgen-Kuratorium Würzburg e. V. Abdruck mit freundlicher Genehmigung)

Abb. 8.17 Entdeckungslabor. (© Röntgen-Kuratorium Würzburg e. V. Abdruck mit freundlicher Genehmigung)

Röntgen-Gedächtnisstätte Würzburg

Vor dem Gebäude weist eine Steele auf die Bedeutung dieses Ortes hin. Die Europäische Physikalische Gesellschaft zeichnet europaweit Orte von besonderer Bedeutung für die Physik aus. So erhielt das ehemalige Physikalische Institut im Jahre 2015 die Auszeichnung als „EPS Historische Stätte“.

Bereits im Jahre 2006 war die Röntgten-Gedächtnisstätte im Rahmen des Bundeswettbewerbs „Land der Ideen“ als ausgewählter Ort 2006 ausgezeichnet worden (Abb. 8.18).

Im Eingangsbereich der Röntgen-Gedächtnisstätte begrüßt eine Marmortafel den Besucher mit der Inschrift „In diesem Gebäude entdeckte W. C. Röntgen im Jahre 1895 die nach ihm benannten Strahlen“. Diese Tafel wurde 1905 von namhaften Physikern gestiftet: „In diesem Jahr läuft ein Dezennium ab, seitdem Sie der Menschheit die große Entdeckung Ihrer Strahlen geschenkt haben“.

Ein Film, der in den Sprachen Deutsch, Englisch, Französisch und Japanisch angeboten wird, führt ein in das Leben und Wirken Röntgens. Ein Zeitstrahl, der das Leben Röntgens aufzeigt, führt in den Vorraum, in dem Urkunden und Gegenstände ausgestellt sind. Hier sind die Diplomurkunde der eidgenössischen polytechnischen Schule Zürich, die Promotionsurkunde der Universität Zürich und auch die Nobelpreisurkunde zu besichtigen (Abb. 8.19 und 8.20).

Eine Glastür gewährt einen Blick in das Entdeckungslabor, das der amerikanische Journalist Dam anlässlich seines Besuches im April 1896 wie folgt beschrieb: „Durch eine offene Tür sah man in einen etwas größeren Raum von ungefähr 20 x 15 Fuß. Dieses war das Laboratorium, in welchem die Entdeckung stattfand, und das deshalb, so bescheiden es auch ist, von dauerndem geschichtlichen Wert bleiben wird […]. Dieses Laboratorium sprach für sich selbst.“

Das Labor selbst kann bei einer gebuchten Führung betreten und besichtigt werden. Dabei wird am Ort der Entdeckung die Arbeit Röntgens nachgestellt und ein Kathoden-

Abb. 8.18 **Links:** EPS Historische Stätte, **rechts:** Bundeswettbewerb Land der Ideen. (© Röntgen-Kuratorium Würzburg e. V. Abdruck mit freundlicher Genehmigung)

Abb. 8.19 Flur mit Zeitstrahl. (© Röntgen-Kuratorium Würzburg e. V. Abdruck mit freundlicher Genehmigung)

Abb. 8.20 Vorraum mit Urkunden. (© Röntgen-Kuratorium Würzburg e. V. Abdruck mit freundlicher Genehmigung)

strahlversuch demonstriert. Der Besucher erhält dabei einen Einblick in die Physik des Jahres 1895 und kann die Entdeckungsnacht des 8. November 1895 miterleben (Abb. 8.21).

Abb. 8.21 Demonstration des Entdeckungsversuchs. (© Röntgen-Kuratorium Würzburg e. V. Abdruck mit freundlicher Genehmigung)

Abb. 8.22 Historischer Hörsaal. (© Röntgen-Kuratorium Würzburg e. V. *Abdruck mit freundlicher Genehmigung*)

Im Rahmen einer gebuchten Führung kann auch der historische „Röntgen-Hörsaal" besucht werden. In einem benachbarten Gebäude der Hochschule Würzburg-Schweinfurt wurde die Originalbestuhlung aus dem Vortragssaal verbaut. Dieser Bestuhlung kommt eine große historische Bedeutung zu, denn dort fand am 23. Januar 1896 vor der Physikalisch-Medizinischen Gesellschaft zu Würzburg der erste öffentliche Vortrag Röntgens „Ueber eine neue Art von Strahlen" statt. Während dieser Vortragsveranstaltung entstand die berühmte Handaufnahme der Hand des Anatomen von Kölliker. Dieser Vortrag blieb auch der einzige Vortrag Röntgens zur Entdeckung seiner Strahlen (Abb. 8.22).

Adresse
Röntgen-Kuratorium Würzburg e. V./Röntgen-Gedächtnisstätte
Röntgenring 8
97070 Würzburg
Tel.: 0931/35116002
E-Mail: roland.weigand@fhws.de
www.wilhelmconradroentgen.de

Daten und Fakten 9

Uwe Busch

Wichtige Lebensdaten

1845

Am 27. März wird Wilhelm Conrad Röntgen in Lennep, in der damaligen preußischen Rheinprovinz, geboren.

1848

Am 23. März ziehen die Eltern Friedrich Conrad Röntgen (1801–1884) und Charlotte, geb. Frowein (1806–1888), mit ihrem dreijährigen Sohn Wilhelm nach Apeldoorn, Niederlande, und geben die preußische Staatsbürgerschaft auf. Sie erhalten als „Gleichgestellte" einen Status, der dem niederländischen Bürgerrecht nahekommt.

1851–1861

Wilhelm Conrad besucht die Primar- und Sekundarschule in Apeldoorn.

1862

Am 18. August wechselt Röntgen an die Technische Schule in Utrecht.

U. Busch (✉)
Museumsdirektor, Deutsches Röntgen-Museum, Remscheid, Deutschland
E-Mail: Uwe.busch@remscheid.de

U. Busch (Hrsg.), *Wilhelm Conrad Röntgen,* Klassische Texte der Wissenschaft,
https://doi.org/10.1007/978-3-662-61350-4_9

1864

Röntgen erhält am 3. Mai sein letztes Schulzeugnis.

1865

Am 14. Januar legt Röntgen ohne Abitur eine Zulassungsprüfung an der Universität Utrecht ab, wird abgewiesen, aber vier Tage später vorläufig angenommen.

1866

Am 23. November beginnt Röntgen ein Maschinenbaustudium am Polytechnikum in Zürich, Schweiz. Hier besucht er Vorlesungen u. a. bei Rudolf Clausius (1822–1888) und Gustav Zeuner (1828–1907).

1866

Bekanntschaft mit Anna Bertha Ludwig durch Besuche im Gasthaus „Zum grünen Glas" in Zürich.

1868

Am 6. August erhält Röntgen sein Diplom als Maschinenbauingenieur. Der Professor für Physik am Polytechnikum, August Kundt, weckt Röntgens Interesse für Experimentalphysik.

1868–1869

Studien zum Erwerb des Doktortitels an der Universität Zürich.

1869

Am 6. Juni wird Röntgen mit seiner theoretischen Arbeit „Studien über Gase" der Doktortitel von der Universität Zürich verliehen. Er erhält eine Anstellung als Assistent bei August Kundt.

1870

Im April geht Röntgen mit Kundt als dessen Assistent an die Universität Würzburg. Dort wird er zur Habilitation nicht zugelassen, weil er kein Abitur vorweisen kann.

1870

Im Oktober veröffentlicht Röntgen seine erste wissenschaftlich-physikalische Abhandlung in den *Annalen der Physik und Chemie.*

1872

Am 19. Januar heiratet Röntgen Anna Bertha Ludwig (1839–1919), die Tochter von Johann Gottfried Ludwig, einem Gastwirt und Fechtmeister der Studenten in Zürich und seiner Frau Elisabeth Gschwend in Apeldoorn.

Am 1. April geht Röntgen mit Kundt als dessen Assistent nach Straßburg.

1873

Am 13. März erhält Röntgen mit der Venia Legendi die Lehrbefugnis an Universitäten (Privatdozent).

1873–1875

Veröffentlichung von fünf experimentellen Arbeiten, eine davon gemeinsam mit Franz-Serafin Exner (1849–1926), dem späteren Ordinarius für Physik an der Universität Wien.

1875

Am 1. Mai wird Röntgen zum Professor für Mathematik und Physik an die Landwirtschaftliche Akademie Hohenheim bei Stuttgart berufen.

1876

Die Universität Straßburg ernennt Röntgen am 1. Oktober zum außerordentlichen Professor für Physik.

1876–1879

In Straßburg veröffentlicht Röntgen sieben physikalische Arbeiten, u. a. seine erste Arbeit über die physikalischen Eigenschaften der Kristalle, die Entwicklung eines präzisen Aneroidbarometers und gemeinsam mit Kundt eine bedeutende Arbeit zum Verständnis von Licht und Elektrizität.

1879

Die Universität Gießen ernennt Röntgen am 10. April zum ordentlichen Professor der Physik und Direktor des Physikalischen Instituts.

Am 20. September hält Röntgen einen Vortrag bei der Versammlung der Gesellschaft Deutscher Naturforscher und Ärzte in Baden-Baden. Dies ist Röntgens erste und einzige Teilnahme an einem wissenschaftlichen Kongress.

1880

Am 8. August stirbt Röntgens Mutter in Bad Nauheim.

1884

Am 12. Juni stirbt Röntgens Vater in Gießen.

1886

Ablehnung eines Rufes als ordentlicher Professor für Physik an die Universität Leipzig.

1887

Das kinderlose Ehepaar nimmt die sechsjährige Nichte Josephine Bertha Ludwig (1881–1972) bei sich auf; sie wird im Alter von 21 Jahren offiziell adoptiert.

1880–1888

In Gießen entstehen 18 Veröffentlichungen, in denen Röntgen seinen Ruf als Präzisionsphysiker festigt. Besonders hervorzuheben ist sein experimenteller Nachweis der elektromagnetischen Theorie des schottischen Physikers James Clark Maxwell.

1888

Ablehnung eines Rufes an die Universität Utrecht.

Annahme eines Rufes der Julius-Maximilians-Universität Würzburg.

1888

Am 1. Oktober wird Röntgen zum ordentlichen Professor der Physik und Direktor des Physikalischen Instituts der Julius-Maximilians-Universität Würzburg ernannt. Er wird Nachfolger des berühmten Physikers Friedrich Kohlrausch.

1889–1894

In dieser Zeit entstehen in Würzburg 13 Veröffentlichungen. Interessant und hervorzuheben ist hier sein Versuch zur Bestimmung der Dicke einer Ölschicht auf einer Wasseroberfläche, aus der sich später die Dimension von Atomen abschätzen ließ.

1893

Röntgen wird zum Rektor der Universität Würzburg ernannt.

1894

Angeregt durch Experimente von Heinrich Hertz und Philipp Lenard beschäftigt sich Röntgen ab Mai mit der Erforschung der Kathodenstrahlung.

1895

Im Februar lehnt Röntgen einen Ruf an die Universität Freiburg ab.

Am 9. Juni wird vom Prinzregenten Luitpold Röntgen der Bayerische Verdienstorden vom Heiligen Michael IV. Klasse verliehen. Auf den damit verbundenen persönlichen Adelstitel verzichtet er.

Im Oktober nimmt Röntgen seine Forschungen mit Kathodenstrahlen wieder auf, deren Eigenschaften noch weitgehend unbekannt waren. 1894 war Röntgen auf eine Arbeit von Philipp Lenard (1862–1947) gestoßen, der herausgefunden hatte, dass man Kathodenstrahlen durch ein Aluminiumfenster aus der Entladungsröhre austreten lassen und außerhalb der Röhre untersuchen konnte. Röntgen wiederholte Lenards Experimente, zunächst offenbar ohne dabei ein bestimmtes Ziel zu verfolgen, doch er war ein besonders gründlicher Beobachter.

Am Abend des 8. November bemerkte er merkwürdige Fluoreszenzerscheinungen, die sich nur unter Annahme einer neuen, Materie durchdringenden, unsichtbaren Strahlung erklären ließen. Röntgen bezeichnet sie als X-Strahlung. In den folgenden sieben Wochen erarbeitet er die wesentlichen Eigenschaften der neuen Strahlung.

1895

Sensibilisiert durch sein photographisches Hobby bemerkt Röntgen die Schwärzung von Photoplatten durch die neue X-Strahlung. Am 22. Dezember fertigt er die Durchleuchtungsaufnahme der Hand seiner Frau Anna Bertha an. Dies ist die Geburtsstunde der medizinischen Radiologie.

Am 28. Dezember übergibt Röntgen dem Sekretär der Physikalisch-Medicinischen Gesellschaft zu Würzburg seine Arbeit „Ueber eine neue Art von Strahlen. Vorläufige

Mittheilung". Sie wird sofort für den Sitzungsbericht der Gesellschaft in Druck gegeben.

1896

Am 1. Januar verschickt Röntgen Separatabdrucke an etwa 90 Kollegen in ganz Europa. Etwa zwölf Physiker erhalten zusätzlich einen Satz von neun Röntgenbildern, darunter die Durchleuchtungsaufnahme der Hand seiner Ehefrau.

Anlässlich einer Feierstunde der Berliner Physikalischen Gesellschaft werden diese Röntgenbilder am 4. Januar erstmals öffentlich ausgestellt. Kaum jemand nimmt jedoch Notiz davon.

Der Berliner *Vorwärts* und die *Wiener Presse* berichten am 5. Januar erstmals über „Eine sensationelle Entdeckung".

Gustav Kaiser fertigt in Wien am 6. Januar die erste medizinisch indizierte Röntgenaufnahme einer Hammerzehe an.

Vom 6. bis 9. Januar berichten alle führenden Zeitungen in Europa und Amerika über die Entdeckung der X-Strahlen.

Am 12. Januar hält Röntgen im Berliner Schloss von Kaiser Wilhelm II. einen Vortrag und wird mit dem Königlich Preußischen Kronenorden II. Klasse ausgezeichnet. Eine Einladung des Reichspräsidenten von Buol-Behrenberg zu einem Experimentalvortrag im Deutschen Reichstag lehnt er jedoch ab.

Der in Wien geborene Physiker Ludwig Boltzmann bezeichnet die neuen Strahlen am 12. Januar erstmals als „Röntgenstrahlen".

In Wien fertigen Haschek und Lindenthal am 17. Januar die erste Angiographie an. Mit Teichmann'scher Lösung werden die Blutgefäße in einer amputierten Hand sichtbar gemacht.

Anlässlich einer Sondersitzung der Physikalisch-Medicinischen Gesellschaft zu Würzburg am 23. Januar hält Röntgen seinen einzigen öffentlichen Vortrag über die Entdeckung der Röntgenstrahlen. Er fertigt vor dem Auditorium eine Aufnahme der Hand des bedeutenden Würzburger Anatomen Albert von Kölliker an. Begeistert von der Aufnahme unterstreicht von Kölliker die von Boltzmann vorgeschlagene Namensgebung und schlägt vor, fortan von „Röntgenstrahlung" zu sprechen.

Am 9. März veröffentlicht Röntgen „Ueber eine neue Art von Strahlen. II. Mittheilung".

Angeregt durch die Experimente von Röntgen entdeckt Henri Becquerel am 18. Mai in Paris die Radioaktivität.

Im Mai wird Röntgen zum korrespondierenden Mitglied der Berliner Akademie der Wissenschaften ernannt.

Die Stadt Lennep ernennt Röntgen am 15. Juni zum Ehrenbürger.

Die Royal Society in London verleiht Röntgen am 30. November die hoch angesehene Goldene Rumford-Medaille.

1896

Die medizinische Fakultät der Universität Würzburg verleiht Röntgen die Ehrendoktorwürde.

1897

Am 10. März beendet Röntgen seine dritte und letzte Abhandlung „Weitere Beobachtungen über die Eigenschaften der X-Strahlen". Sein sich immer wieder selbstkritisch hinterfragender, pedantischer Arbeitsstil erweist sich für die weitere Erforschung der Röntgenstrahlung als nicht sehr förderlich, und so verliert Röntgen trotz seiner Pionierrolle schnell den Anschluss an die internationale Forschung und Entwicklung auf diesem Gebiet. Nach seiner dritten Publikation hierzu erlischt sein Interesse an dieser Thematik und er wendet sich erneut der Kristallphysik zu.

1899

Die Königliche Akademie der Wissenschaften in Stockholm, Schweden, ernennt Röntgen zum Auswärtigen Mitglied.

1899

Am 22. Juli nimmt Röntgen einen Ruf als ordentlicher Professor und Direktor des Physikalischen Instituts an die Ludwig-Maximilians-Universität in München an. Die Ernennung erfolgt am 7. Dezember mit Wirkung zum 1. April 1900. Gleichzeitig wird er zum Königlich Bayerischen Geheimen Rat ernannt. Er wird Konservator des Physikalisch-Metronomischen Instituts des Staates und Mitglied des Kuratoriums der Physikalisch-Technischen Reichsanstalt.

In München werden Walter Friedrich (1883–1968), Abram F. Joffe (1880–1960), Paul Knipping (1883–1935), Peter Paul Koch (1879–1945), Rudolph Ladenburg (1882–1952) und Peter Pringsheim (1881–1963) seine Schüler. In München beschäftigt sich Röntgen vornehmlich mit den elektrischen Eigenschaften der Kristalle, während mehrere seiner Schüler sich auch spezifischen Untersuchungen der Röntgenstrahlen widmen. Im Jahr 1912 gelingt es Walter Friedrich und Paul Knipping auf Vorschlag von Max von Laue (1879–1960), Interferenzversuche von Röntgenstrahlen an Kristallen durchzuführen. Max von Laue wird daraufhin der Physik-Nobelpreis 1914 verliehen.

1900

Im Juli erhält Röntgen von der Columbia University in New York die bedeutende nur alle fünf Jahre verliehene Bernard-Medaille.

1901

Am 10. Dezember wird Röntgen den erste Nobelpreis für Physik in Stockholm verliehen. Er hält als einziger Preisträger keinen Vortrag. Das Preisgeld in Höhe von 50.000 Kronen stiftet er der Universität Würzburg.

1904

Erste Straßenbenennung „Wilhelm-Conrad-Röntgen-Straße" in Köln.
Im Juli bietet die Reichsregierung Röntgen die Präsidentschaft der Physikalisch-Technischen Reichsanstalt in Berlin an, zu deren Kuratoren er seit 1897 zählt. Er macht seine Entscheidung von der Besetzung eines Lehrstuhls für Theoretische Physik an seinem Institut abhängig. Obwohl diese ihm zugesagt wird, lehnt er das Angebot ab. Auf die Professur des seit zehn Jahren verwaisten theoretischen Ordinariats wird 1905 Arnold Sommerfeld (1868–1951) berufen.

1905

Kauf eines Landhauses in Weilheim.

1906

Ernennung zum Ehrenmitglied der Deutschen Röntgengesellschaft.

1907

Nach zehn Jahren Pause veröffentlicht Röntgen wieder eine wissenschaftliche Abhandlung. Er untersuchte die elektrischen Eigenschaften von Kalkspat unter dem Einfluss von Röntgenstrahlen. In München publiziert er nur noch fünf weitere Arbeiten, von denen die letzte 1921 erscheint.

1908

Am 20. Dezember wird Röntgen vom bayerischen Prinzregenten das Prädikat „Exzellenz" verliehen.

1912

Im Januar erhält Röntgen einen Ruf auf eine Forschungsprofessur an der Preußischen Akademie der Wissenschaften zu Berlin ohne jede Lehrverpflichtung. Röntgen benutzt diesen Ruf, um seine Befreiung von den Lehrverpflichtungen in München zu erreichen. Sein Gesuch wird jedoch abgelehnt.

Im April entdecken am Institut für Theoretische Physik der Universität München Max von Laue, Paul Knipping und Walter Friedrich die Interferenz von Röntgenstrahlen an Kristallen. Dieses Experiment beweist die physikalische Natur der Röntgenstrahlen als hochfrequente elektromagnetische Wellen.

1914

Nach Ausbruch des Ersten Weltkriegs am 3. August unterzeichnet Röntgen im Oktober gemeinsam mit 92 berühmten deutschen Gelehrten, Künstlern und Schriftstellern den chauvinistischen „Aufruf an die Kulturwelt". Später bereut er diese Unterschrift.

1915

Am 27. März finden, beeinflusst durch die Kriegswirren, Feierlichkeiten zu Röntgens 70. Geburtstag statt. Von König Ludwig erhält er den Verdienstorden vom Heiligen Michael I. Klasse. Kaiser Wilhelm II. verleiht das Eiserne Kreuz auf Grund der herausragenden Bedeutung der Röntgenstrahlen in der militärischen Chirurgie.

1919

Ernennung zum Ehrenmitglied der Deutschen Physikalischen Gesellschaft.
Am 31. Oktober stirbt nach langer, schwerer Krankheit Röntgens Ehefrau Anna Bertha in München.

1920

Am 1. April wird Röntgen emeritiert.

1923

Am 10. Februar stirbt Röntgen im Alter von fast 78 Jahren in München an einem Darmtumor.
Im November findet auf testamentarischen Wunsch die Beisetzung seiner Asche neben den Gräbern seiner Frau und seiner Eltern in Gießen statt.

Verzeichnis der wissenschaftlichen Arbeiten

1 Arbeit in Utrecht

[1] Vragen op het anorganisch gedeelte van het Scheikundig Leerboek van Dr. J.W. Gunning. Schoonhoven **(1865).**

1 Arbeit in Zürich

[2] Studien über Gase. Inaugural-Dissertation. Zürich **(1869).**

15 Arbeiten an der Universität Straßburg

[3] Über die Bestimmung des Verhältnisses der spezifischen Wärmen der Luft. Ann. Physik u. Chem. **141,** 552 (1870).

[4] Bestimmung des Verhältnisses der spezifischen Wärmen bei konstantem Druck zu derjenigen bei konstantem Volumen für einige Gase. Ann. Physik u. Chem. **148,** 580 (1873).

[5] Über das Löten von platinierten Gläsern. Ann. Physik u. Chem. **150,** 331 (1873).

[6] Über fortführende Entladungen der Elektrizität. Ann. Physik u. Chem. **151,** 226 (1874).

[7] Über eine Variation der Sénarmontschen Methode zur Bestimmung der isothermen Flächen in Kristallen. Ann. Physik u. Chem. **151,** 603 (1874).

[8] Über eine Anwendung des Eiskalorimeters zur Bestimmung der Intensität der Sonnenstrahlung. Mit Exner. Wien. Ber. (2) **69,** 228 (1874).

[9] Über das Verhältnis der Querkontraktion zur Längsdilatation bei Kautschuk. Ann. Physik u. Chem. **159,** 601 (1876).

[10] A telephonic alarm. Nature (Lond.) 17, **164** (1877).

[11] Mitteilung einiger Versuche aus dem Gebiet der Kapillarität. Ann. Physik u. Chem., N. F. **3,** 321 (1878).

[12] Über ein Aneroidbarometer mit Spiegelablesung. Ann. Physik u. Chem., N. F. **4,** 305 (1878). – Auch in Carl, Repertorium **15,** 44 (1879).

[13] Über eine Methode zur Erzeugung von Isothermen auf Kristallen. Z. Kryst. **3,** 17 (1878).

[14] Über Entladungen der Elektrizität in Isolatoren. Göttinger Nachr. **1878,** 390.

[15] Nachweis der elektromagnetischen Drehung der Polarisationsebene des Lichtes im Schwefelkohlenstoffdampf. Mit Kundt. Münch. Ber. **8,** 546 (1878) – auch in Ann. Physik u. Chem., N. F. **6,** 332 (1879).

[16] Nachtrag zur Abhandlung über Drehung der Polarisationsebene im Schwefelkohlenstoffdampf. Mit Kundt. Münch. Ber. **9,** 30 (1879).

[17] Über die elektromagnetische Drehung der Polarisationsebene des Lichtes in den Gasen. Mit Kundt. Ann. Physik u. Chem., N. F. **8,** 278 (1879) – auch in Münch. Ber. **8,** 148 (1879).

18 Arbeiten an der Universität Gießen

[18] Über die von Herrn Kerr gefundene neue Beziehung zwischen Licht und Elektrizität. Ann. Physik u. Chem., N. F. **10,** 77 (1880); auch in Ber. d. Oberhess. Ges. f. Nat. u. Heilk. **19.**

[19] Über die elektromagnetische Drehung der Polarisationsebene des Lichtes in den Gasen. 2. Abhandlung. Mit Kundt. Ann. Physik u. Chem., N. F. **10,** 257 (1880).

[20] Über die durch Elektrizität bewirkten Form- und Volumenänderungen von dielektrischen Körpern. Ann. Physik u. Chem., N. F. **11,** 771 (1880).

[21] Über Töne, welche durch intermittierende Bestrahlung eines Gases entstehen. Ann. Physik u. Chem., N. F. **12,** 155 (1881); auch in Ber. d. Oberhess. Ges. f. Nat. u. Heilk. **20.**

[22] Versuche über die Absorption von Strahlen durch Gase, nach einer neuen Methode ausgeführt. Ber. d. Oberhess. Ges. f. Nat. u. Heilk. **20,** 52 (1881).

[23] Über die durch elektrische Kräfte erzeugte Änderung der Doppelbrechung des Quarzes. Ann. Physik u. Chem., N. F. **18,** 213, 534 (1883); auch in Ber. d. Oberhess. Ges. f. Nat. u. Heilk. **22,** 49.

[24] Bemerkung zu der Abhandlung des Herrn A. Kundt: Über das optische Verhalten des Quarzes im elektrischen Feld. Ann. Physik u. Chem., N. F. **19,** 319 (1883).

[25] Über die thermo-, aktino- und piezo-elektrischen Eigenschaften des Quarzes. Ann. Physik u. Chem., N. F. **19,** 513 (1883); auch in Ber. d. Oberhess. Ges. f. Nat. u. Heilk. **22.**

[26] Über einen Vorlesungsapparat zur Demonstration des Poiseuilleschen Gesetzes. Ann. Physik u. Chem., N. F. **20,** 268 (1883).

[27] Über den Einfluß des Druckes auf die Viskosität der Flüssigkeiten, speziell des Wassers. Ann. Physik u. Chem., N. F. **22,** 510 (1884).

[28] Neue Versuche über die Absorption von Wärme durch Wasserdampf. Ann. Physik u. Chem., N. F. **23,** 1, 259 (1884); auch in Ber. d. Oberhess. Ges. f. Nat. u. Heilk. **23.**

[29] Versuche über die elektromagnetische Wirkung der dielektrischen Polarisation. Math. u. Naturw. Mitt. a. d. Sitzgsber. preuß. Akad. Wiss., Physik.-math. Kl. **1885,** 89.

[30] Über Kompressibilität und Oberflächenspannung von Flüssigkeiten. Mit Schneider. Ann. Physik u. Chem., N. F. **29,** 165 (1886).

[31] Über die Kompressibilität von verdünnten Salzlösungen und die des festen Chlornatriums. Mit Schneider. Ann. Physik u. Chem., N. F. **31,** 1000 (1887).

[32] Über die durch Bewegung eines im homogenen elektrischen Felde befindlichen Dielektrikums hervorgerufene elektrodynamische Kraft. Math. u. Naturw. Mitt. a. d. Sitzgsber. preuß. Akad. Wiss., Physik.-math. Kl. **1888,** 7.

[33] Über die Kompressibilität des Wassers. Mit Schneider. Ann. Physik u. Chem., N. F. **33,** 644 (1888).

[34] Über die Kompressibilität des Sylvins, des Steinsalzes und der wäßrigen Chlorkaliumlösungen. Mit Schneider. Ann. Physik u. Chem., N. F. **34,** 531 (1888).

[35] Über den Einfluß des Druckes auf die Brechungsexponenten von Schwefelkohlenstoff und Wasser. Mit Zehnder. Ber. d. Oberhess. Ges. f. Nat. u. Heilk. **28,** 58 (1888).

17 Arbeiten an der Universität Würzburg

[36] Elektrische Eigenschaften des Quarzes. Ann. Physik u. Chem., N. F. **39,** 16 (1889).

[37] Beschreibung des Apparates, mit welchem die Versuche über die elektrodynamische Wirkung bewegter Dielektrika ausgeführt wurden. Ann. Physik u. Chem., N. F. **40,** 93 (1890).

[38] Einige Vorlesungsversuche. Ann. Physik *u.* Chem., N. F. **40,** 109 (1890).

[39] Über die Dicke von kohärenten Ölschichten auf der Oberfläche des Wassers. Ann. Physik u. Chem., N. F. **41,** 321 (1890).

[40] Über die Kompressibilität von Schwefelkohlenstoff, Benzol, Äthyläther und einigen Alkoholen. Ann. Physik u. Chem., N. F. **44,** 1 (1891).

[41] Über den Einfluß des Druckes auf die Brechungsexponenten von Wasser, Schwefelkohlenstoff, Benzol, Äthyläther und einigen Alkoholen. Mit Zehnder. Ann. Physik u. Chem., N. F. **44,** 24 (1891).

[42] Über die Konstitution des flüssigen Wassers. Ann. Physik u. Chem., N. F. **45,** 91 (1892).

[43] Kurze Mitteilungen von Versuchen über den Einfluß des Druckes auf einige physikalische Erscheinungen. Ann. Physik u. Chem., N. F. **45,** 98 (1892).

[44] Über den Einfluß der Kompressionswärme auf die Bestimmungen der Kompressibilität von Flüssigkeiten. Ann. Physik u. Chem., N. F. **45,** 560 (1892).

[45] Verfahren zur Herstellung reiner Wasser- und Quecksilberoberflächen. Ann. Physik u. Chem., N. F. **46,** 152 (1892).

[46] Über den Einfluß des Druckes auf das galvanische Leitungsvermögen von Elektrolyten. Nachr. Ges. Wiss. Göttingen, Math.-physik. Kl. **1893,** 505.

[47] Zur Geschichte der Physik an der Universität Würzburg, Würzburg **1894,** 23 S.

[48] Notiz über die Methode zur Messung von Druckdifferenzen mittels Spiegelablesung. Ann. Physik u. Chem., N. F. **51,** 414 (1894).

[49] Mitteilung einiger Versuche mit einem rechtwinkeligen Glasprisma. Ann. Physik u. Chem., N. F. **52,** 589 (1894).

[50] Über den Einfluß des Druckes auf die Dielektrizitätskonstante des Wassers und des Äthylalkohols. Ann. Physik u. Chem., N. F. **52,** 593 (1894).

[51] Ueber eine neue Art von Strahlen. Sitzgsber. physik.-med. Ges. Würzburg **1895,** 137; auch in Ann. Physik u. Chem., N. F. **64,** 1 (1898).

[52] Ueber eine neue Art von Strahlen. 2. Mitteilung. Sitzgsber. physik.-med. Ges. Würzburg **1896,** 11, 17; auch in Ann. Physik u. Chem., N. F. **64,** 12 (1898).

[53] Weitere Beobachtungen über die Eigenschaften der X-Strahlen. Math. u. naturw. Mitt. a. d. Sitzgsber. preuß. Akad. Wiss., Physik.-math. Kl. **1897,** 392; auch in Ann. Physik u. Chem., N. F. **64,** 18 (1898).

6 Arbeiten an der Universität München

[54] Erklärung. Physik. Z. **5,** 168 (1904).

[55] Über die Leitung der Elektrizität im Kalkspat und über den Einfluß der X-Strahlen darauf. Sitzgsber. bayer. Akad. Wiss., Math.-physik. Kl. 37, **113** (1907).

[56] Friedrich Kohlrausch. Sitzgsber. bayer. Akad. Wiss., Math.-physik. Kl. **40,** Schluß-H., 26 (1910).

[57] Bestimmungen des thermischen linearen Ausdehnungskoeffizienten von Cuprit und Diamant. Sitzgsber. bayer. Akad. Wiss., Math.-physik. Kl. **1912,** 381.

[58] Über die Elektrizitätsleitung in einigen Kristallen und über den Einfluß der Bestrahlung darauf. Zum Teil in Gemeinschaft mit A. Joffe. Ann. Physik, IV. F. **41,** 449 (1913).

[59] Pyro- und piezo-elektrische Untersuchungen. Ann. Physik, IV. F. 45, 737 (1914).

[60] Über die Elektrizitätsleitung in einigen Kristallen und über den Einfluß einer Bestrahlung darauf. Zum Teil in Gemeinschaft mit A. Joffe. Ann. Physik, IV. F. **64,** 1 (1921).

Röntgens Doktoranden und Habilitanden

Gießen

1881 Heinrich Heine	Ueber die Absorption der Wärme durch Gase und eine darauf beruhende Methode zur Bestimmung des Kohlensäuregehaltes der atmosphärischen Luft. (Phil. Diss. Giessen 1881. Ann Phys. 1882; 252: 441–81. 1885).
1885 J. Fink	Ueber den Einfluss des Druckes auf den electrischen Leitungswiderstand von Electrolyten. Ann Phys. 1885; 262: 481–517.
1886 Jakob Schneider	Ueber die Compressibilität von Salzlösungen. Phil. Diss. Giessen 1886.
1887 Ludwig Zehnder	Ueber den Einfluss des Druckes auf den Brechungsindex des Wassers für Natriumlicht. Phil. Diss. Giessen 1887.

Würzburg

1893 Max Wien	Über eine neue Form der Induktionswaage [A new type of Inductance Balance]. Habilitationsschrift.
1893 Otto Stern	Über den Einfluss des Druckes auf das elektrische Leitungsvermögen.
1897 Julius Hanauer	Ueber die Abhängigkeit der Capacität eines Condensators von der Frequenz der benutzten Wechselströme [On the dependance of condensator capacity from the frequency of used alternating currents]. Dissertation. Leipzig Barth. Ann Physik 1898; 301: 789–814.

München

1902 Peter Paul Koch	Über eine neue Methode zur Untersuchung auf Pyroelektrizität.
1902 Julius Wallot	Die Verwendung des Aragoschen Keilcompensators zur Messung der Brechungsexponenten von Flüssigkeiten. Ann Physik 1903; 316(6): 355–96.
1902 Adolf Bestelmeyer	Die Abhängigkeit der inneren Reibung des Stickstoffs von der Temperatur. Ann Physik 1904: 318(5): 944–95.
1903 Ernst Wagner	Metallmanometer als Hochdruckpräzisionsmesser, geprüft mit dem Amagatschen Manometer (Auszug aus der Münchener Dissertation). Ann Physik 1904; 320: 906–53.
1905 Ernst Angerer	Bolometrische Untersuchungen über die Energie der Röntgenstrahlen. Ann Physik 1906; 326(11): 87–117.
1905 Abram Fjodorowitsch Joffe	Elastische Nachwirkung im kristallinischen Quarz. Ann Physik 1906; 325(10): 919–80.
1905 Emil Silbernagel	Bewegung eines Punktes innerhalb einer nicht homogenen Staubmasse mit cylindrischen Flächen gleicher Dichtigkeit (Erstgutachter Hugo Hans von Seeliger).
1906 Rudolf Walter Ladenburg	Über die innere Reibung zäher Flüssigkeiten und ihre Abhängigkeit vom Druck. Ann Physik 1907; 327(2): 287–309.
1906 Peter Pringsheim	Versuche über das Minimumpotential von Spitzenentladungen und über den Einfluss erhöhter Temperaturen auf dasselbe. Ann Physik 1907; 329(11): 145–63.
1907 Eugen Bassler	Polarisation der X-Strahlen, nachgewiesen mittels Sekundärstrahlung. Ann Physik 1909; 333(4): 808–84.
1908 John Patrick Donaghey	The Spectrum of Nitrogen at Low Temperatures.
1911 Herman William March	Über die Ausbreitung der Wellen der drahtlosen Telegraphie auf der Erdkugel. (Auszug aus einer Münchener Dissertation). Ann Physik 1912; 342(1): 29–50.
1911 Walter Friedrich	Räumliche Intensitätsverteilung der X-Strahlen, die von einer Platina-Antikathode ausgehen. Ann Physik 1912; 344(12): 377–430.

1913 Paul Knipping	Über den Einfluß der Vorgeschichte auf verschiedene Eigenschaften des Bleies. Borna-Leipzig.
1913 Karol Szlenker	Über den elektrischen Widerstand des Kalkspates bei Wechselstrom.
1914 Johannes Brentano	Über den Einfluss allseitigen Druckes auf die elektrische Leitfähigkeit von Wismutdrähten außerhalb und innerhalb des transversalen Magnetfeldes für Gleichstrom und für Wechselstrom. Ann Physik 1915; 351(7): 941–983.
1914 Richard Glocker	Interferenz der Röntgenstrahlen und Kristallstruktur. Ann Physik 1915; 352(11): 377–428.

Auszeichnungen und Ehrungen für Wilhelm Conrad Röntgen (1880–2020)

1880

Ernennung zum Mitglied der Oberhessischen Gesellschaft für Natur- und Heilkunde in Gießen.

1883

Ernennung zum Korrespondierenden Mitglied der Mathematischen Klasse der Königlichen Gesellschaft der Wissenschaften zu Göttingen.

1894

Königlich Bayerischer Verdienstorden vom Heiligen Michael IV. Klasse.

1895

Königlich Bayerischer Verdienstorden vom Heiligen Michael III. Klasse.

1896

Rumford-Medaille der Royal Society in London.
Freiherr von Baumgartner'scher Preis der Kaiserlichen Akademie der Wissenschaften, Wien.
Ehrendoktor der Medizinischen Fakultät der Universität Würzburg.
Korrespondierendes Mitglied der Königlich Preußischen Akademie der Wissenschaften.
Korrespondierendes Mitglied der Königlich Bayerischen Akademie der Wissenschaften.

Korrespondierendes Mitglied der Société Nationale des Sciences Naturelles et Mathématiques de Cherbourg.
Ehrenmitglied der Naturforscher-Gesellschaft, Freiburg/Breisgau.
Ehrenbürgerschaft der Stadt Lennep.
Ehrenmitglied der Société scientifique Antonio Alzate in Mexiko.
Ehrenmitglied Ehemaliger Studierender des Eidgenössischen Polytechnikums in Zürich.
Ehrenmitglied der Chester Society of Natural Sciences and Literature.
Korrespondierendes Mitglied der Academy of Natural Science, Philadelphia.
Korrespondierendes Mitglied der Wissenschaftlichen Gesellschaft, Göttingen.
Ordentliches Mitglied der Physikalisch-Medicinischen Gesellschaft, Würzburg.
Ehrenmitglied des Physikalischen Vereins, Frankfurt/Main.
Ehrenmitglied der Chester Society of Natural Science.
Königlich Preußischer Kronenorden II. Klasse.
Ritterkreuz des Königlichen Verdienstordens der Bayerischen Krone.
Kommandeurkreuz des Ordens der Italienischen Krone.
Ehrenmitglied im Weltverein München.
Ehrenmitglied im „Kauai Kodak Klub" in Koloa auf Hawaii.

1897

Elliot-Cresson-Medaille des Franklin-Instituts, Philadelphia.
Premio Mattencei-Medaille in Gold, Società Italiano delle Scienze, Rom.
Prix Lacaze-Physiologie der Akademie der Wissenschaften beim Institut de France. Preisgeld 10.000 Francs.
Mitglied der American Philosophical Society, Philadelphia.
Korrespondierendes Mitglied der Reale Accademia di Geographici, Florenz.
Ehrenmitglied der Schweizerischen Naturforscher-Gesellschaft.
Ehrenmitglied der Physikalisch-Medizinischen Gesellschaft, Erlangen.
Ehrenmitglied der Roentgen Society, London.
Ehrenmitglied der Société des Médecines Russes, Petersburg.
Ehrenmitglied der Société Impériale de Médecine de Constantinople.
Ehrenmitglied der Gesellschaft ehemaliger Studierender des Eidgenössischen Polytechnikums in Zürich.

1898

Preis der Otto-Wahlbruch-Stiftung, Philosophische Fakultät der Universität Göttingen.
Ehrenmitglied der New York Electrical Society.
Auswärtiges Mitglied der Société Hollandaise des Sciences, Harlem.
Korrespondierendes Mitglied des Reale Istituto Veneto di Scienze, Venedig.
Korrespondierendes Mitglied der Reale Accademia dei Lincei, Rom.

Verleihung des Prädikats Königlicher Geheimer Rat durch König Luitpold von Bayern.
Einladung, sich in *Das Goldene Buch des Deutschen Volkes an der Jahrhundertwende* einzutragen (was nicht geschah).

1899

Auswärtiges Mitglied der Königlichen Akademie der Wissenschaften, Stockholm.
Korrespondierendes Mitglied der Bataafsch Genootschap, Rotterdam.
Diplom der Universität Zürich.
Ehrenmitglied der Deutschen Physikalischen Gesellschaft.

1900

Barnard-Medaille for Meritorious Service to Science der Columbia University, New York.
Auswärtiges Mitglied der Académie de Médicine, Paris.
Ordentliches Mitglied der Mathematisch-Physikalischen Klasse der Königlich Bayerischen Akademie der Wissenschaften.
Ehrenmitglied der 1. Deutschen Akademie für Phys.-Diät. Therapie, Hamburg.
Ehrenmitglied des Ärztlichen Vereins, München.

1901

Nobelpreis der Physik.
Ehrenmitglied der Physikalischen Gesellschaft, Stockholm.
Königlich Bayerischer Maximilian-Orden für Wissenschaft und Kunst.

1902

Ehrenmitglied des Instituto de Coimbra.

1903

Ehrenmitglied der Philosophical Society, Cambridge.
Ehrenmitglied der Röntgen-Vereinigung zu Berlin.
Korrespondierendes Mitglied der Reale Accademia delle Scienze, Turin.

1904

Straßenbenennung, Köln.
Ehrenmitglied der Gesellschaft der Ärzte in Wien.
Königlich Bayerischer Verdienstorden vom Heiligen Michael II. Klasse mit Stern.

1905

Ehrenmitglied der Society for the Encouragement of Arts, Manufactures and Commerce, London.
Gedenktafel am Physikalischen Institut, Würzburg.
Ehrenmitglied der Medico-Chirugical Society, Edinburgh.

1906

Großkomturkreuz des Königlichen Verdienstordens der Bayerischen Krone, mit dem die Verleihung des persönlichen Adels verbunden ist.
Mappe zum Scheiden aus dem Vorstandsrat des Deutschen Museums, München.
Ehrenmitglied der Royal Institution of Great Britain, London.
Ehrenmitglied der Deutschen Röntgengesellschaft.
Prinz-Regent-Luitpold-Medaille in Silber.

1907

Auswärtiges Mitglied der Società Italiana della Scienze, Rom.
Mitglied der Königlichen Akademie der Wissenschaften, Amsterdam.
Ablehnung einer Ehrendoktorwürde der Universität Oxford, da eine persönliche Teilnahme erforderlich war.

1908

Ehrenmitglied der Gesellschaft Schwedischer Ärzte, Stockholm.
Ehrenmitglied der Deutschen Medizinischen Gesellschaft, New York.
Verleihung des Ehrenprädikats „Exzellenz“ durch Luitpold von Bayern, München.
Ernennung zum Mitglied des Ordens-Kapitels des Königlich Bayerischen Maximiliansordens für Wissenschaft und Kunst.

1909

Straßenbenennung, Würzburg.
Ehrenbürger, Weilheim.

1910

Ehrenmitglied der Deutschen Nervenärzte.
Ehrenmitglied der Berliner Medizinischen Gesellschaft.

1911

Straßenbenennung, Halle an der Saale.
Ehrenmitglied der Gesellschaft Odessaer Ärzte, Smolensk.
Orden „Pour le Mérite für Wissenschaften und Künste".

1912

Russisches Diplom, Odessa.
Adresse zur Wahl als lebenslängliches Mitglied des Ausschusses des Deutschen Museums, München.
Ehrenmitglied Deutscher Kongreß für die Innere Medizin in Wiesbaden.

1913

Ehrenmitglied der Deutschen Gesellschaft für Chirurgie.
Ehrenmitglied der Schweizer Röntgen-Gesellschaft.

1914

Ehrenmitglied der New York Roentgen Society.

1915

Königlich Bayerischer Verdienstorden vom Heiligen Michael I. Klasse.
Adresse der Würzburger Medizinischen Fakultät zum 70. Geburtstage.
Eisernes Kreuz II. Klasse.
Adresse der Röntgen-Stiftung zum 70. Geburtstag.
Adresse der Universität Gießen zum 70. Geburtstag.
Straßenbenennung, München.
Adresse der Philosophischen Fakultät der Universität Würzburg zum 70. Geburtstag.
Adresse der Reichsanstalt zum 70. Geburtstag.
Adresse der Universität Straßburg.
Ehrung der *Annalen der Physik.*

1918

Ehrendoktor der Technischen Hochschule München.

1919

Ehrenmitglied der Deutschen Physikalischen Gesellschaft.

Helmholtz-Medaille in Bronze.
Helmholtz-Medaille in Gold.
Adresse der Preußischen Akademie der Wissenschaften zum 50-jährigen Doktorjubiläum.
50-jähriges Doktorjubiläum an der Universität Zürich.

1920

Auswärtiges Mitglied der Königlich Preußischen Akademie der Wissenschaften, Berlin.
Ordentliches Mitglied der Straßburger Wissenschaftlichen Gesellschaft in Heidelberg.
Ehrenmitglied der Gesellschaft für Natur und Heilkunde, Dresden.
Ehrendoktor der Naturwissenschaften der Universität Frankfurt am Main.
Auswärtiges Ehrenmitglied der Wiener Akademie der Wissenschaften.
Ehrenmitglied der Frankfurter Röntgengesellschaft.
Ehrenmitglied der Bonner Röntgengesellschaft zu Röntgens 75. Geburtstag.
Ehrenmitglied der Freunde und Förderer der Rheinischen Friedrich-Wilhelms-Universität Bonn.
Korrespondierendes Mitglied der Physikalisch-Ökonomischen Gesellschaft Königsberg.
Ehrentafel an Röntgens Geburtshaus, Lennep.

1921

Ehrenmitglied der Gesellschaft von Freunden und Förderern der Friedrich-Wilhelms-Universität Bonn.
Akademisches Ehrenbürgerrecht der Universität Bonn.
Ehrenmitglied der Nordisk Förening för Medicinsk Radiologi, Stockholm.
Ehrenbürgerschaft der Stadt Würzburg.
Straßenbenennung, Weilheim.
Korrespondierendes Mitglied der Physikalisch-Ökonomischen Gesellschaft.
Straßenbenennung, Lennep.

1922

Ehrentafel am Haus Seilergraben 7 in Zürich, in dem Röntgen während seiner Studienzeit wohnte.

1923

Einrichtung eines Röntgen-Gedächtniszimmers im Physikalischen Institut der Universität Würzburg.
Eröffnung des Röntgen-Instituts der Rheinischen Friedrich-Wilhelms-Universität Bonn.

1930

Röntgendenkmal „Der Genius des Lichts“, gestaltet von Arno Breker, Remscheid-Lennep.

1932

Gründung des Röntgen-Museums in Remscheid-Lennep.

1934

Gedenktafel am Röntgenweg in Pontresina.

1951

Röntgen-Plakette der Stadt Remscheid für Menschen, die sich um den Fortschritt und die Verbreitung der Röntgen zu verdankenden Entdeckung in Wissenschaft und Praxis besonders verdient gemacht haben.

1955

Gedenktafel am Landhaus Röntgens in Weilheim.

1960

Röntgen-Preis an der Justus-Liebig-Universität Gießen für hervorragende Arbeiten zur strahlenphysikalischen und strahlenbiologischen Grundlagenforschung.

1979

Stiftung des jährlich vergebenen Wilhelm-Conrad-Röntgen-Preises der Deutschen Röntgen-Gesellschaft für eine hervorragende wissenschaftliche Arbeit, die dem Fortschritt der Radiologie dient. Der oder die Autoren der für den Wilhelm-Conrad-Röntgen-Preis eingereichten Arbeiten sollten nicht älter als 40 Jahre alt sein.

2002

Wilhelm-Conrad-Röntgen-Preis des Physikalischen Instituts der Fakultät für Physik und Astronomie der Universität Würzburg für die besten Studierenden (Wilhelm-Conrad-Röntgen-Studienpreis) und die ausgezeichneten Doktoranden und Doktorandinnen (Wilhelm-Conrad-Röntgen-Wissenschaftspreis).

2004

Am 1. November benennt die International Union of Pure and Applied Chemistry (IUPAC) das an der Gesellschaft für Schwerionenforschung (GSI) bei Darmstadt von einem internationalen Forscherteam um Sigurd Hofmann erzeugte chemische Element Röntgenium mit der Ordnungszahl 111.

2009

Röntgen-Medaille der Julius-Maximilians-Universität Würzburg für Sponsoren, die die Hochschule großzügig unterstützten.

2009

Von Behring-Röntgen-Nachwuchspreis der Von Behring-Röntgen-Stiftung an junge Wissenschaftler der Justus-Liebig-Universität Gießen und der Philipps-Universität Marburg für herausragende Leistungen in der Medizin.

2010

Der Wilhelm-Conrad-Röntgen-Ring der Deutschen Röntgengesellschaft gestiftete Auszeichnung wurde 2015 nach der bedeutenden Physikerin Marie Curie umbenannt.

2011

Das Röntgen-Geburtshaus in Remscheid-Lennep wird von der Deutschen Röntgengesellschaft erworben. Es soll zu einer Begegnungsstätte für Wissenschaftler aus aller Welt werden.

2016

Die Europäische Physikalische Gesellschaft (European Physical Society, EPS) zeichnete am 7. Juni den Ort, an dem Wilhelm Conrad Röntgen am 8. November 1895 an der Universität Würzburg die Röntgenstrahlen entdeckte, als „Historic Site" aus.

2020

Am 27. März wird das Röntgen-Geburtshaus der Öffentlichkeit vorgestellt. Es wird neben einer öffentlich zugänglichen Ausstellung auch das International Roentgen Training und Testing Center (iRTTC) und die Wilhelm Conrad Röntgen Juniorakademie beherbergen.

2020

Einweihung eines neuen Röntgen-Denkmals an der Autobahn A1.

Nobelpreise für Röntgenforscher (1901–2019)

1901 Wilhelm Conrad Röntgen (1845–1923), Deutschland, in Physik, „in Anerkennung der außerordentlichen Verdienste, die er sich durch die Entdeckung der bemerkenswerten, später nach ihm benannten Strahlen erworben hat".

1914 Max von Laue (1879–1960), Deutschland, in Physik, „für seine Entdeckung der Beugung von Röntgenstrahlen beim Durchgang durch Kristallgitter".

1915 William Henry Bragg (1862–1942) und William Lawrence Bragg (1890–1971), Großbritannien, in Physik, „für ihre Verdienste bei der Analyse der Kristallstruktur mit Hilfe von Röntgenstrahlen".

1917 Charles Glower Barkla (1877–1944), Großbritannien, in Physik, „für seine Entdeckung der charakteristischen Röntgenstrahlung der Elemente".

1924 Manne Siegbahn (1886–1978), Schweden, in Physik, „für seine Entdeckungen und Forschungen auf dem Gebiet der Röntgenspektroskopie".

1927 Arthur Holly Compton (1892–1962), USA, in Physik, „für die Entdeckung des nach ihm benannten Effekts" (Compton-Effekt).

1936 Peter Debye (1884–1966), Niederlande, in Chemie, „für seine Beiträge zur Aufklärung der molekularen Struktur durch seine Untersuchungen zu Dipolmomenten und zur Beugung von Röntgenstrahlen und Elektronen in Gasen".

1946 Hermann Joseph Muller (1890–1967), USA, in Physiologie und Medizin, „für die Entdeckung der Entstehung von Mutationen durch Röntgenstrahlen".

1956 Werner Forßmann (1904–1979), Deutschland, André Coumand (1895–1988), USA, und Dickinson Woodruff Richards (1895–1973), USA, in Physiologie und Medizin, „für ihre Entdeckungen der Herzkatherisierung und zu den pathologischen Veränderungen im Kreislaufsystem".

1962 Max Ferdinand Perutz (1914–2002) und John Cowders Kendrew (1917–1997), Großbritannien, in Chemie, „für ihre Studien über die Strukturen der Globulinproteine".

1962 Francis Crick (1916–2004), Großbritannien, James Watson (*1928), USA, und Maurice Wilins (1916–2004), Großbritannien, in Physiologie und Medizin, „für ihre Entdeckungen über die molekulare Struktur der Nukleinsäuren und deren Bedeutung für die Informationsübertragung im lebenden Material".

1964 Dorothy Crowfoot Hodgkin (1910–1994), Großbritannien, in Chemie, „für ihre röntgenologische Strukturaufklärung wichtiger biochemischer Substanzen".

1976 William N. Lipscomb (1919–2011), USA, in Chemie, „für seine Studien über die Struktur von Boranen, die Probleme der chemischen Bindung aufzeigen".

1979 Allan McLeod Cormack (1924–1998), USA, und Godfrey N. Hounsfield (1919–2004), Großbritannien, in Physiologie und Medizin, „für die Entwicklung der computergestützten Tomographie".

1981 Kai M. Siegbahn (1918–2007), Schweden, in Physik, „für seinen Beitrag zur Entwicklung der hochauflösenden Elektronenspektroskopie".

1985 Herbert A. Hauptman (1918–2013) und Jerome Karle (1918–2013), USA, in Chemie, „für ihre herausragenden Leistungen bei der Entwicklung von direkten Methoden zur Bestimmung von Kristallstrukturen".

1988 Johann Deisenhofer (*1943), Robert Huber(*1937) und Hartmut Michel (*1948), Deutschland, in Chemie, „für die Bestimmung der dreidimensionalen Struktur eines photosynthetischen Reaktionszentrums".

2009 Ada Yonath (*1939), Israel, Venkatraman Ramakrishnan (*1952), Indien, und Thomas A. Seitz (1940–2018), USA, in Chemie, „für Studien über die Struktur und Funktion des Ribosoms".

Lexikon der Röntgen-Begriffe

Die nachfolgende Zusammenstellung von Wortverbindungen mit dem Namen Röntgen soll einen Eindruck vermitteln, wie stark die Fachwelt mit dem Namen dieses großen Physikers verbunden ist. Klare Begriffe und klare Definitionen sind für die Verständigung der Fachleute untereinander unerlässlich. Dem Quellenverzeichnis ist zu entnehmen, dass eine Vielzahl von Begriffen schon während der ersten Jahrzehnte nach der Entdeckung der X-Strahlen entstanden ist. Mit jeder Weiterentwicklung eines Fachgebietes kommen neue Begriffe hinzu, oder ihre Definitionen können sich wandeln. Maßgebend für den Gebrauch von Begriffen auf dem Gebiet der ionisierenden Strahlen im Bereich der Medizin sind z. B. die jeweils aktuellen Normen, die der Normenausschuss Radiologie (NAR) in Arbeitsgemeinschaft mit der Deutschen Röntgengesellschaft erstellt und bei Bedarf aktualisiert.

Röntgen
Einen Körper mit Hilfe von Röntgenstrahlung untersuchen.

Röntgen
Alte Einheit der Ionendosis mit dem Einheitenzeichen R. Die gültige Einheit ist heute Coulomb pro Kilogramm (C/kg): $1\ \mathrm{R} = 2{,}58 \times 10^{-4}\ \mathrm{C/kg}$.

Röntgenabsorption
Röntgenstrahlung kann von Materie über Streuung, Photoeffekte, Compton-Effekte und Paarerzeugung absorbiert werden. Trifft sie auf ein homogenes Medium, so verringert sich ihre Intensität exponentiell nach dem Lambert'schen Gesetz.

Röntgenabsorptionskante
Wenn die Energie der in das Atom einfallenden Strahlung die Bindungsenergie der Elektronen einer Atomschale gerade übersteigt, kommt es zu einem sprunghaften Anstieg der Absorption. Im Absorptionsspektrum entsteht eine Kante.

Röntgenanlage
Gesamtheit aus Röntgeneinrichtung sowie Installationen und zugehörigen baulichen Vorrichtungen zum Strahlenschutz.

Röntgenanwendungsgeräte
Mechanische Vorrichtungen, mit denen Röntgenstrahler und Patient in geeignete Lage zueinander gebracht werden.

Röntgenapparat
Auch Röntgengenerator genannt: Gesamtheit aller dem Betrieb der Röntgenröhre dienenden Teile.

Röntgenarbeitsplatz
Synonym für Röntgenanwendungsgerät, einschließlich Röntgenstrahler als integrierter Bestandteil.

Röntgenatelier
Siehe Röntgenuntersuchungsraum.

Röntgenatrophie
Ein durch Röntgenbestrahlung bedingter Haarausfall und sichtbare Erweiterung der Hautkapillaren.

Röntgenaufnahme
Mit einem Röntgenaufnahmegerät hergestelltes Röntgenbild.

Röntgenaufnahmegerät
Bezeichnung für diagnostisch genutzte Röntgeneinrichtungen zur Anfertigung von Röntgenaufnahmen. Hierzu gehören z. B. Geräte mit Rasteraufnahmetisch und Rasterwandgerät, Thoraxaufnahmegeräte, Schädelaufnahmegeräte, Mammographiegeräte, Tomographiegeräte, Geräte zur Schirmbildphotographie und Dentalröntgeneinrichtungen.

Röntgenastronomie
Teilbereich der Astronomie, der von Himmelsobjekten ausgesandte Röntgenstrahlung untersucht.

Röntgenbad
Siehe Röntgenlichtbad.

Röntgenbehandlung
Bezeichnung für die zielgerichtete Bestrahlung von Organismen oder Gegenständen mit Röntgenstrahlung, um ihre Konstitution zu verändern, z. B. in der Strahlentherapie oder bei der Lebensmittelbestrahlung.

Röntgenbeleuchtung
Röntgenbestrahlung (diagnostische und therapeutische).

Röntgenbelichtung
Siehe Röntgenbeleuchtung.

Röntgenbestrahlung
Strahlentherapie mit Röntgenstrahlung.

Röntgenbestrahlungsgerät
Gerät für die Heilbehandlung mit Röntgenstrahlen, bestehend aus einem Röntgenstrahler mit Stativ und einem Lagerungstisch für den Patienten.

Röntgenbeugung
Röntgenstrahlung kann an geordneten Strukturen, wie sie in Kristallen zu finden sind, gebeugt werden. Die dabei entstehenden Röntgen-Interferenzbilder geben Auskunft über den inneren Aufbau der Kristalle.

Röntgenbewegungsbestrahlung
Bestrahlungstechniken, bei denen sich der Strahler relativ zum Patienten bewegt. Unterschieden wird zwischen Konvergenz-, Pendel-, Rotations-, Translations-, Tangential- und Kleinwinkelbestrahlungstechniken. Ziel: Konzentration der Dosis in einem ausgewählten Volumen unter Schonung des umgebenden Gewebes.

Röntgenbewegungsbestrahlungsgerät
Bestrahlungsgerät, bei dem sich Strahler und Patient relativ zueinander bewegen.

Röntgenbild
Schattenbild mit Grauwerten, die der Absorption in den durchstrahlten Geweben entsprechen und auf denen sich die durchstrahlten Bildstrukturen überlagern können.

Röntgenbildverstärker
Analoger Bildwandler, in dem ein elektronenoptisch verkleinertes, helligkeitsverstärktes Röntgenbild entsteht, das optisch auf eine Fernsehkamera, eine Kinokamera oder auf eine Mittelformatkamera (70-mm- oder 100-mm-Format) übertragen werden kann.

Röntgenblitz
Röntgenstrahlimpuls mit einer Impulsdauer von einigen Mikro- bis Femtosekunden.

Röntgenblitzapparat
Impulsröntgengerät, das aus der Röntgenstrahlereinheit und dem Bedienteil besteht.

Röntgenbrand
Siehe Röntgenverbrennung.

Röntgen-Breischluckuntersuchung
Auch Ösophagusbreischluck-Untersuchung. Mit Hilfe von Kontrastmitteln (z. B. Bariumbrei) können Hypopharynx und Ösophagus dargestellt werden.

Röntgenbremsstrahlung
Der Begriff wurde 1909 von Arnold Sommerfeld zur Charakterisierung des kontinuierlichen Spektrums der Röntgenstrahlung eingeführt. Dieses wird hervorgerufen durch die Abbremsung der negativ geladenen Elektronen im Coulomb-Feld in den positiv geladenen Atomkernen des Anodenmaterials.

Röntgenburster
Galaktische Röntgenquellen, deren Strahlung in unregelmäßigen Abständen für einige Sekunden oder Minuten so stark ansteigt, dass sie die normale Leuchtkraft um ein Mehrfaches übertreffen kann.

Röntgen-Chloasma
Braune Hautflecken als Folge einer Schädigung durch Röntgenstrahlen.

Röntgen-Classic
Beliebte Automobil-Oldtimer-Ausfahrt in Remscheid-Lennep.

Röntgendermatitis
Nach Einwirkung ionisierender Strahlung auf die Haut auftretende Strahlenreaktion, deren Symptome sich dosisabhängig nach unterschiedlichen Latenzzeiten entwickeln.

Röntgendermatotherapie
Strahlentherapie mit niederenergetischer Röntgenstrahlung (Weichstrahltherapie, Oberflächentherapie) mit geringem Fokus-Haut-Abstand zur Bestrahlung von Haut und Unterhautgewebe.

Röntgendesensibilisierung
Desensibilisierung für Röntgenstrahlen. Reduzierung des Stoffwechsels oberflächlich gelegener Gewebe bei therapeutischer Bestrahlung, insbesondere von tiefer liegenden Krankheitsprozessen, z. B. durch Kompression oder Stauung.

Röntgendetektor
Gerät zur Umwandlung von Röntgenstrahlung in messtechnisch nutzbare Größen. Hierbei wird die ionisierende Wirkung der Röntgenstrahlung mit Hilfe von Zählrohren, Photometern, Photodioden und CCD-Zeilen aus Halbleitern oder auch Photoplatten genutzt.

Röntgendiagnostik
Röntgenuntersuchung zur diagnostischen Bildgebung mit Röntgenstrahlung. Unterschieden wird zwischen radiographischen Verfahren (dauerhafte Abbildung, Radiographie) und fluoroskopischen Verfahren (temporäre Abbildung auf einem Leuchtschirm, Fluoroskopie).

Röntgendiffraktion
Siehe Röntgenbeugung.

Röntgendiffraktometer
Gerät zur Untersuchung der Struktur von Materialien.

Röntgendoppelstern
Besteht aus zwei nahe beieinander befindlichen Sternen, bei denen Materie von einem kleineren Stern (Weißer Zwerg) auf den anderen kompakten Stern (Neutronenstern oder Schwarzes Loch) fließt. Dabei wird Energie in Form von Röntgenstrahlung erzeugt.

Röntgendurchleuchtung
Röntgendiagnostisches Verfahren, bei dem auf einem Leuchtschirm oder Bildschirm eine Darstellung bewegter Objekte erfolgt (Magen-Darm-Passage, Angiographie, intraoperative Kontrolle).

Röntgendurchleuchtungsgerät
Gerät für Durchleuchtungen am liegenden, sitzenden oder stehenden Patienten.

Röntgen-Eichenwald-Experiment
Röntgen ließ 1885 in einem geladenen Kondensator ein Dielektrikum rotieren. Er konnte damit klären, dass auch die an der Oberfläche eines Dielektriums sitzenden freien elektrischen Ladungen bzw. die Flächendivergenzen des Feldes bei Rotation eine magnetische Wirkung haben. Der russische Physiker Alexander Eichenwald (1864–1944) konnte dieses Experiment 1903 weiter quantifizieren.

Röntgeneinrichtung
Ortsfeste oder mobile Funktionseinheit aus Röntgenröhre, Röhrenschutzgehäuse, Blenden, Filtern, Röntgengenerator mit Bedienungspult, Stativ, ggf. Lagerungstisch, Filmkassette, Bildverstärker und Detektor.

Röntgenemission
Wird ein Elektron aus einer inneren Schale entfernt, springt ein Elektron aus den darüber befindlichen Schalen unter Aussendung von Röntgenstrahlung in die frei gewordene Lücke.

Röntgenen
Röntgenstrahlen applizieren (in Diagnostik und Therapie).

Röntgenentzündung
Siehe Röntgendermatitis.

Roentgen equivalent man
Abkürzung rem, sog. biologisches Röntgenäquivalent; Name einer nicht mehr zu verwendenden Einheit der Äquivalentdosis. 1 rem = 0,01 Sv.

Röntgenerythem
Entzündliche Reaktion der Haut nach Exposition mit Röntgenstrahlung; Frühsymptom der strahleninduzierten Dermatitis.

Röntgen-Fachzeitschriften (nicht vollständig)
Gründungsdaten:
1896 (Mai): *Archives of Clinical Skiagraphy* (Großbritannien).
1897 (Sept.): *Fortschritte auf dem Gebiete der Röntgenstrahlen* (Deutschland).
1897 (Mai): *The American X-Ray Journal* (USA).
1897: *La Radiographie* (Frankreich).
1900: *The Journal of Physical Therapeutics* (Großbritannien).
1904: *The Journal of the Röntgen Society* (Großbritannien).
1912 (Juni): *Strahlentherapie* (Deutschland).
1921: *Acta Radiologica* (Schweden/Nordische Länder).
1924 (bis 1933): *Radiologische Praktika* (Deutschland).

1925: *Ergebnisse der Medizinischen Strahlenforschung* (Deutschland).
1926: *Zentralblatt für die gesamte Radiologie* (Deutschland).

Röntgenfarbbild
Röntgenaufnahmen, bei denen die unterschiedlichen Schwächungseigenschaften der einzelnen Objektdetails nicht in Schwärzungsunterschiede, sondern in Farb- und Farbdichteunterschiede überführt werden.

Röntgenfernsehen
Anwendung der Fernsehtechnik auf die Übertragung des im Röntgenbildverstärker entstehenden Röntgenbildes auf einem Fernsehmonitor.

Röntgenfernsehkamera
Der Teil der Fernsehkette, der die Bildaufnahmeröhre enthält, mit der die Leuchtdichteverteilung am Bildverstärker in elektrische Signale umgewandelt wird.

Röntgenfernsehkette
Synonym für Bildverstärker-Fernseh-Kette.

Röntgenfieber
Radiochemische Toxämie (toxisch bedingte Blutbildveränderung), bemerkbar durch Fieber, Mattigkeit, Leukozytose nach therapeutischer Anwendung von Röntgenstrahlen.

Röntgenfilm
Mit photographischer Emulsion beschichteter Kunststofffilm. Zur Erzielung möglichst kurzer Belichtungszeiten wurde er ursprünglich meist mit einer einseitigen, dickeren Emulsionsschicht versehen als in der allgemeinen Photographie üblich. Später wurden doppelseitig beschichtete Filme genutzt. Der Name wird auch als Synonym für den Begriff „Röntgenaufnahme“ benutzt.

Röntgenfilmkassette
Holz- oder Kunststoffkassette zur lichtdichten Verpackung von Röntgenfilmen und Film-Folien-Kombinationen, die in das Röntgenaufnahmegerät eingelegt und nach Belichtung unter Lichtabschluss (Dunkelkammer oder Tageslichtsystem) geöffnet werden.

Röntgenflachbilddetektor
Moderner Festkörperdetektor, der Röntgenbilder in digitaler Form erzeugt.

Röntgenfluoreszenz
Emission charakteristischer sekundärer Röntgenstrahlen von einem Material, das mit hochenergetischer Strahlung angeregt wurde.

Röntgenfluoreszenzanalyse (RFA)
Methode aus der Materialanalytik auf Grundlage der Röntgenfluoreszenz.

Röntgen-Geburtshaus
Wilhelm Conrad Röntgen wurde am 27. März 1845 an der alten Poststraße in Remscheid-Lennep geboren. Sein Geburtshaus ist Treffpunkt für Wissenschaftler aus aller Welt. Es beherbergt eine Ausstellung zu seinem Leben und ist Sitz des International Radiological Training and Testing Center (iRTTC) und der Wilhelm Conrad Röntgen Juniorakademie (jAkad).

Röntgengenerator
Sammelbezeichnung für die elektrischen Bauteile von Röntgengeräten. Dazu zählen Hochspannungstransformator, Regel-, Schalt- und Messeinrichtungen sowie Verbindungsleitungen zum Stromnetz und zum Bedienungspult. Mit dem Generator werden Strahlenqualität (über die Röhrenspannung) und Strahlenmenge (über Röhrenspannung, Röhrenstrom und Belichtungszeit) gesteuert.

Röntgengeräte
Sammelbezeichnung für Geräte, mit denen Röntgenstrahlen erzeugt werden. Hierzu gehören konventionelle Röntgenaufnahmegeräte, Durchleuchtungsgeräte, CT-Geräte und Geräte zur Röntgentherapie in der Radiologie, Gepäckdurchleuchtungsanlagen an Flughäfen sowie Grobstruktur- und Feinstrukturgeräte für die zerstörungsfreie Werkstoffprüfung.

Röntgengesellschaften (nicht vollständig)
Gründungsdaten:

18.03.1897: The Röntgen Society (Großbritannien).

04.03.1898: Röntgen-Vereinigung zu Berlin.

26.03.1900: American Roentgen Society, kurz danach (13./14.12.1900) umbenannt in American Roentgen Ray Society (ARRS).

02.05.1905: Deutsche Röntgengesellschaft.

08.1906: Société Belge de Radiologie.

1907: Svenska Radiologisk Föreningen, ab 17.05.1919 Svensk Förening för Medicinsk Radiologi.

11.1908: Société Française d'Électrothérapie et de Radiologie Médicale (SERM), hervorgegangen aus der vor Röntgens Entdeckung bereits bestehenden Société (Française d'Électrothérapie), 1912 geändert in Société de Radiologie Médicale de France.

05.01.1913: Società Italiana di Radiologia Medica (SIRM).

09.03.1913: Schweizerische Röntgen-Gesellschaft.

1913: Hungarian Roentgen Society.

12.1915: Western Roentgen Society (WRS), USA, 1918 umbenannt in Radiological Society of North America (RSNA).

1917: Sociedad Argentina de Radiología.
02.07.1919: Nordisk Förening for Medicinsk Radiologi (Nordische Vereinigung für Medizinische Radiologie).
1920: Norwegische Vereinigung für Medizinische Radiologie.
1920: Finnische Vereinigung für Medizinische Radiologie.
1920: Dansk Róntgenologisk Förening.
1920: (All-)Canadian Radiological Society.
04.1923: Nippon Rentogen Gakkai (Japanese Roentgen Association).
1924: Türk Radyoloji Cemiyeti.
28.06.1924: Czechoslovakian Society for Roentgenology and Radiology.
1925: Polish National Radiological Society.
1926: Israel Radiological Society.
1926: Sociedad Cubana de Radiologia y Fisiotherapia.
1929: Sociedad Brasileira de Radiologia.
08.12.1934: Österreichische Gesellschaft für Röntgenkunde.
06.1931: Sociedade Portuguesa de Radiologia.
31.10.1933: Greek Radiologic Society.
1943: Spanish Radiological Society.
07.1945: Sociedad Colombiana de Radiologia.
1946: Indian Radiological Association.
05.1952: Indonesian Radiological Society.

Röntgenhand
Schrundige, rissige Hand mit verdickter Hornschicht, bedingt durch längere Exposition der Hand mit Röntgenstrahlen. Häufiger Befund bei röntgenologisch tätigen Ärzten in früheren Zeiten.

Röntgenin
Röntgen- bzw. Radiumtoxin nach F. Winkler (um 1913). Es entsteht durch längere Einwirkung von Röntgenstrahlen auf Milz, Nebennieren und Knochenmark von Tieren und wurde zur Behandlung von Hautkrankheiten und zur Strahlensensibilisierung tief liegender Tumoren verwendet.

Röntgeninstrumentarium
Alle zum Betrieb einer Ionen-Röntgenröhre erforderlichen elektrischen Komponenten (Induktor, Unterbrecher, Kondensator, Widerstände, Schaltelemente etc.).

Röntgeninterferenz
Die Überlagerung von Röntgenwellen wurde erstmals 1912 von Max von Laue, Walter Friedrich und Friedrich Knipping in München durch Beugung von Röntgenstrahlen an Kristallen nachgewiesen.

Röntgeninventarium
Siehe Röntgeninstrumentarium.

Röntgenisation
Röntgenbestrahlung (in Diagnostik und Therapie).

Röntgeniseur
Bei Operationen der gleichzeitig mit dem Chirurgen am Patienten arbeitende Röntgenologe.

röntgenisieren
Röntgenstrahlen applizieren (in Diagnostik und Therapie), mit Röntgenstrahlen behandeln.

Röntgenium
Künstlich erzeugtes chemisches Element mit dem Elementsymbol Rg und der Ordnungszahl 111, das zu den Transactinoiden gehört. Im Periodensystem der Elemente steht es in der 11. IUPAC-Gruppe, der Kupfergruppe. Röntgenium wurde erstmals am 8. Dezember 1994 bei der Gesellschaft für Schwerionenforschung (GSI) in Darmstadt von einem internationalen Forscherteam um Sigurd Hofmann erzeugt.

Röntgenjournal
Dokumentation der Patienten- und technischen Daten bei diagnostischen und therapeutischen Röntgenanwendungen sowie der Ergebnisse.

Röntgenkabinett
Röntgenuntersuchungsraum.

Röntgenkarzinom
Karzinom, das sich nach starker Röntgenbestrahlung auf der Basis einer Röntgenatrophie oder eines Röntgenulkus entwickeln kann.

Röntgenkassette
Bildauffangsystem, bei dem der eigentliche Röntgenfilm zwischen zwei Verstärkerfolien (Film-Folien-System) eingebettet wird.

Röntgenkastration
Bei der bewussten direkten Röntgenbestrahlung der Gonaden (Eierstöcke, Hoden) wird deren Funktion zerstört. Dies führt zur Sterilisation.

Röntgenkater
Frühreaktionen wie Kopfschmerz, Übelkeit, Erbrechen, Fieber entstehen nach Applikation hoher Röntgenstrahlendosen insbesondere im Bereich des Magen-Darm-Traktes.

Röntgenkaustik
Röntgenbestrahlungsverfahren der Kontakttherapie zur Beseitigung kleiner Tumoren der Hautoberfläche.

Röntgenkinematographie
Verfahren zur Aufzeichnung von Durchleuchtungsbildern. Mit einer Filmkamera wird der Bewegungsablauf von einem Leuchtschirm dokumentiert.

Röntgenkleinwinkelstreuung
Eine zerstörungsfreie Methode der Analyse von mikroskopischen und insbesondere auch nanoskopischen Inhomogenitäten in Proben.

Röntgenkontrastdarstellung
Röntgendiagnostische Verfahren zur Darstellung von Gefäßen und anderen Hohlräumen nach intravenöser, intraarterieller, oraler Kontrastmittelgabe oder nach Kontrastmitteleinlauf.

Röntgenkontrastmittel
Substanzen, die in der Radiographie und bei der Durchleuchtung eingesetzt werden, um Grenzen zwischen Geweben ähnlicher Röntgendichte zu unterscheiden. Positive Kontrastmittel absorbieren Röntgenstrahlen stärker als das Gewebe, negative Kontrastmittel geringer.

Röntgenkrebs
Siehe Röntgenkarzinom.

Röntgenkugel
Firmenbezeichnung für einen kleinen, kompakten Einkesselgenerator mit integrierter Röntgenröhre.

Röntgenkühlöl
Öl, welches als Kühlmittel in Röntgeneinrichtungen mit Umlaufkühlung eingesetzt werden kann.

Röntgenkymographie
Historisches, heute nicht mehr verwendetes Röntgenverfahren zur Aufzeichnung von Organbewegungen. Hierbei wurde die Filmkassette während der Belichtung relativ zu einer Schlitzblende und zum Patienten bewegt. Bewegungen während der Aufnahme, die

in Längsrichtung des Schlitzes verlaufen, stellten sich auf dem Film als wellenförmiges Schattenbild der Objektkontur dar.

Röntgenlaboratorium
Arbeitsräume, in denen sich Röntgengeräte befinden und Röntgenuntersuchungen stattfinden.

Röntgenlampe
Ionen-Röntgenröhre.

Röntgenlaser
Laser, dessen Emissionsfrequenzen im Röntgenspektrum liegen.

Röntgenlaterne
Röntgenvorrichtung nach Levy (1898), bestehend aus einer Ionen-Röntgenröhre in einem laternenähnlichen Kasten mit Handgriff. Rückseitig war der Kasten mit einem Fenster zur Beobachtung der Röntgenröhre während des Betriebs versehen. Damit konnte ein Patient „auf einfache Weise freihändig abgeleuchtet“ werden.

Röntgenlauf
Deutscher Landschaftslauf, der seit 2001 jährlich am letzten Oktobersonntag in Remscheid stattfindet. Die Hauptwettbewerbe Ultramarathon über 63,3 km (1,5-fache Marathondistanz), Marathon und Halbmarathon verlaufen zum größten Teil auf dem Röntgenweg. Daneben gibt es eine Fülle weiterer Wettbewerbe (Distanzen von 400 m bis 10 km), die in der Nähe des Sportzentrums Hackenberg ausgetragen werden. Seit 2010 findet alle fünf Jahre auch ein 100-km-Lauf statt.

Röntgenleuchter
Siehe Röntgenlaterne.

Röntgenlicht
Siehe Röntgenstrahlung.

Röntgenlichtachse
Mittelpunkt der auf der photographischen Platte oder dem Leuchtschirm ausgeleuchteten Fläche.

Röntgenlichtbad
Großflächige Röntgenbestrahlung aus therapeutischen Gründen.

Röntgenlichtdose
Röntgenstrahlendosis.

Röntgenlichtmesser
1. Visuelles Photometer nach Roiti (1896), mit dem die Intensität der von Röntgenstrahlen erzeugten Fluoreszenz mit der einer konstanten Lichtquelle verglichen wird. 2. Allgemein auch für Röntgenstrahlenintensitätsmesser.

Röntgenlichtvollbad
Ganzkörperröntgenbestrahlung zu therapeutischen Zwecken mit bis zu sechs Röntgenröhren gleichzeitig.

Röntgenlichtwert
Einstelltechnik der Belichtungswerte von Röntgenaufnahmen. Der gewünschte Bildcharakter (hart, weich) wird eingestellt und über Einknopfbedienung ein Röntgenlichtwert für die notwendige Strahlendosis gewählt.

Röntgenlinien
Beim Übergang eines Elektrons, z. B. aus einer nächsthöheren Schale des Atoms, auf den freien Platz in der darunter befindlichen Schale wird ein der Energiedifferenz der Atomniveaus entsprechendes charakteristisches Strahlungsquant (Röntgenphoton) ausgesandt. Durch Übergänge z. B. von der L-Schale in die K-Schale erscheint im Spektrum die diskrete sog. K_a-Röntgenlinie.

Röntgenlinse
Spezielle optische Systeme, die Röntgenstrahlung fokussieren. Diese auch als Wolter-Spiegel bezeichneten Systeme finden Anwendung in der Röntgenastronomie. Fresnel-Zonenplatten werden vornehmlich in Röntgenmikroskopen eingesetzt.

Röntgenmikroskop
Abbildendes Mikroskop, das gegenüber dem sichtbaren Licht mit den sehr viel kürzeren Wellenlängen der Röntgenstrahlen eine größere Auflösung von 5–10 nm ermöglicht.

Röntgenmikroskopie
Mikroskopieverfahren, das statt sichtbarem Licht Röntgenstrahlung für die Darstellung von Objekten nutzt.

Röntgen-Museum
Das in Remscheid-Lennep beheimatete Deutsche Röntgen-Museum wurde 1932 gegründet. Es führt seine Besucher auf einer spannenden Erfahrungs- und Erlebnisreise in die Welt der Röntgenstrahlen.

Röntgenobild
Röntgenaufnahme (Röntgennegativ, Röntgenpositiv, Röntgendiapositiv).

Röntgenoderm
Chronische Spätfolge von Röntgenbestrahlungen (Radiodermatitis chronica).

Röntgenogramm
Röntgenaufnahme (Röntgennegativ, Röntgenpositiv, Röntgendiapositiv); Positiv, Negativ.

Röntgenograph
Siehe Röntgenaufnahme.

Röntgenographie
Zusammenziehung der Wörter „Röntgen“ und „Photographie“ in der Bedeutung von Röntgenaufnahme, Röntgenaufnahmetechnik.

röntgenographieren
Röntgenaufnahme erstellen.

Röntgenologe
Arzt mit spezieller Ausbilung in Röntgenologie. Heute wird der neu eingeführte Begriff „Radiologe“ verwendet.

Röntgenologie
Röntgenlehre, Röntgenwissenschaft. Heute wird der Begriff „Radiologie“ verwendet.

Röntgenolyse
Verfahren nach Klingelfuß zur Messung und Dosierung von Röntgenstrahlen. Die Strahlenwirkung auf eine photographische Schicht wurde aus dem Produkt aus Sekundärspannung, Sekundärstromstärke und Zeit bestimmt.

Röntgenometrie
Messung der Durchdringungsfähigkeit und Intensität von Röntgenstrahlen.

Röntgenoptik
Da für Röntgenstrahlung der Brechungsindex von Materie wenig kleiner als 1 ist, sind spezielle Optiken zur Reflexion und Beugung erforderlich. Vergleichbar zur Lichtoptik benutzt die Röntgenoptik zur Abbildung von Objekten Röntgenlinsen oder Röntgenspiegel.

Röntgenoskopie
Siehe Röntgendurchleuchtung.

röntgenoskopieren
Durchleuchten mit Röntgenstrahlen.

röntgenoskopische Hautfigur
Zeichnung des Umrisses oder von Teilen eines Organs auf der Haut eines Patienten unter Durchleuchtung mit Hilfe einer Markiervorrichtung.

röntgenoskopische Zeichenfigur
Zeichnung des Umrisses oder von Teilen eines Organs auf einem separaten Stück Papier unter Durchleuchtung mit Hilfe einer Markiervorrichtung.

Röntgenpapier
Papier mit einseitig gegossener photographischer Emulsion zur Belichtung mit nur einer Verstärkerfolie.

Röntgenpass
1988 eingeführtes und freiwillig zu führendes Nachweisheft, in dem durchgeführte Röntgenuntersuchungen eines Patienten dokumentiert werden können. Der Röntgenpass enthält Angaben über den Zeitpunkt einer Röntgenuntersuchung, die jeweilige Körperregion, die Untersuchungsart sowie den Arzt, der die Untersuchung durchgeführt hat.

Röntgenperiode
Fachbegriff aus der Kristallographie. Auf den sog. Röntgenperioden beruhen alle symmetrischen Auslöschungen von Interferenzen.

Röntgenphotogramm
Siehe Röntgenaufnahme.

Röntgenphotograph
Röntgenologe oder eine andere, die Röntgenuntersuchung durchführende Person.

Röntgenphysik
Wissenschaftliche Disziplin, die sich mit der Erforschung und Anwendung der Röntgenstrahlen in der Physik beschäftigt.

Röntgenplakette
1. Klinisch übliche Bezeichnung für ein Filmdosimeter. 2. Seit 1951 vergebene Auszeichnung der Stadt Remscheid an Menschen, die sich um die Erforschung und Anwendung von Röntgenstrahlen verdient gemacht haben.

Röntgenplatte
Mit photographischer Emulsion beschichtete Glasplatte zur Herstellung von Röntgenaufnahmen. Um möglichst kurze Belichtungszeiten zu erzielen, wurde die photographische Platte meist mit einer dickeren Emulsionsschicht versehen, als in der allgemeinen Photographie üblich war.

Röntgenpulsar
Neutronenstern, der durch schnelle Rotation ein streng periodisch moduliertes Signal im Bereich der Röntgenstrahlung erzeugt. Die Periodenlänge kann von Millisekunden bis 1000 s betragen.

Röntgenquanten
Elekromagnetische Wellen mit Quantenenergien über 100 eV entsprechen Wellenlängen unter 10 nm.

Röntgenradiator
Kompakter Röntgenschaltschrank der Firma Carl Beez, Berlin (um 1908).

Röntgenrausch
Nach therapeutischer Röntgenbestrahlung des Magen-Darm-Traktes auftretende Benommenheit und Müdigkeit, die in förmlicher Schlafsucht ausarten kann. Bei weiterer Bestrahlung kann es zu einem Röntgenkater kommen.

Röntgenreihenuntersuchung
In bestimmten Zeitabständen durchgeführte Röntgenuntersuchungen der Gesamtbevölkerung oder von Bevölkerungsgruppen zur Früherkennung von Krankheiten (Tuberkulose, Mammakarzinom).

Röntgenröhre
Zentrales Element einer Röntgenanlage (im Röhrenschutzgehäuse Teil des Röntgenstrahlers) zur Erzeugung von Röntgenstrahlung durch Freisetzen, Beschleunigen und Abbremsen von Elektronen zwischen Kathode und Anode in einer Vakuumröhre.

Röntgenröhrennennleistung
Höchste Leistung, angegeben in Kilowatt, mit der die Röntgenröhre bei bestimmten, vom Röhrenhersteller anzugebenden Bedingungen betrieben werden kann.

Röntgenröhrennomogramm
Graphische Darstellung des Zusammenhanges zwischen den für die Belastung der Röntgenröhre ausschlaggebenden Größen Spannung, Strom und Belastungszeit.

Röntgenröhrenspannung
Scheitelwert der Spannung in Kilovolt, die während des Betriebes der Röhre zwischen Kathode und Anode liegt.

Röntgenröhrenstrom
Der durch die Röntgenröhre fließende Elektronenstrom, angegeben als arithmetischer Mittelwert der Röhrenstromstärke in Milliampere.

Röntgenscanner
Röntgenbilderzeugungssystem, bei dem das Objekt mit einem dünnen Röntgenstrahl abgetastet wird.

Röntgenschatten
Mit Röntgenstrahlen auf einem Leuchtschirm, einer photographischen Platte oder einem photographischen Film erzeugtes (Schatten-)Bild. Auf der Röntgenaufnahme (Negativbild) erscheint ein Schatten hell, auf dem Durchleuchtungsschirm und der Positivkopie dunkel (Schattenbild; Positiv).

Röntgen'sches Absorptionsgesetz
Die von der Röntgenröhre ausgehende Strahlung besteht aus einem Gemisch von Strahlen. Diese werden beim Durchgang durch Materie unterschiedlich stark geschwächt. Dabei wird der weniger durchdringungsfähige Teil der Strahlung relativ stärker geschwächt als der Teil der Strahlung mit dem größeren Durchdringungsvermögen.

Röntgen-Schnittbildverfahren
Sammelbezeichnung für diagnostische Röntgenverfahren, bei denen mit Hilfe von Verwischungen Schnittbilder des Körpers hergestellt werden. Hier kann unterschieden werden zwischen der klassischen Tomographie und der Computertomographie.

Röntgenschorf
Nach starker Röntgenbestrahlung auf der geschädigten Hautstelle auftretende weißliche Schicht nekrotischen Gewebes.

Röntgenschutzstoff
Antix-Schutzstoff, vermutlich abgeleitet von Anti-X-Strahlen.

Röntgenschwester
Alte Bezeichnung für medizinisch technische Radiologieassistentin.

Röntgen-Sekundenmeterkerze (R.S.M.K.)
Nach einem Vorschlag von Johannes Wertheim-Salomonson ist das die Größe für die photographische Wirkung von Röntgenstrahlen analog der Sekundenmeterkerze für die photographische Wirkung von Lichtstrahlen.

Röntgensensibilisierung
Eine erhöhte Strahlensensibilität kann erreicht werden durch eine Erhöhung des oberflächlichen Gewebestoffwechsels durch künstlich herbeigeführte Hyperämie (Blutreichtum), durch Sensibilisierung des Gewebes in der Tiefe mit chemischen Substanzen (Fluoreszin, Eosinselen, Cholin) oder durch Hyperämie mittels Diathermie.

Röntgenserien
Siehe Röntgenlinien.

Röntgensiederöhre
Mit siedendem Wasser gekühlte Ionen-Röntgenröhre.

Röntgenskala
Zweimetallige Härteskala nach Wilhelm Conrad Röntgen, bei der Platin und Aluminium zum Vergleich in den Strahlengang gebracht werden. Sie ist ähnlich der späteren Benoist-Skala.

Röntgenspektrometrie
Ermittlung der in einer Röntgenstrahlung enthaltenen Wellenlängen und der auf die einzelnen Wellenlängen entfallenden Anteile der Energieflussdichte.

Röntgenspektroskopie (XRS)
Oberbegriff für eine Vielzahl unterschiedlicher spektroskopischer Messverfahren der Physik, deren Gemeinsamkeit in der Anwendung der Röntgenstrahlung liegt. Grob lässt sich der Teil des elektromagnetischen Spektrums der Röntgenstrahlung noch weiter in die harte Röntgenstrahlung (ab ca. 10 keV) und die weiche Röntgenstrahlung (unter ca. 10 keV) einteilen: Röntgenabsorptionsspektroskopie (XAS), Röntgenemissionsspektroskopie (XES), Photoelektronenspektroskopie (XPS), Röntgenfluoreszenzanalyse (XRF), energiedispersive Röntgenspektroskopie (EDX), wellenlängendispersive Röntgenspektroskopie (WDX), partikelinduzierte Röntgenspektroskopie (PIXE).

Röntgenspektrum
Das Röntgenspektrum lässt sich in ein kontinuierliches Linienspektrum und ein Linienspektrum aufteilen. Die kontinuierliche Strahlung oder auch Bremsstrahlung kommt beim Auftreffen schneller Elektronen auf ein Hindernis, z. B. auf die Atome einer Antikathode oder Anode, zustande. Die charakteristischen Linien stammen von energetischen Übergängen in den inneren Schalen der Anodenatome.

Röntgenspiegel (Wolter-Spiegel)
Variante des lichtoptischen Spiegels zur Anwendung in der Röntgenoptik mit kurzwelliger Strahlung. Wie bei allen röntgenoptischen Bauelementen muss berücksichtigt werden, dass die Brechzahl von Luft für Röntgenstrahlung größer ist als die von Materie. Trifft eine Röntgenwelle also auf eine Materialoberfläche, dringt die Welle zum großen Teil in die Oberfläche ein und wird vom Lot weggebrochen. Für eine Spiegelwirkung muss Totalreflexion erreicht werden, d. h., der Einfall muss streifend unter kleinen Winkeln erfolgen.

Röntgenstereoaufnahme
Das Objekt wird auf zwei getrennten Röntgenaufnahmen aus zwei unterschiedlichen Brennfleckpositionen aufgenommen. Üblicherweise wird über ein Spiegelsystem je eine der Aufnahme einem Auge dargeboten und zu einem Stereobild verschmolzen.

Röntgenstereodurchleuchtung
Durchleuchtung, während der das Objekt abwechselnd von zwei seitlich versetzten Brennflecken durchstrahlt wird. Mittels eines speziellen Betrachtungsgerätes sieht jedes Auge nur das ihm zukommende Halbbild.

Röntgenstereokomparator
Stereophotogrammetrisches Auswertegerät für Stereobilder.

Röntgenstereometrische Analyse (RSA)
Radiographische Methode zur Beurteilung der Verankerung von medizinischen Implantaten im umgebenen Knochen.

Röntgensterne
1. Sterne, die signifikante Röntgenstrahlung aussenden. Hierzu zählen einige Hauptreihensterne der Spektraltypen G, K und M, deren Röntgenstrahlung sehr wahrscheinlich aus den Koronae stammt. 2. Sternförmige Testobjekte aus dünner Bleifolie zur Ermittlung der Abbildungsgüte von Bilderzeugungssystemen.

Röntgenstrahlen
Im Januar 1896 von A. von Kölliker gemachter Vorschlag zur neuen Bezeichnung der X-Strahlen.

Röntgenstrahlenmesser
Dosismessgerät nach Immelmann aus dem Jahr 1904. Eine im Entwickler liegende photographische Platte wird zugleich mit der Haut und einer Härteskala bestrahlt und anschließend fixiert.

Röntgenstrahlenrelief
Ältere Bezeichnung für Röntgenstrahlenbild.

Röntgenstrahler
Sammelbezeichnung für Röntgenröhre und Röhrenschutzgehäuse.

Röntgenstrahllithographie
Lithographisches Verfahren, bei dem zur Belichtung eines photoempfindlichen Lackes Röntgenstrahlung benutzt wird. Wegen der kurzen Wellenlänge von Röntgenstrahlen können dabei Beugungseffekte reduziert und im Vergleich zur optischen Lithographie deutlich höhere Auflösungen erreicht werden.

Röntgenstrahlung
Elektromagnetische Strahlung mit einer Energie von wenigen Kiloelektronenvolt (sog. weiche Röntgenstrahlen) bis ca. 40 Megaelektronenvolt (sog. ultraharte Röntgenstrahlen).

Röntgenstreustrahlenraster
Vorrichtung an Röntgenaufnahmegeräten zur Reduzierung der Streustrahlung bzw. zur Erhöhung des Bildkontrastes. Man unterscheidet stehende Raster, bewegte Raster und Viellinienraster.

Röntgenstreuung
Methode zur Kristallstrukturanalyse. Beugung von Röntgenstrahlung durch Materie, die richtungsabhängig die Intensität ändert. Sie stellt eine wichtige physikalische Messmethode zur Bestimmung atomarer Anordnungen in Proben dar. Sie ist besonders gut zur Strukturuntersuchung geeignet, da die Wellenlänge in der Größenordnung 1 nm und damit in etwa den atomaren Abständen entspricht.

Röntgentechnik
Teilgebiet der medizinischen Elektrotechnik (Medizintechnik), das sich mit Bau, Montage und Wartung von Röntgenanlagen und dem zu ihrem Betrieb erforderlichen Zubehör befasst.

Röntgenteleskope
Instrumente zum Empfangen und Messen der aus dem Weltall kommenden Röntgenstrahlung.

Röntgentherapie
Therapeutische Behandlung mit Röntgenstrahlen.

Röntgentiefenlot
Hilfsgerät, mit dem die Tiefe eines beliebigen Objektes im Körper aus mindestens zwei Röntgenaufnahmen bestimmt werden kann.

Röntgentiefenmesser
Vorrichtung nach Fürstenau zur Bestimmung der Tiefenlage von Fremdkörpern auf Röntgenstereoaufnahmen.

Röntgentiefentherapie
Bestrahlungstechnik zur Erzielung von wirksamen Herddosen in Körperschichten über 3 cm Tiefe.

Röntgentod
Durch eine Strahlenkrankheit bedingter Tod.

Röntgentomographie
Bezeichnung für Schnittbildverfahren in der Radiologie (konventionelle Tomographie und Computertomographie).

Röntgentopographie
Verfahren zur Beurteilung der Größe und Lage von Organen und anatomischen Strukturen zueinander und zur Körperoberfläche des Patienten.

Röntgentoxin
Durch Einwirkung von Röntgenstrahlen auf organische Körper entstehender Giftstoff (Röntgenin), der spezifische Wirkungen im Organismus hervorruft.

Röntgentransverter
Spezieller mechanischer Gleichrichter der Firma Koch & Sterzel, Dresden.

Röntgentypie
Manuelle Übertragung des Röntgenbildes auf ein dem Durchleuchtungsschirm aufliegendes Pauspapier.

Röntgenulkus
Siehe Röntgenverbrennung.

Röntgenuntersuchung
Siehe Röntgendiagnostik.

Röntgenuntersuchungsgerät
Bezeichnung für diagnostisch genutzte Röntgenaufnahmegeräte und Röntgendurchleuchtungsgeräte.

Röntgenverbrennung
Schwerwiegende und lang anhaltende bis dauerhafte sonnenbrandähnliche Schädigung der Haut durch Röntgenstrahlen (Röntgendermatitis). Die Haut ist faltig, dünn, rissig und zeigt erweiterte Kapillaren, häufig verbunden mit Haarausfall und Schädigung der Nägel.

Röntgenvergrößerungstechnik
Radiographisches Verfahren zur vergrößerten Darstellung von Objekten durch Verwendung von Röntgenröhren mit sehr kleinem Brennfleck und Vergrößerung des Objekt-Film-Abstands. Das Verfahren wird heute infolge verbesserter Möglichkeiten der digitalen Bildbearbeitung kaum noch verwendet.

Röntgenverordnung (RöV)
„Verordnung über den Schutz vor Schäden durch Röntgenstrahlen" vom 8. Januar 1987 und spätere Änderungen. Sie enthält Vorschriften über Genehmigung und Betrieb von Röntgenanlagen und Störstrahlern mit einer Grenzenergie von max. 1 meV, über die personellen und technischen Voraussetzungen für deren Genehmigung sowie über Maßnahmen des Strahlenschutzes. Die RöV wurde 2019 in eine neue Strahlenschutzverordnung überführt.

Röntgenverstärkerfolien
Folien mit Beschichtung aus fluoreszierendem Material, das bei Röntgenbestrahlung sichtbares oder ultraviolettes Licht aussendet und den mit den Folien in Kontakt befindlichen Film belichtet.

Röntgenverzeichnung
Änderung des Abbildungsmaßstabes von der Bildmitte zum Bildrand.

Röntgen-Watt-Sekunden (Vlast)
Nach Jirotka die Bezeichnung für das Produkt aus Primärspannung, Sekundärstromstärke und Betriebszeit (1 V x 1 Milliampère x 1 Sekunde = 1 Vlast) zur Beurteilung der Röntgenenergie; später auch als Röntgen-Watt-Sekunden bezeichnet.

Röntgenweg
1. Rundwanderweg, der das gesamte Stadtgebiet Remscheids umschließt. Er besitzt als Wegzeichen ein R im Kreis. 2. Wanderweg in Pontresina, Schweiz. Zu Röntgens Ehren wurden ein Weg und ein Aussichtsplatz mit fantastischer Bergpanoramasicht 1934 nach ihm benannt.

Röntgenwert
Dosisleistung einer Röntgenstrahlenquelle in 50 cm Abstand vom Fokus, gemessen frei Luft.

Röntgenwertmesser
Gerät zur Messung der Dosisleistung, z. B. zur Überwachung der Konstanz der Dosisleistung in Therapieanlagen.

Röntgenwissenschaft
Röntgenlehre, Röntgenologie.

Röntgenzimmer
Röntgenuntersuchungsraum.

Röntgogramm
Siehe Röntgenaufnahme.

Röntgograph
Siehe Röntgenologe.

Röntgographie
Siehe Röntgenaufnahme, Röntgenaufnahmetechnik.

röntgographieren
Röntgenaufnahme erstellen.

Röntgoskopie
Siehe Röntgendurchleuchtung.

Röntgraph
Siehe Röntgenaufnahme.

Röntography
Siehe Röntgenaufnahme, Röntgenaufnahmetechnik.

Verwendete Literatur

1. https://www.nobelprize.org/ [Stand 21.12.2019, 10:00].
2. Kütterer G, Lexikon der Röntgenologie und der röntgenologischen Technik 1895 bis 1925. Books on Demand, Norderstedt 2017.
3. Angerstein W (Hrsg.), Lexikon der radiologischen Technik in der Medizin, 4. Neubearbeitete Auflage, VEB Georg Thieme Leipzig 1989.
4. Westphal W (Hrsg), Physikalisches Wörterbuch. Leipzig und Berlin BG Teubner, 1920.
5. Zink C, Schering Lexikon Radiologie, ABW Wissenschaftsverlag 2005.
6. https://www.spektrum.de/lexikon/physik/ [Stand 18.10.2019, 10:00].

MIX
Papier aus verantwortungsvollen Quellen
Paper from responsible sources
FSC® C105338

If you have any concerns about our products,
you can contact us on
ProductSafety@springernature.com

In case Publisher is established outside the EU,
the EU authorized representative is:
Springer Nature Customer Service Center GmbH
Europaplatz 3, 69115 Heidelberg, Germany

Printed by Libri Plureos GmbH
in Hamburg, Germany